역자 머리말

이 책은 일본 나고야(名古屋)대학 교수로 재직하셨던 山本敏男(야마모토 토시오) 박사와 太田 博(오오타 히로시) 박사가 저술한 "機械力學(기계역학)"을 번역한 것이다.

기계역학의 범주에는 원래 진동공학, 제어공학, 기구학(기계운동학) 등이 포함되어 있었으나, 산업의 발전과 더불어 제어공학과 기구학은 별개의 학문으로 발전하였고, 현재 기계역학은 동역학 기반의 진동분야에 특화된 학문으로 발전하여 왔다. 이 책 또한 진동분야 위주의 내용을 다루고 있기 때문에 책 제목을 원 제목 대신 진동공학이라 하였다.

이 책에는 진동계의 모델링과 해석뿐만 아니라 많은 내용을 포함하고 있는데, 그 중에서도 이 책이 가지고 있는 특징을 살펴보면 다음과 같다.

첫째, 선형, 비선형, 1자유도, 2자유도, 다자유도, 자려진동, 회전체 운동, 왕복기관의 동역학에 이르는 거의 모든 진동분야에 대해 다루고 있다고 해도 과언이 아닐 정도로 다방면에 걸쳐 상세히 설명되어 있다.

둘째, 진동문제에 대해 수학적으로 모델링하고 미분방정식을 풀고 해석하는데 그치지 않고 진동의 발생 기구(機構, mechanism)에 대해서 물리학적으로 아주 상세히 설명되어 있다.

셋째, 각종 진동 메커니즘에 대해 자세하게 기술되어 있어 학생들뿐만 아니라 현장기술자에 이르기까지 '진동이 왜 발생하는가?'에 대한 물음과 그 원리에 대해 쉽게 이해할 수 있는 교과서 또는 안내서로 충분하다고 생각되며, 이 책을 통해 독자들이 진동학을 이해하고 아울러 실무에도 많은 도움이 될 것으로 사료된다.

끝으로 이 책의 번역을 흔쾌히 허락해 준 일본 朝創(아사쿠라)書店과 국내 출판을 맡아주신 동명사 관계자 여러분께 감사드린다.

2017. 2

역자대표 **김 정 렬**

content

3 2자유도계의 진동

4 다자유도계의 진동

5 자려진동

가변특성을 갖는 진동계 (계수여진진동) 6

비선형진동계 7

회전체, 회전축의 진동 8

왕복기관의 동역학 9

기호표

A	단면적, 강제진동 등의 진폭
C	원심력 [N]
E	종탄성계수 [GPa], 에너지 [J], 일 [Nm]
F	힘, 스프링력, 복원력
G	무게중심
G	횡탄성계수 [GPa]
H	각운동량 $I_p\omega$ [kgm^2/s]
I	질량관성모멘트 [kgm^2]
I_p	극질량관성모멘트 [kgm^2]
I_0	단면 2차모멘트 [m^4]
I_{p0}	극단면 2차모멘트 [m^4]
K	스프링상수, 운동에너지
M	회전체의 중심
M	모멘트, 수정우력, Metacenter
M_f, M_f'	확대율
M_g	자이로모멘트 [Nm]
M_L	등가왕복질량
M_R	등가회전질량
P	힘, 강제력 [N]
P_0	강제력의 크기 [N]
Q	일반력
R	저항, 감쇠력, 관성력 [N]
S	전단력 [N]
T	주기, 운동에너지, 줄의 장력, 크랭크 회전력
T_b	맥놀이의 주기 [s]
T_r	전달률
V	포텐셜 에너지, 스트레인 에너지, 체적
X	기준좌표
a	자유진동 등의 진폭 [m], 가속도 [m/s^2]
b	자유진동 등의 진폭 [m],
c	감쇠계수 [Ns/m], 자유진동 등의 진폭 [m]
d	직경 [m]
e	오일러(Euler) 상수 ($e = 2.7182818284\cdots$) 편심, 정적불평형 [m]
f	진동수 [Hz]
g	중력가속도 (국제표준치 $g = 9.80665\ m/s^2$)
i	허수단위 ($i = \sqrt{-1}$)
i, j	$i = 1, 2, \cdots, j = 1, 2, \cdots$
k	스프링상수 [N/m], 회전반경 [m]
k_{ij}	스프링상수
k'	스프링상수 [Nm/rad]
l	길이, 시계추의 길이, 연접봉의 길이 [m]
l_0	스프링의 자유길이 [m]

m	질량 [kg]
m_c	연접봉의 질량 [kg]
m_l	왕복질량 [kg]
m_r	회전질량 [kg]
m_{ij}	관성항의 계수
n	감쇠계수 [rad/s]
p	진동수 [Hz], 고유각진동수 [rad/s]
p_1	$\sqrt{p^2 - n^2}$
p_i	고유진동수 [Hz] ($i = 1, 2, \cdots$)
q	일반좌표 ($i = 1, 2, \cdots$), 분포력
q_i	일반좌표 ($i = 1, 2, \cdots$)
r	반경, 회전축의 처짐, 크랭크 반경 [m]
t	시간, 시각 [s]
u	속도 [m/s]
v	속도 [m/s]
x	직교정지좌표, 변위 [m]
x_i	변위, 좌표 ($i = 1, 2, \cdots$)
x_0	$t = 0$일 때 x의 값 [m]
$\dot{x} = \dfrac{dx}{dt}$	속도 [m/s]
$\dot{x}_0 = \dfrac{dx_0}{dt}$	$t = 0$일 때 $\dot{x}$의 값
$\ddot{x} = \dfrac{d^2x}{dt^2}$	가속도 [m/s]
y	직교정지좌표, 줄 및 탄성보의 처짐
z	직교정지좌표
x_G, y_G, z_G	무게중심의 좌표

Ω	각속도, 각진동수 [rad/s]
α	각도, 위상각 [°, rad]
α_{ij}	영향계수
β	각도, 위상각, 비선형항의 계수
γ	비중량, γ/g = 밀도 [kg/m^3], 스프링상수 [N/rad]
δ	처짐, 위상지연, 시간지연, 대수감쇠율
δ_{st}	정적처짐 ($=mg/k$)
δ_{st}'	정적처짐 ($=P_0/k$)
ε	신장율, 미소량
ζ	계수
θ	각도, 회전체의 기울기, 크랭크각 [rad]
$\varkappa$	진폭비
λ	각도의 진폭, 크랭크 반경과 연접봉 길이의 비 ($=r/l$)
μ	질량비, 음(−)의 감쇠계수
ρ	선밀도 [kg/m]
σ	응력 [Pa]
τ	동적불평형 [rad]
φ	각도 [rad]
ψ	각도 [rad]
ω	각속도, 각진동수 [rad/s], 강제력과 강제진동의 각진동수, 회전축의 회전속도
ω_c	위험속도 [rad/s, rpm]

Chapter 1

서론

이 장에서는, **제2장**부터 설명할 사항을 이해하는데 필요하다고 생각되는 기계역학, 진동공학에 관한 기초적인 사항을 기술해 놓았다.

1.1 단위

속도, 힘, 운동량 등의 여러 가지 역학량은, 기본량과 이들 기본량의 조합으로 표현되는 유도량으로 구성되어 있다. 기본량의 크기를 측정하는 단위가 기본단위이고, 국제단위계(SI)에서는 길이 단위로서 미터(m), 질량 단위로서 킬로그램(kg), 시간 단위로서 초(s)를 채용하고 있다. 이외에 SI 기본단위로는 전류(암페어 A), 열역학 온도(켈빈 K), 물질량(몰 mol), 광도(칸델라 cd) 등 4개가 독립적으로 정의되어 있지만, 이 책에서는 사용하지 않는다.

기본단위의 조합으로 유도한 단위를 유도단위라 한다. 역학량을 나타내는 SI 유도단위는 3개의 기본단위 m, kg, s를 조합한 것으로, 진동수(헤르츠 Hz = 1/s), 힘(뉴턴 N = kgm/s^2), 압력·응력(파스칼 Pa = N/m^2), 에너지·일(줄 J = Nm), 일률·동력(와트 W = J/s), 힘의 모멘트(Nm), 점도(Pa•s), 동점도(m^2/s), 속도(m/s), 가속도(m/s^2), 질량관성모멘트(kgm^2), 선밀도(kg/m) 등이 있는데, 앞에 기술한 기호표를 참조하기 바란다.

SI에서는 10배의 정수배를 나타내는 접두어를 사용하고, 원칙적으로 숫자가 0.1에서 1,000 미만 사이에 들어오도록 한다. 예를 들면, 1.21×10^4 N은, 12.1 kN, 0.00349 m는 3.49 mm, 1104 Pa은 1.104 kPa로 쓴다. 접두어 선택법은 KSAISO 1000[국제단위계(SI) 및 그 사용법]에 나와 있는데, 일반적으로 접두어로서 테라(T = 10^{12}), 기가(G = 10^9), 메가(M = 10^6), 킬로(k = 10^3), 헥토(h = 10^2), 데카(da = 10^1), 데시(d = 10^{-1}), 센티(c = 10^{-2}),

밀리(m = 10^{-3}), 마이크로(μ = 10^{-6}), 나노(n = 10^{-9})를 사용하고 있다.

cgs 단위계는 길이 단위로 센티미터(cm), 질량 단위로 그램(g), 시간 단위로 초(s)를 사용하는 단위계이고, 물리학에서는 꽤 우위를 점하고 있었지만, SI와 병용하지 않는 것이 바람직하므로 이 책에서는 사용하지 않는다.

또한, 지금까지 공학분야 및 국내외 산업계에서 광범위하게 사용해 온 공학단위계(중력단위계)는 기본단위로서 길이는 미터(m), 힘의 크기를 측정하는 단위로 질량 1 kg의 물체에 작용하는 중력, 즉 중량킬로그램(kgf), 시간은 초(s), 이 3개를 사용하여 왔다. 공학단위계는 MKS 단위계이기는 하지만, 중력가속도 g가 지표상에서도 장소에 따라 조금씩 달라지는 것, 우주개발이 현실화 되어가는 오늘날에는 중량과 질량의 수치가 반드시 일치하지 않다는 것, 또한 오랜 기간의 관례로 중량킬로그램(kgf)을 킬로그램(kg)이라고 쓰기 때문에 질량과 혼동하기 쉬운 폐해가 있기 때문에, 이 책에서는 SI만을 사용한다.

표 1.1 SI, cgs계, 공학단위계 대조표

단위계	길이	질량	시간	가속도	힘	압력 응력	에너지일	일률 동력	온도	점도	동점도
SI	m	kg	s	m/s^2	N	Pa	J	W	K	Pa•s	m^2/s
cgs 계	cm	g	s	Gal	dyn	dyn/cm^2	erg	erg/s	℃	P	St
공학 단위계	m	kgf·s^2/m	s	m/s^2	kgf	kgf/m^2	kgf·m	kgf·m/s	℃	kgf·s/m^2	m^2/s

1.2 각도, 각속도

2개의 평면 사이, 혹은 2개의 직선 사이 등에 대해 열림의 대소를 나타낼 때는 “각도”라고 하는 용어를 사용하고 있는데, 각도의 정량적인 표시를 포함한 정의는 이미 알고 있는 바와 같이 **그림 1.1**과 같이 O점을 중심으로 $\overset{\frown}{AB}$, 혹은 $\overset{\frown}{CD}$와 같은 원호를 그렸을 때,

$$각도\ \theta = \frac{\overset{\frown}{AB}}{OA} = \frac{\overset{\frown}{CD}}{OC} \tag{1.1}$$

로 나타낼 수 있다. 즉, 2직선 사이의 각도는 2직선 사이에 존재하는 원호의 길이를 원의 반경으로 나눈 것이다. 원호도 반경도 길이의 차원을 가지기 때문에 각도는 무차원이지만,

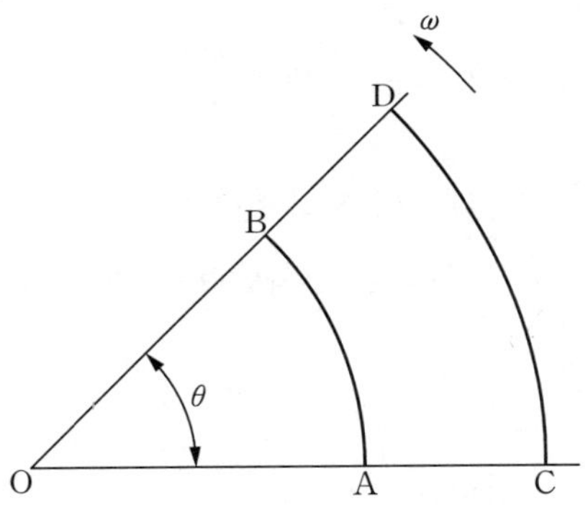

그림 1.1

식 (1.1)로 표현되는 각도의 크기는 라디안(rad)이라고 하는 무차원 단위를 사용한다. 그러나 앞 절에서 논의한 미터(m), 킬로그램(kg), 초(s) 혹은 각도 단위의 하나인 도(deg) 등과 이 라디안이라고 하는 단위와는 엄밀한 의미에서는 구별하지 않으면 안된다. m, kg, s, deg 등은 말하자면 하나의 상용단위(常用單位)이다. 예를 들면 길이는 미터, 척(尺), 피트(feet) 중에서 어느 것에 의해서도 나타낼 수 있다. 반면에, 라디안이라고 하는 각도 단위는 길이, 질량, 시간 등 어떠한 단위를 사용하든지 그것과는 무관계하므로 모든 단위계에서 공통으로 사용하고 있는 단위이다. 굳이 설명하자면, 각도의 정의인 식 (1.1)과 직접 관계를 갖는 단위이고, 각도의 크기는 정의식 (1.1)로 나타내고자 하는 것을 표현하는데 사용하는 단위라고 해도 좋다. 이와 같이 라디안(rad)과 상용단위인 도(deg) 사이에는

$$360^\circ = 2\pi \text{ rad}, \quad 180^\circ = \pi \text{ rad}, \quad 90^\circ = \frac{\pi}{2} \text{ rad} \tag{1.2}$$

등의 관계가 있고, $360^\circ = 2\pi$와 식 (1.1)로부터 원주 전체의 길이가 반경의 2π인 것도 유도된다. 각도 θ를 무차원량인 라디안으로 나타내면, 이미 알고 있는 바와 같이 삼각함수 $\sin\theta$, $\cos\theta$, $\tan\theta$를 **매클로린 급수**(Maclaurin series)로 나타낼 수 있다.

$$\left.\begin{aligned} \sin\theta &= \theta - \frac{\theta^3}{3!} + \frac{\theta^5}{5!} - \frac{\theta^7}{7!} + \cdots \\ \cos\theta &= 1 - \frac{\theta^2}{2!} + \frac{\theta^4}{4!} - \frac{\theta^6}{6!} + \cdots \\ \tan\theta &= \theta + \frac{1}{3}\theta^3 + \frac{2}{15}\theta^5 + \frac{17}{315}\theta^7 + \cdots \end{aligned}\right\} \tag{1.3}$$

θ가 작을 때, 즉 $\theta \ll 1$일 때는 근사적으로 다음과 같이 나타낼 수 있다.

$$\sin\theta \fallingdotseq \theta, \quad \tan\theta \fallingdotseq \theta, \quad \cos\theta \fallingdotseq 1-\frac{\theta^2}{2} \ \text{또는} \ \cos\theta \fallingdotseq 1 \tag{1.4}$$

그림 1.1에서 직선 OD가 O점을 중심으로 회전하면, 각도 θ는 시간과 더불어 그 크기가 바뀐다. 미소시간 dt 사이에 θ가 $d\theta$만큼 변화했다고 하면

$$\omega = \frac{d\theta}{dt} \quad [\mathrm{rad/s}] \tag{1.5}$$

로 주어지는 ω가 각속도이고, 단위는 rad/s이다. θ, $d\theta$는 무차원량이기 때문에 차원을 고려하면 ω는 1/s의 단위를 사용해도 좋지만, 알기 쉽게 통상 rad/s를 사용한다. **그림 1.1**은 시각 $t = t$에 있어서의 상태를 나타낸 것으로, 각속도 ω가 일정할 때는 식(1.5)를 시간 t로 적분해서 θ를 다음과 같이 나타낼 수 있다.

$$\theta = \omega t + \beta \tag{1.6}$$

β는 시각 $t = 0$일 때 두 직선 OA와 OB가 이루는 각도이다.

1.3 병진운동, 회전운동

물체의 운동을 나타내는 데는 여러 가지 표현방법이 있다. 예를 들면, 순간순간의 운동을 하나의 회전운동으로 생각하여 그 순간의 회전중심, 회전반경이 시간의 경과와 더불어 어떻게 변화하는가를 가지고 운동을 나타낼 수 있다. 또한, 강체의 운동을 무게중심의 운동과 무게중심 둘레의 회전운동으로 나누어 생각하는 방법도 있는데, 역학에서 상당부분은 이 방법을 취하고 있다. 이 경우, 전자(무게중심의 운동)를 **병진운동**(竝進運動, translational motion), 후자(무게중심 둘레의 회전운동)를 **회전운동**(回轉運動, rotational motion)이라고 한다. 회전운동은 무게중심 둘레의 운동에 한한다는 뜻은 아니고, 예를 들면 **그림 2.20**의 시계추 운동은 무게중심 둘레의 회전운동이 아니고 고정점 O 둘레의 회전운동으로 다룬다.

하나의 운동을 병진운동, 회전운동 중 어느 것에 의해서도 나타낼 수 있다. **그림 1.2** (a)는 질량 m인 질점이 O점을 중심으로 반경 r인 원 위를 움직이는 회전운동의 경우이고, **그림 1.2** (b)는 x축을 따라 질점이 이동하는 병진운동의 경우이다. 질점에는 그림에 나타나 있는 바와 같이 힘 F가 작용하고 있는 것으로 한다.

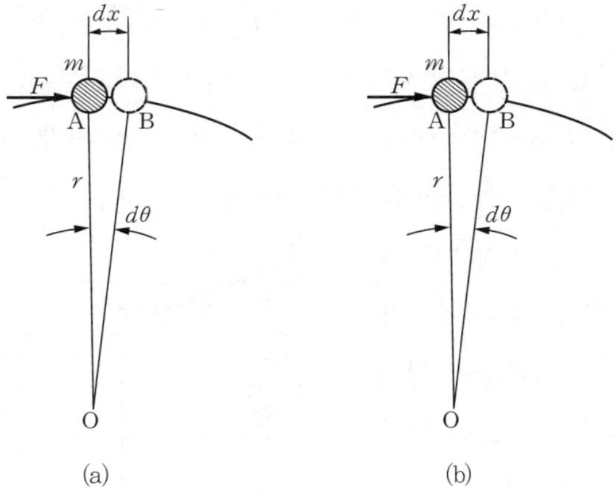

그림 1.2

A점은 질점의 현재위치, B점은 dt 시간 후의 위치이고, **그림** 1.2 (b)에 있어서 OA는 x축에 대해 수직이다. $\mathrm{AB} = dx$, $\angle \mathrm{AOB} = d\theta$라고 하면 앞에서 기술한 각도의 정의로부터 $dx = rd\theta$, 따라서

$$\frac{d^2x}{dt^2} = r\frac{d^2\theta}{dt^2} \tag{i}$$

질점에 관한 O점 둘레의 질량관성모멘트를 I라고 하면,

$$I = mr^2 \tag{ii}$$

힘 F에 의한 O점 둘레의 모멘트를 M이라 하면,

$$M = Fr \tag{iii}$$

뉴톤의 운동 제2법칙인 (질량)×(가속도)=(외부에서 작용하는 힘), 즉

$$m\frac{d^2x}{dt^2} = F \tag{a}$$

의 관계는, 상기 식(i), (ii), (iii)의 관계로부터 바로 다음과 같이 고쳐 쓸 수 있다.

$$I\frac{d^2\theta}{dt^2} = M \tag{b}$$

즉, **그림** 1.2 (a), (b)의 회전운동과 병진운동 둘 다 식(a)에 의해서도, (b)에 의해서도 그 운동을 표현할 수 있다. 그러나 취급의 편의상 병진운동은 병진운동에 대해 표현한 식(a)를,

회전운동은 회전운동에 대해 표현한 식 (b)를 이용한다. 강체 회전운동의 경우에는, 강체상의 미소질점에 관한 식 (a)를 강체 전체에 대해 적분하여 유도한 식 (b)를 이용한다.

뉴톤의 운동법칙은 병진운동에 대해서 기술되어 있는 것이지만, 식 (a)를 식 (b)로 바꾸어 쓰는 것과 마찬가지로 이 법칙을 회전운동에 관한 것으로 고쳐 쓰는 것은 용이하다. 뉴톤의 운동법칙을 회전운동에 관한 것으로 고쳐 쓰면 병진운동에 관한 각종 역학량에 대응하는 회전운동의 역학량이 정해진다. **표 1.2**는 이와 같은 대응표를 나타낸 것이다. 여기서, $\dot{x}$, $\ddot{x}$는 각각 dx/dt, d^2x/dt^2을 간단히 표시하기 위한 기호이다.

표 1.2

병진운동		회전운동	
시간	t	시간	t
질량	m	질량관성모멘트	I
힘	F	우력, 토크, 모멘트	M
변위	x	각도	θ
속도	$\dot{x}$	각속도	$\dot{\theta}$
가속도	$\ddot{x}$	각가속도	$\ddot{\theta}$
운동량	$m\dot{x}$	각운동량	$I\dot{\theta}$

병진운동에 있어서의 운동량은

$$(\text{질량}) \times (\text{속도}) = (m\dot{x})$$

회전운동에 있어서 질량과 속도에 대응하는 것은 각각 질량관성모멘트 I와 각속도 $\dot{\theta}$이기 때문에 운동량에 대응하는 회전운동에 있어서의 역학량은 **표 1.2**를 참조하면

$$(\text{질량관성모멘트}) \times (\text{각속도}) = (I\dot{\theta}) = (\text{각운동량})$$

또한 병진운동에 관한 운동에너지는

$$\frac{1}{2} \times (\text{질량}) \times (\text{속도})^2 = \frac{1}{2} m\dot{x}^2$$

인데, 회전운동에 관한 운동에너지는 질량 대신에 질량관성모멘트, 속도 대신에 각속도를 대입하면 구할 수 있다. 즉,

$$\frac{1}{2} \times (\text{질량관성모멘트}) \times (\text{각속도})^2 = \frac{1}{2} I\dot{\theta}^2$$

뉴톤의 병진운동에 관한 제2법칙

$$(\text{질량}) \times (\text{가속도}) = (\text{외부에서 물체에 작용하는 힘}) \qquad \text{(A)}$$

은, 회전운동에서는 **표 1.2**의 대응량으로부터도 알 수 있고, 식 (a)와 식 (b)를 비교해 보아도

알 수 있는 바와 같이

$$(\text{질량관성모멘트}) \times (\text{각가속도}) = (\text{외부에서 물체에 작용하는 모멘트}) \qquad \text{(B)}$$

로 나타낼 수 있다.

뉴톤의 병진운동에 관한 제2법칙은 "운동량의 단위 시간당 변화량은 외부에서 가한 힘과 같다"라고 나타낼 수도 있는데, 이를 회전운동에 대해서 말하면 "각운동량의 단위 시간당 변화량은 외부에서 가한 모멘트와 같다"라고 할 수 있다.

그림 1.2 (a)의 회전운동에 있어서 원주속도 $\dot{x}$는 $\dot{x} = dx/dt = r \cdot d\theta/dt = r\omega$이다. 여기서 단위로 [m], [rad], [s]를 사용하면 r, ω는 각각 [m], [rad/s] 단위이기 때문에 $\dot{x}$는 [m rad/s] 단위로 나타낼 수 있지만, 속도는 [m/s] 단위로 나타내는 것이 일반 상식이다. 여기서도 라디안(rad)이라고 하는 단위는 앞절에서 기술한 바와 같이 다른 상용단위와 성격을 달리하고 있다는 것을 알 수 있다.

1.4 주기운동, 진동, 조화운동

그림 1.3 (a), (b)와 같이, 변위 x가 시간 t의 경과에 따라 주기적으로 같은 상태를 반복운동할 경우, 이 운동을 **진동**(振動, vibration)이라고 한다. 즉, 진동이란 주기운동이지만, **그림 2.26** 혹은 **그림 2.40**에서 보는 운동과 같이 엄밀하게는 주기적인 반복운동은 아니지만, 거의 주기적으로 행하는 운동에 대해서도 진동이라고 하는 용어를 사용한다.

삼각함수 $\sin\theta$, $\cos\theta$는 각도 θ의 변화에 대해 그 크기를 주기적으로 바꾸기 때문에

$$x = a\sin\theta \quad \text{혹은} \quad x = b\cos\theta \tag{1.7}$$

로 나타낼 수 있는 x는 **그림 1.3** (a), (b)에서 보는 바와 같이 θ에 대해서 주기적으로 변화한다. 각도 θ가 시간 t와 더불어 단조증가하여

$$\theta = \omega t \tag{1.8}$$

로 나타낼 수 있으면, ω는 θ가 증가하는 비율을 나타내는 각속도(rad/s)인데, 이 경우는 일정한 값을 취한다. 식(1.8)을 식(1.7)에 대입하면,

$$x = a\sin\omega t \quad \text{혹은} \quad x = b\cos\omega t \tag{1.9}$$

가 되고, 여기서 처음으로 x는 시간 t의 함수가 되고, 식(1.9)는 운동을 나타내는 것이 된다. x는 각도 θ가 2π 변화할 때마다 같은 상태를 반복하고, 또한 식(1.8)의 관계로부터 θ가 2π 만큼 변화하는 데 $t = 2\pi/\omega$ 시간이 걸리기 때문에 식(1.9)의 주기운동은

$$T = \frac{2\pi}{\omega}\ [\text{s}] \tag{1.10}$$

의 시간 간격마다 같은 상태를 반복한다. 이 T를 진동의 **주기**(周期, period)라고 한다. **그림 1.3** (a), (b)의 가로축에는 각도 θ와 시간 t 양쪽의 눈금이 나타나 있다. 주기 T는 일반적으로 초[s] 단위로 나타낸다.

식(1.9), **그림 1.3** (a), (b)로 나타낸 주기운동, 즉 진동은 **그림 1.7** (a), (b), (c), (d)의 진동보다 단순한데, 이와 같은 진동을 **조화운동**(調和運動, harmonic motion)이라 한다. 식(1.9), **그림 1.3** (a), (b)와 같은 조화운동에 있어서, $x = a\sin\omega t$의 운동에서 x의 크기는 a와 $-a$사

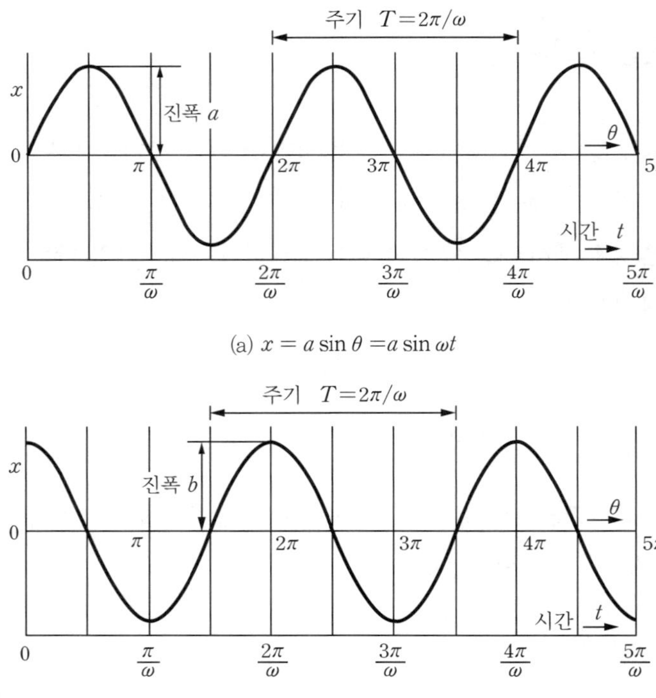

(a) $x = a\sin\theta = a\sin\omega t$

(b) $x = b\cos\theta = b\cos\omega t$

그림 1.3

이를, $x = b\cos\omega t$의 운동에서는 b와 $-b$ 사이로 변화하는데, 이 a 혹은 b를 진동의 **진폭**(振幅, amplitude)이라고 한다. 진폭은 **그림 1.3** (a), (b)에 있어서 진동파형의 높이를 나타내는 양이고, 음향으로 말하면 소리의 크기에 상당하는 양이다.

식(1.9) 중의 ω[rad/s]를 진동의 **원진동수**(圓振動數, circular frequency), 또는 **각진동수**(角振動數, angular frequency)라 하고, 단위시간에 몇 회 진동하는가를 나타내는 **진동수**(frequency) f[Hz] [cycle/s]와 일단 구별하고 있다. 그러나 rad/s로 측정한 원진동수, 각진동수도 Hz로 측정한 진동수 f와 혼동할 염려가 없는 한, 단지 "진동수"라고 부른다. 진동수 f[Hz]는 그 정의로부터

$$f = \frac{1}{T} = \frac{\omega}{2\pi} \text{ [Hz]} \tag{1.11}$$

식(1.11)과 같이 진동수 f [Hz]가 각진동수 ω [rad/s]의 2π분의 1인 것은, 진동회수가 1회 증가하면 즉, 1 사이클 증가하면 그 사이에 각도 θ는 2π rad 만큼 증가하는 것으로부터도 쉽게 이해할 수 있다. 식(1.7)은 다음과 같이 고쳐 쓸 수 있다.

$$x = a\sin\theta = a\cos\left(\theta - \frac{\pi}{2}\right), \quad x = b\cos\theta = b\sin\left(\theta + \frac{\pi}{2}\right) \tag{1.12}$$

식(1.12)는 같은 변위를 sin과 cos으로 표현했을 경우, cos쪽이 sin에 비해 각도가 $\pi/2 = 90^\circ$ 만큼 적은 값이 된다고 하는 것을 나타내고 있다. 이것은 **그림 1.3** (a), (b)의 파형을 비교해 보면 잘 알 수 있다. **그림 1.3** (b)의 cos 파형은 $\theta = 0$에서 극대치를 취하지만, **그림 1.3** (a)의 sin쪽은 $\theta = 0$에서는 아직 극대치를 취하지 않고, $\theta = \pi/2 = 90^\circ$가 되어서 비로소 극대치에 달한다. 즉, sin 파형 쪽이 $\pi/2$ 만큼 늦다. 이것을 sin 파형은 cos 파형에 비해 **위상**(位相, phase)이 $\pi/2[90^\circ]$ 늦다고 한다.

식(1.9)의 조화운동은, 각속도 ω로 회전하는 벡터를 x축에 투영한 것으로도 나타낼 수 있다. **그림 1.4** (a), (b)에 있어서, 크기가 각각 a, b인 벡터 $\overrightarrow{OA}$, $\overrightarrow{OB}$는 일정한 각속도 ω로 반시계방향으로 회전하고 있다. $\overrightarrow{OA}$가 $-y$축과, $\overrightarrow{OB}$가 x축과 일치할 때를 시각 $t = 0$인 순간으로 취하고, 그림의 현재 상태를 $t = t$인 때라고 하면, 각도 $\theta = \omega t$는 그림에 표시한 바와 같이 되고, 이들 벡터를 x축으로 투영한 것은 식(1.9)와 같은 조화운동이 된다. 이 경우 벡터의 크기는 진동의 진폭, 벡터의 회전각속도 ω는 진동의 각진동수가 된다.

앞에서 말한 sin 파형이 cos 파형보다 위상이 $\pi/2[90^\circ]$만큼 늦다고 하는 것은, sin 운동을 나타내는 **그림 1.4** (a)의 벡터 $\overrightarrow{OA}$가 cos 운동을 나타내는 **그림 1.4** (b)의 벡터 $\overrightarrow{OB}$에 비

해 회전방향에 대해 $\pi/2[90°]$만큼 늦다는 사실에 대응하고 있다. 식(1.9)의 x를 1회, 2회 시간 t로 미분하면

$$\left.\begin{aligned} x &= a\sin\omega t \\ \dot{x} &= a\omega\cos\omega t = a\omega\sin\left(\omega t+\frac{\pi}{2}\right) \\ \ddot{x} &= -a\omega^2\sin\omega t = a\omega^2\sin(\omega t+\pi) \end{aligned}\right\} \tag{1.13 a}$$

$$\left.\begin{aligned} x &= b\cos\omega t \\ \dot{x} &= -b\omega\sin\omega t = b\omega\cos\left(\omega t+\frac{\pi}{2}\right) \\ \ddot{x} &= -b\omega^2\cos\omega t = b\omega^2\cos(\omega t+\pi) \end{aligned}\right\} \tag{1.13 b}$$

가 되고, $\sin\omega t$도 $\cos\omega t$도 1회 미분할 때마다 위상이 $\pi/2[90°]$만큼 빨라짐과 동시에 그 크기도 ω배가 된다. x가 변위이면 속도 $\dot{x}$는 변위의 ω배이고 위상은 x보다 $\pi/2$ 만큼 빠르고, 가속도 $\ddot{x}$는 변위의 ω^2배로 위상은 x보다 $\pi[180°]$만큼 빠르다. 위상이 $\pi[180°]$ 만큼 빠르다는 것은 삼각함수 sin, cos의 부호가 바뀐다는 것이기 때문에 조화운동에 있어서는 변위의 방향과 가속도의 방향은 반대이다. **그림 1.4** (a), (b)와 같은 벡터로 표시했을 때, $\dot{x}$ 벡터는 크기가 x 벡터의 ω배이고, 방향은 x 벡터 방향보다 회전방향으로 $\pi/2[90°]$ 만큼 진행한 방향이고, $\ddot{x}$ 벡터는 그 크기가 x 벡터의 ω^2배이고, 방향은 $\pi[180°]$ 만큼 빠르다. 즉, x 벡터의 역방향으로 향하고 있다는 것이다.

sin, cos으로 나타내는 조화운동에 있어서 그 합도 또한 하나의 조화운동이다. 즉,

$$\begin{aligned} x &= a\sin\theta+b\cos\theta = a\sin\omega t+b\cos\omega t \\ &= c\sin(\omega t+\beta) = c\cos(\omega t-\alpha) \end{aligned} \tag{1.14}$$

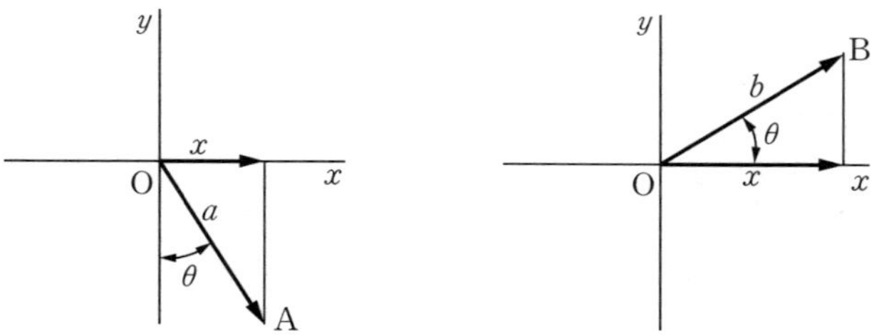

(a) $x = a\sin\theta = a\sin\omega t$ (b) $x = b\cos\theta = b\cos\omega t$

그림 1.4

의 형태로 나타낼 수 있다.

$$a \sin \omega t + b \cos \omega t = c \sin (\omega t + \beta) = c \cos \beta \sin \omega t + c \sin \beta \cos \omega t$$

의 관계가 t의 값에 관계없이 항상 성립하기 위해서는

$$a = c \cos \beta, \quad b = c \sin \beta \tag{i}$$

이어야 되고, 또한

$$a \sin \omega t + b \cos \omega t = c \cos (\omega t - \alpha) = c \sin \alpha \sin \omega t + c \cos \alpha \cos \omega t$$

가 되기 위해서는

$$a = c \sin \alpha, \quad b = c \cos \alpha \tag{ii}$$

가 되어야 한다. 식(i), (ii)로 부터

$$\left.\begin{aligned} & c = \sqrt{a^2 + b^2} \\ & \alpha = \tan^{-1} \frac{a}{b}, \qquad \beta = \tan^{-1} \frac{b}{a} \\ & \alpha + \beta = \frac{\pi}{2} = 90^\circ \end{aligned}\right\} \tag{1.15}$$

인 관계가 있다는 것을 알 수 있다.

식(1.14)의 변위 x를 그림으로 나타낸 것이 **그림 1.5**이다. 그림 중의 x 파형은 **그림 1.3** (a)의 sin 파형보다 위상으로 β, 시간으로 β/ω 만큼 빠르고, **그림 1.3** (b)의 cos 파형에 비해 위상으로 α, 시간으로 α/ω 만큼 늦다. 식(1.14)의 관계를 회전벡터로 나타낸 것이 **그림 1.6**이다. 그림에 있어서 크기 a인 벡터 $\overrightarrow{OA}$를 x축으로 투영한 OA′가 $a \sin\omega t$이고, $\overrightarrow{OA}$보다 $\pi/2[90^\circ]$ 만큼 회전방향으로 앞서 있고 크기가 b인 벡터 $\overrightarrow{OB}$를 x축으로 투영한 OB′가 $b \cos\omega t$이다. $\overrightarrow{OA}$와 $\overrightarrow{OB}$ 벡터의 합이고 크기가 c인 벡터 $\overrightarrow{OC}$를 x축으로 투영한 OC′가 후술하는 바와 같이 식(1.14)로 주어지는 x가 된다. **그림 1.6**의 도형은 이 형태 그대로 각속도 ω로 회전하고 있다. 그림에서 OA′ = B′C′이므로

$$x = a \sin \omega t + b \cos \omega t = \text{OA}' + \text{OB}' = \text{B}'\text{C}' + \text{OB}' = \text{OC}'$$

$\overrightarrow{OA}$, $\overrightarrow{OB}$의 투영을 각각 구해서 그 합을 구하지 않아도 직접 벡터 $\overrightarrow{OC}$의 투영을 구하면 그

것이 x이다는 것을 알 수 있다. △OBC, △OAC가 직각삼각형이므로 식 (1.15)의 관계가 성립한다는 것을 쉽게 알 수 있을 것이다. **그림 1.6**에 있어서 벡터 $\overrightarrow{OC}$는 $\overrightarrow{OA}$보다 β 만큼 회전 방향으로 앞서 있고, $\overrightarrow{OB}$보다 α 만큼 지연되어 있다. 이 사실은 식 (1.14), **그림 1.5** 파형에 있어서 위상의 지연 및 전진과 대응하고 있다.

식 (1.9), 식 (1.14)의 조화운동은 가장 단순한 주기운동인데, **그림 1.7**에서 보는 바와 같은 각종 주기운동도 그것이 주기적으로 반복운동 하는 한, 파형이 아무리 복잡하더라도 항상 조화운동의 합으로 나타낼 수 있다. 그리고 주기운동의 주기가 **그림 1.7**과 같이 $T=2\pi/\omega$ 즉, 각진동수를 ω라고 하면, 이들 주기운동은 다음 식과 같이 각진동수가 ω, 2ω, 3ω, 4ω, $\cdots$인 주기운동의 합이 된다. 이것을 **푸리에 급수**(Fourier series)라 한다.

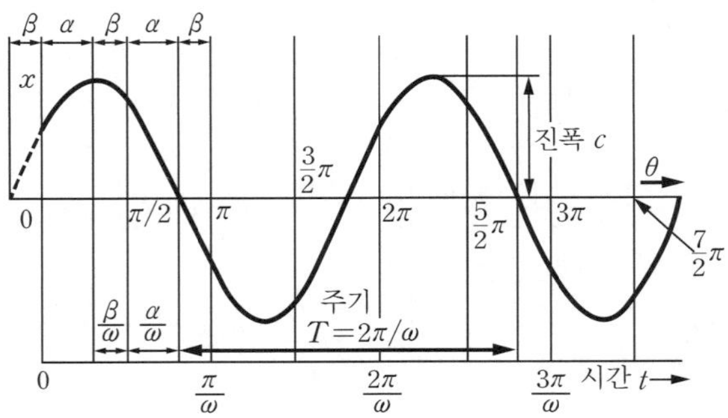

그림 1.5

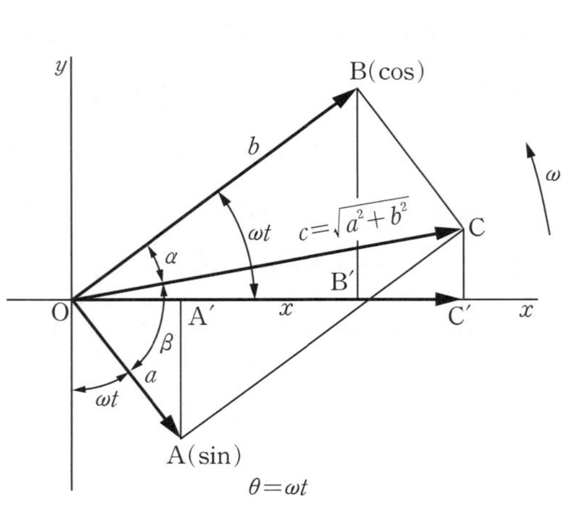

그림 1.6

$$
\begin{aligned}
x(t) &= a_1 \sin \omega t + a_2 \sin 2\omega t + a_3 \sin 3\omega t + \cdots \\
&\quad + b_0 + b_1 \cos \omega t + b_2 \cos 2\omega t + b_3 \cos 3\omega t + \cdots \\
&= b_0 + \sum_{n=1}^{\infty} c_n \sin(n\omega t + \beta_n) = b_0 + \sum_{n=1}^{\infty} c_n \cos(n\omega t - \alpha_n)
\end{aligned} \tag{1.16}
$$

여기서, 식(1.15)와 마찬가지로 다음과 같은 관계가 있다.

$$
c_n = \sqrt{a_n^{\,2} + b_n^{\,2}}, \quad \alpha_n = \tan^{-1}\frac{a_n}{b_n}, \quad \beta_n = \tan^{-1}\frac{b_n}{a_n}, \quad \alpha_n + \beta_n = \frac{\pi}{2} \tag{1.17}
$$

주기운동을 조화운동 형식으로 분해했을 때, 원래 주기운동의 주기보다 긴 주기의 조화운동은 포함되지 않고, 원래의 운동과 같은 주기의 운동과 정수분의 1인 운동의 합으로 나누어진다. 식(1.16) 중의 상수 b_0는 파형의 평균 높이를 나타내는 양이다. **그림 1.7** (a), (b), (c)와 같은 파형들은, $x = 0$인 수평선이 파형의 중앙에 있으면 $b_0 = 0$이지만, **그림 1.7** (d)와 같이 파형의 중앙에서 상하 어느 쪽이라도 조금 벗어나 있으면 $b_0 \neq 0$이다. **그림 1.7** (d)의 파

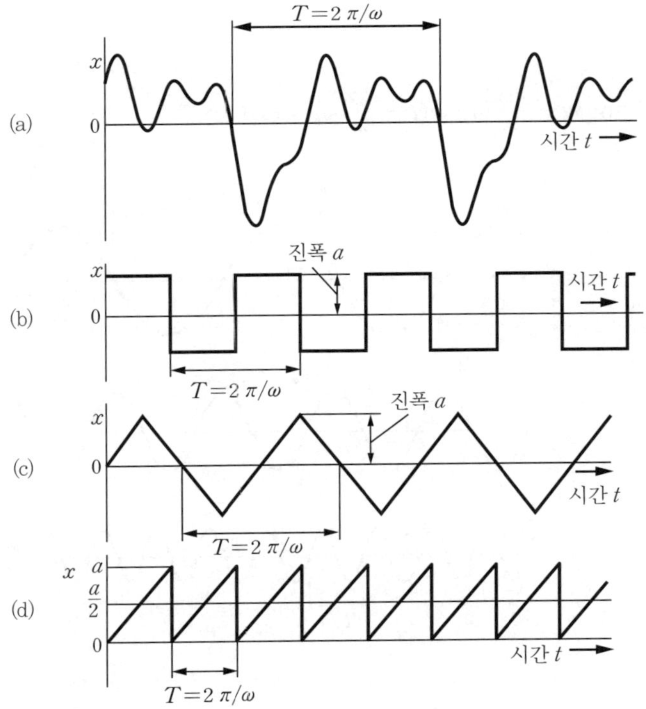

그림 1.7

형은 그림에서 보는 바와 같이 파형의 평균 높이는 $a/2$이므로 이 경우에는 $b_0 = a/2$가 된다.

식(1.16) 중의 조화운동의 진폭 a_n, b_0, b_n은, 주기를 $T = 2\pi/\omega$라고 하면,

$$\left.\begin{aligned} a_n &= \frac{2}{T}\int_0^T x(t)\sin n\omega t\, dt = \frac{\omega}{\pi}\int_0^{2\pi/\omega} x(t)\sin n\omega t\, dt \\ b_0 &= \frac{1}{T}\int_0^T x(t)\, dt = \frac{\omega}{2\pi}\int_0^{2\pi/\omega} x(t)dt \\ b_n &= \frac{2}{T}\int_0^T x(t)\cos n\omega t\, dt = \frac{\omega}{\pi}\int_0^{2\pi/\omega} x(t)\cos n\omega t\, dt \end{aligned}\right\} \tag{1.18}$$

를 이용하여 구할 수 있다. 파형 즉, $x(t)$가 주어지면 식(1.18)로부터 진폭을 산출할 수 있다. 예를 들면, **그림 1.7** (a)의 진동은 무수히 많은 조화진동의 합이지만, 진폭이 큰 순서대로 3개의 조화운동만 나타내면 **그림 1.8**과 같고, 이것을 식으로 나타내면

$$x(t) = a\sin\omega t + \frac{3}{4}a\cos 2\omega t + \frac{1}{2}a\sin 4\omega t \tag{1.16a}$$

그림 1.7 (b), (c), (d)의 운동은 각각 다음과 같이 나타낼 수 있다.

그림 1.7 (b) :

$$x(t) = \frac{4a}{\pi}\sin\omega t + \frac{4a}{3\pi}\sin 3\omega t + \frac{4a}{5\pi}\sin 5\omega t + \cdots$$

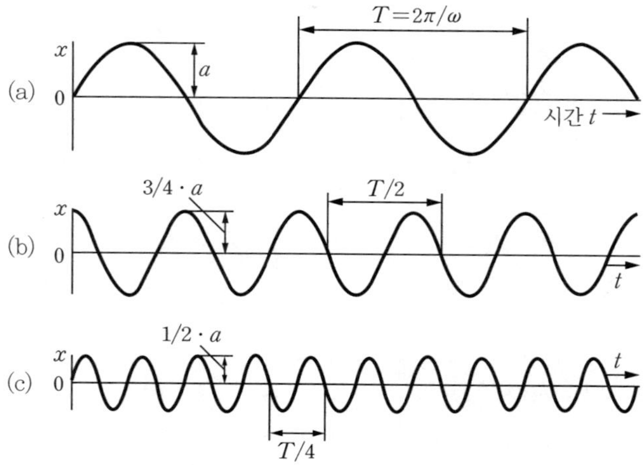

(a) $x = a\sin\omega t$ (b) $x = \frac{3}{4}a\cos 2\omega t$ (c) $x = \frac{1}{2}a\sin 4\omega t$

그림 1.8

$$= \frac{4a}{\pi}\sum_{n=1}^{\infty}\frac{1}{2n-1}\sin(2n-1)\omega t \tag{1.16b}$$

그림 1.7 (c) :

$$x(t) = \frac{8a}{\pi^2}\sin\omega t - \frac{8a}{9\pi^2}\sin 3\omega t + \frac{8a}{25\pi^2}\sin 5\omega t - \cdots$$

$$= \frac{8a}{\pi^2}\sum_{n=1}^{\infty}\frac{(-1)^{n+1}}{(2n-1)^2}\sin(2n-1)\omega t \tag{1.16c}$$

그림 1.7 (d) :

$$x(t) = \frac{a}{2} - \frac{a}{\pi}\sin\omega t - \frac{a}{2\pi}\sin 2\omega t - \frac{a}{3\pi}\sin 3\omega t - \cdots$$

$$= \frac{a}{2} - \frac{a}{\pi}\sum_{n=1}^{\infty}\frac{1}{n}\sin n\omega t \tag{1.16d}$$

그림 1.7 (d)의 주기운동을 식(1.16 d)로 나타낼 수 있는 것에 대해 공식(1.18)을 이용해서 증명해 보자. **그림 1.7** (d)의 $x(t)$는

$$x(t) = \frac{a\omega}{2\pi}t \quad \left(0 \leqq t \leqq T, \quad T = \frac{2\pi}{\omega}\right) \tag{1.19}$$

로 나타낼 수 있으므로

$$a_n = \frac{2}{T}\int_0^T x(t)\sin n\omega t dt = 2\cdot\frac{\omega}{2\pi}\cdot\frac{a\omega}{2\pi}\int_0^{2\pi/\omega} t\sin n\omega t dt$$

$$= \frac{a\omega^2}{2\pi^2}\left[-\frac{t}{n\omega}\cos n\omega t + \frac{1}{n^2\omega^2}\sin n\omega t\right]_0^{2\pi/\omega} = -\frac{a}{n\pi}$$

$$b_0 = \frac{1}{T}\int_0^T x(t)dt = \frac{\omega}{2\pi}\cdot\frac{a\omega}{2\pi}\int_0^{2\pi/\omega} tdt = \frac{a\omega^2}{4\pi^2}\left[\frac{1}{2}t^2\right]_0^{2\pi/\omega} = \frac{a}{2}$$

$$b_n = \frac{2}{T}\int_0^T x(t)\cos n\omega t dt = 2\cdot\frac{\omega}{2\pi}\cdot\frac{a\omega}{2\pi}\int_0^{2\pi/\omega} t\cos n\omega t dt$$

$$= \frac{a\omega^2}{2\pi^2}\left[\frac{t}{n\omega}\sin n\omega t + \frac{1}{n^2\omega^2}\cos n\omega t\right]_0^{2\pi/\omega} = 0$$

즉, $a_n = -a/(n\pi)$, $b_0 = a/2$, $b_n = 0$이고, 식(1.18)로부터 $x(t)$는 식(1.16 d)로 나타낼 수 있다.

1.5 가속도, 관성력, 코리오리 힘

이 절에서 다루는 사항은 역학에 있어서 기초적인 사항이지만, 나중에 기술할 사항과 관련이 깊으므로 복습도 할 겸 여기서 설명하고자 한다.

가속도란, 속도의 시간에 대한 변화의 비율, 즉 단위 시간당 속도의 변화량이다. 속도는 크기와 방향을 가진 벡터량이다. 일반적으로 벡터량의 시간에 대한 변화에는 크기의 변화와 방향의 변화, 2개의 변화가 있다. 따라서

$$\text{가속도} = \begin{cases} (\text{I})\ \text{속도의 크기 변화에 의한 가속도} \\ (\text{II})\ \text{속도의 방향 변화에 의한 가속도} \end{cases} \tag{C}$$

로 가속도는 2개의 성분으로 구성되어 있다. (I)의 가속도 방향은 원래의 속도와 같은 방향이고, (Ⅱ)의 가속도는 원래의 속도 방향과 직각방향을 취한다. 변위 x의 가속도인 $\ddot{x}$는 (I)의 가속도이고, 등속 원운동하는 가속도는 (Ⅱ)의 가속도이다. 후자의 경우, 그 크기가 일정한 원주속도는 시시각각 방향을 바꾼다.

질량에 가속도를 곱한 벡터량의 방향을 반대로 한 것을 **관성력**(慣性力, inertial force)이라고 한다. 즉,

$$(\text{관성력}) = -(\text{질량}) \times (\text{가속도}) \tag{D}$$

뉴톤의 제2법칙인 식(A)의 좌변항을 우변으로 옮기면,

$$(\text{관성력}) + (\text{외부에서 물체에 작용하는 힘}) = 0 \tag{E}$$

속도가 0 또는 일정한 경우에 대해 다루는 정역학에서는 "물체에 작용하는 힘의 총합은 0이다"라고 하는 평형조건이 항상 성립한다. 식(E)는, 만약 관성력도 힘이라고 간주하면 가속도가 0이 아닌 운동의 경우에 대해 다루는 동역학에 있어서도 항상 평형조건이 성립한다는 것을 의미하고 있다. 즉, 식(E)는 "물체에 작용하는 관성력을 포함한 힘의 총합은 0이다"고 하는 것을 나타내고 있다. 이것을 **다랑베르의 원리**(d'Alembert's principle)라 하고, 뉴톤의 제2법칙과 같은 내용을 다른 관점에서 기술한 것이다. **1.3절**에서 병진운동과 회전운동을 비교했는데, 회전운동에 있어서 관성력에 해당하는 것이 **관성우력**(慣性偶力, inertia couple)이고, **표 1.1**에서 알 수 있듯이

$$(\text{관성우력}) = -(\text{질량관성모멘트}) \times (\text{각가속도}) \tag{D}'$$

로 나타낼 수 있다. 식(E)에 상당하는 것은

$$(\text{관성우력}) + (\text{외부에서 물체에 작용하는 모멘트}) = 0 \tag{E}'$$

이고, 이것은 식 (B)의 좌변을 우변으로 이동시켜도 같은 결과가 나온다.

가속도는 직교정지좌표계 O$-xy$에 있어서 좌표 x, y를 이용하면 $\ddot{x}$, $\ddot{y}$로 간단히 나타낼 수 있지만, 회전운동 해석시 이용하는 회전좌표계에 의한 표현, 혹은 극좌표에 의한 표현, 즉, 가속도를 x, y 방향이 아니고, 반경방향과 이것과 직각인 방향으로 나누어 생각할 경우에는 다음에 기술하는 바와 같이 결코 간단하지가 않다. xy 평면상에서 임의의 운동을 행하고 있는 점 P의 위치를 **그림 1.9** (a)와 같이 크기 r인 위치벡터 $\overrightarrow{\mathrm{OP}} = \boldsymbol{r}$라고 하자. P점이 xy 평면상을 임의로 이동함에 따라 벡터 $\boldsymbol{r}$는 그 크기를 바꿈과 동시에 방향도 바꾸기 때문에 벡터 $\boldsymbol{r}$는 정지좌표계 O$-xy$에 대해 때로는 시계방향으로, 때로는 반시계방향으로 회전한다. 벡터 $\boldsymbol{r}$가 이와 같이 전후로 회전할 때, 이 $\boldsymbol{r}$와 같은 각속도로 회전하는 회전직교좌표계를 O$-XY$라고 하면, P점이 xy 평면상에서 이동할 때 벡터 $\boldsymbol{r}$의 크기는 바뀌더라도 회전좌표계 O$-XY$에 대한 방향 θ는 변하지 않는다. 어떤 시각에 있어서 벡터 $\boldsymbol{r}$와 회전좌표계 O$-XY$의 회전 각속도를 ω라 하자. ω는 반시계방향으로 회전할 때를 (+)라고 한다. 이때 P 점은 $\overrightarrow{\mathrm{OP}}$ 방향 즉, 반경방향으로 $dr/dt = \dot{r}$의 속도를 가지고, 또한 P점은 정지좌표계에 대해 ω로 회전하고 있으므로 $\overrightarrow{\mathrm{OP}}$에 직각인 방향으로 원주속도 $r\omega$를 가진다. 여기서 $\dot{r}$는 벡터 $\boldsymbol{r}$의 크기의 변화, $r\omega$는 $\boldsymbol{r}$의 방향변화에 의한 속도이다. **그림 1.9** (a)에는 벡터의 크기가 반경 방향으로 뻗어 있는 $\dot{r} > 0$인 경우이고, 게다가 ω가 $(+)$방향 즉, 반시계방향을 취했을 때의 상태를 나타내고 있다. 속도 $\dot{r}$는 항상 $\overrightarrow{\mathrm{OP}}$방향, 속도 $r\omega$는 항상 이것과 직각인 방향을 취하므로 이들도 회전좌표계 O$-XY$에 대해서는 벡터 $\boldsymbol{r}$와 마찬가지로 방향을 바꾸는 일은 없다. 따라서 벡터 $\boldsymbol{r}$와 마찬가지로 정지좌표계에 대해서는 $\boldsymbol{\omega}$로 회전하고 있다. **그림 1.9** (a)의 위치벡터 $\boldsymbol{r}$의 시간에 대한 변화와 마찬가지로 **그림 1.9** (b)와 같이 속도벡터 $\dot{\boldsymbol{r}}$의 크기 변화에 의해 $\dot{r}$ 방향으로 $\ddot{r}$, 그 방향 변화에 의해 이것과 직각인 방향으로 $\dot{r}\omega$의 가속도가 생기고, 또한 속도벡터 $\boldsymbol{\omega} \times \boldsymbol{r}$의 크기 변화에 의해 이 방향으로 $d(r\omega)/dt = \dot{r}\omega + r\dot{\omega}$의 가속도가 발생하고, 속도벡터 $\boldsymbol{\omega} \times \boldsymbol{r}$의 방향 변화로 인하여 이것과 직각인 방향을 취하는 $(r\omega)\times\omega = -r\omega^2$의 가속도가 발생한다[(−)를 붙인 것은 $\boldsymbol{r}$와 역방향이

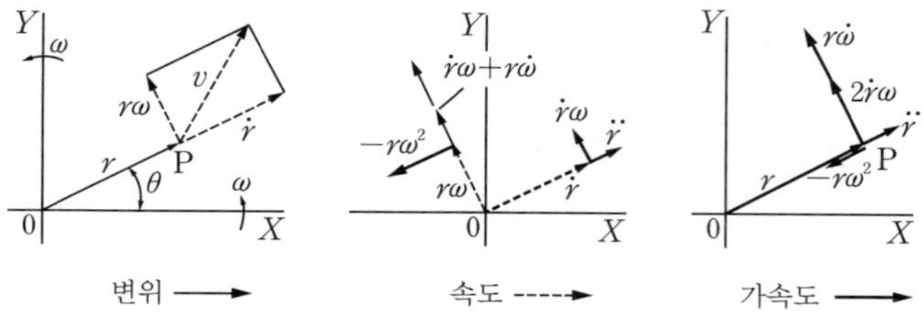

그림에는 ω가 반시계방향으로 $\dot{r}>0$, $\ddot{r}>0$, $\dot{\omega}>0$ 인 경우에 있어서 각 벡터가 취하는 방향을 나타내고 있다.(v : 속도 벡터)

그림 1.9

기 때문에]. 이상을 정리하면, **그림 1.9** (c), 식(1.20)과 같이 된다.

$$\text{가속도} = \left\{ \begin{array}{l} (\text{I})\ \text{반경방향의 가속도} = \ddot{r} + (-r\omega^2) \\ (\text{II})\ \text{접선방향의 가속도} = r\dot{\omega} + 2\dot{r}\omega \end{array} \right\} \tag{1.20}$$

식(1.20)에서 가속도 $\ddot{r}$는 $\ddot{r} > 0$이면 그림과 같이 원심방향을, $\ddot{r} < 0$이면 이것과 반대인 구심방향을 취한다. 가속도 $r\dot{\omega}$는 $\dot{\omega} > 0$이면 그림과 같은 방향, $\dot{\omega} < 0$이면 이것과 반대 방향을 취한다. $2\dot{r}\omega$의 가속도는 $\dot{r} > 0$이면 그림과 같은 방향, $\dot{r} < 0$이면 이것과 반대 방향을 취한다. $-r\omega^2$의 가속도는 ω의 $(\pm)$에 관계없이 항상 구심방향, 즉 $-\boldsymbol{r}$ 방향을 취한다.

이들 가속도 중 $r\dot{\omega}$는 각속도 ω가 변화함에 따라 발생하는 원주속도 $r\omega$의 변화 때문에 생긴 가속도이고, $-r\omega^2$은 원주속도 $r\omega$의 방향변화에 따른 가속도인데, **원심력**(遠心力, centrifugal force)은 이 가속도에 의한 관성력이다. $2\dot{r}\omega$ 가속도의 발생기구는 다음과 같다. 반경방향의 속도 $\dot{r}$의 방향변화에 의해 우선 $\dot{r}\omega$(**그림 1.9** (b)의 1사분면에 있는 $\dot{r}\omega$)가 생긴다. 또한 $\dot{r} \neq 0$ 이므로 dt 시간에 반경이 dr 만큼 변화하는데, 그 때문에 원주속도도 $r\omega$에서 $(r + dr)\omega$로 변하기 때문에 원주속도에도 $dr \cdot \omega$ 만큼 변화가 생기고, 따라서 단위 시간당 $\dot{r}\omega$의 원주속도 변화에 의한 가속도가 하나 더 발생한다(**그림 1.9** (b)의 2사분면에 있는 $\dot{r}\omega + r\dot{\omega}$중 $\dot{r}\omega$). 이와 같이 해서 합계 $2\dot{r}\omega$의 가속도가 생긴다. 이 $2\dot{r}\omega$ 가속도에 의한 관성력을 **코리오리 힘**(Coriolis force, 전향력 轉向力)이라고 한다.

벡터 외적(vector product)을 행하면, 이들 가속도는 기계적으로 산출된다. 위치벡터, 속도, 가속도를 각각 $\boldsymbol{r}$, $\boldsymbol{v}$, $\boldsymbol{a}$라고 하자. 위치벡터 $\boldsymbol{r}$는 $\boldsymbol{\omega}$로 회전하고 있으므로 속도 $\boldsymbol{v}$는

$$\boldsymbol{v} = \frac{d\boldsymbol{r}}{dt} + \boldsymbol{\omega} \times \boldsymbol{r} \tag{i}$$

여기서, $\boldsymbol{\omega} \times \boldsymbol{r}$는 벡터 외적을 의미한다. **그림 1.9** (a)를 설명하는 부분에서 명확히 설명되어 있듯이 속도벡터 $\boldsymbol{v}$도 각속도 $\boldsymbol{\omega}$로 회전하고 있으므로 식(i)과 마찬가지로 가속도 $\boldsymbol{a}$는

$$\boldsymbol{a} = \frac{d\boldsymbol{v}}{dt} + \boldsymbol{\omega} \times \boldsymbol{v} \tag{ii}$$

로 나타낼 수 있다. 식(i)을 식(ii)에 대입하면

$$\begin{aligned}
\boldsymbol{a} &= \frac{d}{dt}\left(\frac{d\boldsymbol{r}}{dt} + \boldsymbol{\omega} \times \boldsymbol{r}\right) + \boldsymbol{\omega} \times \left(\frac{d\boldsymbol{r}}{dt} + \boldsymbol{\omega} \times \boldsymbol{r}\right) \\
&= \frac{d^2\boldsymbol{r}}{dt^2} + \frac{d\boldsymbol{\omega}}{dt} \times \boldsymbol{r} + 2\boldsymbol{\omega} \times \frac{d\boldsymbol{r}}{dt} + \boldsymbol{\omega} \times (\boldsymbol{\omega} \times \boldsymbol{r}) \\
&= \ddot{\boldsymbol{r}} + \dot{\boldsymbol{\omega}} \times \boldsymbol{r} + 2\boldsymbol{\omega} \times \dot{\boldsymbol{r}} - \omega^2 \boldsymbol{r}
\end{aligned} \tag{1.21}$$

가 되고, 식(1.20), **그림 1.9** (c)에 있는 가속도가 전부 산출되었다.

식(1.20), (1.21)에 있는 여러 가지 가속도를 정지좌표축 x, y 방향으로 투영했을 때, 그 성분들의 총합은 $\ddot{x}$, $\ddot{y}$로 극히 간단하게 나타낼 수 있다. 이와 같이 간단한 것은, 예를 들면 변위 x, 속도 $\dot{x}$, 가속도 $\ddot{x}$는 전부 x 방향으로 한정된 양이고, 변위 및 속도의 방향 변화에 따른 속도 및 가속도[식(C)의 (Ⅱ) 가속도]를 생각할 필요가 전혀 없기 때문이다. 가속도를 반경방향과 접선방향으로 나누어 생각할 때, 식(1.20), (1.21) 혹은 **그림 1.9** (b), (c)와 같이 나타낼 수 있는 사실은, 처음에 기술한 바와 같이 P점이 임의의 xy 평면상에서 운동할 때 성립하는 것인데, 이와 같이 다루는 것은 주로 회전운동을 해석할 때 이용한다.

문 제

1.1 직경 50 cm, 두께 1 cm의 강철제 원판이 있다. 이 원판 중심을 통과하고 원판에 직각인 축 둘레의 극질량관성모멘트(polar mass moment of inertia) I_p를

(a) SI 단위계를 이용할 경우

(b) 공학단위계로 m, kgf, s를 이용할 경우

에 대해서 계산하라. 단, 강의 비중은 7.88로 한다.

주 반경 r, 질량 m인 원판의 극질량관성모멘트는 $I_p = \frac{1}{2}mr^2$으로 주어진다.

1.2 1 rad은 몇도인가? 또한 10°는 몇 rad 인가?

1.3 1초에 10번 왕복하는 진동의 진동수 f[Hz], 각진동수 ω[rad/s], 주기 T[s]를 구하라.

1.4 $x = 0.10 \sin \omega t + 0.06 \cos \omega t$ [m]로 주어지는 변위를 식(1.14)와 같이 나타내었을 때, 진폭 c, 위상각 α, β [deg]를 식(1.15)를 이용하여 구하라.

1.5 그림과 같은 주기 $T = 2\pi/\omega$인 주기운동을 조화운동의 합으로 나타내어라.

1.6 그림과 같은 주기 $T = 2\pi/\omega$의 운동은, 반주기는 시간에 대해서 직선적으로, 나머지 반주기는 조화운동적으로 변하고 있다. 이 운동을 조화운동의 합으로 나타내어라.

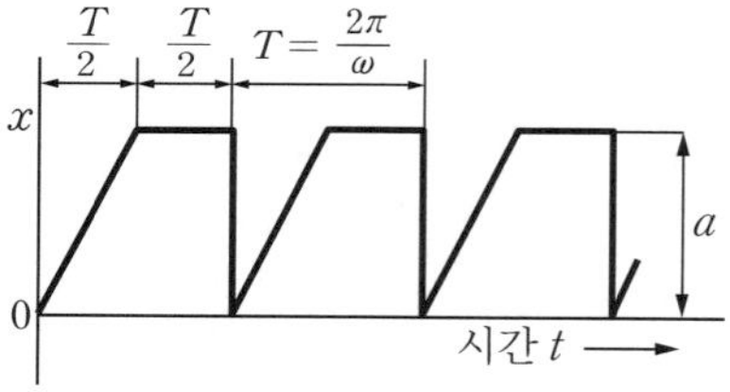

문 1.5

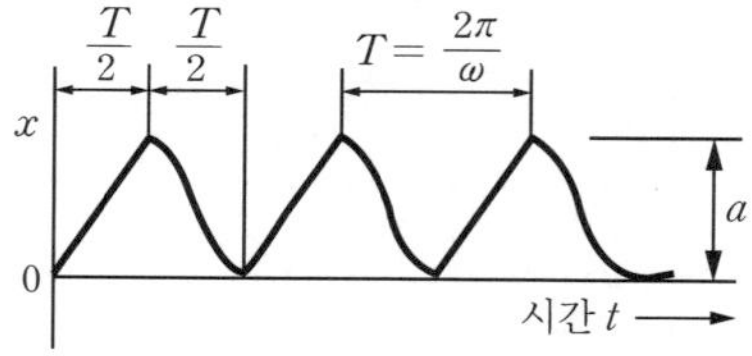

문 1.6

Chapter 2

1자유도계의 진동

2.1 자유도

역학계의 기하학적 위치를 결정하는데 필요한 좌표의 수를 그 역학계의 **자유도**(自由度, DOF, Degree Of Freedom)라고 한다. 이것만으로는 자유도의 의미를 잘 알 수 없으므로 그 의미에 대해 설명하고자 한다.

1질점계에 있어서, 질점이 직선 혹은 곡선상을 운동하도록 구속되어 있을 때, 그 선상의 임의의 점을 시작점으로 정하면, 질점의 위치는 이 시작점에서 측정한 거리만으로 정해진다. 즉, 시작점에서부터 거리라고 하는 하나의 좌표로 계의 기하학적 위치가 정해지기 때문에, 이 계의 자유도는 1이고, 이 계를 **1자유도계**(SDOF, Single DOF)라고 한다. 레일 위를 달리는 기차도 질점으로 간주할 수 있는 한 1자유도계이다. 하나의 질점이 평면 혹은 곡면상을 운동할 경우, 이 계는 2자유도계이다. 예를 들면, xy 평면 위에 있는 질점의 위치는 2개의 좌표 x, y가 주어지면 정해진다. 좌표는 반드시 길이의 차원을 가질 필요는 없다. xy 평면상에서 질점의 위치는 극좌표에 의해서도 나타낼 수 있다. 즉, 반경과 각도, 이 2개의 좌표가 주어지면 정해진다. 또한 하나의 곡면으로 이루어져 있는 지구상의 위치는 위도와 경도 2개의 좌표로 정해진다. xyz 공간상에서 구속받지 않고 자유로이 운동하는 1개의 질점은 x, y, z 3개의 좌표에 의해 그 위치가 결정되기 때문에, 이 계의 자유도는 3이다.

다질점계의 자유도는 위에서 언급한 자유도의 수에 질점수를 곱하면 된다. 예를 들면, 3개의 질점으로 이루어져 있는 질점계의 질점이 전부 하나의 평면 위에서 운동하도록 구속되어 있는 경우에 자유도는 $3 \times 2 = 6$이다.

아무런 구속도 없이 자유로 운동할 수 있는 강체는 6자유도계이다. 강체의 무게중심 위치를 정하는 x_G, y_G, z_G 3개의 좌표와 강체 무게중심 둘레의 각(角)위치를 정하기 위한 3개의 좌표(예를 들면, 오일러각 θ, φ, ψ) 등 6개의 좌표가 주어지면 비로소 강체의 기하학적 위치가 정해진다. 강체가 1개의 축 둘레를 회전하도록 구속되어 있으면, 자유도는 1이다. 예를 들면, **그림 2.20**과 같이 지점 O 둘레를 회전운동 하는 시계추는 수직방향에서 각도 θ만으로 그 위치가 정해진다.

자유도가 적다고 해서 간단한 계라고는 할 수 없다. 일반적으로 기계류는 정해진 일정한 운동을 하도록 설계되어 있는 경우가 대부분이다. 즉, 구동측 기계부품의 위치가 주어지면, 이것과 1:1 대응으로 피동측 기계부품의 위치가 정해지도록 되어 있다. 이와 같이 기계류는, 예를 들어 구조가 복잡하더라도, 기구학에서 말하는 구속된 연쇄(連鎖, chain), 즉 한정연쇄를 구성하고 있는 경우가 대부분이고, 이 경우의 자유도는 1이다. 예를 들면, **그림 2.1** (a)와 같이 4개의 봉으로 구성되어 있는 4절 회전연쇄에서는 각도 θ가 주어지는 것만으로 4개의 봉의 위치는 전부 정해진다. 또한 얼핏보아 구조가 복잡하게 보이는 왕복동 내연기관은 피스톤·크랭크 기구를 이용하고 있는데, 이 경우도 **그림 2.1** (b)와 같이 크랭크 각도 θ가 주어지면 크랭크축, 연접봉(connecting rod), 피스톤 등의 위치는 전부 정해져 버리는 1자유도계이다.

또한 자유도가 많은 계가 반드시 복잡한 계라고는 할 수 없다. 변형이 가능한 1개의 줄(현 弦)은 자유도가 무한대이다. 1가닥의 줄이라도 무한개의 미소한 질점의 집합으로 구성되어 있으므로 이들 무한히 많은 미소질점의 위치를 정하는 데는 무한개의 좌표가 필요하다. 또한 변형할 수 있는 1장의 판, 변형할 수 있는 물체, 예를 들면, 고무 지우개 등은 전부 무한대의 자유도를 가진다.

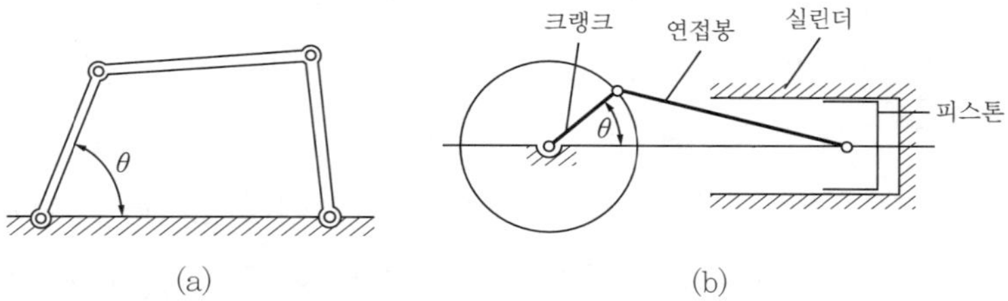

(a) (b)

그림 2.1

2.2 스프링력

그림 2.2와 같이 스프링과 질량 m인 물체로 구성되어 있는 계에 대해 살펴보자. **그림 2.2** (a)

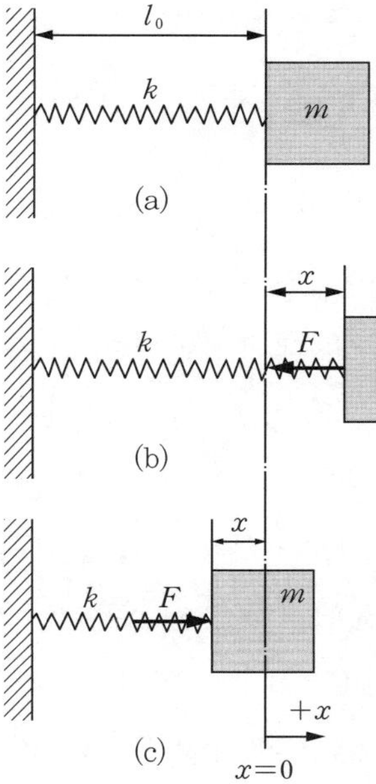

그림 2.2

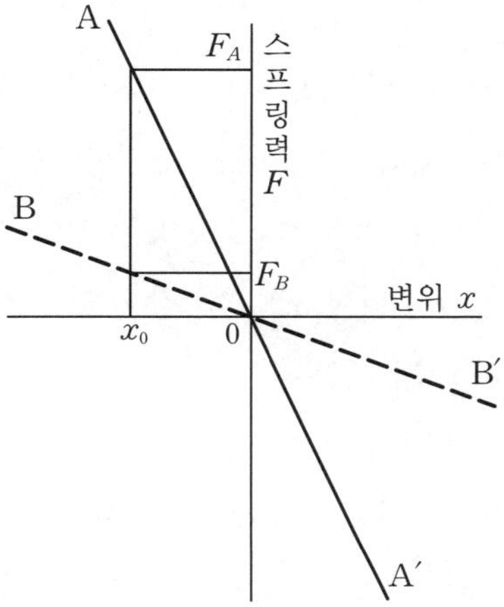

그림 2.3

에서 스프링은 신축 없이 자연 그대로의 길이 l_0를 유지하고 있다. 이 상태에서 **그림 2.2** (b)와 같이 물체를 오른쪽으로 x 만큼 당기면 스프링은 늘어나기 때문에 수축할려고 물체를 왼쪽으로 힘 F로 당긴다. 이 경우, 스프링이 물체에 미치는 힘 F를 **스프링력**(spring force)이라고 한다. 이번에는 물체를 중립위치에서 왼쪽으로 누르면, 스프링은 밀어낼려고 하며 **그림 2.2** (c)와 같이 오른쪽으로 스프링력 F가 발생한다. 이와 같이 스프링력 F는 물체를 **그림 2.2** (a) 상태 즉, 원래의 위치로 복귀시킬려고 작용하는 **복원력**(復元力, restoring force)의 하나이다.

스프링력 F는 스프링의 늘어나고 줄어드는 양에 비례하는

$$F \propto x \tag{2.1}$$

의 경우, 즉 스프링이 후크의 법칙에 따르는 경우에 대해 고찰해 보자. x는 스프링의 신축량이기도 하고, 또한 물체의 변위를 나타내는 좌표이기도 하므로 크기 뿐만이 아니고 방향(sense) 즉, (±)도 있다. 지금 **그림 2.2** (a)의 위치를 $x = 0$인 위치로 하고, 오른쪽을 x의 (+) 방향으로 취한다. 따라서 힘 F도 이 방향을 향하는 경우가 (+)이다. 식(2.1)의 비례관계와

그림 2.2 (b), (c)와 같이 x와 F의 방향이 반대인 것으로부터, 스프링력 F는

$$F = -kx \tag{2.2}$$

로 나타낼 수 있다. 여기서 k는 스프링력과 스프링 신축량 사이의 비례상수인데, 이것을 **스프링상수**(spring constant)라고 한다. 식 (2.2)에서 알 수 있듯이 스프링상수 k는 x가 1일 때의 스프링력이다. 즉, 스프링을 단위 길이 [1 m] 만큼 신축시키는데 필요한 힘이 스프링상수이고, 단위는 [N/m]이다. 같은 길이를 신축시키는데 필요한 힘은 스프링상수 k가 큰 스프링일수록 크기 때문에, 스프링이 강할수록 스프링상수 k는 커진다.

스프링력 F와 물체의 변위 x의 관계는, 식 (2.2)에서도 알 수 있듯이, **그림 2.3**에서 보는 바와 같이 AOA′, BOB′와 같은 직선관계가 되고, AOA′는 BOB′보다 강한 스프링인 경우이다. 이것은 그림에서, 같은 변위 x_0, 즉 A와 B 스프링이 같은 변위로 신축할 때, A 스프링이 큰 힘 F_A ($>F_B$)를 필요로 하는 것으로부터도 알 수 있다. **그림 2.3**에서 AOA′, BOB′ 2직선이 제2사분면, 제4분면에만 존재하는 것은, 스프링력이 복원력이고, 식 (2.2)의 우변에 (−)부호가 붙어 있기 때문이다.

2.3 자유진동

2.3.1 운동방정식의 도입

그림 2.4와 같이, 스프링상수 k인 스프링의 하단에 질량 m인 물체가 붙어 있을 때, 이 물체의 상하방향 운동에 대해 생각해 보자. 여기서 스프링의 질량은 물체의 질량에 비해 무시할 수 있는 것으로 한다. 물체는 좌우로 흔들리거나 수직축 둘레를 회전하거나 하는 등의 운동을 하지 못하도록 무언가의 방법으로 구속되어 있다고 한다. 이와 같은 구속조건 하에서 물체가 할 수 있는 운동은 하나의 수직선을 따라 상하운동 하는 것뿐이므로, **2.1절**에서 기술한 바와 같이 이 계는 1자유도계이다.

그림 2.4 (a)는, 스프링상수 k인 스프링이 신축 없이 자연 길이 l_0를 유지하고 있는 경우이다. **그림 2.4** (b)는 스프링의 하단에 질량 m인 물체를 붙였을 경우 정지상태를 나타내고 있다. 이때 스프링의 늘어남 δ_{st}를 **정적(静的)처짐**(static deflection)이라고 한다. 정지시 물체의 위치를 $x = 0$인 위치로 선택하고, 변위 x는 아래쪽 방향을 (+)라 한다. 따라서 힘도 아래쪽

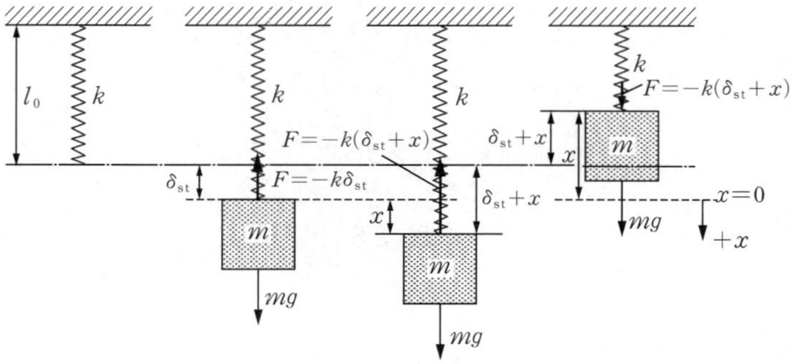

(a) 자연길이 (b) 정지상태 (c) 운동중 (d) 운동중

그림 2.4

방향이 (+)이다. **그림 (2.4)** (b)에 있어서 물체에는 아래쪽 방향으로 중력 mg가 작용하고, δ_{st} 늘어남에 따라 위쪽 방향으로 스프링력 $F = -k\delta_{st}$가 작용하고, 양자는 평형상태를 유지하고 있다. 이 평형조건 $mg + F = 0$로부터

$$mg - k\delta_{st} = 0, \qquad k\delta_{st} = mg \tag{2.3}$$

따라서 정적처짐 δ_{st}의 크기는

$$\delta_{st} = \frac{mg}{k} \tag{2.4}$$

그림 2.4 (c)는 정지위치에서 x만큼 아래쪽 방향으로 물체가 운동한 경우이고, **그림 2.4** (d)는 위쪽 방향으로 x만큼 운동한 경우이다. **그림 2.4** (c)에서는, 스프링이 $\delta_{st}+x$ 만큼 늘어나 있으므로 위쪽 방향으로 스프링력 $F=-k(\delta_{st}+x)$ (<0)가 작용하고 있다. 물체가 상하 방향으로 변위할 때, 스프링은 $|\delta_{st}+x|$ 만큼 늘어나거나 줄어든다. **그림 2.4** (d)와 같이 $\delta_{st}+x<0$ ($\delta_{st}<|x|$)일 때 스프링은 수축해 있으므로 $F=-k(\delta_{st}+x)$ (>0)의 스프링력이 (+)방향(아래쪽 방향)으로 작용한다. $\delta_{st}+x>0$ ($\delta_{st}>|x|$)이면 스프링은 중립위치에서 더 늘어나 있으므로 $F=-k(\delta_{st}+x)$ (<0)의 스프링력이 (−)방향(위쪽 방향)으로 작용한다. 어느 쪽이든 운동중일 때 스프링력은 $F=-k(\delta_{st}+x)$ 하나로 나타낼 수 있기 때문에 외부로부터 물체에 작용하는 힘의 총합은 스프링력 F와 중력의 합 $F+mg=-(k\delta_{st}+x)+mg$이다. 뉴톤의 운동 제2법칙, 즉 (질량 m)×(가속도 $\ddot{x}$)=(외부로부터의 힘)의 관계로부터

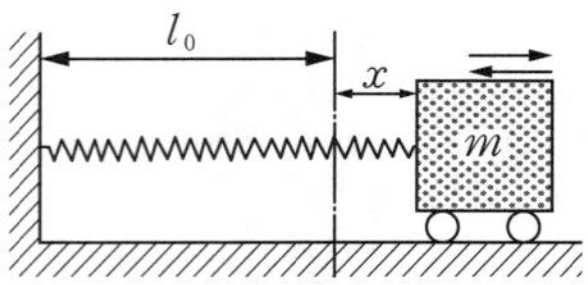

그림 2.5

$$m\ddot{x} = -k(\delta_{st} + x) + mg \tag{2.5}$$

식(2.3)으로부터 $k\delta_{st} = mg$이므로 식(2.5)는

$$m\ddot{x} = -kx \tag{2.6}$$

혹은

$$m\ddot{x} + kx = 0 \tag{2.7}$$

이와 같이 정적처짐 δ_{st}에 의한 스프링력 $-k\delta_{st}$와 중력 mg는 서로 상쇄되기 때문에 운동방정식을 구할 때는 (i) 중력을 고려하지 않고, (ii) 이와 동시에 정적처짐에 의한 스프링력도 무시한다. 즉, 평형위치 $x = 0$에서 변위 x에 의한 스프링력 $-kx$만을 고려해서 직접 식(2.6), (2.7)을 도입하면 된다.

그림 2.5와 같이 마찰이 없는 굴림대로 지지되어 있는 물체가 좌우방향으로 진동할 경우, 중력은 운동방향과는 관계없기 때문에 변위 $x = 0$인 위치를 스프링이 자연 길이 l_0를 유지하는 스프링력 0인 위치로 택하면, 운동방정식 (2.6), (2.7)을 구할 수 있다.

2.3.2 운동방정식의 해법

질량 m과 스프링상수 k는 모두 양의 실수이므로

$$p^2 = \frac{k}{m} \quad (>0) \tag{2.8}$$

라 놓으면, 식(2.6), (2.7)은 다음 식과 같이 된다.

$$\ddot{x} = -p^2 x \tag{2.9}$$

$$\ddot{x} + p^2 x = 0 \tag{2.10}$$

식(2.9)가 의미하는 바는 다음과 같다. 시간 t의 함수인 x는, 이것을 시간 t에 관해서 2회 미분하면, 원래 함수의 $-p^2$배가 된다는 함수이다. 식(1.13a), (1.13b)에서 알 수 있듯이 이와 같은 함수로서는 $x = a\sin pt$, $x = b\cos pt$가 있다. 이들의 합 또한 식(2.9)를 만족하므로, 식(2.9)의 해로서

$$x = a\sin pt + b\cos pt = c\sin(pt + \beta) = c\cos(pt - \alpha) \tag{2.11}$$

가 되고, c, α, β 값은 식(1.15)로 주어진다. 진폭 a, b가 어떠한 값이어도 식(2.11)이 식(2.9)의 해가 되는 것은 상기의 설명으로 명확할 것이다. 즉, a, b는 임의의 상수이고, 이들 크기는 다음에 기술되어 있는 바와 같이 2개의 초기조건으로 정해진다.

2회 미분하면 원래 함수의 $-p^2$배가 되는 함수는 이외에도 존재한다. 지수함수 $x = Ae^{st}$를 2회 미분하면 $\ddot{x} = s^2 Ae^{st}$가 되어 s^2배가 되므로 $s^2 = -p^2$ 즉,

$$s = ip, \quad s = -ip \quad (i = \sqrt{-1})$$

인 지수함수 Ae^{ipt}, Be^{-ipt} 및 이들 합

$$x = Ae^{ipt} + Be^{-ipt} \tag{2.12}$$

도 또한 식(2.9)의 해가 된다. 여기서 사실 식(2.11)과 식(2.12)는 시간 t에 대해 완전히 같은 함수이다. 삼각함수와 지수함수와의 사이에는 이미 알고 있는 **오일러 공식**(Euler's formula)

$$e^{\pm ipt} = \cos pt \pm i\sin pt \tag{2.13}$$

의 관계가 있으므로 식(2.13)을 식(2.12)에 대입하면 다음과 같이 된다.

$$x = i(A - B)\sin pt + (A + B)\cos pt \tag{a}$$

x는 실제 운동에 있어서 변위이기 때문에 실수이다. 따라서 식(a) 중의 $i(A-B)$, $(A+B)$도 또한 실수이어야 된다. 그래서 $A = (b - ia)/2$, $B = (b + ia)/2$이면 즉, 이와 같이 A, B가 임의의 크기의 실수부와 허수부를 갖는 공액복소수이면 이 문제는 해결된다. 이때 $a = i(A - B)$, $b = (A + B)$가 되고, 식(a)는 식(2.11)과 일치하고, x도 실수가 된다.

식(2.9), (2.10)은 2계 상미분방정식인데, 상미분방정식은 일반적으로 위에서 기술한 방법으로 풀지 않고 다음과 같은 방법으로 푼다. 즉, 식(2.9), (2.10)의 해로서

$$x = Ae^{st} \tag{2.14}$$

라 놓고, 이것을 식(2.9), (2.10)에 대입하여 식(2.9), (2.10)을 만족하도록 s의 값을 구한다. 식(2.14)를 식(2.9), (2.10)에 대입하면 다음 식과 같이 된다.

$$Ae^{st}(s^2+p^2) = 0$$

$A = 0$이면 완전히 운동하지 않는 것이 되기 때문에 $A \neq 0$인 경우에 대해 생각해 보자. e^{st}는 0가 되지 않기 때문에 윗식이 성립하기 위해서는, 바꾸어 말하면 식(2.14)가 식(2.9), (2.10)의 해가 되기 위해서는 $s^2 + p^2 = 0$ 즉, $s^2 = -p^2$, $s = \pm ip$가 되어야 한다. $s = \pm ip$를 가지고 해를 구하면 식(2.12), 즉 식(2.11)을 구할 수 있다.

2.3.3 임의상수와 초기조건

식(2.11) 중의 a와 b, 식(2.12) 중의 A와 B는 임의의 값을 취할 수 있는 상수이다. 왜 a, b 혹은 A, B가 임의의 값이 되어도 식(2.11), (2.12)는 운동방정식 (2.9), (2.10)을 만족하는 것일까? 또한 운동방정식 (2.9), (2.10)의 해 중에는 왜 이와 같이 2개의 임의상수가 들어가는 것일까? 이 문제에 대해 생각해 보자.

뉴톤의 운동 제2법칙은 가속도와 힘에 관한 법칙이지 변위에 관한 법칙이 아니다. 왜 운동법칙이 가속도에 관해서 성립하는가에 대한 의문은 단지 다음과 같이 답할 수 밖에는 없다. 우리들은 그러한 법칙에 지배받고 있는 세계에서 살고 있기 때문이라는 것이다. 운동방정식을 풀려면, 운동방정식을 만족하는 시간 t의 함수인 x를 찾아내는 것인데, 바꾸어 말하면 x를 시간 t의 함수로 나타내는 것이다. 이 과정 중에는, $\ddot{x}$에서 x로 어떻게 해서든지 2회에 걸쳐 적분이 필요하므로 2개의 적분상수가 어떠한 형태로든지 해 중에 포함된다. 그러면 이 2개의 임의상수는 무엇에 의해 결정되는 것일까? 이들은 소위 2개의 초기조건으로 구해진다. 예를 들면, 자유낙하운동에 대한 운동방정식은 $\ddot{x}=g$(g : 중력가속도), 그 해는

$$x = \frac{1}{2}gt^2 + C_1t + C_2$$

인데, 여기서 C_1, C_2는 초기조건, 즉 (i) 물체를 위로 던진 것인가? (ii) 물체를 그대로 손

을 놓아 떨어뜨린 것인가? (iii) 아래로 던진 것인가? 등의 조건으로부터 정해지는 임의상수이다. 물체가 공중에서 어떤 특정운동을 행할 때, 상기 (i), (ii), (iii) 및 기타 여러 가지 조건에 따라 운동하는데, 운동방정식 $\ddot{x} = g$는 이러한 조건과는 관계없이 공중에서 행하는 모든 운동에 대해 성립한다. 바꾸어 말하면 $\ddot{x} = g$의 관계는 (i), (ii), (iii), 기타 여러 가지 조건하의 모든 자유낙하운동에 대해서 성립한다. 상기 (i), (ii), (iii) 개개의 운동에 대한 해는, 초기조건으로부터 C_1, C_2를 구함으로서 비로소 구체적으로 정해진다. 이와 같은 사실을 우리는 이미 알고 있다. 예를 들면, 총으로 목표물을 겨냥할 경우, 우리들은 탄환의 초기속도(이것은 총마다 고유한 것이다)와 총신의 기울기 2개를 결정하면 탄환은 항상 일정한 궤도를 그린다는 것을, 즉 겨누면 목표물에 도달한다는 것을 이미 알고 있다. 이와 같이 우리들은 2개의 초기조건으로부터 2개의 임의상수를 결정하면 운동이 구체적으로 정해진다는 것을 알고 있다. 따라서, 이 운동법칙은 2회 미분한 가속도의 세계에 있어서 성립해야 한다는 것도 은연중에 알고 있다고 해도 좋다. 다만 뉴톤 이전까지는 그 법칙을 발견하지 못했을 뿐이다.

그러면 식(2.11) 중의 임의상수 a, b를 초기조건으로 구해 보자. 예를 들면, 운동을 하기 시작한 순간을 시각 $t = 0$라 하고, 이때 물체의 위치 x를 x_0, 속도 $\dot{x}$를 $\dot{x}_0$라 한다. 즉, 초기조건은

$$t = 0 \text{ 일 때 } x = x_0,\ \dot{x} = \dot{x}_0 \tag{2.15}$$

라고 하자. 식(2.11)에서 $t = 0$라고 놓으면 $x_0 = b$가 되고, 식(2.11)을 시간 t로 미분하면

$$\dot{x} = ap\cos pt - bp\sin pt \tag{2.16}$$

가 되고, 윗식에서 $t = 0$라 놓으면, $a = \dot{x}_0/p$가 된다. 즉,

$$a = \frac{\dot{x}_0}{p},\quad b = x_0 \tag{2.17}$$

초기조건이 주어지면, 바꾸어 말하면 $t = 0$일 때의 x_0와 $\dot{x}_0$의 값을 알고 있으면, 식(2.11)의 진폭 a, b는 식(2.17)로부터 정해진다. 식(2.17)을 식(2.9), (2.10)의 해 식(2.11)에 적용하면

$$x = a\sin pt + b\cos pt = c\sin(pt + \beta) = c\cos(pt - \alpha)$$

$$= \frac{\dot{x}_0}{p}\sin pt + x_0 \cos pt$$

$$= \sqrt{x_0^2 + \frac{\dot{x}_0^2}{p^2}}\sin(pt+\beta)$$

$$= \sqrt{x_0^2 + \frac{\dot{x}_0^2}{p^2}}\cos(pt-\alpha) \tag{2.18}$$

식(1.14), (1.15)로부터

$$\alpha = \tan^{-1}\frac{a}{b} = \tan^{-1}\frac{\dot{x}_0}{px_0}, \quad \beta = \tan^{-1}\frac{b}{a} = \tan^{-1}\frac{px_0}{\dot{x}_0} \tag{2.19}$$

이와 같이 초기조건 x_0, $\dot{x}_0$가 주어지면 진동수 p를 제외한 진폭 c, 위상각 α, β가 구해지고, 여기서 식(2.18)은 구체적으로 하나의 정해진 운동을 나타내는 것이 된다.

운동 개시의 순간을 반드시 $t=0$인 시각으로 선택할 필요는 없다. 또한 운동개시 순간의 x, $\dot{x}$ 값에 의해서만 a와 b가 정해진다는 뜻도 아니다. 일반적으로 말하면, 운동 중의 임의의 시각 $t=t_0$에 있어서의 x와 $\dot{x}$의 값을 알 수 있으면, a, b의 값은 정해지고, 운동도 구체적으로 정해진다.

그림 2.4에서, 물체를 **그림 2.4** (b)의 위치에서 손으로 당겨 x_0 거리만큼 내린 다음 $t=0$인 순간에 손을 놓았다고 하면, 이때의 초기조건은 $x_0 \neq 0$, $\dot{x}_0 = 0$가 되므로, 식(2.18)은

$$x = x_0 \cos pt \tag{2.18a}$$

가 되고, 진폭은 x_0, 진동수는 p[rad/s]이고, **그림 1.3** (b)와 같이 cos 파형을 그리면서 진동한다. 만약 $t=0$인 순간, **그림 2.4** (b)의 정지상태에 있는 물체에 타격을 가해 운동을 시작하게 하면, 초기조건은 $x_0 = 0$, $\dot{x}_0 \neq 0$가 되므로, 식(2.18)은

$$x = \frac{\dot{x}_0}{p}\sin pt \tag{2.18b}$$

가 되고, **그림 1.3** (a)와 같이 시간이 경과함에 따라 sin 파형을 그리면서 진동한다. 그러나 일반적으로는 $x_0 \neq 0$, $\dot{x}_0 \neq 0$의 초기조건 하에서 식(2.18)로 주어지는 조화운동을 행한다.

식(2.18)에서 알 수 있듯이 진동의 크기, 즉 진폭의 대소는 초기조건으로부터만 결정된다. 크게 당겨 손을 놓으면 대진폭의 진동을 일으키고, 가볍게 두드려 진동시키면 소진폭의 진동이 된다. 위상각 α 혹은 β도 초기조건으로부터 정해지는 것은 식(2.19)에서 명확하다.

2.3.4 고유진동수

식(2.18)은 진동수 p가 초기조건과 관계없다는 것을 나타내고 있다. 진동수 p는 진동계의 제원으로만 정해진다. 즉, 식(2.8)에서

$$p=\sqrt{\frac{k}{m}} \quad [\text{rad/s}] \tag{2.20}$$

이고, 스프링상수 k와 질량 m 값으로부터만 정해진다. 식(2.8)에서 $p = \pm\sqrt{k/m}$가 되는데, (−)부호는 도입하지 않는다. 예를 들면, $\sin(-pt) = \sin(pt \pm \pi)$이므로 (−)부호는 위상각을 $\pi[180^\circ]$ 증감시키는 것만 의미를 가진다라고도 말할 수 있고, 또한 $\sin(-pt) = \sin(pt \pm \pi)$이므로 진동 방향을 반대로 한다고 하는 것만의 의미 밖에 없다고 말할 수 있다. 따라서 진동수라고 하면 일반적으로는 양(+)의 값을 말한다. 진동수 p는 초기조건과는 관계없고, 진동계에 고유한 값 $\sqrt{k/m}$ 이므로, 이 p를 **고유각진동수**(固有角振動數, natural angular frequency)라고 한다. 이후 Hz로 측정한 고유진동수 f와 혼동할 우려가 없는 한 **"고유진동수"**라고 부른다. 또한 식(2.18)과 같이 고유진동수로 진동하는 운동, 즉 식(2.9), (2.10)에 대한 해의 운동을 **자유진동**(自由振動, free vibration)이라고 한다. 고유진동수 p는 식(2.4)의 관계로부터 정적처짐 δ_{st}만의 함수로 나타낼 수 있다. 즉,

$$p=\sqrt{\frac{k}{m}}=\sqrt{\frac{g}{\delta_{st}}} \quad [\text{rad/s}] \tag{2.21}$$

가 되고, 정적처짐 δ_{st}의 크기를 알면, m, k의 크기를 몰라도 식(2.21)에서 바로 고유진동수 p를 구할 수 있다.

자유진동의 **고유진동수**(固有振動數, natural frequency) f[Hz], **주기**(周期, period) T[s]는 식(1.10), (1.11)을 참조하면, 다음과 같이 된다.

$$\left.\begin{aligned} f &= \frac{p}{2\pi} = \frac{1}{2\pi}\sqrt{\frac{k}{m}} = \frac{1}{2\pi}\sqrt{\frac{g}{\delta_{st}}} \quad [\text{Hz}] \\ T &= \frac{1}{f} = \frac{2\pi}{p} = 2\pi\sqrt{\frac{m}{k}} = 2\pi\sqrt{\frac{\delta_{st}}{g}} \quad [\text{s}] \end{aligned}\right\} \tag{2.22}$$

고유진동수 p는 스프링상수 k가 클수록 커지고, 물체의 질량 m이 클수록 작아진다. 다음에 기술하는 바와 같이 줄(弦)의 횡진동에 있어서, 스프링상수 k는 줄의 장력에 비례한다. 따라서 장력을 크게 하면 진동수는 커지고, 줄을 느슨하게 하면 진동수는 작아진다. 바이올린, 기타 등의 현악기에서 장력을 가감하여 음의 고저를 조정하는 것은 이 이유 때문

이다. 또한 줄의 굵기 및 길이를 증가시키면 줄의 질량 m이 증가하여 고유진동수는 작아진다. 바이올린의 4가닥 줄에서 저음을 내는 줄(弦)일수록 굵어진다. 또한 바이올린, 비올라(viola), 첼로, 콘트라베이스(contrabass, doublebass)와 같이 저음이 될수록 악기의 치수가 커지고, 실로폰, 피아노 등도 저음부 일수록 진동체의 치수가 커진다.

이미 기술한 바와 같이 식(2.18) 자유진동의 고유진동수 p가 초기조건과 관계없다는 것은, 악기로 예를 들면, 똑같은 피아노 건반을 강하게 쳐서 큰 음을 낼 때도, 약하게 쳐서 작은 음을 낼 때도 음의 진동수는 변하지 않는다는 것이다.

어떤 계가 진동을 발생시킨다고 하는 것을 최초부터 알고 있을 때, 즉 진동계인 것이 명확한 계에 대해서, 고유진동수를 구하는 것이 목적일 경우에는 **2.3.2항**에서 기술한 해법보다 다소 직접적인 방법을 취한다. 즉,

$$x = a\sin pt, \quad \text{혹은} \quad x = b\cos pt \tag{2.14 a}$$

가 식(2.6), (2.7)의 해라고 하고, 이것을 식(2.6), (2.7)에 대입해서 $k - mp^2 = 0$의 관계를 구하면, $p = \sqrt{k/m}$ 가 바로 구해진다.

2.3.5 에너지법을 이용하여 고유진동수를 구하는 방법

계의 에너지를 구하면 다음과 같이 고유진동수 p를 구할 수 있다. **그림 2.2**, **그림 2.5**에서 스프링을 포함한 진동계는, 마찰 등에 의한 저항이 없다면, 계의 외부에 대해 일을 하지도 않고, 외부로부터 일을 받는 것도 없다. 따라서 에너지 보존법칙으로부터 이 계의 에너지는 운동 중 일정하고, 운동에너지(kinetic energy) $T = (1/2)m\dot{x}^2$과 스프링에 축적되어 있는 변형에너지(strain energy), 즉 포텐셜 에너지(potential energy) V와의 합 $T + V$는 운동 중 일정치 E이다. 스프링을 $x = 0$에서 $x = x$ 위치까지 인장 또는 수축시키는데 필요한 에너지는

$$\int_0^x kx dx = \frac{1}{2}kx^2$$

이므로, x 만큼 신축(伸縮)되어 있는 스프링 중에는 이것만큼의 포텐셜 에너지 $V = (1/2)kx^2$이 축적되어 있다. 진동 파형의 반환점에서는 $\dot{x} = 0$이므로 $T = 0$가 되고, 전체 에너지는 포텐셜 에너지가 된다. 이때의 V를 $V_{\max}$라 하면 $V_{\max} = E$가 된다. 또한 물체가 $x = 0$인 중립점을 통과할 때는 $V = 0$가 되고, 전체 에너지는 운동에너지가 되고, 이때의 T를 $T_{\max}$라 하면 $T_{\max} = E$가 된다. 이상으로부터

$$T+V=\frac{1}{2}(m\dot{x}^2+kx^2)=T_{\max}=V_{\max}=E$$

물체가 $x=a\sin pt$로 진동하고 있다고 하면, $\dot{x}=pa\cos pt$가 되고, x와 $\dot{x}$의 최대치는 각각 a와 pa이므로

$$T_{\max}=\frac{1}{2}mp^2a^2, \quad V_{\max}=\frac{1}{2}ka^2$$

$T_{\max}=V_{\max}=E$에서

$$\frac{1}{2}mp^2a^2=\frac{1}{2}ka^2$$

따라서 다음 식을 구할 수 있다.

$$p^2=\frac{k}{m}, \quad p=\sqrt{\frac{k}{m}}$$

2.3.6 원운동을 투영한 자유진동

1.4절에서 각진동수 ω인 조화운동은 각속도 ω로 회전하는 벡터를 x축으로 투영하여 나타낼 수 있다는 것을 설명하였다. 스프링에 의한 물체의 자유진동이라고 하는 운동 그 자체도 또한 등속원운동을 x축에 투영한 것으로 나타낼 수 있다.

그림 2.6과 같이 스프링상수 k인 스프링의 끝에 붙어있는 질량 m인 물체는 반경 a, 각속도 p인 등속원운동을 행하고 있다. 스프링력 F는 $a=0$에서 0이고, $a=a$에서 $F=-ka$이다. 물체에는 스프링력 F 이외에 이것과 크기가 같고 방향이 반대인 관성력 즉, 원심력

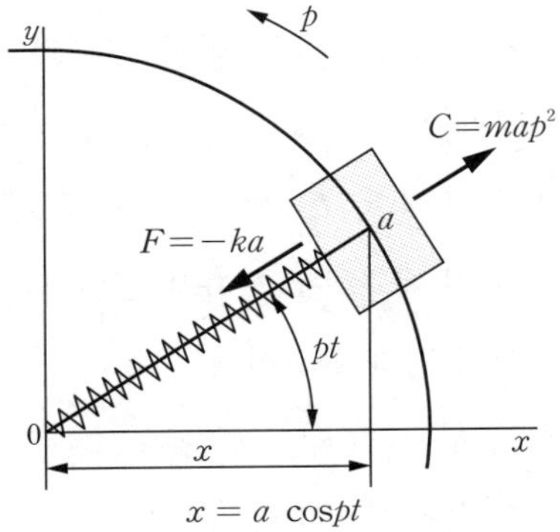

그림 2.6

$C = map^2$이 작용하여,

$$C+F = map^2 + (-ka) = 0 \tag{2.23}$$

의 평형조건을 만족하면서 일정한 반경, 일정한 각속도 p로 등속원운동을 행하고 있다. 원심력 C와 스프링력 F를 x축으로 투영한 것은, 위치벡터 $\boldsymbol{a}$를 x축으로 투영한 것이

$$x = a\cos pt \tag{i}$$

이므로

$$C\cos pt = map^2\cos pt = -m\ddot{x} \tag{ii}$$

$$F\cos pt = -ka\cos pt = -kx \tag{iii}$$

x축 방향의 관성력과 스프링력은 각각 원심력 C와 스프링력 F를 x축으로 투영한 것이다라는 것을 식(ii), (iii)에서 보여주고 있다. 식(ii), (iii)으로부터 식(2.23) 그 자체를 x축으로 투영한 것이

$$m\ddot{x} + kx = 0$$

라고 하는 것은, 운동방정식 (2.6), (2.7)이 **그림 2.4, 2.5** 진동계의 자유진동을 지배하는 식이다는 것을 알 수 있다. 즉, **그림 2.6**의 등속원운동 역학량을 x축으로 투영한 것은, **그림 2.4, 2.5**의 진동계에 발생하는 진동운동의 역학량이 된다.

2.3.7 각종 진동계에 있어서의 자유진동

이 절에서는, 주기운동을 행하는 진동계에는 어떤 종류의 역학계가 있는가를 나타내고, 또한 1자유도계 자유진동에도 여러 가지 진동이 있다는 것을 예를 들어 설명하고자 한다.

고유진동수 p를 구하는 것은 자유진동 해석에 있어서 중요한 문제 중 하나이고, 뒤에 설명되어 있는 바와 같이 대진폭의 강제진동을 피하기 위해서는 꼭 수행해야 하는 것이므로 본 항에서도 이 점에 중점을 두고 설명하고자 한다.

고유진동수 p를 결정하려면

(i) 운동방정식을 유도하고, 이것을 풀어 p를 구한다.

(ii) 정적처짐 δ_{st}를 구하고, 식(2.21)을 이용하여 p를 구한다.

(iii) 진동체의 질량 m이 주어져 있으면, 스프링상수 k를 구하여, 식(2.20)을 이용하여 p를 구한다.

등의 절차에 의하지만, 어느 방법이 제일 좋은가는 경우에 따라 다르다.

예 1 길이 l, 종탄성계수(Young 율) E[GPa], 도심을 통과하고 지면에 수직인 축 둘레의 단면 2차모멘트가 I_0 [m^4]인 탄성보에 질량 m인 물체가 붙어 있는 **그림 2.7** (a), (b), (c)와 같은 계에 있어서 상하방향의 자유진동에 대한 고유진동수를 구해 보자. **그림 2.7** (a)는 외팔보, 그림 (b)는 양단 자유지지, 그림 (c)는 양단 고정지지의 경우이다.

이와 같은 탄성보에 있어서, 질량 m인 물체에 힘 P가 수직방향으로 작용했을 때 처짐 δ는, 재료역학 공식으로부터 **그림 2.7** (a), (b), (c) 각각의 경우에 대해

$$\text{(a)}\ \delta = \frac{Pl^3}{3EI_0}, \qquad \text{(b)}\ \delta = \frac{Pl^3}{48EI_0}, \qquad \text{(c)}\ \delta = \frac{Pl^3}{192EI_0} \tag{2.24}$$

스프링상수 k는, 그 정의로부터 δ를 단위길이 1로 취했을 때의 힘 P의 값이기 때문에 윗식에서 $\delta = 1$로 놓으면 각각 다음과 같이 된다.

$$\text{(a)}\ k = \frac{3EI_0}{l^3}, \qquad \text{(b)}\ k = \frac{48EI_0}{l^3}, \qquad \text{(c)}\ k = \frac{192EI_0}{l^3} \tag{2.25}$$

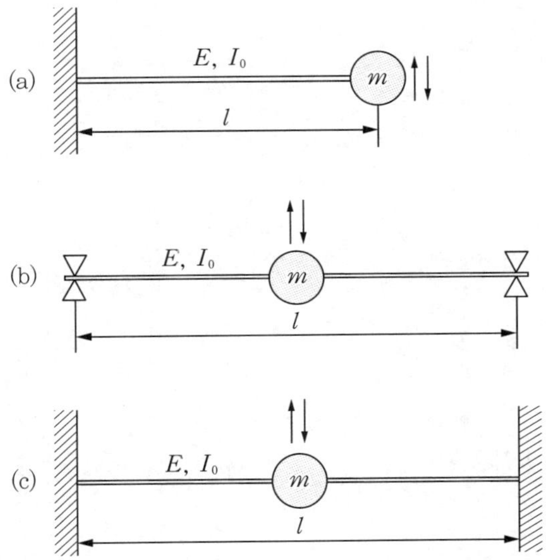

그림 2.7

따라서 고유진동수 p는 식(2.20)에서 $p = \sqrt{k/m}$이므로 각각 다음과 같이 된다.

$$\text{(a)}\ p = \sqrt{\frac{3EI_0}{ml^3}}, \quad \text{(b)}\ p = \sqrt{\frac{48EI_0}{ml^3}}, \quad \text{(c)}\ p = \sqrt{\frac{192EI_0}{ml^3}} \tag{2.26}$$

정적처짐 δ_{st}를 구해서 고유진동수 p를 구하는 것도 가능하다. 정적처짐의 정의로부터 힘 p가 물체의 중량 mg와 같다고 할 때의 처짐 δ가 δ_{st}이므로 식(2.24)에서 $P = mg$라고 놓으면

$$\text{(a)}\ \delta_{st} = \frac{mgl^3}{3EI_0}, \quad \text{(b)}\ \delta_{st} = \frac{mgl^3}{48EI_0}, \quad \text{(c)}\ \delta_{st} = \frac{mgl^3}{192EI_0} \tag{2.27}$$

윗식의 δ_{st} 값은 식(2.21)의 관계 $p = \sqrt{g/\delta_{st}}$에 대입하면 식(2.26)의 p가 된다.

예 2 **그림 2.8**, **그림 2.9**와 같이, 스프링상수가 각각 k_1, k_2인 2개의 스프링에 의한 스프링력이 질량 m인 물체에 동시에 작용할 경우 고유진동수를 구해 보자.

그림 2.8과 같은 배치의 스프링을 **병렬스프링**이라고 한다. 계 전체의 스프링상수를 k, 평형위치에서 물체의 변위를 x라 하면, 전체 스프링력 F는 식(2.2)에서

$$F = -kx$$

그림에서 2개의 스프링 모두 각각 x만큼 하나는 늘어나고 하나는 수축하므로 각각의 스프링에 의한 스프링력 F_1, F_2는

$$F_1 = -k_1x, \quad F_2 = -k_2x$$

$F = F_1 + F_2$ 이므로

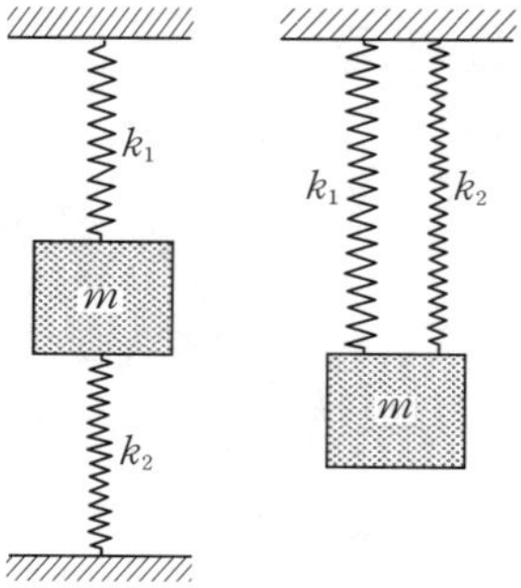

그림 2.8 병렬스프링

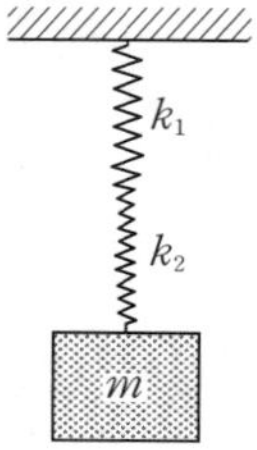

그림 2.9 직렬스프링

$$F = -kx = -(k_1 + k_2)x$$

이 경우 전체 스프링상수 k는

$$k = k_1 + k_2 \tag{2.28}$$

2개 이상의 스프링이 동시에 작용하는 일반적인 경우에는

$$k = \sum_{i=1}^{n} k_i \tag{2.29}$$

여기서 n은 스프링의 개수이다. 병렬스프링에서는 개개의 스프링상수 합이 전체 스프링상수가 된다. 이때 계의 고유진동수 p는

$$p = \sqrt{\frac{k}{m}} = \sqrt{\frac{\sum_{i=1}^{n} k_i}{m}} \tag{2.30}$$

그림 2.9와 같은 배치의 스프링을 **직렬스프링**이라고 한다. 물체에 힘 P가 작용하여, 평형위치에서 물체가 x만큼 변위했다고 하자. 전체 스프링상수를 k라 하면

$$P = kx \qquad \therefore\ x = \frac{P}{k}$$

2개의 스프링에는 같은 힘 P가 작용하고 있으므로, 각 스프링의 신축을 x_1, x_2라 하면

$$P = k_1 x_1, \qquad P = k_2 x_2$$

따라서

$$x_1 = \frac{P}{k_1}, \qquad x_2 = \frac{P}{k_2}$$

$x = x_1 + x_2$ 이므로

$$x = \frac{P}{k} = P\left(\frac{1}{k_1} + \frac{1}{k_2}\right)$$

즉,

$$\frac{1}{k} = \left(\frac{1}{k_1} + \frac{1}{k_2}\right) \tag{2.31}$$

이 되고, 일반적으로는

$$\frac{1}{k} = \sum_{i=1}^{n} \frac{1}{k_i}, \quad k = \frac{1}{\sum_{i=1}^{n} \frac{1}{k_i}} \tag{2.32}$$

직렬스프링에서는 각 스프링의 스프링상수 역수의 합이 전체 스프링상수의 역수와 같다. 이때 고유진동수는 다음과 같다.

$$p = \sqrt{\frac{k}{m}} = \sqrt{\frac{1}{m \sum_{i=1}^{n} \frac{1}{k_i}}} \tag{2.33}$$

예 3 **그림 2.10**과 같이, 질량 m인 물체는 수직방향 OO 방향으로만 운동하도록 마찰이 없는 안내면 G에 의해 구속되어 있다. 중력 mg와 스프링상수 k인 스프링에 의한 힘이 평형상태를 유지하여 정지하고 있을 때, 스프링의 길이는 l이고, 스프링의 방향은 수직방향과 각도 α를 이루고 있는 것으로 한다. 이러한 경우 상하방향의 진동에 대해 고찰해 보자. 스프링의 자유길이를 l_0라 하고, 평형상태에 있어서 스프링의 늘어남, 즉 정적처짐을 δ_{st}''라고 하면,

$$\mathrm{AB} = l = l_0 + \delta_{st}'' \tag{i}$$

중력과 평형을 이루기 위해서는, δ_{st}''에 의한 스프링력 $k\delta_{st}''$의 수직방향 성분이 중력 mg와

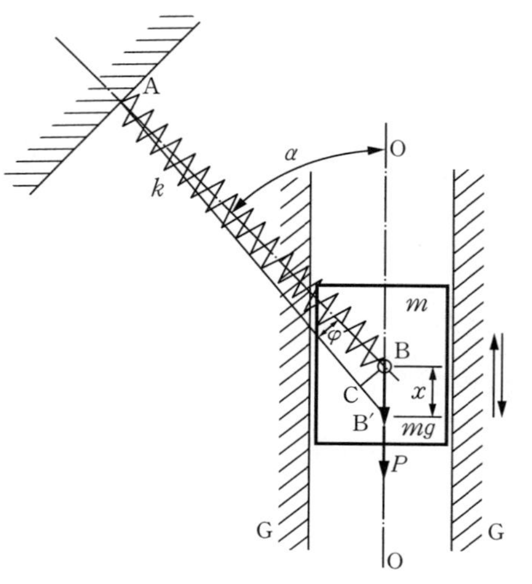

그림 2.10

크기가 같아야 된다. 따라서 AB 방향에서 A쪽으로 스프링력 $\delta_{st}'' = mg/\cos\alpha$가 작용하고 있으므로

$$\delta_{st}'' = \frac{mg}{k\cos\alpha} \tag{ii}$$

물체에 힘 P가 작용하여 평형위치에서 x만큼 물체가 변위하여 B점이 B′점으로 옮겼다고 하자. 여기서 x가 작으므로 $\angle$BAB′ $= \varphi$도 미소량이어서 그 제곱 이상은 무시할 수 있는 것으로 한다. 따라서 식(1.4)에서 보는 바와 같이 $\sin\varphi \fallingdotseq \varphi$, $\cos\varphi \fallingdotseq 1$로 간주할 수 있다. $\angle$AB′B $= \alpha - \varphi$이고, 이때 평형조건으로부터 AB′ 방향에는 A쪽으로 크기 $(P+mg)/\cos(\alpha-\varphi)$의 스프링력이 작용하고 있으므로 스프링의 늘어남 δ는

$$\delta = \frac{P+mg}{k\cos(\alpha-\varphi)} \tag{iii}$$

한편,

$$\mathrm{AB'} = l_0 + \delta \tag{iv}$$

B에서 AB′에 수직으로 내린 점을 C라 하면

$$\mathrm{AC} = \mathrm{AB}\cos\varphi \fallingdotseq \mathrm{AB}, \qquad \mathrm{BC} = x\sin(\alpha-\varphi) \fallingdotseq l\varphi \tag{v}$$

또한,

$$\mathrm{B'C} = x\cos(\alpha-\varphi) = \mathrm{AB'} - \mathrm{AC} \fallingdotseq \mathrm{AB'} - \mathrm{AB} \tag{vi}$$

의 관계가 있고, 이 식에 (i)~(v)를 대입하고, 미소량의 제곱 이상을 무시하면,

$$P = Kx = \left(k\cos^2\alpha + \frac{mg}{l}\frac{\sin^2\alpha}{\cos\alpha}\right)x \tag{vii}$$

여기서

$$K = \frac{P}{x} = k\cos^2\alpha + \frac{mg}{l}\frac{\sin^2\alpha}{\cos\alpha} \tag{2.34}$$

는 물체의 수직방향 변위 x에 대한 스프링상수이다. 따라서 상하방향의 운동방정식은

$$m\ddot{x} = -Kx, \qquad m\ddot{x} + Kx = 0$$

가 되고,

$$p = \sqrt{\frac{K}{m}} = \sqrt{\frac{k\cos^2\alpha}{m} + \frac{g\sin^2\alpha}{l\cos\alpha}} \tag{2.35}$$

라고 놓으면, 운동방정식은 $\ddot{x} + p^2x = 0$가 되므로 식(2.10), (2.11)로부터 식(2.35)가 이 경우의 고유진동수이다.

그림 2.10과 같이, 스프링이 물체의 변위방향인 수직방향과 어떤 각도 α를 이루고 있는 경우에는, 식(2.34), (2.35) 중에 중력항이 들어오게 된다. 이것은 **그림 2.4**의 경우와 같이, 스프링도 변위도 수직방향이면 운동중 중력과 정적처짐 δ_{st}에 의한 스프링력과는 항상 상쇄되지만, 지금의 경우는 변위 x에 의해 스프링력이 작용하는 방향이 AB에서 AB′로 변하기 때문에 정적처짐에 의한 스프링력의 크기와 방향이 운동중 끊임없이 변화하는 원인이 된다.

물론 안내면 G의 중심선 OO가 수평방향이면 중력의 영향은 없으므로

$$p = \sqrt{\frac{K}{m}} = \sqrt{\frac{k\cos^2\alpha}{m}} \tag{2.35 a}$$

다만, 이때 각도 α는 스프링에 신축이 없을 때, 즉 스프링이 자연길이 l_0를 유지하고 있을 때, 물체의 운동방향 OO와 스프링의 방향 AB 사이의 각도이다.

예 4 **그림 2.11** (a)와 같이 질량 m인 낚시찌가 수면에 떠 있을 때, 찌의 상하운동에 대한 고유진동수를 구해 보자. 낚시찌의 중력 mg와 부력이 서로 평형을 이루고 있는 위치를 $x = 0$라 하고, 아래 방향을 $+x$ 방향으로 취한다. 이 위치에서 수중으로 x 만큼 내려갔을 때, 수면에 있어서의 찌의 단면적을 A라 하면, 윗방향으로 $-\gamma Ax$ 만큼 여분의 부력이 더 생긴다. 여기서 γ/g는 물의 밀도 [kg/m^3]이다. 따라서 운동방정식을 구하면 다음과 같이 된다.

$$m\ddot{x} = -\gamma Ax, \qquad m\ddot{x} + \gamma Ax = 0 \tag{2.36}$$

지금,

$$p^2 = \frac{\gamma A}{m}, \qquad p = \sqrt{\frac{\gamma A}{m}} \tag{2.37}$$

라고 놓으면, 식(2.36)은 $\ddot{x} + p^2x = 0$가 되므로 식(2.10), (2.11)에서 $p = \sqrt{\gamma A/m}$ 가 낚시찌

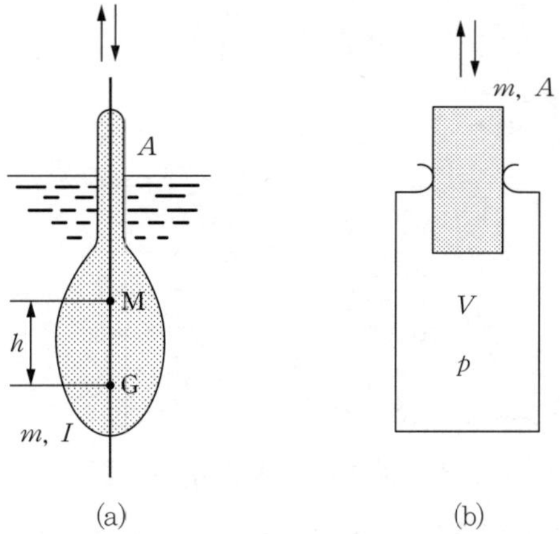

그림 2.11

의 상하운동에 대한 고유진동수이다는 것을 알 수 있다.

스프링상수 k를 구하여 고유진동수를 구해 보자. 평형위치에서 단위길이 1만큼 잠기게 하는데 필요한 힘은 $\gamma A \times 1 = \gamma A$이므로 $k = \gamma A$가 된다. 따라서 식 (2.20)에서 $p = \sqrt{k/m} = \sqrt{\gamma A/m}$ 가 된다.

그림 2.11 (b)에 있어서는, 공기로 가득찬 체적 V인 용기의 입구를 피스톤과 같이 단면적 A, 질량 m인 물체가 막고 있다. 이와 같은 계에서는 공기가 스프링과 같은 역할을 하고, 물체는 상하진동을 행한다. 입구에서 마찰은 없는 것으로 하면, $x = 0$인 정지상태에서는 아래 방향의 중력 mg와 윗방향으로 작용하는 공기압에 의한 힘 Ap(여기서, p는 압력 [Pa]이다)가 평형상태를 취하고 있다. 즉,

$$mg = Ap$$

이 평형위치에서 물체가 아래 방향으로 x 만큼 이동한다면 용기의 체적은 $V + dV$로 $dV = -Ax$ 만큼 변화하고, 또한 압력은 $p + dp$로 dp 만큼 변화한다. 공기의 체적변화에 대한 탄성계수를 E[Pa]라 하면, dV와 dp 사이에는

$$dp = -E\frac{dV}{V} = \frac{EAx}{V}$$

의 관계가 있다. 아래 방향을 $+x$ 방향으로 취하면, 물체에 작용하고 있는 힘은 아래 방향의 중력 mg와 압력에 의해 윗방향으로 $-A(p + dp)$가 작용하므로 뉴톤의 운동 제2법칙으로부터

$$m\ddot{x} = mg - A(p+dp) = -Adp = -\frac{EA^2}{V}x$$

$$\therefore\ m\ddot{x} + \frac{EA^2}{V}x = 0 \tag{2.36 a}$$

가 되고

$$p^2 = \frac{EA^2}{mV}, \qquad p = \sqrt{\frac{EA^2}{mV}} \tag{2.37 a}$$

이 물체의 상하진동에 대한 고유진동수이다.

스프링상수 k를 구하여 고유진동수를 구해보자. 물체를 평형위치에서 단위길이 1만큼 용기내부로 밀어 넣는데 필요한 힘은, 즉 용적을 $A \times 1$만큼 감소시키는데 필요한 힘은

$$A \times E \cdot \frac{A \times 1}{V} = \frac{EA^2}{V}$$

이므로

$$k = \frac{EA^2}{V}$$

따라서 고유진동수는 다음과 같이 된다.

$$p = \sqrt{\frac{k}{m}} = \sqrt{\frac{EA^2}{mV}}$$

예 5 **그림 2.12**와 같이 U자 관내에 액체가 들어있을 때, 액면의 상하운동에 대해서는, 스프링상수 k를 구하여 고유진동수 p를 구하는 방법이 가장 간단하다.

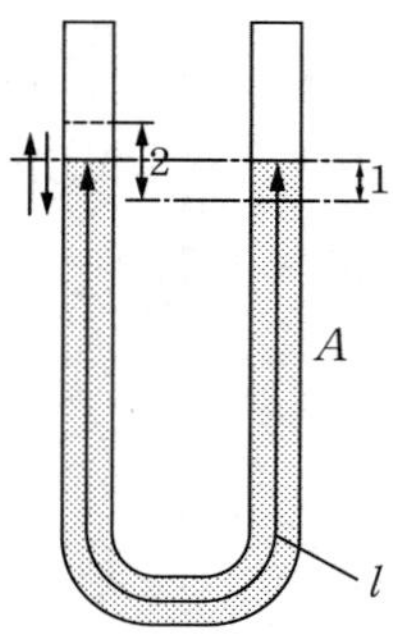

그림 2.12

액 전체길이를 l, U자 관의 단면적을 A, 액체의 밀도를 γ/g[kg/m^3]라고 하면 액 전체의 질량 m은 $(\gamma/g)Al$이다. 이 경우, 피스톤 등으로 그림과 같이 우측 액면을 단위길이 1 m 낮추는데 필요한 힘이 스프링상수이다. 이때 좌우 액면의 높이 차는 2×1 m이므로 수면에 접해 있는 피스톤의 아래면에 가해지는 압력은 2×1 m에 있어서 정압 2γ(여기서, 압력은 $p=\gamma h=\gamma\times 2=2\gamma$)이고, 피스톤에 걸리는 힘은 윗방향으로 $F=Ap=2\gamma A$이다. 따라서 이것과 크기가 같고 방향이 아래 방향인 힘을 피스톤에 가하면 단위길이 만큼 액면을 내릴 수가 있다. 즉, 이 경우의 스프링상수는 $k=2\gamma A$이다. 그러므로 고유진동수 p는 식(2.20)으로부터

$$p=\sqrt{\frac{k}{m}}=\sqrt{\frac{2\gamma A}{\gamma Al/g}}=\sqrt{\frac{2g}{l}} \tag{2.38}$$

U자 관내 액면의 상하운동에서는 액체의 밀도 및 질량과는 관계없고, 액체 전체길이 l만으로 정해지는 진동수로 진동한다.

예 6 **그림 2.13**에서, 장력 T로 당겨져 있고 길이 l인 줄(弦)의 중앙에 질량 m인 질점이 붙어 있다. 이 질점의 횡진동(그림에서는 상하방향의 진동)에 관한 운동방정식과 고유진동수를 구해 보자.

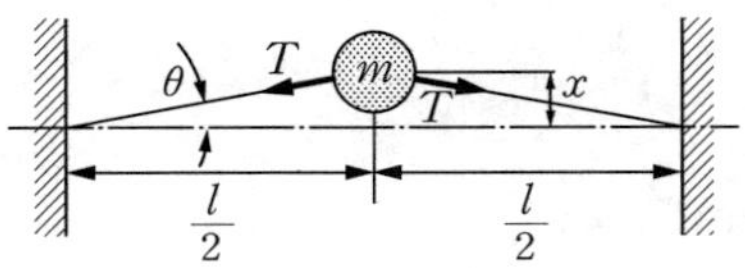

그림 2.13

질점이 x만큼 변위했을 때 줄의 기울기를 θ라 한다. x와 θ는 모두 미소량이고, 이들의 제곱 이상을 무시할 수 있다고 하면, 식(1.4)로부터 다음과 같은 관계가 주어진다.

$$\theta \fallingdotseq \sin\theta \fallingdotseq \tan\theta=\frac{2x}{l}$$

변위가 x일 때, 줄의 좌우 어느 한쪽의 길이 s는

$$s=\sqrt{\left(\frac{l}{2}\right)^2+x^2}=\frac{l}{2}\sqrt{1+\left(\frac{2x}{l}\right)^2}=\frac{l}{2}\left\{1+\frac{1}{2}\left(\frac{2x}{l}\right)^2+\cdots\right\}$$

으로 2항급수로 나타낼 수 있다. $(x/l)^2$은 이미 말한 바와 같이 무시할 수 있으므로 $s \fallingdotseq l/2$이 되고, 원래 길이와 근사적으로 같다. 따라서 장력 T도 변위 x와 관계없고, 근사적으로 운동중 일정하다. 한쪽 줄의 장력 T의 운동방향(x 방향) 즉, 상하방향의 성분은

$$-T\sin\theta \fallingdotseq -T\tan\theta = -\frac{2Tx}{l}$$

이고, 양쪽 줄에서 $-4Tx/l$가 된다. (−)부호가 붙어 있는 것은 장력 T의 x방향 성분은 θ를 감소시키는 방향, 즉 x와 역방향으로 작용하는 복원력이기 때문이다. 따라서 운동방정식은 다음과 같다.

$$m\ddot{x} = -\frac{4Tx}{l}, \qquad \ddot{x} + \frac{4T}{ml}x = 0 \tag{2.39}$$

여기서,

$$p^2 = \frac{4T}{ml}, \quad p = \sqrt{\frac{4T}{ml}} \tag{2.40}$$

라고 놓으면, p는 이 경우의 고유진동수이다.

스프링상수 k를 구해서 고유진동수 p를 구해 보자. 그림에서 질점을 단위길이 변위시키기 위해서는 한쪽 줄의 장력에 대항해서 다음과 같은 힘이 필요하다.

$$T\sin\theta \fallingdotseq T\tan\theta = T\frac{1}{l/2} = \frac{2T}{l}$$

양측으로는 $4T/l$의 힘이 필요하다. 즉,

$$k = \frac{4T}{l}$$

이므로 고유진동수는 다음과 같이 된다.

$$p = \sqrt{\frac{k}{m}} = \sqrt{\frac{4T}{ml}}$$

정적처짐 δ_{st}를 이용하여 고유진동수 p를 구할 수도 있다. 중력 mg에 의해 질점이 δ_{st}만큼 아래 방향으로 이동한 위치에서 정지하여 평형상태를 유지하고 있으면,

$$mg = 2T\sin\theta \fallingdotseq 2T\tan\theta = 2T\frac{\delta_{st}}{l/2}$$

$$\therefore\ \delta_{st} = \frac{mgl}{4T}$$

식(2.21)로부터 다음 식이 주어진다.

$$p = \sqrt{\frac{g}{\delta_{st}}} = \sqrt{\frac{4T}{ml}}$$

지금까지의 예는 1직선상의 왕복진동에 관한 것이었는데, 다음에는 비틀림진동(예 7, 8, 9, 10)에 대해 예를 들어보자.

예 7 **그림** 2.14와 같이 직경 d, 길이 l인 탄성봉의 한쪽 끝은 고정되어 있고 다른 쪽에는 원판이 붙어 있는 계에 대해서, 원판을 비틀어서 손을 놓으면 원판은 탄성봉의 중심선 둘레에 대해 비틀림진동을 행한다. 원판에 모멘트 M을 가했을 때 원판의 비틀림각을 θ라 하면, 재료역학 공식으로부터

$$M = \frac{GI_p\theta}{l}, \qquad \theta = \frac{Ml}{GI_p} = \frac{32Ml}{\pi d^4 G} \quad \left(I_p = \frac{\pi d^4}{32}\right) \tag{2.41}$$

여기서, G는 탄성봉의 횡탄성계수(横彈性係數, shear modulus of elasticity) [GPa]이다. 1직선상에서 행하는 왕복진동에서는 단위길이 변위시키는데 필요한 힘이 스프링상수 k [N/m]이었는데, 비틀림진동 혹은 나중에 기술하는 어떤 축 둘레의 회전진동(경사진동, 예를 들면 시계추와 같은 좌우 회전운동) 등에 있어서는 단위각도 회전시키는데 필요한 모멘트가 스프링상수이다. 다만, 이 경우 스프링상수의 단위는 [Nm/rad]이 되고, 1직선상에서 행하는 왕복진동의 단위인 [N/m]와는 다르다. 그래서 스프링상수의 기호도 k'로 하고, k와 구별하기

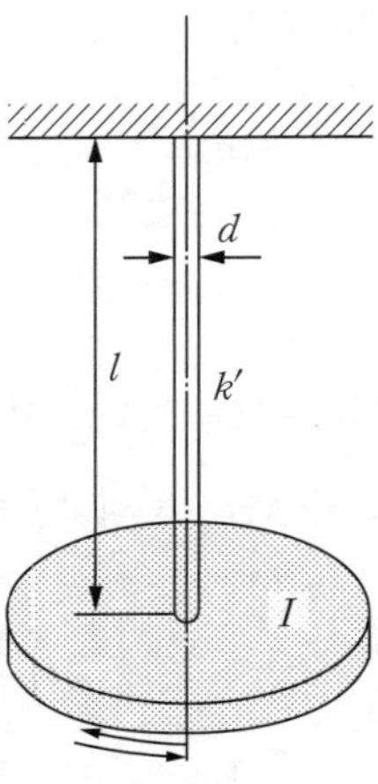

그림 2.14

로 한다. 이러한 스프링상수의 정의에 따르면, **그림 2.14** 경우의 스프링상수 k'는 식(2.41)에서 $\theta = 1$로 놓았을 때의 모멘트 M의 값이므로 다음과 같이 된다.

$$k' = \frac{GI_p}{l} = \frac{\pi d^4 G}{32l} \quad \text{[Nm/rad]} \tag{2.42}$$

이러한 스프링상수 k'를 이용하면, 원판이 각도 θ 비틀렸을 때 탄성봉으로부터 원판에 가해지는 스프링력으로서의 모멘트는

$$M = -k'\theta \tag{2.43}$$

로 나타낼 수 있다. (−)부호는, 탄성봉으로부터의 모멘트는 θ의 역방향, 즉 θ를 줄일려고 하는 방향으로 작용하기 때문에 붙인 것이다. 탄성봉의 중심선에 관한 원판의 질량관성모멘트를 I라 하면, 이 경우 운동방정식은 뉴톤의 운동 제2법칙을 회전운동의 경우에 적용하여 고쳐 쓴 **1.3절**의 식(B)

(질량관성모멘트)×(각가속도)=(외부에서 물체에 가한 모멘트)

의 관계, 혹은 **1.3절**의 식(b)의 관계 $I\ddot{\theta} = M$으로부터

$$I\ddot{\theta} = -k'\theta, \quad I\ddot{\theta} + k'\theta = 0 \tag{2.44}$$

여기서,

$$p^2 = \frac{k'}{I}, \qquad p = \sqrt{\frac{k'}{I}} \quad \text{[rad/s]} \tag{2.45}$$

라 놓으면,

$$\ddot{\theta} + p^2\theta = 0 \tag{2.46}$$

가 되고, 1직선상에서 왕복진동을 행하는 **그림 2.4**, **그림 2.5**의 계에 있어서 식(2.7), (2.10)의 해가 식(2.11)이다는 것과 마찬가지로 비틀림진동의 운동방정식 (2.44), (2.46)의 해는

$$\theta = a \sin pt + b \cos pt \tag{2.47}$$

가 되고, 원판은 식(2.45)로 주어지는 고유진동수 p로 식(2.47)과 같은 자유진동을 행한다.

예 8 **그림 2.15**와 같이 봉에 단이 있는 경우는, **그림 2.9** 직렬스프링의 경우와 같다. 원판에 모멘트 M을 작용시켰을 때, 원판의 비틀림각을 θ, 직경이 d_1이고 길이가 l_1인 봉의 비틀림각을 θ_1, 직경이 d_2이고 길이가 l_2인 봉의 비틀림각을 θ_2라 하면

$$\theta = \theta_1 + \theta_2 \tag{a}$$

계 전체의 스프링상수를 k', 직경 d_1, d_2인 봉의 비틀림상수를 각각 k_1', k_2'라고 하면

$$\theta = -\frac{M}{k'}, \quad \theta_1 = -\frac{M}{k_1'}, \quad \theta_2 = -\frac{M}{k_2'} \tag{b}$$

이므로 식(a), (b)로부터 다음과 같이 된다.

$$\frac{1}{k'} = \frac{1}{k_1'} + \frac{1}{k_2'} \tag{c}$$

이것은 **그림 2.9** 직렬스프링의 경우와 마찬가지로, 각 봉의 스프링상수를 역수로 하여 합한 것은 전체 계의 스프링상수를 역수로 한 것과 같다. 또한 식(2.42)에서

$$k_1' = \frac{GI_{p1}}{l_1} = \frac{\pi d_1^4 G}{32 l_1}, \quad k_2' = \frac{GI_{p2}}{l_2} = \frac{\pi d_2^4 G}{32 l_2} \tag{d}$$

이므로, 전체 스프링상수 k'는

$$k' = \frac{1}{\dfrac{1}{k_1'} + \dfrac{1}{k_2'}} = \frac{\pi d_1^4 G}{32\left\{l_1 + l_2\left(\dfrac{d_1}{d_2}\right)^4\right\}} = \frac{\pi d_2^4 G}{32\left\{l_2 + l_1\left(\dfrac{d_2}{d_1}\right)^4\right\}} \tag{2.48}$$

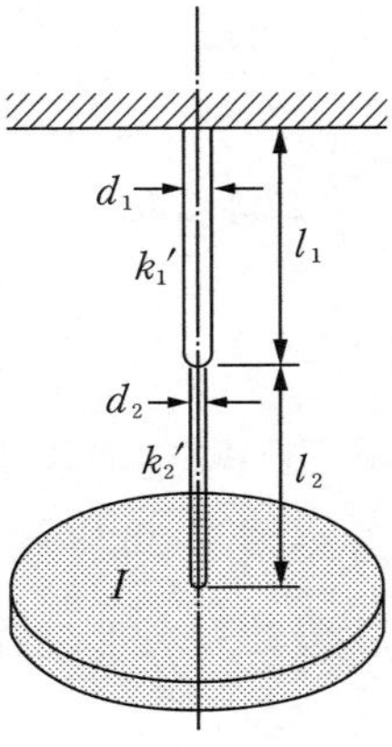

그림 2.15

식(2.42)와 윗식을 비교해 보면, 직경 d_1, 길이 $l_1 + l_2(d_1/d_2)^4$이고 단면이 일정한 봉 혹은 직경 d_2, 길이 $l_2 + l_1(d_2/d_1)^4$이고 단면이 일정한 봉의 끝에 질량관성모멘트 I인 물체가 붙어 있는 경우와 **그림 2.15**의 단이 있는 봉의 경우와는 비틀림진동에 대해서 같은 고유진동수를 갖는다는 것을 알 수 있다.

예 9 **그림 2.16**의 경우는 **그림 2.8**의 병렬스프링 경우에 해당한다. 계 전체의 스프링상수 k'는 상하 봉의 스프링상수를 각각 k_1', k_2'라 하면, 명확히

$$k' = k_1' + k_2' \tag{e}$$

가 되고, 각 봉의 스프링상수의 합이 전체 계의 스프링상수와 같아진다. 각 봉의 스프링상수는 식(d)로 주어지므로 전체 스프링상수 k'는 다음과 같이 된다.

$$k' = k_1' + k_2' = G\left(\frac{I_{p1}}{l_1} + \frac{I_{p2}}{l_2}\right) = \frac{\pi G}{32}\left(\frac{d_1^4}{l_1} + \frac{d_2^4}{l_2}\right) \tag{2.49}$$

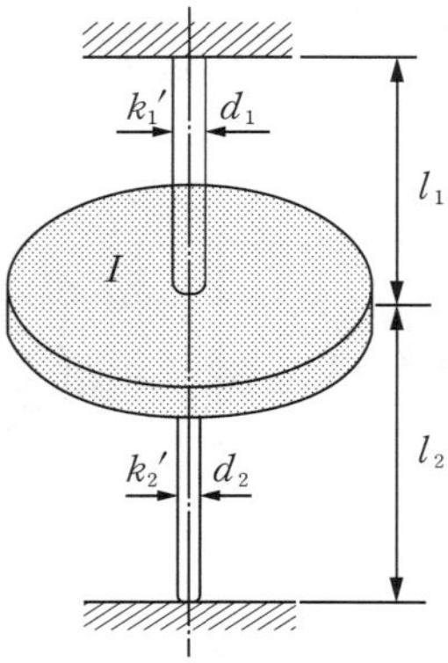

그림 2.16

예 10 **그림 2.17**과 같이, 베어링으로 지지되어 있고 길이 l인 탄성축의 양 끝에, 축 중심선 둘레에 대한 질량관성모멘트가 각각 I_1, I_2인 회전체가 붙어있는 계의 비틀림진동에 대해 생각해 보자. 이 계는 전체 일체로 회전함과 동시에 비틀림진동을 행하는 계이고, 회전체가 2개 있으므로 2자유도계라고 생각할 수 있는데, 비틀림진동에 관한 한 1자유도계와 마찬가지로 취급할 수 있다.

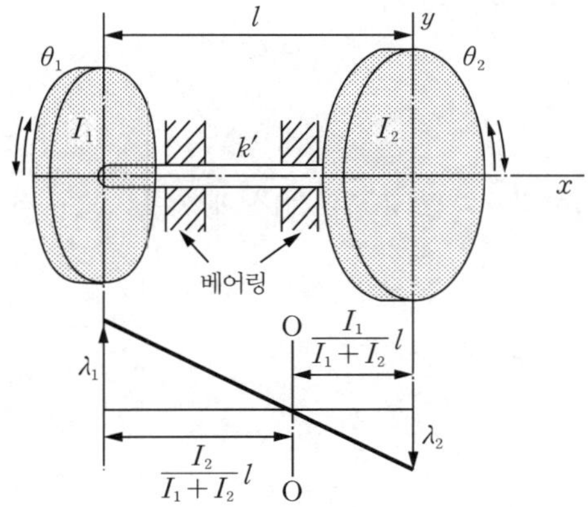

그림 2.17

계의 오른쪽에서 보아 원판의 수평방향을 x축, 수직방향을 y축이라 하자. 회전체 I_1, I_2가 비틀렸을 때 x축과 이루는 각도를 각각 θ_1, θ_2라 하면, 이 θ_1, θ_2에 의해 회전체의 각(角)위치는 결정된다. 또한 θ_1, θ_2는 축에 비틀림이 없으면 당연히 $\theta_1 - \theta_2 = 0$이다. 비틀림에 의해 발생하는 모멘트의 크기는 $(\theta_1 - \theta_2)$에 비례하고, 축의 비틀림에 대한 스프링상수를 k'이라 하면, 이 계의 운동방정식은

$$\left.\begin{aligned} I_1\ddot{\theta}_1 + k'(\theta_1 - \theta_2) = 0 \\ I_2\ddot{\theta}_2 + k'(\theta_2 - \theta_1) = 0 \end{aligned}\right\} \tag{2.50}$$

식(2.50)의 제1, 2식을 합하면 다음 식과 같이 된다.

$$\left.\begin{aligned} I_1\ddot{\theta}_1 + I_2\ddot{\theta}_2 = 0 \\ \therefore\ I_1\dot{\theta}_1 + I_2\dot{\theta}_2 = C_1 = \text{일정} \end{aligned}\right\} \tag{2.51}$$

여기서, C_1은 적분상수이다. 식(2.51)은 각 회전체의 각운동량의 합, 즉 계 전체의 각운동량은 운동 중 일정하다는 것을 의미하고 있다. 지금

$$\psi = I_1\theta_1 + I_2\theta_2 \tag{f}$$

라고 하면, 식(2.51)에서

$$\psi = C_1 t + C_2 \tag{g}$$

여기서, C_2도 적분상수이다. 게다가

$$\varphi = \theta_1 - \theta_2 \tag{h}$$

인 상대 각변위 φ를 도입한다. 식(2.50)의 제1식에 I_2를 곱한 것에서, 제2식에 I_1 곱한 것을 빼면

$$I_1 I_2 \ddot{\varphi} + k'(I_1 + I_2)\varphi = 0 \tag{i}$$

여기서,

$$p^2 = \frac{k'(I_1+I_2)}{I_1 I_2}, \quad p = \sqrt{\frac{k'(I_1+I_2)}{I_1 I_2}} \tag{2.52}$$

라고 놓으면, 식(i)은 $\ddot{\varphi} + p^2\varphi = 0$가 되므로, **2.3.2항**에서 명확한 바와 같이 식(i)의 해는

$$\varphi = a \sin pt + b \cos pt = c \cos(pt - \alpha) \tag{j}$$

식(f), (h)에서

$$\theta_1 = \frac{1}{I_1+I_2}\psi + \frac{I_2}{I_1+I_2}\varphi, \quad \theta_2 = \frac{1}{I_1+I_2}\psi - \frac{I_1}{I_1+I_2}\varphi \tag{k}$$

가 주어지므로, 윗식에 식(g), (j)를 대입하면

$$\left.\begin{aligned} \theta_1 &= \omega t + C_3 + \lambda_1 \cos(pt - \alpha) \\ \theta_2 &= \omega t + C_3 + \lambda_2 \cos(pt - \alpha) \end{aligned}\right\} \tag{2.53}$$

여기서,

$$\omega = \frac{C_1}{I_1+I_2}, \quad C_3 = \frac{C_2}{I_1+I_2}, \quad \lambda_1 = \frac{I_2}{I_1+I_2}c, \quad \lambda_2 = -\frac{I_1}{I_1+I_2}c \tag{l}$$

$$\frac{\lambda_1}{\lambda_2} = -\frac{I_2}{I_1} \tag{2.54}$$

식(2.53) 및 식(l)에 있어서, C_1, C_2, c, α 즉, ω, C_3, c, α 4개의 양은 초기조건으로부터 정해지는 임의상수이다. 임의상수가 4개 존재하는 것은 2자유도이기 때문이다. 식(2.53)에서 알 수 있듯이, 계는 초기조건으로부터 정해지는 각속도 ω로 전체 일체가 되어 회전함과 동시에 식(2.52)로 주어지는 고유진동수 p로 비틀림진동을 행하고 있다.

식(2.54)와 같이, 2개 회전체의 비틀림진동 진폭비는 (−)값이 된다. 이것은 서로 반대방향으로 비틀린다는 것을 의미한다. 또한, $\lambda_1 : \lambda_2 = -I_2 : I_1$ 이므로 **그림 2.17**의 아래쪽 그림과 같이, 회전축의 전체 길이 l을 질량관성모멘트의 역비례로 내분한 OO 단면에서는 비틀림 각도가 0이 된다. 따라서 길이 $I_2 l/(I_1 + I_2)$인 곳에서 한쪽 끝이 고정되어 있고 다른 쪽 끝은 질량관성모멘트 I_1인 회전체가 붙어 있는 **그림 2.14**와 같은 계의 비틀림진동 고유진동수는 **그림 2.17**과 같은 계의 고유진동수와 같게 된다. 또한 길이 $I_1 l/(I_1 + I_2)$인 곳에서 질량관성모멘트 I_2가 한쪽 끝에 붙어 있는 경우도 **그림 2.17**의 계와 같은 고유진동수를 가진다.

운동방정식 (2.50)은 다음과 같이 풀어도 비틀림진동에 관한 한 같은 결과가 주어진다. 지금 식(2.50)의 비틀림진동에 관한 해를

$$\theta_1 = \lambda_1 \sin pt, \qquad \theta_2 = \lambda_2 \sin pt \tag{m}$$

라 놓고, 이것을 식(2.50)에 대입하면

$$\left.\begin{aligned} (k'-I_1p^2)\lambda_1 - k'\lambda_2 = 0 \\ -k'\lambda_1 + (k'-I_2p^2)\lambda_2 = 0 \end{aligned}\right\} \tag{2.55}$$

윗식에서 λ_1, λ_2를 소거하면

$$\begin{vmatrix} k'-I_1p^2 & -k' \\ -k' & k'-I_2p^2 \end{vmatrix} = p^2\{I_1I_2p^2 - k'(I_1+I_2)\} = 0 \tag{n}$$

가 되므로,

$$p = 0, \qquad p = \sqrt{\frac{k'(I_1+I_2)}{I_1I_2}} \tag{o}$$

가 주어진다. 식(n)은 근 $p = 0$를 가지는데, 이 근은 계 전체가 완전 일체가 되어 진동 없이 회전할 수 있는 가능성을 보이고 있다. 물론 비틀림진동의 고유진동수로서는 식(n)의 $p = 0$가 아닌 근, 즉 식(2.52)와 같은 값을 취한다. 식(2.55)의 제1, 2식의 어느 쪽이라도 괜찮은데, 가령 제 1식의 관계를 이용한다고 하면

$$\frac{\lambda_1}{\lambda_2} = \frac{k'}{k'-I_1p^2} \tag{p}$$

가 되고, 윗식 중의 p^2에 식(2.52)를 대입하면 식(2.54)와 똑같은 $\lambda_1/\lambda_2 = -I_2/I_1$의 진폭비가 나온다.

다음에, 어떤 하나의 축 둘레의 회전진동(경사진동)에 관한 예를 몇 개(**예 11, 12, 13, 14**) 들어보자.

예 11 **그림 2.18**과 같이, 길이가 l, 단면중심을 통과하고 지면에 수직인 축 둘레의 단면 2차모멘트가 I_0 [m^4], 종탄성계수가 E [GPa]인 탄성보가, 한쪽 끝은 A점에, 다른 끝은 B점에 고정지지 되어 있다. 그리고 그 축 중간에, 도심 O를 통과하고 지면에 수직인 축 둘레에 관해 질량관성모멘트가 I인 물체가 고정되어 있다.

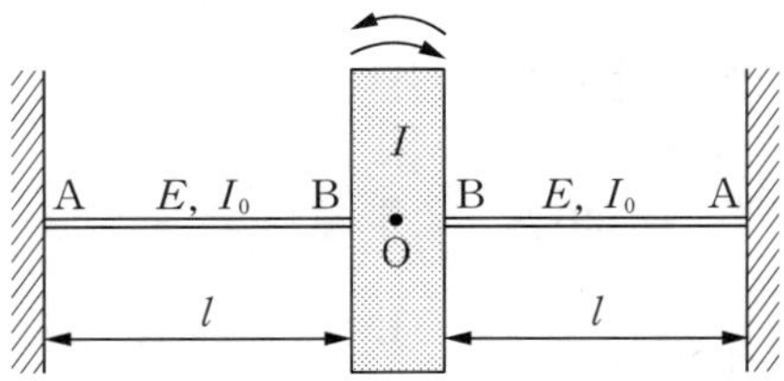

그림 2.18

이 경우 물체의 도심 O를 통과하고 지면에 수직인 축 둘레로 진동하는 회전진동(경사진동)에 대해 고찰해 보자. O 점 둘레에 모멘트 M을 작용시켰을 때 물체의 기울기를 θ라 하면 재료역학 공식으로부터

$$\theta = \frac{Ml}{8EI_0} \tag{2.56}$$

$\theta = 1$ rad일 때의 M값이 스프링상수 k'[Nm/rad]이므로 식(2.56)으로부터

$$k' = \frac{8EI_0}{l} \tag{2.57}$$

기울기가 θ일 때, 탄성보가 물체에 가하는 모멘트는 $-k'\theta$이므로, O점 둘레의 회전운동에 대한 운동방정식은 **1.3절**의 식(b)로부터 $I\ddot{\theta} = M = -k'\theta$, 즉

$$I\ddot{\theta} + k'\theta = 0 \tag{q}$$

따라서

$$p^2 = \frac{k'}{I}, \qquad p = \sqrt{\frac{k'}{I}} = \sqrt{\frac{8EI_0}{Il}} \tag{2.58}$$

라고 놓으면, 식(q)는 $\ddot{\theta} + p^2\theta = 0$가 되고, 식(2.58)로 주어지는 p가 이 경우에 대한 회전 진동의 고유진동수이다.

탄성보가 양쪽 끝 A 점에서 자유지지되어 있는 경우에는

$$\theta = \frac{Ml}{6EI_0} \tag{2.56a}$$

따라서

$$k' = \frac{6EI_0}{l} \tag{2.57a}$$

이므로, 고유진동수는 다음과 같다.

$$p = \sqrt{\frac{k'}{I}} = \sqrt{\frac{6EI_0}{Il}} \tag{2.58a}$$

예 12 물체가 장력 T로 당겨진 줄에, **그림 2.19**와 같이 지지되어 있을 때 물체의 도심 O 둘레로 회전진동하는 경우에 대해 고찰해 보자. 그림과 같이 물체의 폭은 $2h$라고 한다.

물체가 각도 θ만큼 기울어도 θ가 작으면 줄의 기울기 φ도 작고, 줄의 늘어난 길이는 φ의 제곱 정도의 작은 양이 되므로, **그림 2.13**의 경우와 마찬가지로 운동중 장력 T는 일정하다고 볼 수 있다. AB의 연장선상에 O점에서 내린 수선과 만나는 점을 C라고 하면,

$$\angle \mathrm{OBC} = \theta + \varphi, \qquad \mathrm{OC} = \mathrm{OB}\sin(\theta + \varphi) \fallingdotseq h(\theta + \varphi)$$

한편,

$$\mathrm{OC} = \mathrm{OA}\sin\varphi \fallingdotseq l\varphi$$

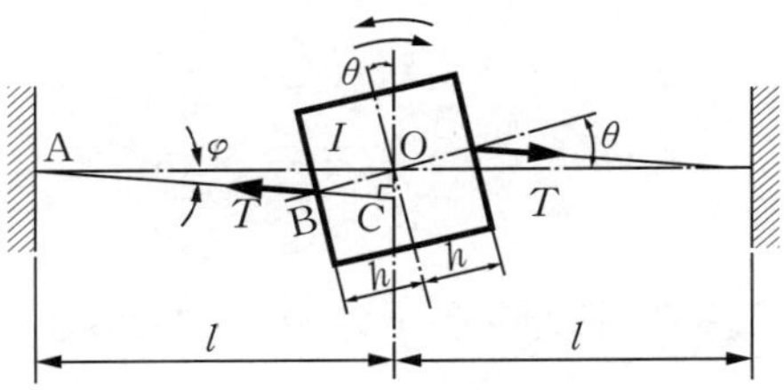

그림 2.19

이므로

$$h(\theta+\varphi)=l\varphi$$

윗식에서

$$\varphi=\left(\frac{h}{l-h}\right)\theta, \qquad \mathrm{OC}=l\varphi=\left(\frac{lh}{l-h}\right)\theta$$

장력 T에 의한 O점 둘레의 모멘트는, 한쪽에서 $T\times\mathrm{OC}$, 양측으로는 $2T\times\mathrm{OC}$이므로

$$M=-2T\times\mathrm{OC}=-2T\left(\frac{lh}{l-h}\right)\theta \tag{r}$$

(−)부호가 붙은 것은, 모멘트 M은 θ를 감소시키는 방향으로 작용하는 복원모멘트이기 때문이다. **1.3절**의 식(b)에서

$$I\ddot{\theta}=M=-2T\left(\frac{lh}{l-h}\right)\theta$$

$$\therefore\ \ddot{\theta}+\frac{2Tlh}{I(l-h)}\theta=0 \tag{2.59}$$

따라서

$$p=\sqrt{\frac{2Tlh}{I(l-h)}} \tag{2.60}$$

가 이 경우의 고유진동수이다.

예 13 **그림** 2.20 (a)와 같은 시계추에 대해 생각해 보자. 지점 O에서 무게중심 G까지의 길이가 l, 질량 m인 시계추는 지점 O를 통과하고 지면에 수직인 축 둘레로 회전운동을 행한다. 흔들리는 각도를 θ라 하면, G점에 작용하는 중력 mg에 의한 O점 둘레의 모멘트는 θ를 감소시키는 방향으로

$$M=-mgl\sin\theta$$

O점 둘레에 대한 시계추의 질량관성모멘트는 $I=ml^2$이므로 **1.3절**의 식(b)에서 $I\ddot{\theta}=M$, 즉

$$ml^2\ddot{\theta}=-mgl\sin\theta, \qquad \ddot{\theta}+\frac{g}{l}\sin\theta=0 \tag{2.61}$$

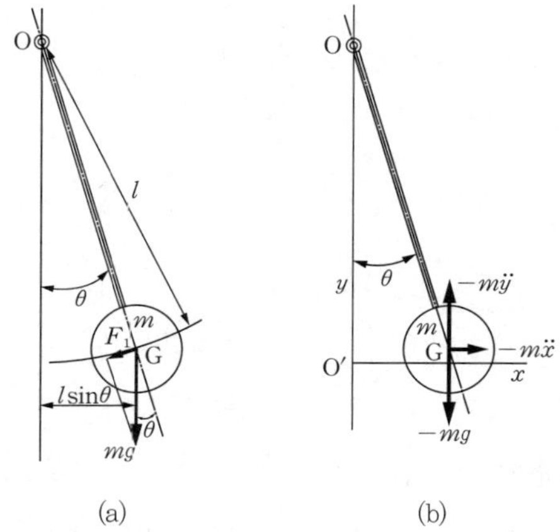

그림 2.20

θ가 작으면 $\sin\theta \fallingdotseq \theta$로 간주할 수 있으므로

$$\ddot{\theta}+\frac{g}{l}\theta=0 \tag{2.62}$$

가 되고, 시계추의 고유진동수 p 및 주기 T는 각각 다음과 같다.

$$p=\sqrt{\frac{g}{l}}, \qquad T=\frac{2\pi}{p}=2\pi\sqrt{\frac{l}{g}} \tag{2.63}$$

시계추의 고유진동수와 주기는 질량 m과는 관계가 없고, 길이 l만 관계가 있다.

이번에는 스프링상수 k'를 구해 고유진동수 p를 구해보자. 그림과 같이 시계추를 각도 θ만큼 기울이기 위해서는, 중력에 이겨 그림에서 $F_1=-mg\sin\theta \fallingdotseq -mg\theta$와 크기가 같고 방향이 반대인 힘을 시계추의 무게중심 G에 가해 주어야 한다(F_1에 (−)가 붙은 것은 θ를 감소시키는 방향의 힘이기 때문이다). 즉, $mg\theta\times l$의 모멘트를 가해 주어야 한다. 따라서 단위각도 기울이기 위해서는 mgl의 모멘트를 가해야 하므로 스프링상수 k'는 mgl이다. 식(2.45)에서

$$p=\sqrt{\frac{k'}{I}}=\sqrt{\frac{mgl}{ml^2}}=\sqrt{\frac{g}{l}}$$

가 되어 식(2.63)과 같은 결과가 주어진다.

1.3절에서 설명한 바와 같이, O점 둘레의 회전운동이 아니고, 병진운동으로 다룰 수도 있다. 운동중 무게중심 G는 반경 l인 원주 위를 dt 시간에 dx만큼 이동했다고 하면, **그림 1.2**에서 설명한 바와 같이, $dx=l\,d\theta$, 따라서 $\ddot{x}=l\ddot{\theta}$가 된다. 무게중심이 운동방향으로 작

용하는 힘은

$$F_1 = -mg\sin\theta \fallingdotseq -mg\theta$$

뉴톤의 운동 제2법칙에 적용하면

$$m\ddot{x} = ml\ddot{\theta} = F_1 = -mg\theta$$

와 같이 되므로 식(2.62)와 같은 운동방정식이 주어진다.

그림 2.20 (b)와 같은 해법도 가능하다. 무게중심 G의 평형위치를 O′라 하고, 그림과 같이 좌표축 O′x, O′y를 택하면, 무게중심 G의 좌표는, θ의 제곱 이상을 무시하면,

$$x = l\sin\theta \fallingdotseq l\theta, \qquad y = l(1-\cos\theta) \fallingdotseq 0$$

따라서

$$-m\ddot{x} = -ml\ddot{\theta}, \qquad -m\ddot{y} = 0 \tag{i}$$

무게중심에는 관성력 $-m\ddot{x}$, $-m\ddot{y}$와 중력 $-mg$, 그리고 GO 방향으로의 힘이 작용하고 있다. 중력에 (−)부호가 붙은 것은, 중력은 $-y$ 방향이기 때문이다. 한편, 지점 O둘레의 모멘트는 0이기 때문에

$$(-m\ddot{x})\cdot l\cos\theta + (-m\ddot{y})\cdot l\sin\theta + (-mg)\cdot l\sin\theta = 0$$

$\theta^2 \fallingdotseq 0$라고 간주하면

$$ml\ddot{x} + ml\theta\ddot{y} + mgl\theta = 0 \tag{2.61 a}$$

윗식에 (i)을 대입하면, 식(2.62)가 주어진다.

예 14 **그림 2.11** (a)의 낚시찌는 경사진동도 행한다. 지금 무게중심을 G, 부력중심을 M이라 하자. 이 M점의 위치는 수면 아래에 있는 부분의 도심인데, 이것을 **메타센터**(metacenter)라고 한다. 낚시찌가 정지하고 있을 때는 G점에 작용하는 아래쪽 방향의 중력 mg와 M점에 작용하는 부력이 서로 평형상태를 이루고 있으므로, M점에 작용하는 윗방향 부력의 크기도 mg이다. 찌가 각도 θ 기울어졌을 때, G점과 M점에 작용하는 중력과 부력에 의해 발

생하는 모멘트의 크기는, 이 평형을 이루고 있는 두 힘 사이의 간격이 $h\sin\theta$이므로, $mg \times h\sin\theta$이다. 게다가, 이 모멘트는 θ를 감소시키는 방향으로 작용한다. 낚시찌 무게중심 둘레의 질량관성모멘트를 I라고 하면 **1.3절**의 식 (b)로부터

$$I\ddot{\theta} = M = -mgh\sin\theta$$

θ가 작으면 $\sin\theta \fallingdotseq \theta$이므로

$$\ddot{\theta} + \frac{mgh}{I}\theta = 0 \tag{2.64}$$

따라서 고유진동수는 다음과 같다.

$$p = \sqrt{\frac{mgh}{I}} \tag{2.65}$$

다음의 **예** 15, 16, 17은, **4.2절**에서 설명할 라그랑지 방정식을 이용하면 운동방정식과 고유진동수를 비교적 간단히 구할 수 있는 예인데, 여기서는 뉴톤의 운동 제2법칙을 적용하여 직접 이것을 유도해 보자.

예 15 **그림** 2.21과 같이, 두께가 얇고 반경 r인 반원통형 물체가 평면 위에서 좌우로 구르는 운동에 대해 고유진동수를 구해보자. 반원통형의 중심을 C, 물체의 무게중심을 G라 하면, 무게중심의 위치는 $\mathrm{CG} = (2/\pi)r$이다. 물체의 질량을 m이라 하면, C점에 관한 질량관성모멘트 I_C는

$$I_C = mr^2$$

따라서 무게중심 G에 관한 질량관성모멘트 I는

$$I = I_C - m \times (\mathrm{CG})^2 = m\left\{1 - \left(\frac{2}{\pi}\right)^2\right\}r^2$$

물체가 굴러서 중심 C는 C′로, 무게중심 G는 G′로, 접촉점 O는 O′로 이동했다고 할 때, 경사각을 θ라 하자. 또한 이때의 접촉점을 $\mathrm{O_1}$이라 하면

$$\mathrm{CC'} = \mathrm{OO_1} = \widehat{\mathrm{O'O_1}} = r\theta$$

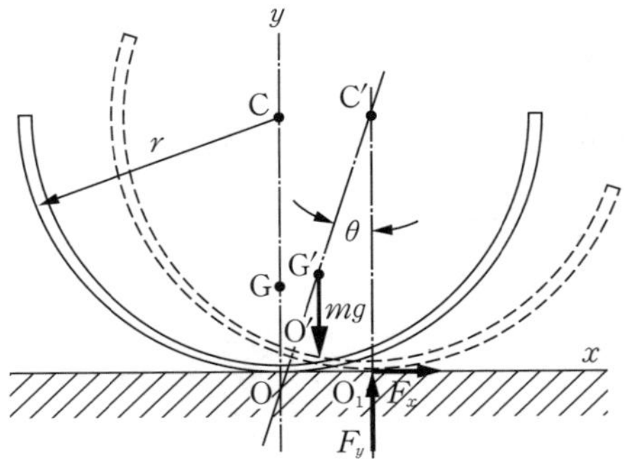

그림 2.21

그림과 같이 원래 위치의 접촉점을, 원점을 O로 하는 직교좌표계 O−xy에서 생각해 보면, 무게중심 G′에는 $-y$ 방향으로 $-mg$의 중력이 작용하고 있다. 무게중심 G′의 좌표 x, y는 θ가 작아서 $\sin\theta \fallingdotseq \theta$, $\cos\theta \fallingdotseq 1$로 간주할 수 있는 경우에는

$$\left.\begin{aligned} x &= \mathrm{CC'} - \mathrm{C'G'}\sin\theta = r\theta - \frac{2}{\pi}r\sin\theta \fallingdotseq r\left(1-\frac{2}{\pi}\right)\theta \\ y &= \mathrm{C'O_1} - \mathrm{C'G'}\cos\theta \fallingdotseq \mathrm{C'O_1} - \mathrm{C'G'} = r\left(1-\frac{2}{\pi}\right) = \mathrm{OG} = \text{일정} \end{aligned}\right\}$$

θ가 작으므로 무게중심의 y방향, 즉 수직방향으로의 이동은 0이라고 볼 수 있다. 접촉점 O_1에 있어서 수평지지면으로부터 받는 x, y 방향의 반력 성분을 F_x, F_y라 하면, 뉴톤의 운동 제2법칙으로부터

$$m\ddot{x} = F_x \qquad \therefore\ mr\left(1-\frac{2}{\pi}\right)\ddot{\theta} = F_x$$

$$m\ddot{y} = F_y - mg = 0 \qquad \therefore\ mg = F_y$$

무게중심 G′ 둘레의 외력에 의한 모멘트 M은, 힘 F_x와 F_y에 의한 모멘트

$$-F_x y = -mr^2\left(1-\frac{2}{\pi}\right)^2\ddot{\theta}, \qquad -F_y(\mathrm{CC'}-x) = -mg\frac{2}{\pi}r\theta$$

이 두 개의 합이다. (−)부호가 붙은 것은 F_x와 F_y가 그림에서 보는 바와 같이 (+)방향을 취하고 있을 때는, θ를 감소시키는 방향의 모멘트가 생기기 때문이다. 무게중심 G′ 둘레의 회전운동에 대해서는 **1.3절**의 식(b) $I\ddot{\theta} = M$으로부터

$$I\ddot{\theta}= m\left(1-\frac{4}{\pi^2}\right)r^2\ddot{\theta}= M = -F_xy-F_y(\mathrm{CC}'-x) = -mr^2\left(1-\frac{2}{\pi}\right)^2\ddot{\theta}-\frac{2}{\pi}mgr\theta$$

윗식을 정리하면

$$\ddot{\theta}+\frac{g}{(\pi-2)r}\theta = 0 \tag{2.66}$$

가 되므로, 이 진동에 관한 고유진동수는 다음과 같다.

$$p=\sqrt{\frac{g}{(\pi-2)r}} \tag{2.67}$$

예 16 **그림 2.22**와 같이, 중심이 A, 반경이 R인 안내면 위를 반경 r, 질량 m, 중심 O′ 둘레의 질량관성모멘트가 I인 원기둥 형태의 물체가 좌우로 구르는 운동에 대해 고찰해 보자.

정지시에 있어서 물체의 중심 위치 O를 원점으로 하여 그림과 같이 좌표계 O$-xy$를 도입한다. 운동중, 중심 O는 O′로, 정지시에 접촉점 B에 있었던 물체표면상의 점은 B′로 이동하고, 또한 이때 접촉점을 C라고 한다. 그림과 같이

$$\angle \mathrm{OAO}' = \theta,\quad \angle \mathrm{B'O'C} = \varphi$$

라고 하면, $\widehat{\mathrm{BC}} = \widehat{\mathrm{B'C}}$로부터

$$\varphi = \frac{R}{r}\theta$$

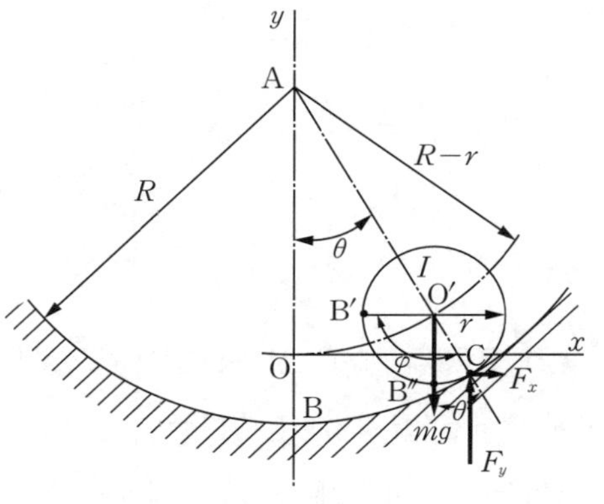

그림 2.22

물체의 정지좌표축에 대한 회전각을 ψ라고 하면

$$\psi = \angle \mathrm{B'O'B''} = \angle \mathrm{B'O'C} - \angle \mathrm{B''O'C} = \varphi - \theta = \left(\frac{R}{r} - 1\right)\theta \tag{i}$$

O′점의 좌표 x, y는, 각도 θ가 작아서 $\sin\theta \fallingdotseq \theta$, $\cos\theta \fallingdotseq 1$이라고 할 수 있는 경우에는

$$\left.\begin{aligned} x &= (R-r)\sin\theta \fallingdotseq (R-r)\theta \\ y &= \mathrm{AO} - \mathrm{AO'}\cos\theta \fallingdotseq \mathrm{AO} - \mathrm{AO'} = 0 \end{aligned}\right\} \tag{ii}$$

가 되므로

$$\ddot{x} = (R-r)\,\ddot{\theta}, \qquad \ddot{y} = 0 \tag{iii}$$

C점에서 안내면으로부터 받는 반력의 x, y 방향 성분을 F_x, F_y라 하면, 물체의 병진운동과 회전운동에 관한 운동방정식은

$$m\ddot{x} = F_x, \qquad m\ddot{y} = F_y - mg = 0 \tag{iv}$$

$$I\ddot{\psi} = -F_x r\cos\theta - F_y r\sin\theta \fallingdotseq -F_x r - F_y r\theta \tag{v}$$

식(i), (iii), (iv)를 식(v)에 대입하면

$$I\left(\frac{R}{r} - 1\right)\ddot{\theta} = -m(R-r)r\ddot{\theta} - mgr\theta \tag{vi}$$

가 되고, 이것을 정리하면,

$$\ddot{\theta} + \frac{mgr^2}{(R-r)(I+mr^2)}\theta = 0 \tag{2.68}$$

따라서 고유진동수 p는 다음과 같이 된다.

$$p = \sqrt{\frac{mgr^2}{(R-r)(I+mr^2)}} \tag{2.69}$$

예 15와 **예** 16, 즉 **그림** 2.21, 2.22의 계에 있어서, 안내면으로부터의 반력 F_x가 존재하는 것은, 물체와 안내면 사이에 마찰(구름마찰)이 있다는 것을 의미하고 있다. 마찰이 없으면 왕복 구름운동하는 것은 불가능하기 때문에, F_x가 존재하는 것은 이 의미에서는 당연하다. 그러나 다음과 같은 의문이 생긴다. 마찰이 있는데도 진동의 진폭을 식(2.18)과 같이 일정

하다고 나타낼 수 있다는 것. 이 의문에 대해서는 다음 절의 감쇠가 있을 때의 자유진동에 대한 설명이 그 답이 될 것이다.

예 17 물체의 질량관성모멘트 I를 구하기 위해, 대상 물체를 **그림 2.23**과 같이 길이 l인 두 줄로 수평이 되도록 매달아 물체를 수직선 OO 둘레로 약간 비틀어 놓았을 때 발생하는 회전진동의 진동수를 측정하는 방법이 있다. 이 장치를 두 줄 매달기법이라고 한다. 이 경우에 대해 진동수와 질량관성모멘트 사이의 관계를 구해 보자.

물체가 평형위치에서 미소 각도 θ 회전하면 물체는 당연히 위쪽으로 이동한다. 그러나 θ가 작아서 그 제곱 이상을 무시할 수 있으면, 이 상하방향의 이동량은 무시할 수 있는데, 우선 이 점을 확실히 해 두자. 물체가 각도 θ 회전하여 물체의 중심 O는 O′로, 지점 B는 B′로 이동했다고 하자. 여기서 지점 A를 물체면으로 투영한 점을 A′라 하고, 평형을 이루고 있을 때 A′, B′를 물체면에 투영한 점을 A″, B″라 하자. 여기서 $\mathrm{AA''} = h$이다. 이때의 상태를 위에서 보면 아래쪽 그림과 같이 된다. 그림에 있어서 A″(A′)점에서 반경 OB″에 내린 수선의 발을 C라 한다. 오른쪽 그림의 △AB′A′에 있어서 $\angle \mathrm{AA'B'} = \pi/2$이므로

$$\mathrm{AA'} = \sqrt{\mathrm{AB'}^2 - \mathrm{A'B'}^2} = \sqrt{l^2 - \mathrm{A'B'}^2} \quad (\because \mathrm{AB} = \mathrm{AB'} = l)$$

아래쪽 그림에서

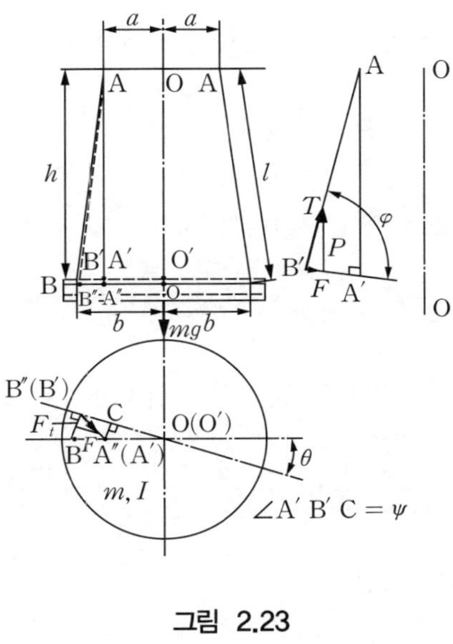

그림 2.23

$$\mathrm{CA'} = \mathrm{OA'}\sin\theta = a\sin\theta \fallingdotseq a\theta$$

$$\mathrm{CB'} = \mathrm{OB'} - \mathrm{OC} = b - a\cos\theta \fallingdotseq b - a$$

따라서

$$\mathrm{A'B'} = \sqrt{\mathrm{CA'}^2 + \mathrm{CB'}^2} = \sqrt{a^2\theta^2 + (b-a)^2} \fallingdotseq b - a$$

$$\therefore \ \mathrm{AA'} = \sqrt{l^2 - \mathrm{A'B'}^2} = \sqrt{l^2 - (b-a)^2}$$

한편, 직각삼각형 ABA″에서

$$\mathrm{AA''} = h = \sqrt{\mathrm{AB}^2 - \mathrm{A''B}^2} = \sqrt{l^2 - (b-a)^2}$$

이므로

$$\mathrm{AA'} = \mathrm{AA''} = h \qquad \therefore \ \mathrm{AA''} - \mathrm{AA'} = 0$$

가 되고, θ의 제곱 이상을 무시할 수 있는 경우에는 물체의 상하방향 이동량도 무시할 수 있다.

물체의 질량을 m, 물체 무게중심의 상하방향 이동량을 y라 하고, y는 윗방향을 (+)방향으로 하면, 위에 기술한 이유로 $y = 0$이다. 따라서 $\ddot{y} = 0$이다. y방향에 있어서 물체에 작용하는 외력은 중력 $-mg$와 오른쪽 그림에 있는 줄의 장력 T의 수직방향 성분 P이고, 줄이 2개 이므로 합계 $2P$가 된다. 뉴톤의 운동 제2법칙으로부터

$$m\ddot{y} = 2P - mg = 0 \qquad \therefore \ P = \frac{1}{2}mg$$

장력 T의 수평방향 성분 F는 오른쪽 그림에서 알 수 있듯이 $\angle \mathrm{AB'A'} = \varphi$라고 하면

$$F = T\cos\varphi = P\cot\varphi = \frac{1}{2}mg\frac{\mathrm{A'B'}}{\mathrm{AA'}} = \frac{1}{2}mg\frac{b-a}{h}$$

$\angle \mathrm{A'B'C} = \psi$라고 하면, 아래 그림에서 힘 F의 접선방향 성분 F_t는

$$F_t = T\sin\psi = F\frac{\mathrm{CA'}}{\mathrm{A'B'}} = \frac{1}{2}mg\frac{b-a}{h}\cdot\frac{a}{b-a}\theta = \frac{mga}{2h}\theta$$

따라서 양쪽 F_t에 의한 모멘트 M은

$$M = -2F_t \cdot b = -\frac{mgab}{h}\theta$$

1.3절의 식(b)로부터

$$I\ddot{\theta} = M = -\frac{mgab}{h}\theta \qquad \therefore\ \ddot{\theta} + \frac{mgab}{Ih}\theta = 0 \tag{2.70}$$

가 되고, 이 두 줄에 매달린 물체의 고유진동수는

$$p = \sqrt{\frac{mgab}{Ih}} = \frac{2\pi}{T} \qquad (T : \text{주기}) \tag{2.71}$$

식(2.71) 중의 T는 장력이 아니고 진동의 주기이다. 윗식에서 질량관성모멘트 I는 다음 식으로 주어진다.

$$I = \frac{mgab}{hp^2} = \frac{mgab}{4\pi^2 h}T^2 \qquad (T : \text{주기}) \tag{2.72}$$

진동수 p, 혹은 진동주기 T를 실측하면 물체의 질량관성모멘트 I를 식(2.72)로부터 구할 수 있다.

2.4 감쇠가 있을 때의 자유진동

2.4.1 운동에 대한 저항력, 감쇠력

2.3절에서는, 운동에 대한 저항력이 작용하지 않는 경우의 자유진동에 대해 다루었다. 저항력이 없기 때문에 계의 에너지는 소실되지 않고, 운동중 항상 일정치를 유지하고, 식(2.18)과 같이 자유진동의 진폭도 계속 일정치를 유지한다. 그러나 실제 진동운동에서 자유진동의 진동은 점차 감소하여 즉, 계속 **감쇠**(減衰, damping)해서 진동은 마침내 소멸된다. 예를 들면, 사찰에서 나는 종소리도 점차 약해져서 마침내 소멸된다. 실제 진동에 존재하는 "운동에 대한 저항력"을 운동방정식(2.7) 중에 넣으면 진폭이 감소해 가는 자유진동이 된다. 현실에 존재하는 역학계에는 여러 가지 원인에 의해, 대소의 차이는 있지만 반드시 운동에 대한 저항력이 존재한다.

이 저항력의 성질에 대해 조사해 보자. 운동에 대한 저항력이기 때문에 운동속도와 반대 방향으로 작용하는 저항력이다. 바람으로 말하면 물체가 운동할 때 맞바람에 의한 저항력

그 자체이다. 정지물체에 작용하는 풍압은 아니다. 진동학에서는 이러한 저항력을 **감쇠력**(減衰力, damping force)이라고 한다.

저항력, 즉 감쇠력의 원인은 변형하는 재료의 내부, 예를 들면 스프링이나 **그림 2.7**의 탄성보 내부에 발생하는 내부마찰, 면과 면 사이에 작용하는 마찰력, 운동에 의해 주위의 공기나 물 등의 유체와 물체표면과의 마찰에 의해 생기는 저항, 물체가 유체 속을 통과하거나 휘저을 때 생기는 유체마찰 및 유체저항, 특수한 경우로서는 전자력 등 여러 가지가 있다.

감쇠력의 크기와 속도에 대한 변화의 모양도 또한 여러 가지이다. 대표적인 예를 몇 개 들어보면 **그림 2.24**와 같다.

점선 곡선 $CC_1OC_1'C'$의 감쇠력은 **건성마찰력**(乾性摩擦力, dry frictional force)이라고 하는 것으로, 상대속도를 가지는 면 사이에 작용하는 일반적인 마찰력이다. 속도가 0일 때, 최대 정지마찰계수에 대응하는 최대의 마찰력이 작용하고, 속도가 증가함에 따라 일단 감소하였다가 그 후 다소 증가하는 경향을 보인다. 일점쇄선으로 나타낸 $DD_1OD_1'D'$는 **쿨롱 마찰**(Coulomb friction)이라 하고, 속도와 관계 없이 마찰력의 크기는 일정하다. 이것은 앞서 설명한 건성마찰을 이상화 및 간단화시켜 인위적으로 생각한 감쇠력이다. 파선의 곡선 BOB'는 속도의 제곱에 비례하는 감쇠력이고, 부채로 공기를 부쳤을 경우 등, 유체 속을 운동할때 물체 뒤쪽에 나타나는 난류에 의한 저항은 거의 속도의 제곱에 비례한다. 실선의 직선 AOA'의 감쇠력은 속도의 1제곱에 비례하는 저항력이고, 유선형의 물체가 점성을 가지고 있는 유체 속을 운동할 때, 유체가 층류상태이면, 이러한 저항력이 발생하므로 이것을 **점성 감쇠력**(粘性減衰力, viscous damping force)이라고 한다.

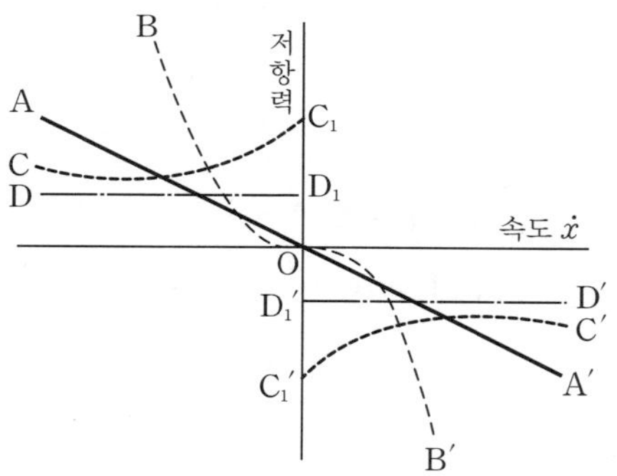

AOA' : 점성감쇠, BOB': 속도의 제곱에 비례하는 저항력
$CC_1OC_1'C'$: 건성마찰력, $DD_1OD_1'D'$: 쿨롱 마찰력

그림 2.24 저항력(감쇠력)과 속도 $\dot{x}$ 와의 관계

각종 감쇠력을 나타내는 이들 곡선이 전부 **그림 2.24**의 제2, 4상한에 존재하는 것은 운동속도와 역방향으로 작용하는 저항력이기 때문이다. 그림에서 알 수 있듯이, 이들 감쇠력은 속도가 주어지면 그 크기와 방향이 정해진다. 즉, 감쇠력 R은 속도만의 함수로서 다음과 같이 나타낼 수 있다.

$$R = \varphi(\dot{x}) \tag{2.73}$$

또한 R는 속도와 방향이 반대, 즉 부호가 반대이기 때문에 항상 다음 관계가 성립한다.

$$R \cdot \dot{x} \leqq 0 \tag{2.74}$$

그림 2.24와 같이, 감쇠력에는 여러 가지가 있는데, 이 책에서는 이후 주로 속도에 비례하는 점성감쇠력을 운동방정식에 도입하는 것으로 한다. 이것은 다음과 같은 주요 두 가지 이유 때문이다.

(i) 특수한 예외적인 진동을 제외하면, 작용하고 있는 저항력이 점성감쇠력이라고 가정해도, 다른 여러 가지 저항력이 작용하고 있는 실제 경우의 진동현상도 정성적으로, 경우에 따라서는 정량적으로도 충분히 표현하고 설명하는데 부족함이 없는 운동방정식의 해를 구할 수 있다.

(ii) 속도의 1제곱에 비례하는 점성감쇠력을 운동방정식에 도입했을 경우, 다른 감쇠력의 경우와 비교할 수 없을 정도로 해석적으로 취급이 용이하고 간단하다.

점성감쇠력 R는 그 정의로부터 알 수 있듯이

$$R = -c\dot{x} \tag{2.75}$$

로 나타낼 수 있다. 비례상수 c [Ns/m]를 **감쇠계수**(減衰係數, damping coefficient)라고 한다.

2.4.2 감쇠가 있는 진동계의 운동

감쇠력이 작용하고 있는 것을 나타내기 위해, **그림 2.25**와 같이 댐퍼를 도입한다. 그림의 계가 평형위치에서 x 만큼 변위하고, $\dot{x}$의 속도로 운동하고 있는 경우에는, 스프링력 $-kx$ 외에 점성감쇠력 $-c\dot{x}$가 작용하기 때문에 뉴톤의 운동 제2법칙으로부터

$$m\ddot{x} = (-kx) + (-c\dot{x}), \qquad m\ddot{x} + c\dot{x} + kx = 0 \tag{2.76}$$

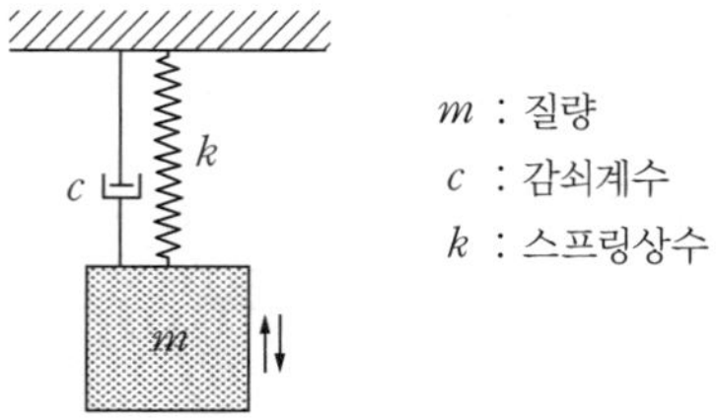

그림 2.25

윗식 전체를 m으로 나누면

$$\ddot{x} + 2n\dot{x} + p^2 x = 0 \tag{2.77}$$

여기서

$$n = \frac{c}{2m}, \qquad p = \sqrt{\frac{k}{m}} \tag{2.78}$$

식(2.77) 중 $2n$의 2는 계산의 편의상 붙인 숫자이다. 식(2.78)에 정의되어 있는 n은 고유진동수 p와 같은 rad/s 단위를 가진다. 이 n도 식(2.75), (2.76) 중의 c와 마찬가지로 감쇠계수라고 한다.

해의 형태를 **2.3.2항**에서 설명한 것과 같이

$$x = Ae^{st} \tag{2.14}$$

라 놓고 해석해 보기로 한다. 윗식을 식(2.77)에 대입하면 다음 관계가 나온다.

$$Ae^{st}(s^2 + 2ns + p^2) = 0$$

윗식에서 $A = 0$라고 하면, 완전히 운동하지 않는 경우가 되므로 $A \neq 0$라 한다. 또한 e^{st}는 s의 유한값에 대해 0이 되는 일은 없다. 따라서 윗식이 성립하기 위해서는

$$s^2 + 2ns + p^2 = 0 \tag{2.79}$$

가 되어야 된다. 식(2.79)를 미분방정식(2.77)의 **특성방정식**(特性方程式, characteristic equation)이라 한다. **2.3.2항**에서 설명한 $s^2 + p^2 = 0$도 또한 감쇠가 없는 경우의 식(2.10)의 특성방정식이다. 식(2.79)를 만족하는 s 값을 가지는 식(2.14)가 식(2.77)의 해이다.

s에 관한 2차방정식(2.79)의 근 s_1, s_2는

$$s_1 = -n + \sqrt{n^2 - p^2}, \qquad s_2 = -n - \sqrt{n^2 - p^2} \tag{2.80}$$

이 되고, $n < p$, $n > p$, $n = p$의 경우에 대해서, s_1, s_2가 각각 공액복소근, 서로 다른 실근, 실수의 중근이 되는 3가지 경우가 발생한다. 이들 3가지 경우에 대해서 물체는 다음에 기술하는 바와 같이 각각 성질이 다른 운동을 한다.

(A) $n < p$ $(n/p<1,\ c<2\sqrt{mk}\,)$인 경우

감쇠계수 $n(c)$이 비교적 작고, 또한 고유진동수 p보다 작으면, 식(2.80)의 s_1, s_2는 다음과 같이 공액복소수가 된다.

$$s_1 = -n + ip_1, \qquad s_2 = -n - ip_1 \quad (i = \sqrt{-1}) \tag{2.81}$$

여기서

$$p_1 = \sqrt{p^2 - n^2} = p\sqrt{1 - \frac{n^2}{p^2}} \tag{2.82}$$

따라서

$$x = A_1 e^{(-n+ip_1)t}, \qquad x = A_2 e^{(-n-ip_1)t}$$

는 이 경우의 해이고, 이들의 합

$$x = A_1 e^{(-n+ip_1)t} + A_2 e^{(-n-ip_1)t} = e^{-nt}(A_1 e^{ip_1 t} + A_2 e^{-ip_1 t})$$

도 또한 해가 된다. 윗식에서 괄호 안은 **2.3.2항**에서 알 수 있는 바와 같이, $a \sin p_1 t + b \cos p_1 t$로 바꾸어 쓸 수도 있다. 즉, $n < p$의 경우 식(2.77)의 해는

$$x = e^{-nt}(a \sin p_1 t + b \cos p_1 t) = ce^{-nt} \sin(p_1 t + \beta) = ce^{-nt} \cos(p_1 t - \alpha) \tag{2.83}$$

이것이 감쇠가 있을 때의 자유진동이다. 식(2.83) 중의 c, α, β는 **1.4절**의 식(1.15)와 같다. 윗식 중 첫 번째 식에 있는 a와 b, 두 번째 식에 있는 c와 β, 세 번째 식에 있는 c와 α는 초기조건에 의해 결정되는 임의상수이다. 초기조건을 시각 $t = 0$일 때 $x = x_0$, $\dot{x} = \dot{x}_0$라고 하면, 식(2.83) 및 이 식을 1회 미분한 식

$$\begin{aligned}\dot{x} &= e^{-nt}\{-(na+p_1b)\sin p_1t+(-nb+p_1a)\cos p_1t\}\\ &= ce^{-nt}\{-n\sin(p_1t+\beta)+p_1\cos(p_1t+\beta)\}\\ &= ce^{-nt}\{-p_1\sin(p_1t-\alpha)-n\cos(p_1t-\alpha)\}\end{aligned} \tag{2.84}$$

에 있어서, $t=0$로 놓으면 a와 b는 다음과 같이 된다.

$$a=\frac{nx_0+\dot{x}_0}{p_1}, \qquad b=x_0 \tag{2.85}$$

따라서 식(2.77)의 해 (2.83)은

$$\begin{aligned}x &= e^{-nt}\left(\frac{nx_0+\dot{x}_0}{p_1}\sin p_1t+x_0\cos p_1t\right)\\ &= e^{-nt}\sqrt{x_0^2+\left(\frac{nx_0+\dot{x}_0}{p_1}\right)^2}\sin(p_1t+\beta)\\ &= e^{-nt}\sqrt{x_0^2+\left(\frac{nx_0+\dot{x}_0}{p_1}\right)^2}\cos(p_1t-\alpha)\end{aligned} \tag{2.86}$$

여기서

$$\left.\begin{aligned}&c=\sqrt{x_0^2+\left(\frac{nx_0+\dot{x}_0}{p_1}\right)^2}=\sqrt{a^2+b^2}\\ &\alpha=\tan^{-1}\frac{a}{b}=\frac{nx_0+\dot{x}_0}{p_1x_0}, \qquad \beta=\tan^{-1}\frac{b}{a}=\tan^{-1}\frac{p_1x_0}{nx_0+\dot{x}_0}\end{aligned}\right\} \tag{2.87}$$

식(2.83), (2.86)으로 나타낸 감쇠가 있을 때의 자유진동을, 감쇠가 없을 때의 자유진동 식(2.11), (2.18)과 비교해 보면, 다음과 같은 두 가지 면에서 주로 다르다.

(i) 식(2.83), (2.86) 전체에 e^{-nt}가 들어있기 때문에 시간의 경과와 더불어 진폭이 **그림 2.26**과 같이 지수함수적으로 감소하고, $t=\infty$가 되면 $x=0$가 된다. 그런 반면에, 감쇠가 없는 경우에는 식(2.11), (2.18) 혹은 **그림 1.3, 1.5, 1.8**과 같이 진폭의 크기에는 변화가 없다.

(ii) 감쇠가 있는 경우의 진동수는 식(2.82)와 같이 $p_1=\sqrt{p^2-n^2}$ 인데, 이것은 감쇠가 없을 때의 고유진동수 $p=\sqrt{k/m}$ 보다 약간 작다.

단, 일반진동계에서 n/p은 0.01 정도 혹은 그 이하의 작은 값이다. 식(2.82)를 2항급수로 전개하면

$$p_1 = p\left\{1 - \frac{1}{2}\left(\frac{n}{p}\right)^2 - \frac{1}{8}\left(\frac{n}{p}\right)^4 - \frac{1}{16}\left(\frac{n}{p}\right)^6 - \cdots\right\}$$

이 되므로 일반적으로는 근사적으로

$$p_1 \fallingdotseq p \tag{2.88}$$

로 놓아도 지장이 없다.

진동의 주기를 T라 하면, **1.4절**의 식(1.10)으로부터 명확한 바와 같이 $T = 2\pi/p_1$이므로 시각 $t = t_0$, $t = t_0 + T$, $t = t_0 + 2T$, …에서 1주기 마다의 진폭을 c_0, c_1, c_2, …라 하면 식(2.83)으로부터

$$\begin{aligned} c_0 : c_1 : c_2 : \cdots &= ce^{-nt_0} : ce^{-n(t_0+T)} : ce^{-n(t_0+2T)} : \cdots \\ &= 1 : e^{-nT} : e^{-2nT} : \cdots = 1 : e^{\frac{-2\pi n}{p_1}} : e^{\frac{-4\pi n}{p_1}} : \cdots \end{aligned} \tag{2.89}$$

이 되고, 점성감쇠가 작용하는 경우 자유진동의 진폭은 1주기마다 등비급수적으로 감소해 간다. 실제의 진동계에 있어서, 자유진동의 진동파형을 기록하여 진폭이 감소해 가는 비율을 측정하면, 식(2.89)를 이용하여 감쇠계수 n을 구할 수 있다.

그림 2.26에, 감쇠가 있을 때 자유진동의 진동파형을, 감쇠계수 n의 여러 가지 값의 경우에 대해 그려 놓았다. 그림의 파형은 초기조건이 $x_0 = 0$, $\dot{x}_0 \neq 0$일 때의 식(2.86), 즉

$$x = ce^{-nt}\sin p_1 t = \frac{\dot{x}_0}{p_1}e^{-nt}\sin p_1 t$$

로 표현되는 운동이다.

감쇠가 있을 때의 자유진동 식(2.83), (2.86)을, 각속도 p_1으로 회전하는 회전벡터로 나타내어 이것을 x축에 투영한 것으로 나타내면 **그림 2.27**과 같이 된다. 벡터 $\overrightarrow{\mathrm{OA}}$, $\overrightarrow{\mathrm{OB}}$를 x축으로 투영한 OA′, OB′가 각각 $ae^{-nt}\sin p_1 t$, $be^{-nt}\cos p_1 t$이고, 벡터 $\overrightarrow{\mathrm{OC}}$를 투영한 OC′가 식(2.83), (2.86) $x = ce^{-nt}\sin(p_1 t + \beta) = ce^{-nt}\cos(p_1 t - \alpha)$의 운동을 나타낸다. 벡터 $\overrightarrow{\mathrm{OC}}$는 각속도 p_1으로 회전함과 더불어 그 크기 ce^{-nt}가 지수함수적으로 작아지므로, 그 끝 C는 시간의 경과와 더불어 그림과 같이 소용돌이 선을 그린다. 이 소용돌이 선을 **아르키메데스 나선**(螺線)(Archimedes' spiral)이라 한다. 게다가, x축과 시계방향(− 방향)으로 각도 α를, $-y$축과 각도 β를 이루는 접선벡터 $\overrightarrow{\mathrm{OC}_0}$는 시각 $t = 0$일 때 벡터 $\overrightarrow{\mathrm{OC}}$의 위치를 나타낸다.

식(2.83), (2.86)으로 나타낸 운동의 시간적 경과를 약간 확대해서 나타낸 것이 **그림 2.28**

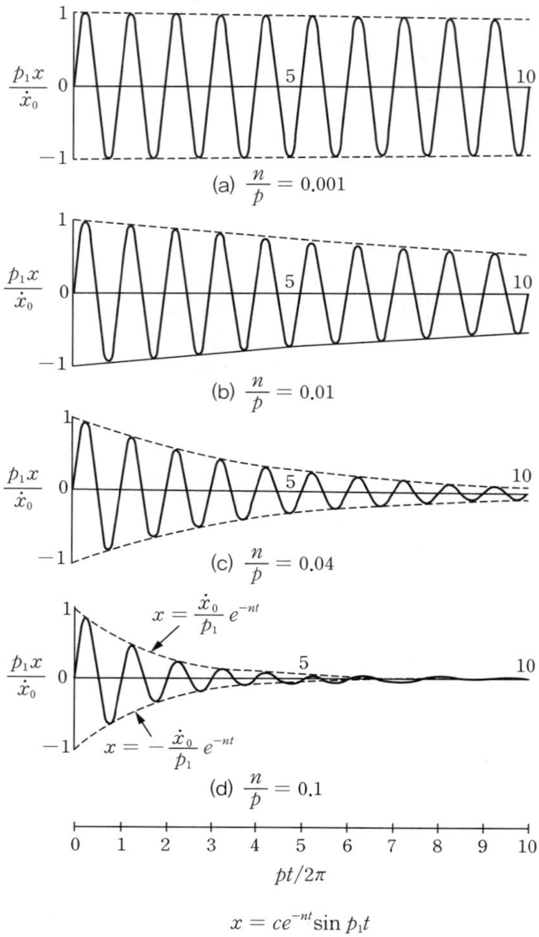

그림 2.26 여러 가지 크기의 감쇠가 작용할 때 자유진동의 진동파형(초기조건 $x_0 = 0$, $\dot{x}_0 > 0$)

이다. 진동파형이 극대치(F 점), 극소치(I 점)를 취하는 진동의 변환점에서 식(2.84)의 $\dot{x}$는 0이 되므로, 이때

$$\tan(p_1 t + \beta) = \frac{p_1}{n}, \qquad \tan(p_1 t - \alpha) = -\frac{n}{p_1}$$

따라서,

$$p_1 t + \beta = \tan^{-1}\frac{p_1}{n} \pm m\pi, \qquad p_1 t - \alpha = \tan^{-1}\left(-\frac{n}{p_1}\right) \pm m\pi \tag{2.90}$$

($m = 0$ 혹은 정수)

의 관계가 있다. **그림 2.27**에서 $+x$축과 시계방향으로 각도 $\varphi = \tan^{-1} n/p_1$을 이루는 직선 TOT가 아르키메데스 나선(螺線)과 교차하는 점을 F, I라고 하면, $\dot{x} = 0$가 되고 식(2.90)의 관계를 만족하는 것은 벡터 $\overrightarrow{OC}$가 TOT 선상에 왔을 때이다. 즉, 감쇠가 없을 때와 달리, x가 극대, 극소치를 취하는 $\dot{x} = 0$가 되는 진동의 반환점은, $p_1t - \alpha = -\varphi \pm m\pi$가 되고, 벡터 $\overrightarrow{OC}$가 x축상에 왔을 때가 아니고 직선 TOT상에 왔을 때이다. 여기서 극대, 극소를 이루므로 F, I점에 있어서 아르키메데스 나선(螺線)으로의 접선 F′FF″, I′II″는 수직이 된다.

다음에 **그림 2.28**에서 점선으로 표시되어 있는 $x = \pm ce^{-nt}$ 곡선과 진동파형이 일치하는 점 G, J에서는 식(2.83)에 나타나 있는 x와 $x = \pm ce^{-nt}$가 같은 값을 취할 때이므로 여기에서는

$$\sin(p_1t + \beta) = \pm 1, \qquad \cos(p_1t - \alpha) = \pm 1$$

따라서

$$p_1t + \beta = \frac{\pi}{2} \pm m\pi, \quad p_1t - \alpha = \pm m\pi \ \ (m = 0 \text{ 혹은 정수}) \tag{2.91}$$

의 관계가 있다. 이때는 **그림 2.27**에서 명확한 바와 같이 벡터 $\overrightarrow{OC}$가 x축상에 왔을 때이다. **그림 2.27**의 E, C_0, F, G, H, I, J, K에 대응하는 점은 **그림 2.28**에 있어서도 같은 기호를 사

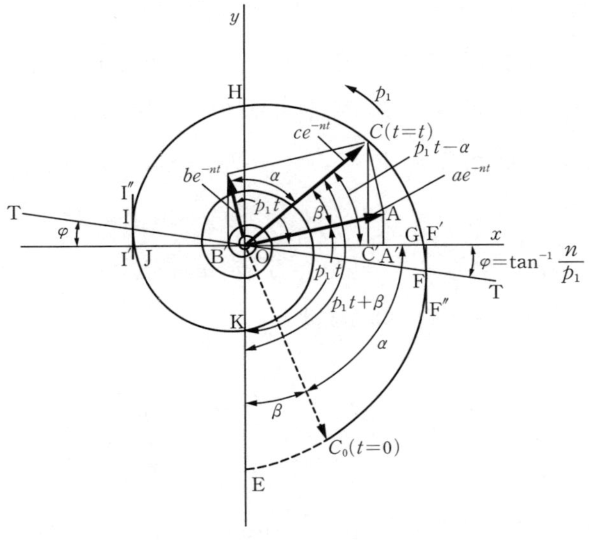

그림 2.27 감쇠가 있을 때 자유진동의 벡터에 의한 표시

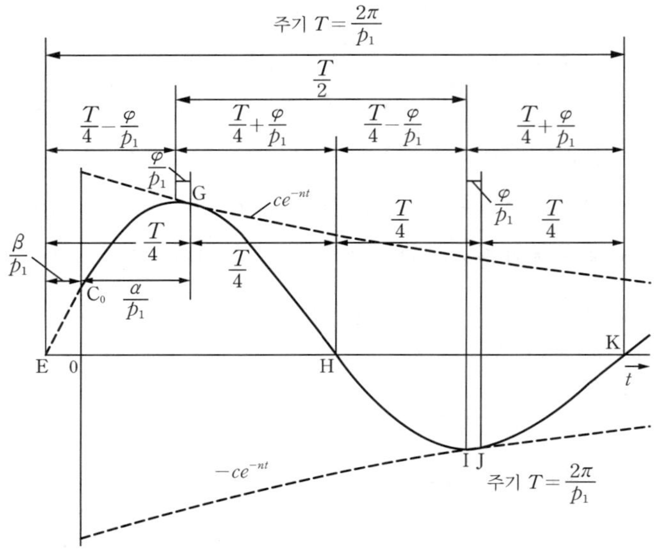

$$x = ce^{-nt}\sin(p_1t+\beta) = ce^{-nt}\cos(p_1t-\alpha)$$

그림 2.28 감쇠가 있을 때 자유진동의 진동파형

용하고 있다. **그림 2.27**의 벡터 $\overrightarrow{OC}$는 일정각속도 p_1으로 회전하고 있으므로 E에서 F에 도달하는 시간은 1/4 주기인 $T/4 = \pi/(2p_1)$보다 각도 φ를 회전하는 시간 φ/p_1만큼 짧고, F에서 H에 도달하는 시간은 $T/4$보다 φ/p_1만큼 길다. 즉, **그림 2.28**에 있어서 진동의 반환점 F에서 $x=0$인 중립점 H로 되돌아가는 것은 중립점 H에서 반환점 I에 도달하는 시간보다 더 걸린다. 단, 반환점에서 다음 반환점까지, 중립점에서 다음 중립점까지, 곡선 $\pm ce^{-nt}$에 접하는 점에서 다음 접하는 점까지의 시간은 그 어느 것도 반주기 $T/2$이다.

진동의 감쇠 정도를 나타내는데 무차원량 n/p을 자주 이용한다. 이 n/p을 **감쇠율**(減衰率, damping ratio)이라고 한다. 또한 인접한 진동파형의 진폭 c_n, c_{n+1}의 자연로그 차 혹은 c_n/c_{n+1}의 자연로그를 구하면, 식(2.89)로부터

$$\delta = \ln c_n - \ln c_{n+1} = \ln\frac{c_n}{c_{n+1}} = nT = \frac{2\pi n}{p_1} = \frac{2\pi}{p}\frac{n}{\sqrt{1-\frac{n^2}{p^2}}} \fallingdotseq \frac{2\pi n}{p} \tag{2.92}$$

이 무차원량 δ를 **대수감쇠율**(對數減衰率, logarithmic decrement)이라고 하는데, 이것은 근사적으로 n/p의 2π배이고, 상기의 감쇠율 n/p과 더불어 자주 이용된다.

(B) $n > p\,(n/p > 1,\ c > 2\sqrt{mk}\,)$**인 경우**

감쇠계수 $n(c)$이 크고 $n > p$가 되면, 식(2.80)의 s_1, s_2는 둘 다 음(−)의 실수가 된다.

$$\left.\begin{aligned} s_1 &= -n+\sqrt{n^2-p^2} = -m_1 < 0, \quad (\because\ n > \sqrt{n^2-p^2}\,) \\ s_2 &= -n-\sqrt{n^2-p^2} = -m_2 < 0 \end{aligned}\right\} \tag{2.93}$$

단,

$$m_2 > m_1 > 0 \tag{2.94}$$

인 관계가 있다. $x = C_1e^{-m_1t}$, $x = C_2e^{-m_2t}$는 이 경우의 식(2.77)의 해가 되고, 이들의 합

$$x = C_1e^{-m_1t} + C_2e^{-m_2t} \tag{2.95}$$

도 또한 해가 된다. $n>p$, 즉 감쇠작용이 클 때는 식(2.83), (2.86)으로 표현되는 진동은 발생하지 않고, 시간 t의 경과와 더불어 x의 크기는 지수함수적으로 감소한다. 식(2.95) 중의 C_1, C_2는 초기조건으로부터 결정되는 임의상수이고, $t = 0$일 때 $x = x_0$, $\dot{x} = \dot{x}_0$라고 하면 식(2.95)로부터

$$\dot{x} = -m_1C_1e^{-m_1t} - m_2C_2e^{-m_2t} \tag{2.96}$$

가 되므로, 식(2.95), (2.96)에서 $t = 0$로 놓으면

$$x_0 = C_1 + C_2, \qquad \dot{x}_0 = -m_1C_1 - m_2C_2$$

따라서,

$$C_1 = \frac{m_2x_0+\dot{x}_0}{m_2-m_1} = \frac{m_2x_0+\dot{x}_0}{2\sqrt{n^2-p^2}}, \qquad C_2 = -\frac{m_1x_0+\dot{x}_0}{m_2-m_1} = -\frac{m_1x_0+\dot{x}_0}{2\sqrt{n^2-p^2}} \tag{2.97}$$

$$x = \frac{1}{m_2-m_1}\{(m_2x_0+\dot{x}_0)e^{-m_1t} - (m_1x_0+\dot{x}_0)e^{-m_2t}\} \tag{2.98}$$

식(2.98)에서 알 수 있듯이 초기조건과 관계없이 계에 고유한 양 m_1, m_2 두 개가 있다. 감쇠가 없을 때 이러한 양은 **2.3절**에서 설명한 바와 같이 고유진동수 p뿐이었다. 이것은, 식(2.10)에서 계의 성질은 p만으로 정해지지만, 식(2.77)에서는 p와 n 두 개의 양을 지정하지 않는 한 계가 정해지지 않는다고 하는 것에 있다.

식(2.95)에 있어서 $x=0$라고 놓으면, $x=0$가 되는 시각 $t_{x=0}(>0)$는

$$C_1e^{-m_1t}=-C_2e^{-m_2t},\quad -\frac{C_2}{C_1}=e^{(m_2-m_1)t}\quad \therefore\ t_{x=0}=\frac{1}{m_2-m_1}\ln\left(-\frac{C_2}{C_1}\right)\qquad(2.99)$$

식(2.96)에 있어서 $\dot{x}=0$라 놓으면, $\dot{x}=0$가 되는 시각 $t_{\dot{x}=0}\,(>0)$는

$$-\frac{m_2}{m_1}\cdot\frac{C_2}{C_1}=e^{(m_2-m_1)t}>1\quad \therefore\ t_{\dot{x}=0}=\frac{1}{m_2-m_1}\ln\left(-\frac{m_2C_2}{m_1C_1}\right)\qquad(2.100)$$

$$t_{x=0}>0,\qquad t_{\dot{x}=0}>0,\qquad \frac{1}{m_2-m_1}>0$$

이므로, 자연로그 ln의 진수[( )부분]는 1보다 큰 (+)값이어야 한다. 초기조건이 주어지는 방법 여하에 따라 식(2.98)로 주어지는 운동은 다음 3종류로 나누어진다.

(a) C_1과 C_2가 다른 부호이고, 게다가 $|C_2/C_1|>1$이면, 식(2.99) ln의 진수는 1보다 큰 (+)값이 된다. $m_2/m_1>1$이므로, 식(2.100) ln의 진수도 1보다 크게 된다. 이 경우는 유한한 시각 $t_{x=0}$, $t_{\dot{x}=0}$ 양쪽이 존재하므로, **그림 2.29** (a)와 같이, 식(2.99)로 주어지는 시각 $t_{x=0}$(P점)에서 $x=0$가 되고, 그 다음에 식(2.100)으로 주어지는 $t_{\dot{x}=0}$(Q점)에서 $|x|$값은 극대치를 취하고, 그 후에는 점차 감소해서 0에 가까운 운동이 된다.

(b) C_1과 C_2가 다른 부호이고, 게다가 $1>|C_2/C_1|>m_1/m_2$이면, 식(2.99)를 만족하는

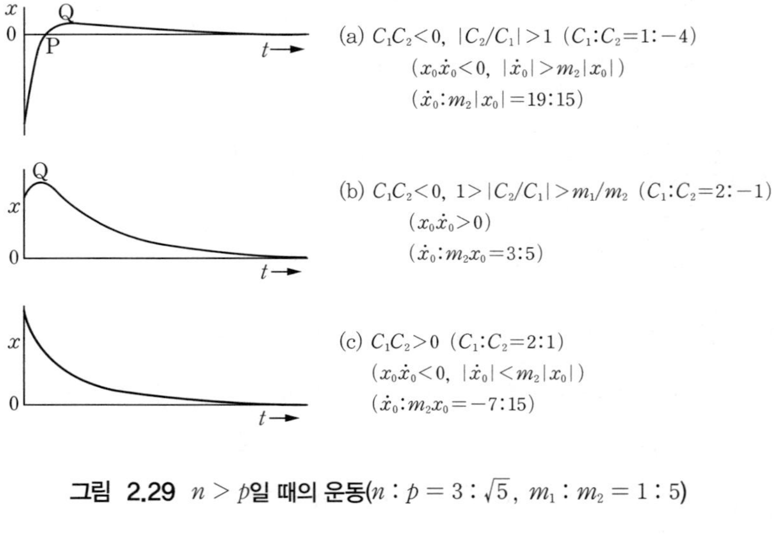

그림 2.29 $n>p$**일 때의 운동**($n:p=3:\sqrt{5}$, $m_1:m_2=1:5$)

$t_{x=0}$는 존재하지 않지만, 식(2.100)을 만족하는 $t_{\dot{x}=0}$는 존재하므로, **그림 2.29** (b)와 같이, $t = t_{\dot{x}=0}$(Q점)에서 $|x|$는 극대치를 취하고, 이후에는 감소해서 0에 가까운 운동을 한다.

(c) ① C_1과 C_2가 다른 부호이지만, $m_1/m_2 > |C_2/C_1|$인 경우, ② C_1과 C_2가 같은 부호인 경우, ③ C_1과 C_2 둘 중 하나가 0인 경우에는 전부 식(2.99), 식(2.100)을 만족하는 $t_{x=0}$, $t_{\dot{x}=0}$가 존재하지 않으므로 **그림 2.29** (c)와 같이 $|x|$가 일정하게 감소하는 운동이 된다.

상기 (a), (b), (c)의 경우를 식(2.97)을 이용하여 초기조건 x_0, $\dot{x}_0$로 나타내면

$$\left.\begin{array}{l}\text{(a)의 경우는 } x_0\dot{x}_0 < 0 \text{ 이고 } |\dot{x}_0| > m_2|x_0| \text{ 인 경우} \\ \text{(b)의 경우는 } x_0\dot{x}_0 > 0 \text{ 인 경우} \\ \text{(c)의 경우는 } x_0\dot{x}_0 < 0 \text{ 이고 } |\dot{x}_0| \leqq m_2|x_0| \text{ 인 경우}\end{array}\right\} \tag{2.101}$$

더욱이 $x_0 = 0$이기 때문에 $x_0\dot{x}_0 = 0$가 될 때는, **그림 2.30** (a)와 같이 되고, 이것은 (a)와 (b) 중간의 경우이다. $\dot{x}_0 = 0$일 때 $x_0\dot{x}_0 = 0$가 되는 경우는 **그림 2.30** (b)와 같이 되고, 이것은 (b)와 (c) 경계의 경우이다. 또한, $x_0\dot{x}_0 < 0$이고 $|\dot{x}_0| = m_2|x_0|$ 일 때((c)가 등호인 경우)는 $C_1 = 0$가 되므로 식(2.95)는

$$x = C_2 e^{-m_2 t} = \frac{-m_1 x_0}{m_2 - m_1} e^{-m_2 t} \tag{2.102}$$

가 되고, 이것은 명확하게 (c)의 경우에 속하는 운동이다.

상기의 사실을 **그림 2.5**의 진동계에 대해 설명해 보자. **그림 2.5**의 수평안내면과 물체 사이의 마찰(감쇠)은 꽤 크다고 가정한다. 평형위치에서 물체를 오른쪽으로 x_0만큼 이동시켜 놓고, 시각 $t = 0$일 때 왼쪽(평형위치 방향)으로 강하게 치면 (a)의 경우[**그림 2.29** (a)]가 되고, 약하게 치면 (c)의 경우[**그림 2.29** (c)]가 된다. 물체를 x_0와 같은 방향인 오른쪽으로 치면 (b)의 경우(**그림 2.29** (b))가 된다. $x = x_0$ 위치에서 손을 놓으면, $x_0 \neq 0$, $\dot{x}_0 = 0$인 **그림 2.30** (b)의 경우가 되고, $x = 0$인 평형위치에서 좌우 어느쪽으로든 물체를 치면 $x_0 = 0$, $\dot{x}_0 \neq 0$인 **그림 2.30** (a) 경우가 된다.

이와 같이 감쇠계수 $n(c)$이 크고, 감쇠작용 즉, 운동에 대한 저항력이 클 때는 더 이상 진동현상은 발생하지 않고, 식(2.95), (2.98)로 주어지는 지수함수와 같은 운동이 되는 것은, 예를 들면 시계추는 공기중에서는 진동운동을 행하지만 글리세린이나 물엿과 같이 점성

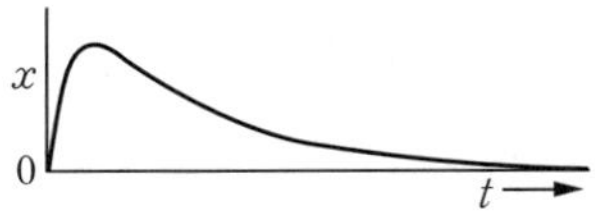

(a) $x_0=0$ $(C_1=-C_2)$

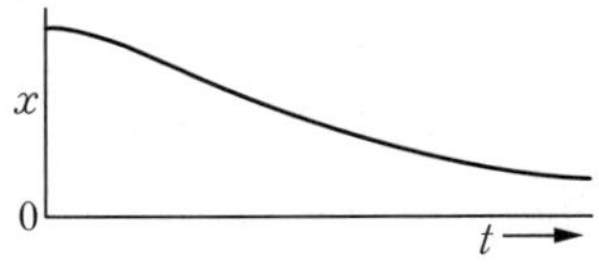

(b) $\dot{x}_0=0$ $(C_1:C_2=m_2:-m_1)$

그림 2.30 $n > p$**일 때의 운동**$(n : p = 3 : \sqrt{5},\ m_1 : m_2 = 1 : 5)$

이 큰 유체 속에서는 더 이상 진동운동을 행할 수 없다는 것, 혹은 물이 차 있는 용기를 급히 기울이면 수면은 진동적으로 움직이지만, 점성이 큰 유체의 경우에 액체표면은 진동적이지 않고 그 형상을 천천히 변화시키는 것으로부터도 이해할 수 있을 것이다.

(C) 임계감쇠 $n = p\ (n/p = 1)$**인 경우**

(A)와 (B)의 경계인 $n = p$인 경우, 감쇠계수 c는 식(2.78)로부터,

$$c = c_c = 2\sqrt{mk} \tag{2.103}$$

이 c_c를 **임계감쇠계수**(臨界減衰係數, critical damping coefficient)라고 한다.

$n = p$일 때, 특성방정식 (2.79)는 중근

$$s = -n = -p = -\sqrt{\frac{k}{m}} \tag{2.104}$$

를 갖는다. 미분방정식의 이론에 의하면, 특성방정식의 근 s가 r 중근일 때의 해는

$$x = C_1 e^{st} + C_2 t e^{st} + C_3 t^2 e^{st} + \cdots + C_r t^{r-1} e^{st}$$

가 되므로, 2중근인 지금 경우에 대한 식(2.77)의 해는

$$x = C_1 e^{st} + C_2 t e^{st} = (C_1 + C_2 t) e^{-pt} \tag{2.105}$$

윗식 중 제2항 t의 함수 $t \cdot e^{-pt}$는, **그림 2.31**과 같이 $t = 0$에서 0, $t = 1/p$에서 최대치 $1/(ep)$ (Q점)에 도달하고, 이후에는 점차 감소해서 $t = \infty$이면 0가 된다. $t = \infty$에서는

$$t \cdot e^{-pt} = \frac{t}{e^{pt}} = \frac{\infty}{\infty}$$

로 부정형이 되지만, 윗식의 분모분자를 각각 t로 미분하면 $1/(pe^{pt})$가 되고, 이것은 $t = \infty$

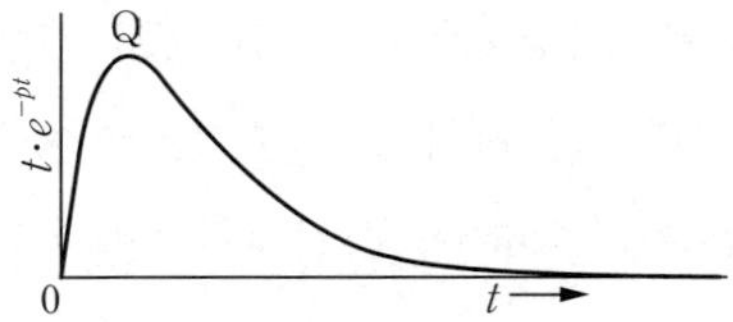

그림 2.31 $t \cdot e^{-pt}$

일 때 0이되므로 $t \cdot e^{-pt}$는 $t = \infty$에서 0이다. 따라서 식(2.105)의 x는 비진동적인, 시간이 경과함에 따라 감소해서 0에 접근하는 운동을 행한다는 것을 알 수 있다.

식(2.105) 중의 C_1, C_2는 초기조건으로부터 정해지는 임의상수이고, 시각 $t = 0$에서 $x = x_0$, $\dot{x} = \dot{x}_0$라고 하면,

$$C_1 = x_0, \qquad C_2 = \dot{x}_0 + p x_0 \tag{2.106}$$

가 나오므로, 식(2.105)는

$$x = \{x_0 + (\dot{x}_0 + p x_0) t\} e^{-pt} = \left\{x_0 + \left(\dot{x}_0 + \frac{c_c}{2m} x_0\right) t\right\} e^{-\frac{c_c}{2m} t} \tag{2.107}$$

전술의 (B) $n > p$인 경우와 마찬가지로, 초기조건 x_0, $\dot{x}_0$의 값에 따라 운동은 다음 3가지 경우로 분류할 수 있다. 즉,

(a) $x_0 \dot{x}_0 < 0$이고, $|\dot{x}_0| > p|x_0|$인 경우
(b) $x_0 \dot{x}_0 > 0$인 경우
(c) $x_0 \dot{x}_0 < 0$이고, $|\dot{x}_0| \leqq p|x_0|$인 경우

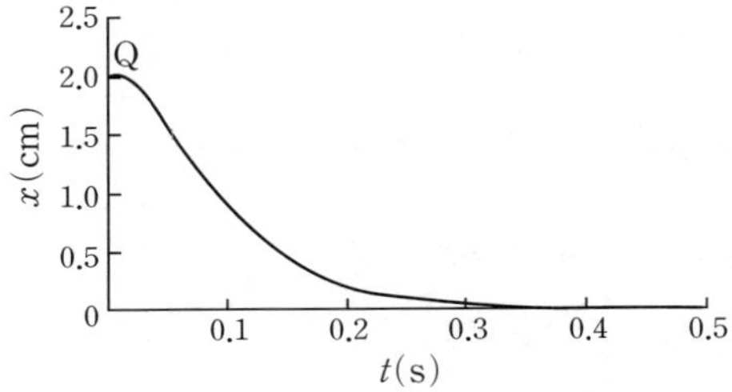

$x = \{x_0 + (\dot{x}_0 + p x_0) t\} e^{-pt}$
($x_0 = 2$ cm, $\dot{x}_0 = 5$ cm/s, $p = 20$ rad/s)

그림 2.32 임계감쇠인 경우의 운동에 대한 일례 ($x_0 \dot{x}_0 > 0$인 (b)의 경우)

이들 (a), (b), (c) 경우의 운동은, 정성적으로는 각각 **(B)** $n>p$ 경우인 식(2.101)의 (a), (b), (c)일 때의 운동, 즉 **그림 2.29** (a), (b), (c)의 운동과 유사한 것이 된다. 일례로서, $x_0\dot{x}_0 > 0$인 (b) 경우의 운동은 **그림 2.32**와 같다. 이것은 Q점에서 최대치를 취한다.

2.4.3 회전운동, 회전벡터를 투영한 감쇠 자유진동

2.3.6항, **그림 2.6**에서, 등속원운동을 x축으로 투영한 무감쇠 자유진동에 대해 기술했다. 감쇠가 있을 때의 자유진동($n<p$인 경우)을 이것과 마찬가지로 해석해 보자. 단, 식(2.83), (2.86)과 같이, 진폭이 시간과 더불어 작아지기 때문에, 과정은 다소 복잡하게 된다.

지금 감쇠가 있을 때의 자유진동을 식(2.83)에 따라

$$x = ae^{-nt}\cos(p_1t-\alpha) = r\cos(p_1t-\alpha) \tag{2.83 a}$$

라 놓는다. 여기서

$$r = ae^{-nt} \tag{i}$$

는 진폭이다. 윗식에서

$$\dot{r} = -nae^{-nt} = -nr<0, \qquad \ddot{r} = n^2ae^{-nt} = n^2r>0 \tag{ii}$$

식(2.83 a)를 시간 t로 미분해서 관성력 $-m\ddot{x}$, 감쇠력 $-c\dot{x}$를 구해보자. 이들은 식(ii)의 관계를 이용하면

$$\begin{aligned} -m\ddot{x} &= m(p_1^2-n^2)ae^{-nt}\cos(p_1t-\alpha) - 2mnp_1ae^{-nt}\sin(p_1t-\alpha) \\ &= \underset{(1)}{mrp_1^2\cos(p_1t-\alpha)} - \underset{(2)}{m\ddot{r}\cos(p_1t-\alpha)} + \underset{(3)}{2m\dot{r}p_1\sin(p_1t-\alpha)} \end{aligned} \tag{iii}$$

$$\begin{aligned} -c\dot{x} &= cnae^{-nt}\cos(p_1t-\alpha) + cp_1ae^{-nt}\sin(p_1t-\alpha) \\ &= \underset{(4)}{-c\dot{r}\cos(p_1t-\alpha)} + \underset{(5)}{crp_1\sin(p_1t-\alpha)} \end{aligned} \tag{iv}$$

식(iii)의 (1), (2), (3)항은 각각 원심력, 관성력 $-m\ddot{r}$, 코리오리 힘의 x축 방향 성분이고 (**그림 1.9** 참조), 벡터는 **그림 2.33**과 같은 방향을 취한다. 식(iv)의 (4), (5)항은 각각 반경방향의 속도 $\dot{r}$, 접선방향의 원주속도 rp_1에 대한 감쇠력 $-c\dot{r}$, $-crp_1$의 x축 방향 성분이고,

벡터방향은 그림과 같은 방향이다.

식(2.78) 및 식(ii)를 이용하여 식(iv)를 고쳐쓰면

$$-c\dot{x} = \underset{(4)}{2m\ddot{r}\cos(p_1t-\alpha)} - \underset{(5)}{2m\dot{r}\,p_1\sin(p_1t-\alpha)} \tag{iv$'$}$$

스프링력 $-kx$를 $p^2 = k/m$, $p_1^2 = p^2 - n^2$의 관계를 이용해서 다시 쓰면

$$\begin{aligned}-kx &= -kr\cos(p_1t-\alpha) = -mp^2r\cos(p_1t-\alpha)\\ &= -m(p_1^2+n^2)r\cos(p_1t-\alpha) = \underset{(6)}{-mrp_1^2\cos(p_1t-\alpha)} - \underset{(6)}{m\ddot{r}\cos(p_1t-\alpha)}\end{aligned} \tag{v}$$

따라서 식(iii), (iv), (iv)′, (v)에서, (3)+(5)=0, {(1)+(2)}+(4)+(6)=0 즉,

$$(-m\ddot{x}) + (-c\dot{x}) + (-kx) = 0$$

가 되고, 식(2.76)이 성립하는 것을 알 수 있다. 또한, **그림 2.33**에서 반경방향 및 접선방향으로의 힘의 합은 두 방향 모두 0이 되고, 힘의 평형(다랑베르 원리)도 성립하고 있는 것을 알 수 있다.

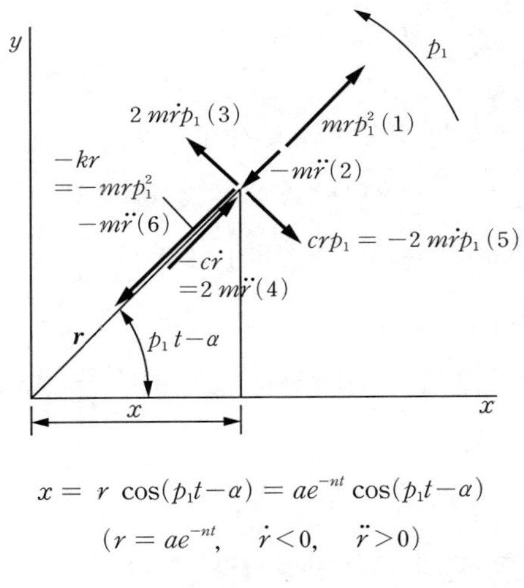

그림 2.33 감쇠가 있을 때 회전운동을 투영한 자유진동

2.5 강제진동

2.5.1 강제력

외부로부터 진동계에 주기적으로 변동하는 변동력이 작용할 때, 이 변동력을 강제력, 강제외력, 외력 등이라 한다.

이와 같은 강제력은 여러 가지 원인에 의해서 발생한다. 자동차가 凹凸이 있는 노면상을 달리면, 자동차 차체라고 하는 진동계에 대해서, 노면의 凹凸은 강제력의 원인이 된다. 편심이 있는 전동기가 회전하면, 이 편심에 의해 생기는 원심력은 강제력이 된다. 왕복동 내연기관 내부에서 왕복운동하는 피스톤의 관성력도 강제력이 되고, 왕복동 내연기관의 출력에는 토크 변동이 있는데, 이 토크 변동은 크랭크축 비틀림진동에 대해서 강제력이 된다. 또한 지진도 건축물과 구조물에 대해서 강제력이 된다.

일반적으로 강제력은 식(1.14)의 형태로 나타낼 수 있는 단순한 조화운동적인 것이 아닌 경우가 많다. **1.4절**에서 기술한 바와 같이, 주기적인 운동은 조화운동의 합으로서 식(1.16)의 형태로 나타낼 수 있으므로 주기적으로 변동하는 변동력도 조화운동적으로 변화하는 많은 강제력의 합으로 나타낼 수 있다. 한편, 일반 역학계에서는 개개의 강제력이 단독으로 작용했을 때의 결과를 모두 합하면, 그 합은 다수의 강제력이 동시에 작용했을 때의 결과와 일치한다고 하는 **"중첩(重疊)의 원리**(principle of superposition)"가 성립한다. 따라서 여기서는 강제력으로서 단순한 형태인

$$P = P_0 \sin \omega t, \quad \text{혹은} \quad P = P_0 \cos \omega t \tag{2.108}$$

를 도입하기로 한다. 여기서 P_0는 강제력의 크기이고, ω는 강제력이 변동하는 각진동수이다. 복잡한 형태의 주기적 변동력이 작용할 경우에는, 이것을 식(1.16)의 형태로 분석하고, 개개의 강제력에 대해 다음 절에서 기술하는 방법에 따라 해를 구하고, 이들 해를 서로 합하면, 그것이 이 경우의 해가 된다.

경우에 따라서는 "중첩의 원리"가 성립하지 않는 특수한 경우도 있는데, 이 점에 대해서는 **제7장**에서 기술한다.

2.5.2 강제력이 작용할 때의 운동방정식과 그 해법

그림 2.4 혹은 **그림 2.5**와 같은 진동계 내의 진동체에 강제력 $P = P_0 \cos \omega t$가 작용하면,

진동체에는 운동 중 스프링력 $-kx$와 강제력, 이 두 개의 힘이 가해지므로 뉴톤의 운동 제2법칙으로부터, 그리고 식(2.6) 대신에

$$m\ddot{x} = (-kx) + P_0 \cos \omega t$$

따라서 운동방정식은

$$m\ddot{x} + kx = P_0 \cos \omega t \tag{2.109}$$

윗식의 각 항을 질량 m으로 나누면

$$\ddot{x} + p^2 x = \frac{P_0}{m} \cdot \cos \omega t = \frac{P_0}{k} \cdot p^2 \cos \omega t = \delta_{st}' p^2 \cos \omega t \tag{2.110}$$

여기서, $p = \sqrt{k/m}$는 계의 고유진동수이고

$$\delta_{st}' = \frac{P_0}{k} \tag{2.111}$$

는 변동하지 않는 일정한 힘 P_0가 계에 작용했을 때의 처짐, 즉 스프링상수 k인 스프링에 P_0의 힘이 가해졌을 때 스프링의 신축량이다. 이 δ_{st}'도 식(2.4)의 δ_{st}와 마찬가지로 **정적처짐**(statical deflection)이라 한다. 그러나 δ_{st}'는 중력에 의한 정적처짐 $\delta_{st} = mg/k$와는 역학적인 의미를 달리하고 있으므로 기호에 대쉬(′)를 붙여 δ_{st}와 구별하기로 한다.

식(2.109)를 강제력이 작용하지 않을 때의 운동방정식(2.7)과 비교해 보면, 식(2.109)는 우변이 0이 아니고, 시간 t의 함수 $P_0 \cos \omega t$가 존재하고 있다. 여기서 이 식의 해를 구해 보자. 식(1.13 a, b)에서 알 수 있듯이, $\sin \omega t$, $\cos \omega t$는 2회 미분하면 원래의 $\sin \omega t$, $\cos \omega t$의 형태로 된다. 식(2.109)의 우변이 $\cos \omega t$이므로 좌변도 $\cos \omega t$의 형태가 되어야만 같은 함수로 연결할 수 있으므로 식(2.109)에 대한 해의 형태는

$$x = A \cos \omega t \tag{2.112}$$

가 되어야 된다. 다음에는 식(2.109)를 만족하도록 진폭 A의 크기를 정하는 것이다.

$$m\ddot{x} = -m\omega^2 A \cos \omega t, \qquad kx = kA \cos \omega t$$

이므로 윗식을 식(2.109)에 대입하면

$$\{(k-m\omega^2)A-P_0\}\cos\omega t=0$$

$\cos\omega t$는 t의 값에 관계없이 항상 $\cos\omega t\neq 0$이므로 윗식이 항상 성립하기 위해서는 { }=0이 되어야 한다. 따라서

$$(k-m\omega^2)A-P_0=0 \tag{2.113}$$

$$A=\frac{P_0}{k-m\omega^2} \tag{2.114}$$

가 되고, 여기서 A의 크기가 정해진다. 식(2.111)과 식(2.8)의 $p^2=k/m$ 관계를 이용하면 식(2.114)는

$$A=\delta_{st}'\cdot\frac{1}{1-\dfrac{\omega^2}{p^2}}=\delta_{st}'\cdot M_f \tag{2.115}$$

의 형태가 된다. 여기서

$$M_f=\frac{1}{1-\dfrac{\omega^2}{p^2}} \tag{2.116}$$

따라서 식(2.109)의 해는 다음과 같이 된다.

$$x=\delta_{st}'\cdot\frac{1}{1-\dfrac{\omega^2}{p^2}}\cos\omega t=\delta_{st}'\cdot M_f\cos\omega t \tag{2.117}$$

식(2.116)으로 주어지는 M_f를 **확대율**(擴大率, magnification)이라 하고, 이 M_f에 대해서는 다음에 상세히 설명한다.

미분방정식 이론에 의하면, 우변에 시간 t의 함수, 예를 들면 $P_0\cos\omega t$가 존재할 때와 같은 식(2.109)의 일반해는, 우변을 0으로 했을 때의 미분방정식(2.7)의 해 식(2.11)[이것을 식(2.109)의 여함수(余函數)라고 한다]과 식(2.117)[이것을 식(2.109)의 특별해라고 한다]과의 합이다. 이 이론에 따르면 식(2.109)의 일반해는 다음과 같이 된다.

$$x=(a\sin pt+b\cos pt)+\delta_{st}'\cdot\frac{1}{1-\dfrac{\omega^2}{p^2}}\cos\omega t \tag{2.118}$$

여기서, a, b는 초기조건으로부터 결정되는 임의상수이다. 식(2.118)이 식(2.109)의 해가 되

는 것은, 이것을 식(2.109)에 대입해 보면 알 수 있다. 또한, 이미 설명한 "중첩의 원리"를 이용해도 식(2.118)이 식(2.109)의 해가 된다는 것을 알 수 있다. 즉, 식(2.109)는

$$m\ddot{x} + kx = 0 + P_0 \cos \omega t \tag{2.109 a}$$

로 고쳐 쓸 수 있으므로, 우변이 0일 때의 해 $x = a \sin pt + b \cos pt$와 우변이 $P_0 \cos \omega t$일 때의 해 (2.117)과의 합이고, 이것이 식(2.109 a), 즉 식(2.109)의 해이다.

식(2.118) 우변의 제1, 2항, 즉 식(2.109)의 여함수는 명확히 고유진동수 p인 자유진동이고, 제3항 즉, 식(2.109)의 특별해는 강제력 $P_0 \cos \omega t$와 같은 각진동수 ω로 진동하고, 위상이 같은 진동(**동위상**, 同位相, in-phase)이다. 그리고 제3항의 진동을 **강제진동**(强制振動, forced vibration)이라 한다. 따라서 강제력이 작용할 때의 운동은, 식(2.118)에 기술되어 있는 바와 같이, 자유진동과 강제진동의 합이 되는데, 후술하는 바와 같이 피할 수 없는 감쇠력이 존재하기 때문에 실제 계의 진동에서, 자유진동은 시간의 경과와 더불어 소실되고, 강제진동만이 남는다. 여기서는 주로 식(2.117)의 강제진동에 대해서 탐구해 보기로 한다.

2.5.3 감쇠가 없을 때의 강제진동, 확대율

감쇠력이 작용하지 않을 때, 강제력 $P = P_0 \cos \omega t$에 의해서 발생하는 강제진동은 식(2.117)로 주어진다. 식(2.117)에서 알 수 있는 강제진동의 특성은 다음과 같다.

(i) 강제진동의 진동수는 강제력의 진동수와 같은 ω이다.
(ii) 강제진동과 강제력은 동위상(同位相, in-phase)이다 [역위상(逆位相, out-of-phase)도 포함].
(iii) 강제진동의 진폭은, 강제력이 진동적이지 않고 정적으로 작용했을 때의 처짐 δ_{st}'의 $1/(1 - \omega^2/p^2)$배, 즉 M_f 배이다.

강제진동의 특성 중에서 가장 특징적인 것은, 각진동수 ω에 대한 진폭의 변화 모양일 것이다. 상기 (iii)에서 알 수 있는 바와 같이, 강제력의 동적효과를 나타내고 있는 확대율 M_f의 δ_{st}'배가 진폭이므로, 진폭의 대소를 알려면 식(2.116)으로 주어지는 확대율 M_f의 대소를 조사해 보면 된다. **그림 2.34**는, 강제력의 각진동수 ω에 대해 확대율 M_f인 강제진동의 변화모양을 나타낸 것이다. 확대율 M_f는 $\omega = 0$에서 1, 따라서 당연한 것이지만, $\omega = 0$

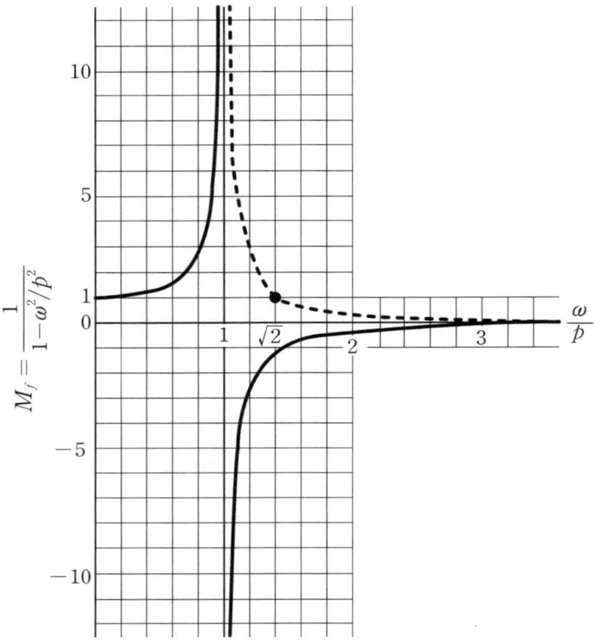

그림 2.34 확대율 $M_f = \dfrac{1}{1-\omega^2/p^2}$

일 때의 진폭은 $\delta_{st}' = P_0/k$와 같다. ω가 증가함에 따라 확대율도 점차 증가하게 되고, ω가 고유진동수 p에 근접하면 급속히 증가해서, $\omega = p(\omega/p = 1)$에서는 $+\infty$에서 $-\infty$로 불연속적으로 변화하고, $\omega > p$인 범위에서는 확대율 M_f는 (−)가 되고, ω가 증가해 감에 따라 그 크기는 감소해서 $\omega = \infty$에서는 0이 된다. **그림 2.34**에서 점선으로 표시되어 있는 곡선은 $\omega > p$에 있어서의 $-M_f$를 절대치 $|M_f|$로 나타낸 것이다.

$\omega \fallingdotseq p$, 즉 강제력의 각진동수 ω가 계의 고유진동수 p와 거의 같게 되는 곳에서 강제진동의 진폭은 대단히 크게 되고, $\omega = p$에서는 $\pm\infty$가 된다. 이 상태를 **공진**(共振, resonance)이라 한다. 일반적으로 어떤 계에 큰 진동이 발생하면 각종 트러블의 원인이 되기 때문에 바람직한 현상은 아니다. 따라서 공진이 발생하지 않도록 설계상 주의를 기울이는 것은 기계공학의 상식이다.

상술한 바와 같이, $\omega > p$가 되는 ω 범위에서는 $M_f < 0$, 즉 강제진동의 진폭은 (−)가 된다. 이것은 강제진동의 원인인 강제력 $P = P_0 \cos \omega t$와 그 결과인 강제진동의 위상이 $\pi(180^\circ)$다르다는 것(역위상, 逆位相)을 의미하고 있다.

$$\left.\begin{aligned} &P = P_0 \cos \omega t \ \ (P_0 > 0) \\ &x = A \cos \omega t = -|A| \cos \omega t = |A| \cos(\omega t \pm 180^\circ) \\ &(A = \delta_{st}' \cdot M_f < 0) \end{aligned}\right\} \tag{2.119}$$

상기 식을 검토해 보면, 이 역위상 개념은 명확해질 것이다.

2.3.6항에서 다룬 감쇠가 없을 때의 자유진동(비감쇠 자유진동)은 원운동을 x축에 투영한 것으로 나타낼 수 있다고 했는데, 감쇠가 없을 때의 강제진동(비감쇠 강제진동)도 또한 각속도 ω인 등속원운동을 x축에 투영한 것이라고 생각할 수 있다. 강제진동은 식(2.112) 즉, $x = A \cos \omega t$로 나타낼 수 있으므로 **그림** 2.35의 위치벡터 $\boldsymbol{A}$를 x축에 투영한 것으로 나타내고, 또한

$$\left.\begin{aligned} &\text{관성력} \quad C(= -m\ddot{x}) = mA\omega^2 \cos \omega t \\ &\text{스프링력} \quad F(= -kx) = -kA \cos \omega t \\ &\text{강제력} \quad P = P_0 \cos \omega t \end{aligned}\right\} \tag{a}$$

이므로, 이들 힘은 **그림** 2.35와 같이 각속도 ω로 회전하고 있는 $\boldsymbol{C}$, $\boldsymbol{F}$, $\boldsymbol{P}_0$ 세 벡터를 x축에 투영한 성분으로 나타낼 수 있다. 한편, 힘 $\boldsymbol{C}$는 질량 m인 물체가 각속도 ω, 반경 $\boldsymbol{A}$로 원운동을 행하고 있을 때의 원심력이고, $\boldsymbol{F}$는 구심방향으로 작용하는 스프링력이다. 따라서 스프링상수 k인 스프링의 끝에 붙어 있는 질량 m인 물체가 각속도 ω, 반경 $\boldsymbol{A}$로 회전하고 있고, 외력 $\boldsymbol{P}_0$가 반경방향으로 작용하고 있는 경우, 그 운동을 x축에 투영한 것을 식(2.109)

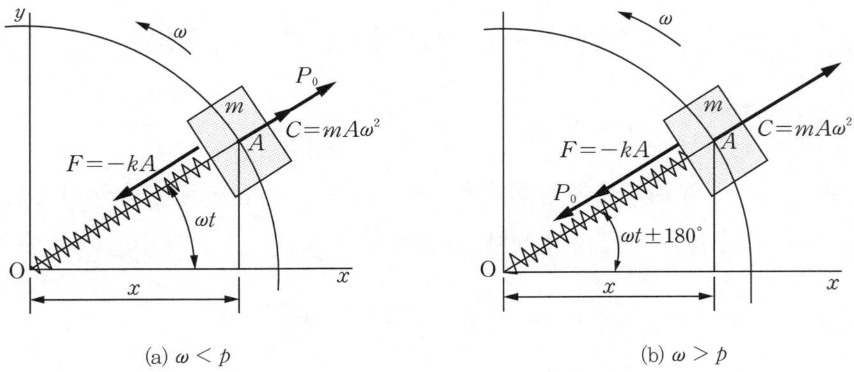

그림 2.35 원운동과 강제진동의 관계

로 나타낼 수 있는 운동이라고 하는 것이다.

식(2.109)를 다랑베르의 원리를 적용하여 다시 쓰면 다음 식과 같이 된다.

$$(-m\ddot{x})+(-kx)+P_0\cos\omega t=0 \tag{2.109b}$$

윗식과 식(a)로부터

$$m\omega^2 A-kA+P_0=0 \tag{2.113a}$$

를 얻을 수 있다. 윗식은, **그림 2.35**에 있는 $\boldsymbol{C}$, $\boldsymbol{F}$, $\boldsymbol{P}_0$의 벡터 합은 0이 된다는 것을 의미하고 있다. 벡터 $\boldsymbol{C}$의 크기 $m\omega^2 A$는 ω의 제곱에 비례하고, 그 크기가 스프링력 벡터 $\boldsymbol{F}$의 크기 kA와 같게 되는 것은

$$m\omega^2 A-kA=0 \qquad \therefore\ \omega=p=\sqrt{\frac{k}{m}}$$

즉, 공진일 때이다. 따라서 $\omega<p$일 때는 **그림 2.35** (a)와 같이, 벡터 $\boldsymbol{C}$쪽이 벡터 $\boldsymbol{F}$보다 작고, 식(2.113 a)가 성립하기 위해서는 벡터 $\boldsymbol{C}$와 벡터 $\boldsymbol{P}_0$는 같은 방향이어야 한다. 바꾸어 말하면, 벡터 $\boldsymbol{P}_0$는 위치벡터 $\boldsymbol{A}$와 같은 방향이어야 한다. 한편, $\omega>p$가 되면, 벡터 $\boldsymbol{C}$쪽이 벡터 $\boldsymbol{F}$보다 크게 되고, 식(2.113 a)가 성립하기 위해서는 **그림 2.35** (b)와 같이 $\boldsymbol{P}_0$가 $\boldsymbol{F}$와 같은 방향, 따라서 $\boldsymbol{P}_0$가 위치벡터 $\boldsymbol{A}$와 방향이 반대일 필요가 있다. 이상의 사실로부터 $\omega<p$이면 강제력 $P_0\cos\omega t$와 강제진동 $x=A\cos\omega t$는 동위상이 되고, $\omega>p$이면 위상이 180° 달라지는 것을 이해할 수 있다.

2.5.4 강제진동의 예

예 1 **그림 2.36**과 같이 천정에 스프링이 매달려 있을 때, 천정이 상하로

$$x_1=a\cos\omega t \tag{b}$$

로 흔들리면, 이 천정의 상하운동은 물체에 강제력을 주는 원인이 된다. 물체의 평형위치(천정이 상하운동 하지 않을 때의 중립 정지위치)를 $x=0$인 위치로 선택하면, 식(2.5) 대신에

$$m\ddot{x}=-k\delta_{st}-k(x-x_1)+mg \qquad \left(\delta_{st}=\frac{mg}{k}\text{는 정적처짐}\right)$$

가 되므로, 운동방정식은

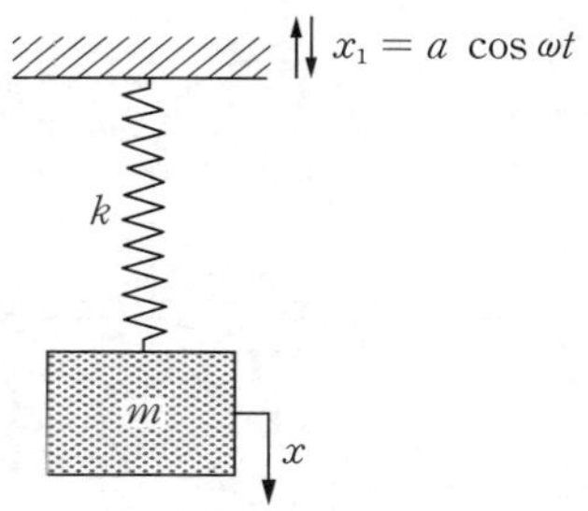

m : 질량, k : 스프링상수

그림 2.36

$$m\ddot{x} + kx = kx_1 = ka\cos\omega t, \qquad \ddot{x} + p^2x = p^2a\cos\omega t \tag{2.120}$$

가 되고, 여기서 식(2.109), (2.110)과 같은 형태의 미분방정식이 주어진다. 식(2.120)의 a를 δ_{st}'로 바꾸어 놓으면 식(2.110)이 되므로, 식(2.120)의 특별해는 식(2.117)의 δ_{st}'를 a로 치환한 다음 식이 된다.

$$x = a \cdot \frac{1}{1-\dfrac{\omega^2}{p^2}}\cos\omega t = a \cdot M_f\cos\omega t \tag{2.121}$$

즉, **그림 2.36**의 경우는 정적처짐 $\delta_{st}' = P_0/k$에 상당하는 양이 천정 상하운동의 진폭 a이다. **그림 2.36**을 거꾸로 뒤집어 놓으면, $x_1 = a\cos\omega t$로 지면이 진동하고 있는 것이 된다. 만약 ω/p가 1보다 훨씬 크면, **그림 2.34**에서 알 수 있듯이, 확대율 $M_f \doteqdot 0$, 따라서 $x \doteqdot 0$가 되고, 지진일 경우라도 진동체 m은 공간에서 정지상태를 유지하게 된다. 즉, 지진의 움직임을 측정하기 위한 기준점으로서의 정지점을 구할 수 있다는 것이 되고, 진동체와 지면 사이의 상대변위를 측정하면 그것이 그대로 지진의 움직임이 된다. 이것이 지진계의 원리이다.

예 2 질량이 m_0인 모터의 회전자에 편심 e가 존재할 경우, 이 모터가 각속도 ω로 회전하면, **그림 2.37**과 같이 $m_0e\omega^2$의 원심력이 생긴다. 만약 모터가, 상하로 미소량 움직일 수 있고 스프링상수 k의 탄성을 가진 바닥 위에 놓여 있으면, 원심력 $m_0e\omega^2$의 상하방향 성분은 $m_0e\omega^2\cos\omega t$가 된다. 바닥과 모터의 상하방향 변위를 x라 하면, 운동방정식은

$$m\ddot{x} + kx = m_0e\omega^2\cos\omega t \tag{2.122}$$

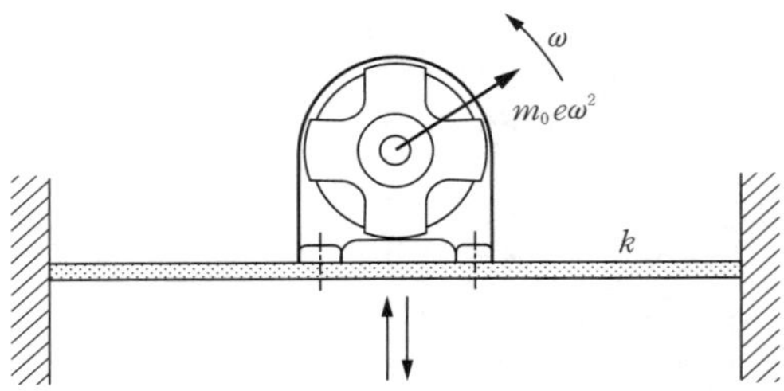

그림 2.37

따라서 정리하면

$$\ddot{x} + p^2 x = e'\omega^2 \cos\omega t \quad \left(p = \sqrt{\frac{k}{m}}, \quad e' = \frac{m_0}{m} e\right) \tag{2.123}$$

단, 식(2.122) 중의 질량 m에 대해서는 모터, 바닥 등 상하운동을 하는 부분의 질량을 전부 고려해야 한다.

식(2.122), (2.123)의 우변, 즉 강제력은 식(2.109), (2.110)의 경우와는 다른데, 그 크기가 일정하지 않고 각속도 ω의 제곱에 비례한다. 식(2.122), (2.123)의 특별해는 **2.5.2항**에서 기술한 것과 같은 방법으로 구하면 다음과 같이 된다.

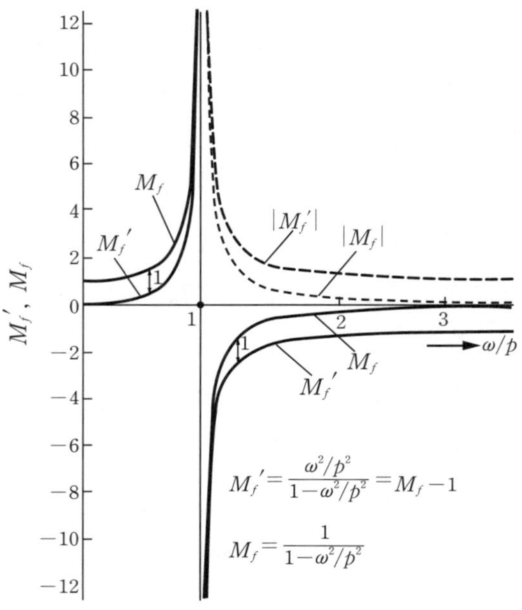

그림 2.38

$$x = e' \frac{\omega^2/p^2}{1-\omega^2/p^2} \cos\omega t = e' \cdot M_f' \cos\omega t \tag{2.124}$$

여기서

$$M_f' = \frac{\omega^2/p^2}{1-\omega^2/p^2} = M_f - 1 \tag{2.125}$$

이 경우 확대율에 상당하는 M_f'는 $M_f = 1/(1-\omega^2/p^2)$에서 1을 뺀 것이고, 강제진동의 진폭은 e'에 M_f'를 곱한 것이 된다. **그림 2.38**은 ω에 대한 M_f'의 변화 모양을 나타낸 것이다. 강제력의 크기가 ω^2에 비례하므로 고속 영역에서는 강제진동의 진폭이 크게 될 것이라고 생각할 수 있는데, 그림에서 보는 바와 같이 ω의 전 영역에 걸쳐 M_f'와 M_f의 차는 항상 1이다. M_f'는 그림과 같이 $\omega=0$에서 0, $\omega=p$에서 $\pm\infty$, $\omega=\infty$에서 -1이 된다. 또한, $\omega < p$에서는 $M_f' > 0$, $\omega > p$에서는 $M_f' < 0$이다.

예 3 **그림 2.39**와 같이, 시계추의 지지점에 $x_1 = a\cos\omega t$의 주기적인 좌우 운동을 가하면, 시계추는 강제진동을 행한다. 시계추의 질량을 m, 길이를 l이라 하고, 시계추의 무게중심 G의 좌표 x, y를 결정하는 좌표계 O$-xy$를 시계추의 정지위치 O를 원점으로 해서 그림과 같이 선택한다. 시계추의 기울기를 $\theta(\theta \ll 1)$라 하면

$$x = l\sin\theta + x_1 \fallingdotseq l\theta + x_1, \qquad y = l(1-\cos\theta) \fallingdotseq 0 \tag{c}$$

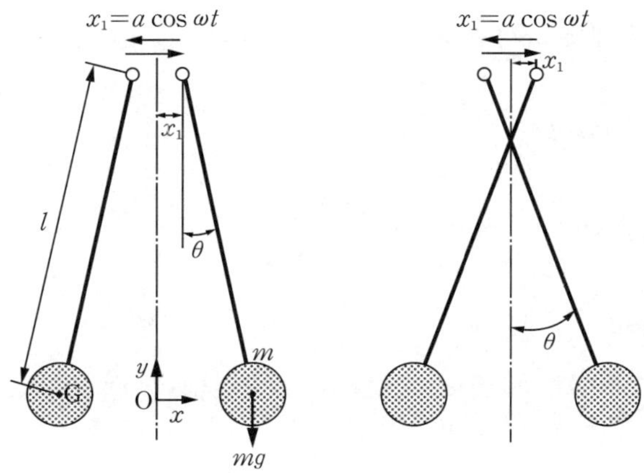

(a) $\omega < p$ (b) $\omega > p$

그림 2.39 시계추의 강제진동

윗식을 **2.3.7항**의 시계추 운동방정식(2.61 a)에 대입하면

$$\ddot{\theta}+\frac{g}{l}\theta=\frac{a}{l}\omega^2\cos\omega t \tag{2.126}$$

시계추의 고유진동수는 식(2.63)과 같이 $p=\sqrt{g/l}$ 이므로 윗식은

$$\ddot{\theta}+p^2\theta=\frac{a}{l}\omega^2\cos\omega t \tag{2.126a}$$

이 경우 강제진동은 이전의 예로부터도 명확한 바와 같이

$$\theta=\frac{a}{l}\frac{\omega^2/p^2}{1-\omega^2/p^2}\cos\omega t=\frac{a}{l}\cdot M_f'\cos\omega t \tag{2.127}$$

시계추의 경우도 강제력은 ω의 제곱에 비례하고, 확대율에 상당하는 M_f'는 이전의 예와 마찬가지로 **그림 2.38**과 같다. 이 M_f'도 전술한 바와 같이 M_f와 마찬가지로 $\omega<p$ 에서는 (+), $\omega>p$ 에서는 (−)가 되므로, $\omega<p$ 일 때는 지지점의 운동 $x_1=a\cos\omega t$와 시계추의 흔들림 각 θ는 동위상이 되고, **그림 2.39** (a)와 같은 운동을 한다. 반면에 $\omega>p$에서는 위상이 180° 달라지므로 지지점이 오른쪽으로 움직이면 시계추는 왼쪽으로 흔들리기 때문에 **그림 2.39** (b)와 같은 운동을 한다.

2.5.5 공진시에 있어서의 강제진동

식(2.117)에 의하면, 강제력의 진동수 ω가 계의 고유진동수 p와 같게 되는 공진상태에서는 그 진폭이 $\pm\infty$가 된다. 이와 같은 해는 식(2.109)의 유한 확정인 해는 아니다. 그래서 $\omega=p$인 경우에 대해 해를 다시 고찰해 보자. $\omega=p$일 때, 식(2.109), (2.110)은

$$m\ddot{x}+kx=P_0\cos pt \tag{2.109c}$$

$$\ddot{x}+p^2x=\delta_{st}'p^2\cos pt \qquad \left(\delta_{st}'=\frac{P_0}{k}\right) \tag{2.110a}$$

식(2.110 a)의 특별해가

$$x=A\sin pt=\frac{1}{2}\delta_{st}'pt\sin pt \tag{2.128}$$

가 되는 것은, 식(2.128)을 식(2.110 a)에 대입해 보면 알 수 있다. 식(2.128)에서 공진일 때, 진폭 $A=(1/2)\,\delta_{st}'\,pt$는 시간 t와 더불어 증가해 간다는 것을 알 수 있다. 이때 운동의 모

양은 **그림 2.40**과 같이 된다. 또한, 식(2.109 c), (2.128)에서, 공진시의 강제진동은 강제력보다 위상이 90°($\pi/2$) 지연되어 있다는 것도 알 수 있다.

2.5.2항의 설명에 따르면, 식(2.109 c), (2.110 a)의 일반해는

$$x = a\sin pt + b\cos pt + \frac{1}{2}\delta_{st}{}'pt\sin pt \tag{2.129}$$

윗식을 시간 t로 미분하면

$$\dot{x} = ap\cos pt - bp\sin pt + \frac{1}{2}\delta_{st}{}'p\sin pt + \frac{1}{2}\delta_{st}{}'p^2t\cos pt$$

초기조건을 $t = 0$일 때 $x = x_0$, $\dot{x} = \dot{x}_0$라고 하면, 식(2.129)와 윗식으로부터, $a = \dot{x}_0/p$, $b = x_0$가 되므로 일반해는

$$x = \frac{\dot{x}_0}{p}\sin pt + x_0\cos pt + \frac{1}{2}\delta_{st}{}'pt\sin pt \tag{2.130}$$

윗식에서 알 수 있듯이, $t = 0$일 때 $x = x_0 = 0$, $\dot{x} = \dot{x}_0 = 0$의 초기조건에서 출발한 경우라도 **그림 2.40**과 같이 진폭은 시간 t와 더불어 무제한으로 증가해 간다.

공진시에 있어서의 강제진동식(2.128)을 회전벡터로 나타낸 것이 **그림 2.41**이다. 위치벡터 $\boldsymbol{A}$는 $\omega = p$의 각속도로 회전함과 동시에, 그 크기가 시간과 더불어 커지므로 벡터 끝은 그림과 같이 소용돌이 선을 그린다. 이와 같은 소용돌이 선을 **아르키메데스 나선**(螺線)(Archimedes' spiral)이라 한다.

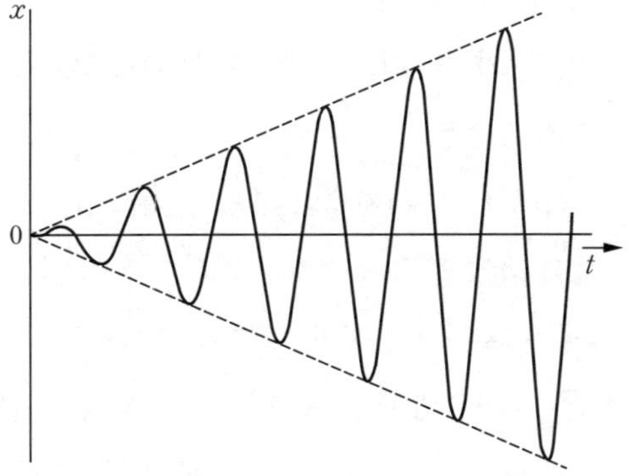

$$x = \frac{1}{2}\delta_{st}{}'pt\sin pt,\quad \delta_{st}{}' = \frac{P_0}{k}$$

그림 2.40 $\omega = p$**일 때의 강제진동**

다랑베르의 원리에 따라 식(2.109c)를 고쳐 쓰면

$$(-m\ddot{x})+(-kx)+(P_0\cos pt)=0 \tag{2.109d}$$

또한 식(2.128)로부터

$$\left.\begin{aligned}
\text{관성력} &= -m\ddot{x} = \underset{(1)}{mp^2A\sin pt} - \underset{(2)}{2m\dot{A}p\cos pt}\\
&= \underset{(1)}{\frac{1}{2}mp^3\delta_{st}'t\sin pt} - \underset{(2)}{m\delta_{st}'p^2\cos pt}\\
\text{스프링력} &= -kx = \underset{(3)}{-kA\sin pt} = \underset{(3)}{-\frac{1}{2}k\delta_{st}'pt\sin pt}\\
\text{강제력}\quad P &= \underset{(4)}{P_0\cos pt}
\end{aligned}\right\} \tag{d}$$

이들 (1), (2), (3), (4)의 힘을 벡터로 나타내면, **그림 2.41**과 같이 된다. 그림에서 (1)은 원심력, (2)는 코리오리 힘이다.

$$\omega = p = \sqrt{\frac{k}{m}},\qquad \delta_{st}' = \frac{P_0}{k},\qquad A = \frac{1}{2}\delta_{st}'pt$$

의 관계가 있으므로

$$mp^2A = kA,\qquad 2m\dot{A}p = P_0$$

따라서 그림에서 (1)과 (3)의 힘, (2)와 (4)의 힘은 각각 크기가 같고 방향이 서로 반대인 힘이다. 즉, 반경방향, 원주방향 모두 다랑베르의 원리를 적용해 보면 힘의 평형상태를 유지하고 있다. $\dot{A}=(1/2)\,\delta_{st}'p=$ 일정, $\ddot{A}=0$이므로 이 경우에는 **그림 1.9**의 $\ddot{r}$ 가속도, 즉 $-m\ddot{A}$의 반경방향 관성력은 존재하지 않는다.

그림 2.41에서도 강제력의 벡터 $\boldsymbol{P}_0$는 위치벡터 $\boldsymbol{A}$보다 위상이 90° 앞서 있다는 것을 알 수 있다. 공진시 강제진동은, 질량 m인 질점이 **그림 2.41**의 소용돌이 선을 따라 행하는 운동을 x축에 투영한 것이다라고 하는 것은 상기 설명으로부터 명확하다. 또한 벡터 $\boldsymbol{A}$보다 위상이 90° 앞서 있는 강제력 벡터 $\boldsymbol{P}_0$는 질점의 속도 방향으로 작용하는 힘이 되고, 질점에 대해서 일을 행하고, 계에 에너지를 준다는 것을 그림에서 이해할 수 있을 것이다. 이와 같이 공진시에는 강제력 $\boldsymbol{P}_0$가 계에 끊임없이 에너지를 주기 때문에 강제진동의 진폭이 무제한으로 커지게 된다.

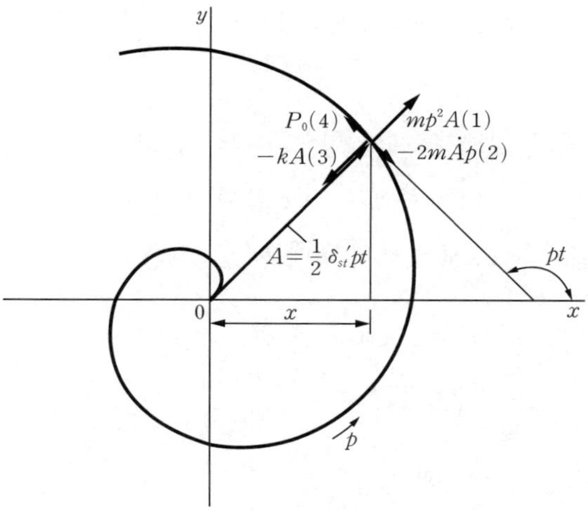

그림 2.41 $\omega = p$**일 때 강제진동의 벡터 표시**

강제력이 $P = P_0 \sin pt$의 형태를 취하고, 운동방정식이

$$m\ddot{x} + kx = P_0 \sin pt \tag{2.109e}$$

이면, 그 특별해는

$$x = -\frac{1}{2}\delta_{st}'pt\cos pt \tag{2.128a}$$

당연한 것이지만, 이 경우에도 강제진동은 강제력에 비해 위상이 90° 늦다.

2.5.6 감쇠가 있을 때의 강제진동

그림 2.25와 같은 진동계의 물체에 강제력 $P = P_0 \cos pt$가 작용하면, 운동중 물체에 가해지는 힘은 스프링력, 감쇠력, 강제력 3개이므로 뉴톤의 운동 제2법칙으로부터

$$m\ddot{x} = (-kx) + (-c\dot{x}) + P_0 \cos\omega t$$

따라서 운동방정식은 다음과 같이 된다.

$$m\ddot{x} + c\dot{x} + kx = P_0 \cos\omega t \tag{2.131}$$

윗식의 각 항을 질량 m으로 나누면

$$\ddot{x}+2n\dot{x}+p^2x=\delta_{st}'p^2\cos\omega t \quad \left(\text{정적처짐 } \delta_{st}'=\frac{P_0}{k}\right) \tag{2.132}$$

여기서, $2n=c/m$이다.

식(2.132)의 특별해를 구해보자. 해의 형태를 감쇠가 없을 때와 같이 $x=A\cos\omega t$라고 놓을 수가 없다. 이것은 식(2.132) 중에는 $2n\dot{x}$ 항이 있어서 $\dot{x}=-A\omega\sin\omega t$이므로 식 중에 sin항이 생기기 때문이다. 그래서 해의 형태를

$$x=B\cos\omega t+C\sin\omega t=A\cos(\omega t-\delta) \tag{2.133}$$

$$\delta=\tan^{-1}\frac{C}{B}, \qquad A=\sqrt{B^2+C^2} \tag{e}$$

라고 놓아 본다. 윗식을 식(2.132)에 대입하면

$$\{(p^2-\omega^2)B+2n\omega C-\delta_{st}'p^2\}\cos\omega t+\{-2n\omega B+(p^2-\omega^2)C\}\sin\omega t=0$$

$\sin\omega t$, $\cos\omega t$의 값 여하에 관계없이 윗식이 항상 성립하기 위해서는 두 개의 { } 안이 모두 0이 되어야 하므로

$$\left.\begin{aligned}(p^2-\omega^2)B+2n\omega C&=\delta_{st}'p^2\\ -2n\omega B+(p^2-\omega^2)C&=0\end{aligned}\right\} \tag{2.134}$$

윗식에서 B, C를 구해 보면,

$$\left.\begin{aligned}B&=\delta_{st}'\frac{1-\dfrac{\omega^2}{p^2}}{\left(1-\dfrac{\omega^2}{p^2}\right)^2+\left(2\dfrac{n}{p}\dfrac{\omega}{p}\right)^2}\\ C&=\delta_{st}'\frac{2\dfrac{n}{p}\dfrac{\omega}{p}}{\left(1-\dfrac{\omega^2}{p^2}\right)^2+\left(2\dfrac{n}{p}\dfrac{\omega}{p}\right)^2}\end{aligned}\right\} \tag{2.135}$$

이 값을 식(e), 식(2.133)에 대입하면, 식(2.132)의 특별해는 다음과 같이 된다.

$$x=\delta_{st}'\frac{1}{\sqrt{\left(1-\dfrac{\omega^2}{p^2}\right)^2+\left(2\dfrac{n}{p}\dfrac{\omega}{p}\right)^2}}\cos(\omega t-\delta)$$

$$=\delta_{st}'M_f\cos(\omega t-\delta) \tag{2.136}$$

여기서,

$$M_f = \frac{1}{\sqrt{\left(1-\frac{\omega^2}{p^2}\right)^2+\left(2\frac{n}{p}\frac{\omega}{p}\right)^2}}, \qquad \delta = \tan^{-1}\frac{2\frac{n}{p}\frac{\omega}{p}}{1-\frac{\omega^2}{p^2}} \tag{2.137}$$

윗식으로 주어지는 M_f는 감쇠가 있을 때 강제진동의 확대율이고, δ는 강제진동에 있어서의 **위상지연**(位相遲延, phase lag)이다.

식(2.131), (2.132)의 여함수, 즉 이들 식의 우변을 0으로 했을 때의 해는, $p>n$이면 식(2.83)으로 주어지므로 **2.5.2항**에서 기술한 바와 같이 식(2.131), (2.132)의 일반해는

$$x = e^{-nt}(a\sin p_1 t + b\cos p_1 t) + \delta_{st}' \cdot M_f \cos(\omega t - \delta) \tag{2.138}$$

여기서 $p_1 = \sqrt{p^2 - n^2}$이고, a, b는 초기조건으로 결정되는 임의상수이다. 윗식의 우변 제1, 2항의 자유진동은 감쇠 때문에 궁극적으로는 없어지지만, 제3항의 강제진동은 감쇠가 존재함에도 불구하고 진폭이 일정한 정상진동으로 끝까지 남는다. 지금부터 주로 식(2.136)으로 주어지는 이 강제진동의 특성에 대해서 고찰해 보기로 한다.

감쇠가 있을 때 식(2.137)의 확대율 M_f의 분모는 0이 되지 않기 때문에, 감쇠가 없을 때의 식(2.116) M_f와 같이 무한대가 되지는 않는다. 또한 감쇠가 없을 때의 경우와는 달리 (−)가 되지는 않고, 그 값은 ω의 전체 영역에 걸쳐 항상 (+)이다. M_f는 ω/p의 함수임과 동시에 감쇠율 n/p의 함수이기도 하다. **그림 2.42**는 감쇠가 있을 때, ω/p에 대한 강제진동의 확대율 M_f의 변화 모양을 n/p을 매개변수로 해서 나타낸 것이다.

감쇠율 n/p의 값 여하에 관계없이, 확대율 M_f는 $\omega = 0$에서는 1이고, n/p이 그다지 크지 않을 때는 ω가 증가함에 따라 M_f는 커지고, ω가 고유진동수 p에 접근하면 그 값이 급속히 증가한다. 그러나 $\omega = p$인 공진점에 있어서도 감쇠가 없을 때의 경우와 같이 무한대가 되지는 않는다. 이때 M_f값은

$$M_{f(\omega=p)} = \frac{p}{2n} = \frac{\sqrt{mk}}{c} = \frac{1}{2}\frac{c_c}{c} \tag{2.139}$$

로 유한의 값을 취한다. 따라서 $\omega = p$일 때의 진폭 A는

$$A_{(\omega=p)} = \frac{p}{2n}\cdot\delta_{st}' = \frac{P_0}{c\omega} = \frac{P_0}{cp} \tag{2.140}$$

즉, 공진점 $\omega = p$에 있어서 확대율과 진폭은 감쇠계수 c, n의 값에 반비례한다. 식(2.139)

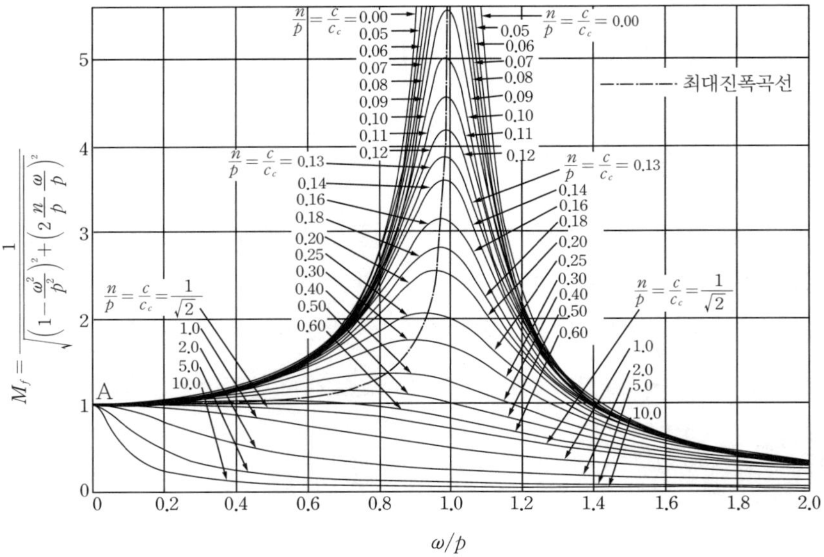

ω : 강제진동의 진동수, p : 고유진동수, n, c : 감쇠계수, c_c : 임계감쇠계수

그림 2.42 감쇠가 있을 때의 확대율 M_f

중의 c_c는 **2.4.2항**의 (C)에서 설명한 임계감쇠계수이다. ω가 더욱 증가해서 $\omega>p$의 범위에 들어가면, ω가 증가함에 따라 M_f는 감소하고, $\omega=\infty$에서는 n/p의 값에 관계없이 $M_f=0$이 된다.

확대율, 즉 강제진동의 진폭이 극대치 혹은 극소치를 취할 때의 ω값은 M_f를 ω/p로 미분한 것을 0으로 놓으면 구할 수 있다. 식(2.137)에서

$$\frac{dM_f}{d\left(\frac{\omega}{p}\right)}=\frac{-2\frac{\omega}{p}\left\{\frac{\omega^2}{p^2}-\left(1-2\frac{n^2}{p^2}\right)\right\}}{\left\{\left(1-\frac{\omega^2}{p^2}\right)^2+\left(2\frac{n}{p}\frac{\omega}{p}\right)^2\right\}^{3/2}} \tag{2.141}$$

이 되는데, 윗식이 0이 되는 것은 $\omega/p=0$, $\omega/p=\infty$일 때와

$$\frac{\omega}{p}=\sqrt{1-2\frac{n^2}{p^2}}=\left(\frac{\omega}{p}\right)_{\max} \tag{2.142}$$

일 때이다. $\omega/p=\infty$일 때는 그림에서도 알 수 있듯이, M_f는 최소치 0을 취한다. 확대율, 즉 진폭이 최대치를 취할 때의 진동수는 식(2.142)로 주어지고, 이 ω/p의 값은 공진점인 $\omega/p=1$보다는 약간 작다. n^2/p^2이 무시할 수 있을 정도로 작으면 식(2.142)는 근

사적으로 $\omega/p = 1$이 되므로 공진점 $\omega/p = 1$에서 진폭이 최대가 된다고 간주해도 좋다. 식(2.142)의 ω/p값을 식(2.137)의 M_f에 대입하여 ω/p를 소거하면, 확대율의 최대치

$$M_{f\,\max} = \frac{p}{2n} \cdot \frac{1}{\sqrt{1 - \frac{n^2}{p^2}}} \tag{2.143}$$

이 주어진다. n^2/p^2이 무시할 수 있을 정도로 작으면, $M_{f\max}$는 공진점 $\omega/p = 1$에 있어서 M_f, 즉 식(2.139)의 $M_{f(\omega=p)}$와 일치한다. 식(2.142)와 식(2.137)의 M_f에서 n^2/p^2을 소거하면, **그림 2.42**에서 일점쇄선으로 나타낸 곡선, 즉 M_f 곡선들 중에서 최대점을 연결한 "최대진폭곡선"을 나타내는 다음 식을 구할 수 있다.

$$M_f = \frac{1}{\sqrt{1 - \left(\frac{\omega}{p}\right)^4}} \tag{2.144}$$

이 최대진폭곡선은 그림에서 보는 바와 같이, 공진점에서는 $\omega/p = 1$의 수직선에 근접하고, $\omega/p = 0$에서는 $M_f = 1$의 수평선 윗부분에 접한다. 감쇠율 n/p이 증가함에 따라 확대율 곡선의 최대점은 일점쇄선의 최대진폭곡선을 따라 오른쪽에서 왼쪽으로 하강하고, n/p이 $1/\sqrt{2}$에 도달하면 최대점은 $M_f = 1$, 즉, $\omega/p = 0$인 A점에 온다. 따라서 $n/p = 1/\sqrt{2}$일 때 M_f곡선은, 그림에서 보는 바와 같이 $M_f = 1$인 수평선 아래부분에 접한 곡선이 된다. n/p이 $1/\sqrt{2}$ 보다 크게 되면, 식(2.142)의 $\sqrt{\ }$ 안은 (−)가 되고, $M_{f\max}$일 때의 ω/p, 즉 $(\omega/p)_{\max}$는 존재하지 않는다. 즉, $n/p \geqq 1/\sqrt{2}$의 경우에는 M_f곡선상에 최대점 $M_{f\max}$가 발생하는 일은 없다. 이 경우 M_f곡선은 $\omega/p = 0$에서 $M_f = 1$인 수평선의 아래부분에 접하고, 여기서 최대치는 $M_f = 1$이고, 최소치는 $\omega/p = \infty$에서 $M_f = 0$이다. 따라서 $n/p \geqq 1/\sqrt{2}$일 때는, ω/p 전체 영역에 걸쳐 $M_f \leqq 1$이 되고, 강제진동의 진폭은 정적처짐 $\delta'_{st} = P_0/k$보다 크게 되는 일은 없다. 여기서 주의해야 할 것은, 그림에서도 명확히 알 수 있는 바와 같이, $n/p > 1$인 경우에는 자유진동을 행하지 않고, **2.4.2항**의 **(B)**에서 기술한 바와 같이 지수함수적인 감쇠운동을 행함에도 불구하고 δ'_{st} 보다 작은 진폭이기는 하지만, 강제진동이 발생할 수 있다는 것이다.

$n/p < 1/\sqrt{2}$이고 감쇠가 작을 때 확대율 곡선은, $\omega/p = 0$에서 $M_f = 1$인 수평선에 접하고, 여기서 극소치는 1이다. 식(2.142)로 주어지는 $(\omega/p)_{\max}$에 있어서, 최대치 $M_{f\max}$는 식(2.143)에서 구할 수 있으며, $\omega = \infty$에서 최소치 $M_f = 0$을 취한다.

감쇠가 있는 한, 강제진동은 반드시 강제력보다 식(2.137)로 주어지는 각도 δ만큼 위상이 늦다. 이 경우 강제력은 원인이고, 강제진동은 그 결과이다. 무언가의 저항이 존재할 경우, 결과가 원인에 비해 위상이 다소 늦어지는 것은 진동뿐만 아니고 물리, 화학, 생물학 혹은 정치, 경제에 있어서도 종종 나타나는 현상이다.

식(2.137)의 δ식에 있어서 $\tan^{-1}$안의 값은 $\omega = 0$에서 0, $\omega = p$에서 $\pm\infty$, $\omega = \infty$에서 0이기 때문에 감쇠율 n/p의 값 여하에 관계없이 δ는 $\omega = 0$에서 0, 공진점 $\omega = p$에서 90°, $\omega = \infty$에서 180°의 값을 취한다. **그림 2.43**은 n/p을 매개변수로 해서 ω/p에 대한 위상지연 δ의 변화 모양을 그려놓은 것이다.

$\omega = 0$에서 0인 δ는 ω가 증가함에 따라 크게 되고, ω가 p에 가까워지면 급속하게 크게 되고, 공진점 $\omega/p = 1$ 부근, 즉 $\delta = 90^\circ$ 부근에서 변화가 가장 크게 되고, 그 후에는 ω가 증가함에 따라 180°의 값에 점근하고, $\omega = \infty$에서 180°가 된다. n/p이 클수록 공진점 부근에서 δ의 변화는 완만해진다. 또한, $\omega<p$ 범위에서는 같은 ω/p의 값에 대해 n/p이 작을수록 위상지연 δ는 작아지지만, $\omega>p$에서는 거꾸로 n/p이 클수록 같은 ω/p의 값에 대한 위상지연 δ는 작아진다.

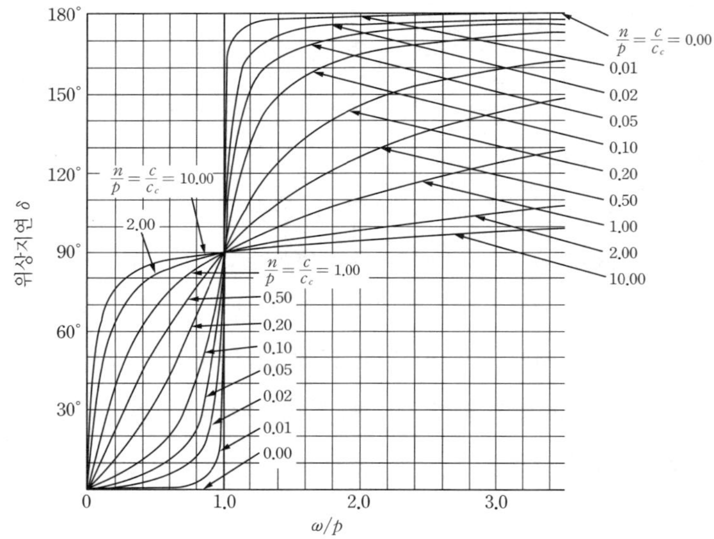

$$\delta = \tan^{-1}\frac{2\dfrac{n}{p}\dfrac{\omega}{p}}{1-\dfrac{\omega^2}{p^2}} \qquad c_c : \text{임계감쇠계수}$$

그림 2.43 위상지연 δ

감쇠력에 의해 계의 에너지가 시시각각 소실되고 있음에도 불구하고, 식(2.136)에서 보는 바와 같이, 강제진동이 일정진폭의 정상진동을 행할 수 있는 것은 강제력에 의해 계에 주어지는 에너지가 감쇠력에 의해 소실되는 에너지와 같고, 전체로서 계의 에너지 증감은 없기 때문이다. 이 점을 이용하여 강제진동의 진폭을 산출해 보자.

강제진동의 1 주기 $T = 2\pi/\omega$ 사이에 감쇠력 $-c\dot{x}$에 의해 소실되는 에너지 E_c는

$$x = A\cos(\omega t - \delta), \qquad \dot{x} = -\omega A \sin(\omega t - \delta)$$

이므로

$$E_c = \int_0^T c\dot{x}dx = c\int_0^{2\pi/\omega} \dot{x}\,\frac{dx}{dt}\,dt = c\int_0^{2\pi/\omega} \dot{x}^2\,dt = c\omega^2A^2\int_0^{2\pi/\omega} \sin^2(\omega t - \delta)dt$$

$$= \frac{1}{2}c\omega^2A^2\int_0^{2\pi/\omega} \{1 - \cos 2(\omega t - \delta)\}dt = c\pi\omega A^2 \tag{i}$$

한편, 강제력 $P_0 \cos \omega t$에 의해 계가 행하는 일 E_P는

$$E_P = \int_0^T P_0 \cos \omega t dx = \int_0^{2\pi/\omega} P_0 \cos \omega t \cdot \dot{x} dt = -P_0\omega A\int_0^{2\pi/\omega} \cos \omega t \sin(\omega t - \delta)dt$$

$$= \frac{1}{2}P_0\omega A\int_0^{2\pi/\omega} \{-\cos\delta \sin 2\omega t + \sin\delta(1 + \cos 2\omega t)\}dt = P_0\pi A \sin\delta \tag{ii}$$

(i)=(ii) 즉, $E_c = E_P$로부터

$$A = \frac{P_0 \sin\delta}{c\omega} \tag{f}$$

공진점 $\omega = p$에서는 전술한 바와 같이 $\delta = 90°$이므로 윗식은

$$A_{(\omega=p)} = \frac{P_0}{c\omega} = \frac{P_0}{cp} \tag{2.140}$$

이것은 이전에 구한 식(2.140)의 결과와 일치한다.

감쇠가 있을 때의 강제진동도 회전운동의 투영으로서 나타낼 수 있다. 식(2.131)을 다랑베르의 원리에 따라 나타내면

$$(-m\ddot{x}) + (-c\dot{x}) + (-kx) + P_0 \cos \omega t = 0 \tag{2.131 a}$$

가 되고, $x = A\cos(\omega t - \delta)$이므로 윗식의 각 항은 다음과 같이 된다.

$$\left.\begin{aligned}
&\text{관 성 력}\quad C(=-m\ddot{x}) = mA\omega^2\cos(\omega t-\delta)\\
&\text{감 쇠 력}\quad D(=-c\dot{x}) = c\omega A\sin(\omega t-\delta)\\
&\text{스프링력}\quad F(=-kx) = -kA\cos(\omega t-\delta)\\
&\text{강 제 력}\quad P = P_0\cos\omega t
\end{aligned}\right\}\qquad\text{(g)}$$

변위 x 및 이들 힘은, 각각 **그림 2.44**의 변위벡터 $\boldsymbol{A}$ 및 벡터 $\boldsymbol{C}$, $\boldsymbol{F}$, $\boldsymbol{D}$, $\boldsymbol{P}_0$를 x축에 투영한 값이다는 것은 명확할 것이다. 또한 $\boldsymbol{P}_0$와 $\boldsymbol{A}$, 이 2개의 벡터 사이의 각도 δ는 위상지연 δ가 되는 것도 명확할 것이다. 스프링 끝에 질량 m인 질점이 붙어 있는 계가 반경 A, 각속도 ω로 회전운동을 할 경우 원심력은 $\boldsymbol{C}$, 스프링력은 $\boldsymbol{F}$이고, 원주속도 ωA에 비례하는 저항력 $-c\omega A$는 $\boldsymbol{D}$가 되는 것도 명확할 것이다.

$\boldsymbol{C}$, $\boldsymbol{F}$, $\boldsymbol{D}$, $\boldsymbol{P}_0$, 이 4개 벡터의 합은 다랑베르 원리에 의해 0이 된다. 따라서 이들의 x 방향 성분의 합도 식(2.131 a)와 같이 0이다. $\boldsymbol{C}+\boldsymbol{F}=0$가 되는 것은

$$\boldsymbol{C}+\boldsymbol{F} = mA\omega^2 - kA = mA\left(\omega^2-\frac{k}{m}\right) = mA(\omega^2-p^2)$$

의 관계로부터 알 수 있듯이 $\omega=p$인 공진점에 있어서는 0이고, $\omega<p$이면 $|\boldsymbol{F}|>|\boldsymbol{C}|$가 되고, $\boldsymbol{C}+\boldsymbol{F}$는 **그림 2.44** (a)와 같이 구심방향을 취한다. 따라서 $\boldsymbol{C}+\boldsymbol{F}+\boldsymbol{D}$(접선벡터)도 접선방향의 벡터 $\boldsymbol{D}$보다는 좀 더 구심방향을 취한다. $\boldsymbol{C}+\boldsymbol{F}+\boldsymbol{D}+\boldsymbol{P}_0=0$에서 강제력 $\boldsymbol{P}_0$는

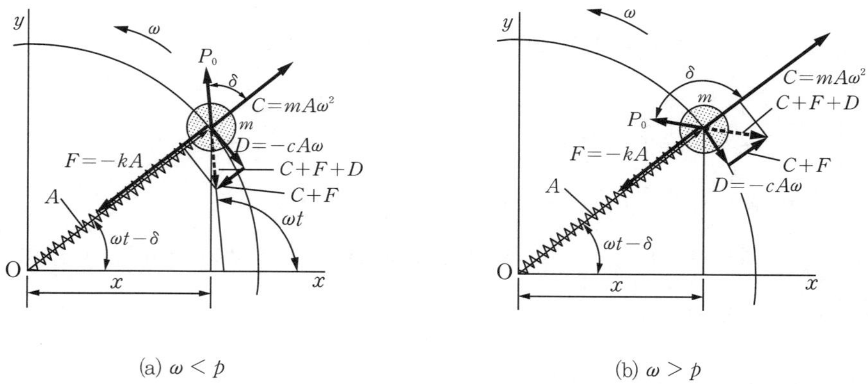

$x = A\cos(\omega t-\delta)$

그림 2.44 감쇠가 있을 때 회전운동을 투영한 강제진동

$\boldsymbol{C}+\boldsymbol{F}+\boldsymbol{D}$와 크기가 같고 방향이 반대인 힘이므로, 접선방향보다는 바깥쪽으로 향한다. 따라서 **그림 2.44** (a)와 같이 위상지연 δ는 90°보다 작다. 한편, $\omega>p$이면 **그림 2.44** (b)와 같이 $\boldsymbol{C}+\boldsymbol{F}$는 원심방향을 취하고, $\boldsymbol{C}+\boldsymbol{F}+\boldsymbol{D}$는 $\boldsymbol{D}$보다 바깥쪽을 향한다. 따라서 이것과 반대방향의 벡터 $\boldsymbol{P}_0$는 $\boldsymbol{D}$보다 안쪽을 향하므로 위상지연 δ는 90°보다 크다. 식(2.137), **그림 2.43**에서 $\omega<p$이면 $\delta<90°$, $\omega>p$이면 $\delta>90°$가 되는 것은 관성력 $-m\ddot{x}$와 스프링력 $-kx$ 사이의 대소관계에 기인한다고 하는 역학적인 의미를 **그림 2.44**에서 명확하게 알 수 있을 것이다.

공진점에서는 $\boldsymbol{C}+\boldsymbol{F}=0$, 따라서 $\boldsymbol{D}+\boldsymbol{P}_0=0$가 되는 것으로부터 $\boldsymbol{P}_0$는 $\boldsymbol{D}$와 크기가 같고 방향이 반대인 힘이다. 이 사실로부터 공진시에는 $\delta=90°$이고, 또한 $P_0=c\omega A_{(\omega=p)}$ 즉, 식(2.140)의 관계가 성립하는 것을 알 수 있다. **그림 2.44**에서 $P_0\sin\delta=c\omega A$ 즉, 식(f)의 관계도 바로 알 수 있다.

그림 2.44와 같은 회전운동 1회전 중에 저항력 $\boldsymbol{D}=-c\omega A$가 행하는 일은 $cA\omega\cdot 2\pi A=2c\pi\omega A^2(=2E_c)$, 강제력 $\boldsymbol{P}_0$가 행하는 일은 $P_0\sin\delta\cdot 2\pi A=2\pi P_0A\sin\delta(=2E_p)$이다. 양쪽을 같다고 놓으면 식(f), 식(2.140)이 나온다.

2.6 진동을 스프링으로 차단하는 방법

진동이 밖으로 전달해 가는 것을 경감시키기 위해, 진동 발생 근원인 기계류와 기초 사이에 스프링을 넣는 방법이 자주 사용된다. **그림 2.45**는 질량 m인 기계에 무언가의 원인으로 $P=P_0\cos\omega t$의 강제력이 발생하여 존재할 때, 이 기계와 마루 사이에 스프링상수 k인 스프링을 끼워 넣어 기계를 지지하고 있는 경우이다.

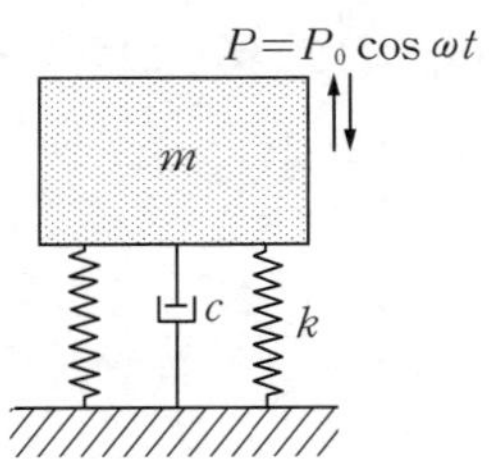

그림 2.45

우선 감쇠가 없는 경우에 대해 생각해 보자. 상하 좌우방향 모두 같은 방법으로 전개하면 되므로 여기서는 상하방향에 대해서만 기술한다. 기계의 상하운동 변위를 x라 하면, 바닥에는 기계의 중량 mg 외에 스프링을 끼워 넣어 생긴 힘 kx도 전달된다. 이 경우 다음 식으로 정의되는 **전달율**(傳達率, transmissibility)의 크기가 진동의 전달 경감 정도의 척도가 된다.

$$\text{전단율 } T_r = \frac{\text{전달되는 힘의 크기}}{\text{원인이 되는 원래 힘의 크기}} \tag{2.145}$$

감쇠가 없을 때, 즉 **그림 2.45**의 역학계에서 $c = 0$일 때의 운동방정식은 식(2.109)로 주어지므로, 이때 강제진동은 다음과 같다.

$$x = \delta_{st}' \frac{1}{1-\dfrac{\omega^2}{p^2}} \cos \omega t = \delta_{st}' M_f \cos \omega t \tag{2.117}$$

여기서 $\delta_{st}' = P_0/k$는 정적처짐이다. 따라서 식(2.145)의 분자는 스프링력 kx의 진폭

$$k\delta_{st}' |M_f| = P_0 |M_f|$$

분모는 힘 $P = P_0 \cos \omega t$의 진폭 P_0이므로, 이 경우의 전달율은

$$T_r = |M_f| = \frac{1}{\left|1-\dfrac{\omega^2}{p^2}\right|} \tag{2.146}$$

로 주어진다. 즉, T_r는 **그림 2.34**의 확대율 M_f의 절대치와 같아진다. 스프링이 없으면 당연히 $T_r = 1$이므로 전달율이 1보다 크다고 하는 것은 스프링으로 지지되어 있기 때문에 오히려 바닥에 전달되는 힘이 커진다는 것을 의미한다. 즉, $T_r < 1$이 되면 비로소 스프링으로 지지한 효과가 나타난다는 것이다. 식(2.146), **그림 2.34**에서 $T_r < 1$이 되기 위해서는 $\omega^2/p^2 > 2$, 즉 ω의 범위는 다음 식과 같아야 된다.

$$\omega > \sqrt{2}\,p = \sqrt{\frac{2k}{m}}$$

따라서 윗식으로부터 스프링상수 k가

$$k < \frac{m\omega^2}{2} \tag{2.147}$$

의 관계를 만족하도록 비교적 약한 스프링을 사용해야만 진동의 전달을 경감시킬 수 있다는 것이다.

기계 내부에 존재하는 강제력 $P = P_0 \cos \omega t$의 진동수 ω가 거의 일정할 경우에는 상술한 대로 생각하면 좋지만, 엘리베이터 등과 같이 기계의 회전수가 가변인 것, 즉 ω의 변화가 심한 경우에는 $\omega > \sqrt{2}\,p$인 범위에서의 진동전달 경감뿐만이 아니고, $\omega \fallingdotseq p$ 부근에 있어서도 전달율이 현저히 증가하므로 문제가 된다. 이와 같은 경우에는 **그림 2.45**와 같이 감쇠계수 c인 감쇠기를 도입하여 지지하는 방법을 강구한다. 감쇠가 있을 때, 바닥에 전달되는 힘은 스프링력과 감쇠력의 합 $kx + c\dot{x}$이고, 이것은 식(2.136)에서

$$kx + c\dot{x} = k\delta_{st}' M_f \cos(\omega t - \delta) - c\omega\delta_{st}' M_f \sin(\omega t - \delta)$$

$$= \delta_{st}' M_f \sqrt{k^2 + c^2\omega^2} \cos(\omega t - \delta + \varphi)$$

$$(\varphi = \tan^{-1} c\omega/k)$$

가 되므로 전달율 T_r는 다음과 같이 된다.

$$T_r = \frac{\delta_{st}' M_f \sqrt{k^2 + c^2\omega^2}}{P_0} = M_f \sqrt{1 + \left(2\frac{n}{p}\frac{\omega}{p}\right)^2}$$

$$= \frac{\sqrt{1 + \left(2\frac{n}{p}\frac{\omega}{p}\right)^2}}{\sqrt{\left(1 - \frac{\omega^2}{p^2}\right)^2 + \left(2\frac{n}{p}\frac{\omega}{p}\right)^2}} \tag{2.148}$$

여기서 $n = c/(2m)$는 감쇠계수[rad/s]이고, $n/p = c/c_c$(c_c:임계감쇠계수)는 감쇠율이다. 식(2.148)의 전달율을 그림으로 나타내면 **그림 2.46**과 같이 된다. 이 경우에도 c, n/p의 크기에 관계없이 $\omega > \sqrt{2}\,p$인 범위에서는 $T_r < 1$이 되는데, 이 범위에서는 감쇠계수 c, n이 클수록 T_r는 오히려 크게 된다. 그러나 $\omega \fallingdotseq p$ 부근에서는 감쇠계수가 클수록 T_r는 작아진다. 즉, ω가 변동할 경우에는 감쇠를 작용시켜서 $\omega > \sqrt{2}\,p$인 범위에서 전달율을 다소 희생시키고, 그 대신에 $\omega \fallingdotseq p$ 부근에서 전달율이 증대하는 것을 어느 정도 이하의 크기로 억제시킨

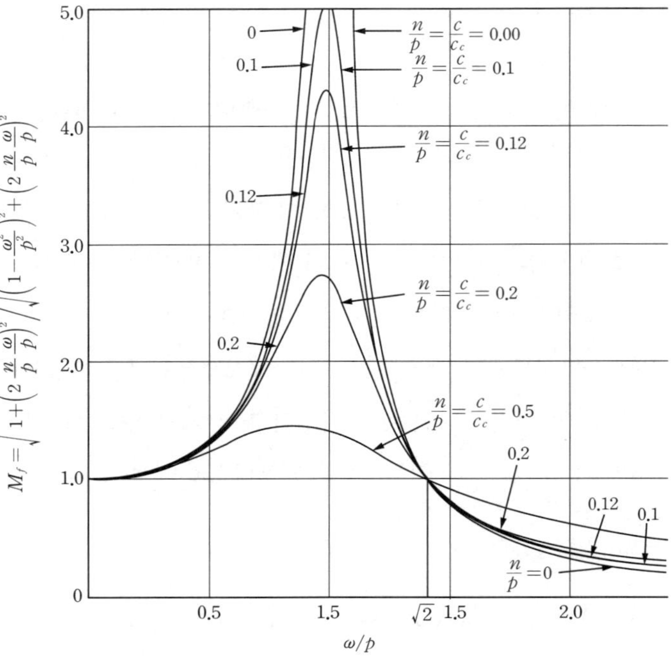

그림 2.46 감쇠가 있을 때의 전달율 T_r

다고 하는 방법을 취한다.

문 제

2.1 **그림 2.4**에서, 스프링상수가 $k = 2.942$ kN/m, 물체의 질량이 $m = 10$ kg일 때, 자유진동의 고유진동수 p [rad/s]와 주기 T [s]를 구하라.

2.2 **그림 2.7** (a) 계에 있어서, 길이 $l = 30$ cm인 강철제 탄성보의 단면은 변의 길이 9 mm인 정사각형이고, 보의 끝에 질량 $m = 3$ kg인 물체가 붙어 있을 때, 고유진동수 p [rad/s]와 주기 T [s]를 구하라. 단, 강의 종탄성계수는 $E = 206$ GPa이다.

2.3 **그림 2.8**에서, $k_1 = 4.90$ kN/m, $k_2 = 9.81$ kN/m, $m = 16$ kg일 때, 고유진동수 p [rad/s]와 주기 T [s]를 구하라.

2.4 **그림 2.9**에서, $k_1 = 4.90$ kN/m, $k_2 = 9.81$ kN/m, $m = 16$ kg일 때, 고유진동수 p [rad/s]와 주기 T [s]를 구하라.

2.5 스프링상수 k_1, k_2인 3개의 스프링이 그림과 같이 구성되어 있을 때, 자유진동의 고유진동수 p [rad/s]를 구하라. 여기서 m은 물체의 질량이다.

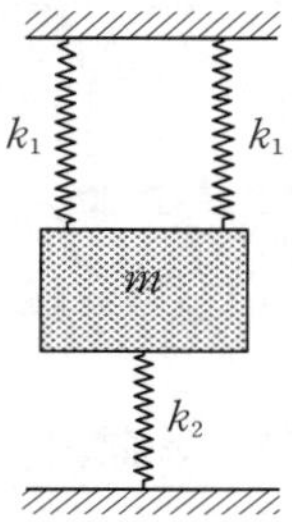

문 2.5

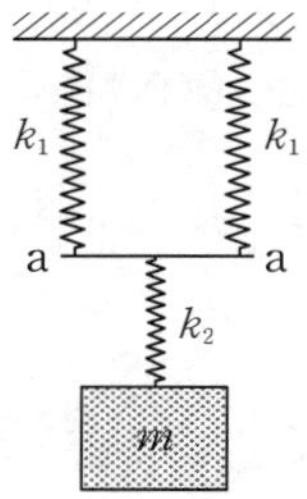

문 2.6

2.6 그림과 같이, 질량 m인 물체가 질량이 없는 강체봉 aa를 가운데 두고 스프링상수 k_1인 2개의 스프링과 스프링상수 k_2인 1개의 스프링에 의해 매달려 있다. 이 계의 상하진동에 관한 고유진동수 p를 구하라.

2.7 스프링상수 k_1, k_2, k_3인 3개의 스프링이 그림과 같이 질량 m인 물체를 지탱하고 있는 경우에 대해 상하진동에 관한 고유진동수 p를 구하라.

2.8 그림과 같이 3개의 스프링으로 구성되어 있는 경우에 대해 고유진동수 p를 구하라.

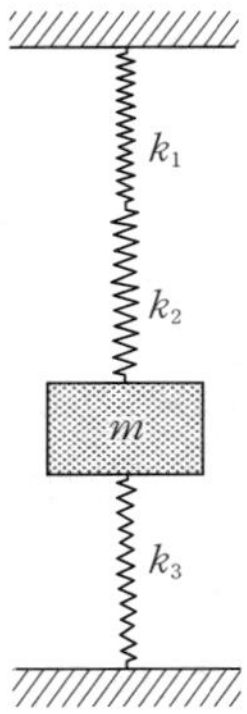

문 2.7

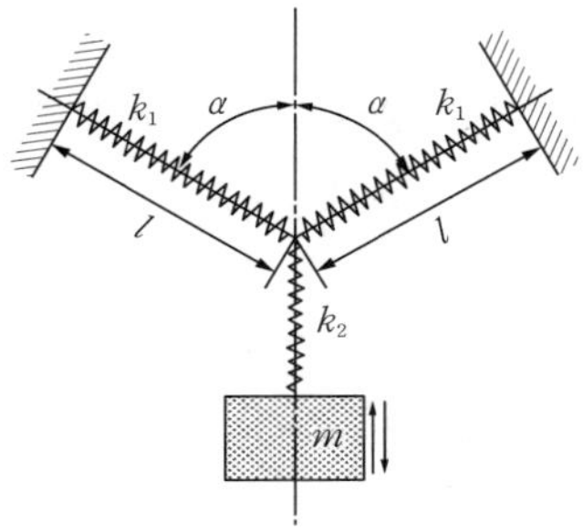

문 2.8

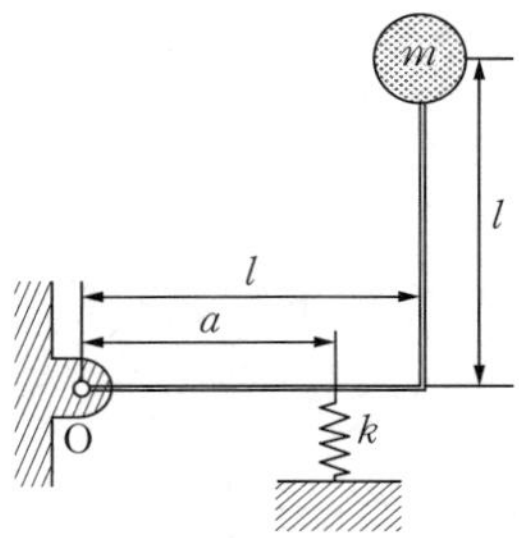

문 2.9

단, 평형상태를 유지할 때의 각도는 α이다.

주 예 3(그림 2.10)과 마찬가지로 중력항을 빠뜨리지 않아야 한다. 단, 스프링상수 k_1인 스프링은 각각 $\frac{1}{2}P$와 $\frac{1}{2}mg$의 힘을 받는 것으로 계산해야 한다.

2.9 질량이 없는 L형의 강체봉은 O점을 중심으로 회전할 수 있다. 봉의 끝부분에는 질량 m인 질점이 붙어 있고, 또한 그림과 같이 스프링상수 k인 스프링으로 지지되어 있다. 이 진동계의 고유진동수 p를 구하라.

주 현재 그림의 상태가 평형위치인 것으로 하고, 또한 중력에 의한 모멘트를 고려해서 고유진동수를 구해야 한다.

2.10 양쪽 끝에 질량 m_1, m_2인 물체가 붙어 있고, 질량이 없는 강체봉은 O점을 중심으로 회전할 수 있다. 그림과 같이 스프링상수 k_1, k_2인 2개의 스프링으로 지지되어 있을 때 고유진동수 p를 구하라. 봉이 수평일 때 평형상태인 것으로 한다.

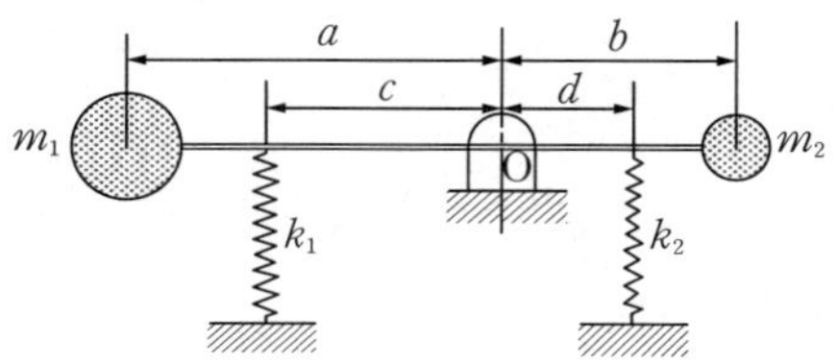

문 2.10

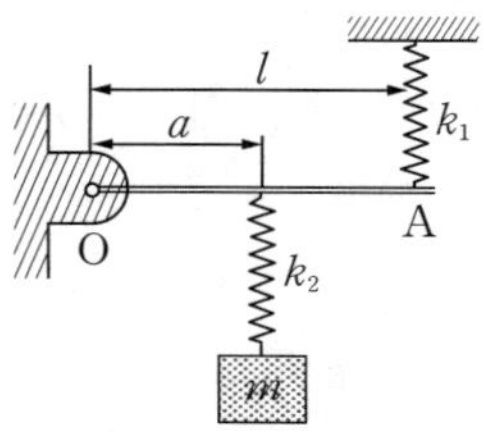

문 2.11

2.11 질량이 없는 강체봉 AO는 O점을 중심으로 회전할 수 있을 때, 스프링상수 k_1, k_2인 스프링과 질량 m인 진동체가 그림과 같이 구성되어 있다. 이 계의 고유진동수 p를 구하라.

2.12 그림과 같이 직경 8 cm, 길이 16 cm인 원기둥의 물체는 윗부분은 목제이고, 아래 부분은 강철제이다. 이 물체가 수면에 떠 있을 때 상하운동에 대한 고유진동수 p를 구하라. 단, 나무 및 강의 비중은 각각 0.45, 7.88이다.

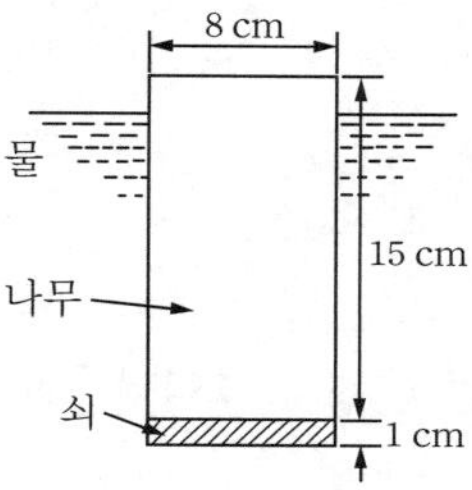

문 2.12

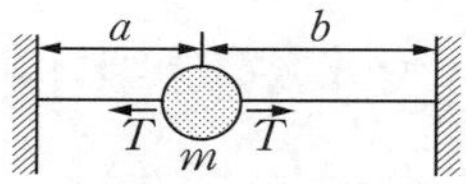

문 2.13

2.13 그림과 같이 장력 T로 당겨져 있는 줄에 질량 m인 질점이 $a : b$인 위치에 붙어 있다. 이 질점의 상하운동에 관한 고유진동수 p를 구하라.

2.14 **그림** 2.14에서, $l = 40$ cm, $d = 1$ cm인 강철제 둥근 봉의 끝에 질량관성모멘트 $I = 0.2943\ \mathrm{kg\,m^2}$인 물체가 붙어 있을 때, 비틀림진동에 관한 고유진동수 p [rad/s]를 구하라. 단, 강의 횡탄성계수는 $G = 78.5$ GPa이다.

2.15 주기가 1초인 시계추의 길이는 몇 m가 되는가?

2.16 길이 $l = 1$ m인 시계추에 대해 진동수 p [rad/s] 및 f [Hz], 주기 T [s]를 구하라.

2.17 길이 l, 질량 m_c인 연접봉(connecting rod)의 무게중심 G둘레의 질량관성모멘트 I_G를 알고 싶을 경우, 그림과 같이 연접봉을 소단(小端) B둘레로 흔들리는 시계추로 하고, 그 주기 T를 측정하면 아래 식으로 I_G를 구할 수 있다는 것을 증명하라. 단, 소단 B에서 무게중심 G까지의 길이는 h이다.

$$I_G = m_c h\left(\frac{gT^2}{4\pi^2} - h\right)$$

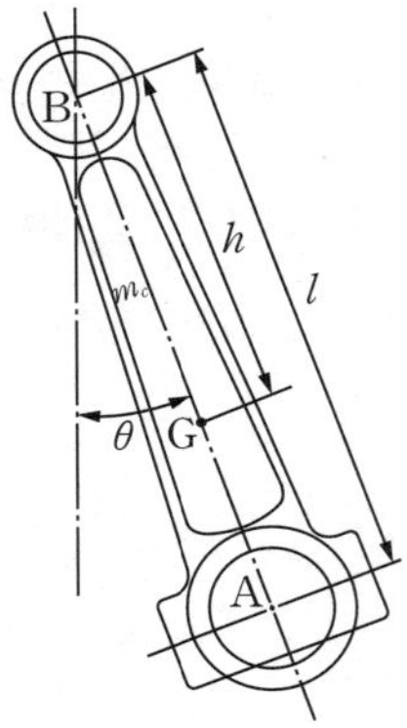

문 2.17

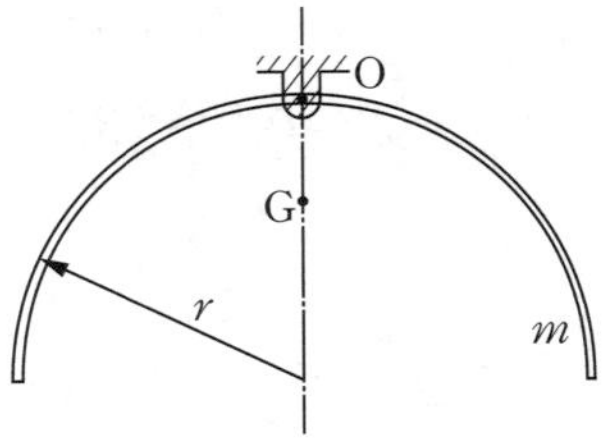

문 2.18

2.18 전체 질량이 m이고, 가는 철사로 만든 반경 r인 반원 물체가 그림과 같이 그 중앙점 O에서 지지되어 시계추를 이루고 있다. 이 시계추의 주기 T [s]를 구하라.

주 이 시계추에 작용하는 중력 mg는 무게중심 G에 작용한다. 예 15에서 $OG = (1 - 2/\pi)r$이고, 또한 무게중심 둘레의 질량관성모멘트는 $I = m\{1 - (2/\pi)^2\}r^2$이다. 따라서 O점 둘레의 질량관성모멘트는 $I_O = I + m \times OG^2$이다.

2.19 그림과 같은 도립(倒立)시계추의 주기 T를 구하라. 단, 시계추 봉의 질량은 무시한다.

주 시계추가 각도 θ 기울었을 때 스프링의 늘어남은, 미소량의 제곱을 무시하면 $\frac{1}{2}a\theta$이다.

2.20 길이 $l_1 + l_2$, 질량 m인 봉이 O점 둘레로 회전할 수 있도록 되어 있고, 평형상태에서

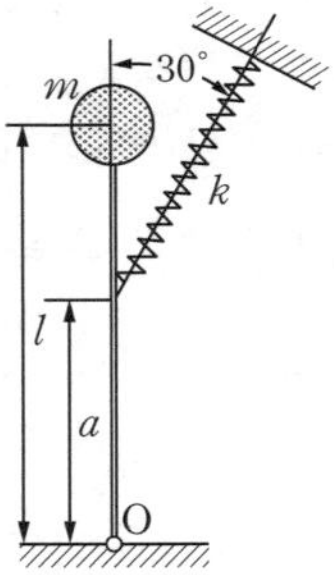

문 2.19

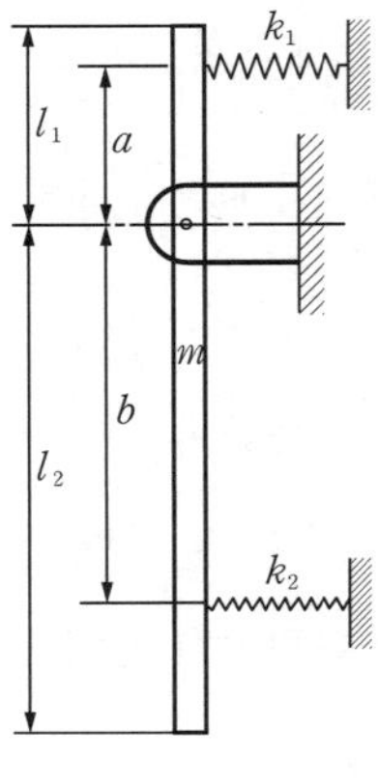

문 2.20

는 수직위치에 오도록 스프링상수 k_1, k_2인 스프링으로 그림과 같이 지지되어 있다. 이 계의 고유진동수 p를 구하라.

주 길이 r, 질량 m인 균질한 봉의 무게중심 둘레의 질량관성모멘트는 $\frac{1}{12}mr^2$ 이다.

2.21 수직방향과 각도 α를 이루고 있는 봉은 자유로 회전할 수 있다. 그림과 같이 이 봉에 직각으로 길이 l인 봉의 끝에 질량 m인 물체가 붙어 있을 때, 이 계의 고유진동수 p를 구하라. 봉의 질량은 무시할 수 있는 것으로 한다.

주 질량 m인 물체의 중심 A는 수평면과 각도 α를 이루고 있는 평면상에서 반경 l인 원 위로 운동한다. 평형위치에서 각도 θ만큼 A점이 회전하여 A′에 왔다고 한다. A′점에 있어서 앞에 말한 원의 접선과 수직방향 사이의 각도를 φ라고 하면 $\cos\varphi = \sin\alpha \sin\theta$의 관계가 있다.

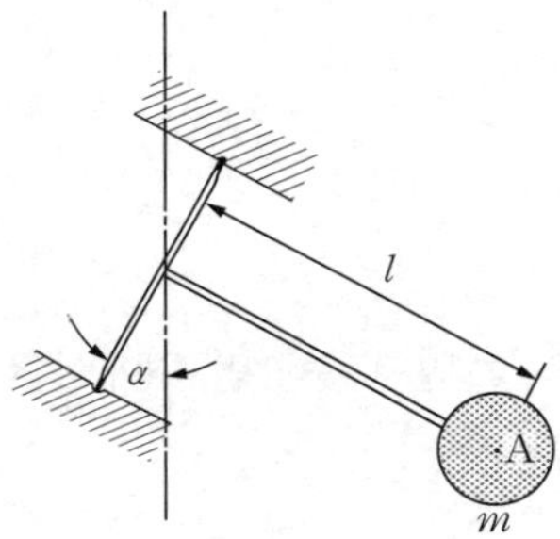

문 2.21

2.22 그림과 같은 계의 고유진동수를 구하라. (m : 질량, G : 무게중심)

주 $OA = \sqrt{l^2+h}$ $\therefore$ O점 둘레의 질량관성모멘트는 $I_O = 2m(l^2 + h^2)$, 중력은 무게중심 G에 작용한다.

2.23 반경 R인 볼록면 위를 얇은 판으로 만든 반경 r인 반원통형의 물체가 구르면서 좌우로 운동하는 경우에 대해 고유진동수 p를 구하라.

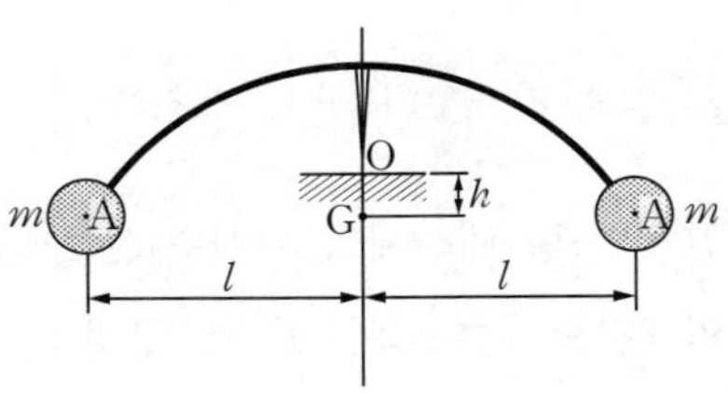

문 2.22

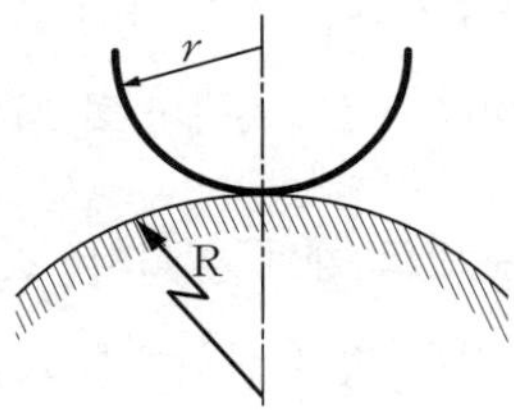

문 2.23

2.24 질량 m, 반경 r인 반원주형의 물체가 수평면 위에서, 구르면서 좌우로 운동하는 경우에 대해 고유진동수 p를 구하라.

주 그림에서 무게중심을 G, 중심을 C라 하면, $\text{CG} = \frac{4r}{3\pi}$ 이다. 또한 C점 둘레의 질량관성모멘트 $I_C = \frac{1}{2}mr^2$ 이다.

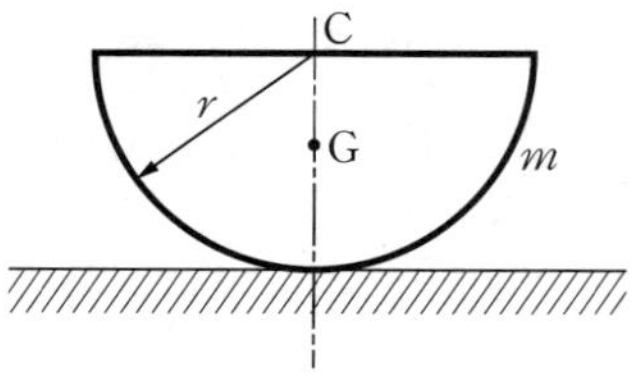

문 2.24

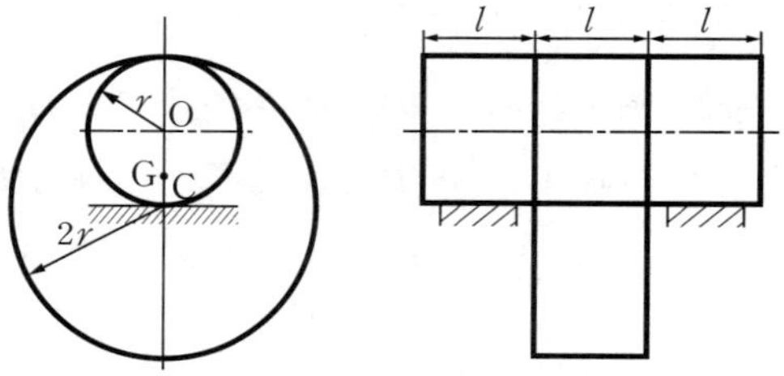

문 2.25

2.25 그림과 같은 형태의 물체가 구르면서 수평면 위에서 좌우로 운동하는 경우에 대해 고유진동수 p를 구하라.

주 반경 r, 두께 h, 질량 m, 밀도 γ/g인 원 기둥형 물체의 중심선 둘레의 질량관성모멘트는 다음과 같다.

$$\frac{\gamma}{g}\cdot\frac{\pi r^4}{2}\cdot h = \frac{1}{2}mr^2$$

2.26 감쇠율 n/p은 같고, 고유진동수 p는 다른 경우, 자유진동에 대한 감쇠 방법을 비교하라.

2.27 **그림 2.25**의 진동계에서, 스프링상수 $k = 981\ \text{N/m}$, 물체의 질량 $m = 5\ \text{kg}$, 감쇠계수 $c = 0.1962\ \text{Ns/m}$인 경우에 대해 다음 질문에 답하라.

(a) 자유진동의 진동수는 감쇠가 없는 경우에 비해, 몇 % 감소하는가?

(b) 대수감쇠율은 얼마인가?

(c) 100사이클, 즉 100회 진동하면, 진폭은 원래 진폭보다 몇 % 감소하는가?

2.28 **문제 2.10**의 계에 있어서, 스프링상수 k_2인 스프링 대신에 감쇠계수 c_2 [Ns/m]인 댐퍼를 붙였을 경우 감쇠계수 n/p 및 이때의 임계감쇠계수 c_{2c}의 크기를 구하라.

2.29 그림의 (a)와 (b) 각각의 경우에 대해 개별 시스템의 전체 감쇠계수 c를 구하라.

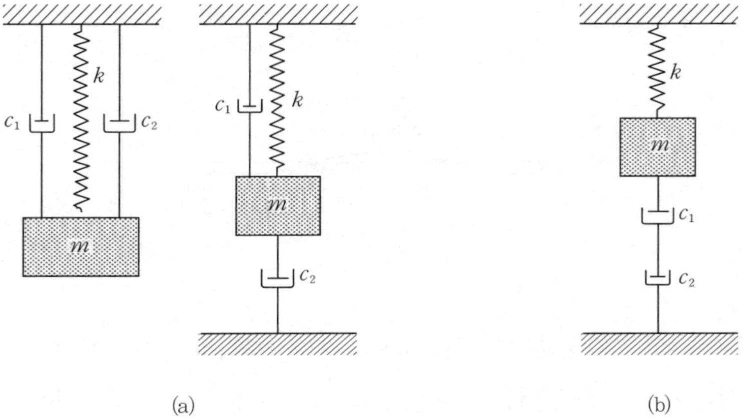

m : 질량, c_1, c_2 : 감쇠계수, k : 스프링상수

문 2.29

2.30 **그림 2.25** 계의 정적처짐은 $\delta_{st} = 5\ \mathrm{cm}$이고, 감쇠가 있을 때 자유진동의 진동수는 $p_1 = 10\ \mathrm{rad/s}$이었다. 이때 감쇠율 n/p와 대수감쇠율 δ를 구하라.

2.31 그림과 같은 계에 대해 감쇠율 n/p을 구하라. 또한 댐퍼의 감쇠계수 c가 얼마일 때 임계감쇠계수가 되는가? (k : 스프링상수, m : 질량)

주 댐퍼의 작동 속도에 주의할 것. 그림 2.10에서 스프링이 늘어나는 것과 같이 생각하면 된다.

2.32 그림과 같은 시계추에 대해 강제진동의 진폭을 구하라.

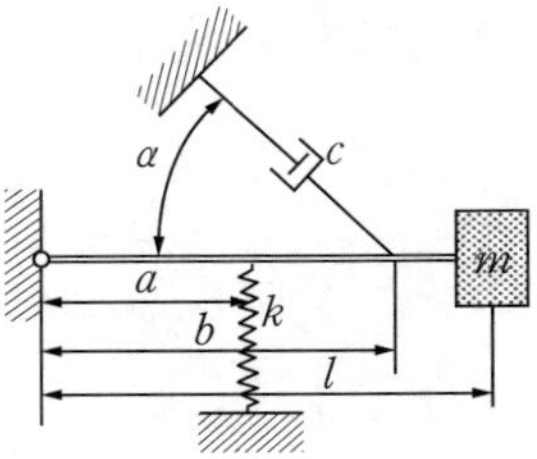

문 2.31

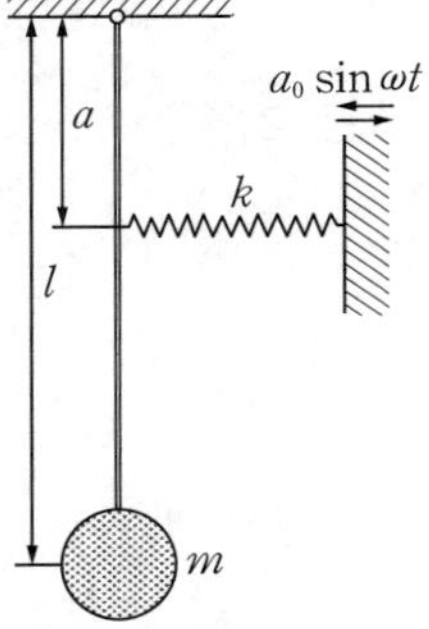

문 2.32

2.33 자동차를 간단히, 질량 m인 차체를 스프링상수 k인 스프링으로 지지하고 있는 그림

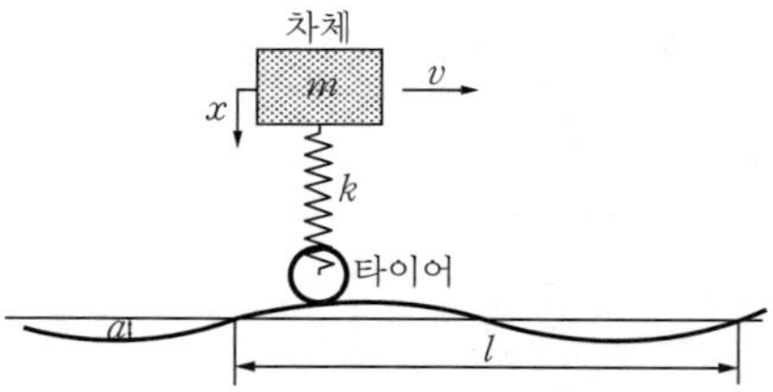

문 2.33

과 같은 계라고 생각한다. 자동차가 $a\sin\frac{2\pi}{l}y$로 표현되는 요철도로를 속도 v로 달릴 때, 자동차 상하운동에 대한 운동방정식과 상하운동에 대한 강제진동의 진폭을 구하라. 자동차 바퀴의 질량은 무시한다.

2.34 그림과 같은 계에 대해 운동방정식과 강제진동의 진폭을 구하라.

2.35 그림과 같이 수평으로 놓여 있는 시계추의 경사각 θ에 관한 운동방정식 및 강제진동에 관한 시계추의 진폭을 구하라. (m : 질량, k : 스프링상수, c : 감쇠계수)

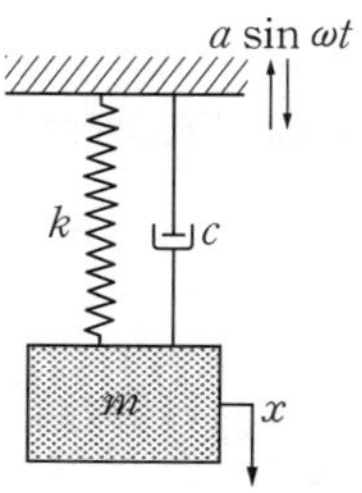

문 2.34

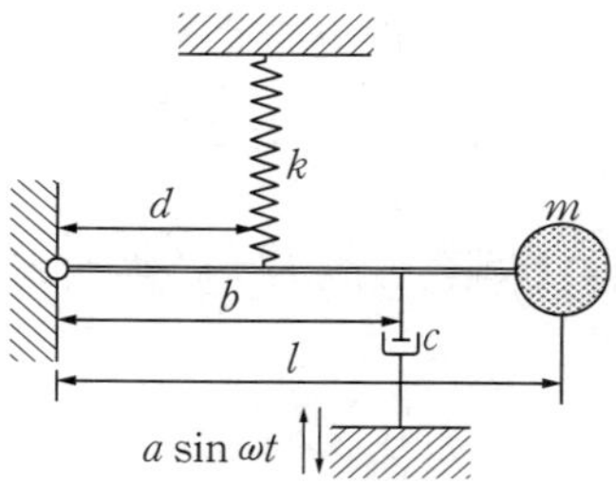

문 2.35

Chapter 3

2자유도계의 진동

2.1절에서 설명한 바와 같이, 2자유도계는 계의 기하학적 위치를 결정하는데 2개의 좌표를 필요로 한다. 1직선 위에서만 운동하도록 구속되어 있는 2질점계도 2자유도계이고, xy 평면 위에서 운동하도록 구속되어 있는 1질점계도 2자유도계이다. 따라서 이 장에서 다루는 진동계는 1개의 진동체만으로 구성되어 있는 것도 있고, 2개의 진동체로 구성되어 있는 것도 있다.

3.1 감쇠가 없을 때의 자유진동

그림 3.1은 2자유도 진동계의 일례이다. 질량 m_1, m_2인 2개의 진동체는 스프링상수 k_1, k_2, k_3인 3개의 스프링으로 그림과 같이 지지되어 있다. 진동체가 수직방향으로만 상하운동 하도록 구속되어 있으면, 평형위치에서 두 물체의 변위 x_1, x_2를 측정하면 계의 기하학적 위치는 완전히 정해진다.

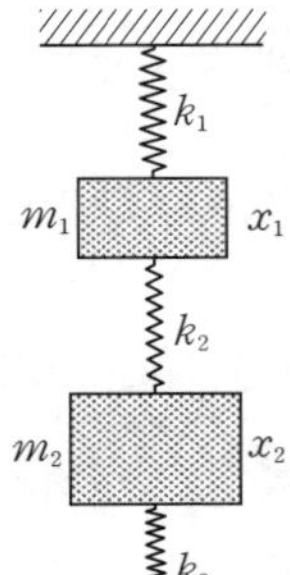

그림 3.1

m_1 진동체에는 위쪽 스프링으로부터 스프링력 $-k_1x_1$, 가운데 있는 스프링으로부터 스프링력 $-k_2(x_1 - x_2)$가 작용하고, m_2 진동체에는 중앙과 아래쪽 스프링으로부터 각각 $-k_2(x_2 - x_1)$, $-k_3x_2$의 스프링력이 작용하므로, 뉴톤의 운동 제2법칙으로부터

$$\left.\begin{aligned} m_1\ddot{x}_1 &= -k_1x_1 - k_2(x_1 - x_2) \\ m_2\ddot{x}_2 &= -k_2(x_2 - x_1) - k_3x_2 \end{aligned}\right\}$$

따라서 운동방정식은 다음과 같이 된다.

$$\left.\begin{aligned} m_1\ddot{x}_1+(k_1+k_2)x_1-k_2x_2=0 \\ m_2\ddot{x}_2-k_2x_1+(k_2+k_3)x_2=0 \end{aligned}\right\} \tag{3.1 a}$$

이 식은, 제1식 제3항의 $-k_2x_2$, 제2식 제2항의 $-k_2x_1$이 있기 때문에 x_1, x_2에 관한 연립미분방정식이 된다. 바꾸어 말하면, 진동체 m_1, m_2는 가운데 있는 k_2 스프링으로 연결되어 있기 때문에 두 물체의 운동은 서로 영향을 미칠 수 있다. 이와 같은 경우 x_1과 x_2의 운동은 서로 **연성**(連成, couple)하고 있다고 한다.

$$k_{11}=k_1+k_2, \quad k_{12}=k_{21}=k_2, \quad k_{22}=k_2+k_3 \tag{3.2 a}$$

라고 놓으면, 식(3.1 a)는

$$\left.\begin{aligned} m_1\ddot{x}_1+k_{11}x_1-k_{12}x_2=0 \\ m_2\ddot{x}_2-k_{21}x_1+k_{22}x_2=0 \end{aligned}\right\} \tag{3.1}$$

로 나타낼 수 있다. 이 형식은 식(3.1 a)보다는 일반적인 표현방법이고, 이 절 및 다음 절에서는 주로 식(3.1)로 귀착하는 역학계에 대해 다룬다. **그림 3.1**의 계에서는 $k_{12}=k_{21}=k_2$의 관계가 있는데, 일반 2자유도 진동계에 있어서는 스프링상수 k_{11}, k_{22}, k_{12}에 관해서 항상 다음과 같은 관계가 존재한다(**4.4절** 참조). 단, k_{12}에는 (±) 양쪽의 경우가 있을 수 있다.

$$k_{11}>0, \quad k_{22}>0, \quad k_{12}=k_{21}, \quad k_{11}k_{22}-k_{12}^2>0 \tag{3.2}$$

식(3.1)의 x_1, x_2가 진동운동을 한다고 가정하면, 시각 t의 값 여하에 관계없이, 식(3.1)의 관계가 항상 성립하기 위해서는 x_1과 x_2의 진동은 같은 진동수, 같은 위상이어야 하므로 식(3.1)의 해, 즉 자유진동은

$$\left.\begin{aligned} x_1=a_1\sin(pt+\beta) \\ x_2=a_2\sin(pt+\beta) \end{aligned}\right\} \tag{3.3}$$

의 형태를 취한다. 자유진동의 진동수, 즉 고유진동수 p는 윗식이 식(3.1)의 해가 되도록 정해진다. 식(3.3)을 식(3.1)에 대입하면

$$\left.\begin{array}{l}\{(k_{11}-m_1p^2)a_1-k_{12}a_2\}\sin(pt+\beta)=0\\ \{-k_{21}a_1+(k_{22}-m_2p^2)a_2\}\sin(pt+\beta)=0\end{array}\right\}$$

t의 모든 값에 대해 윗식이 성립하기 위해서는 $\{\quad\}=0$이 되어야 하기 때문에

$$\left.\begin{array}{l}(k_{11}-m_1p^2)a_1-k_{12}a_2=0\\ -k_{21}a_1+(k_{22}-m_2p^2)a_2=0\end{array}\right\} \tag{3.4}$$

a_1, a_2에 관한 이 2원1차방정식이 $a_1=a_2=0$ 이외의 해를 가지기 위해서는 a_1, a_2의 계수로 이루어진 다음 행렬식이 0이어야 한다.

$$\begin{vmatrix} k_{11}-m_1p^2 & -k_{12} \\ -k_{21} & k_{22}-m_2p^2 \end{vmatrix}=0 \tag{3.5}$$

윗식의 관계는 식(3.4)의 제1, 2식으로부터 주어지는 2개의 진폭비

$$\left.\begin{array}{l}① \ \varkappa=\dfrac{a_2}{a_1}=\dfrac{k_{11}-m_1p^2}{k_{12}}\\ ② \ \varkappa=\dfrac{a_2}{a_1}=\dfrac{k_{21}}{k_{22}-m_2p^2}\end{array}\right\} \tag{3.6}$$

을 같다고 놓아도 구할 수 있다. 식(3.5)로부터 다음과 같은 p^2에 관한 2차방정식이 나온다.

$$m_1m_2p^4-(k_{11}m_2+k_{22}m_1)p^2+(k_{11}k_{22}-k_{12}^2)=0 \tag{3.7}$$

식(2.79)를 특성방정식이라고 하는 것에 대해, 식(3.7)을 **진동수방정식**(振動數方程式, frequency equation)이라고 한다. 식(3.7)의 판별식은

$$\begin{aligned}D&=(k_{11}m_2+k_{22}m_1)^2-4m_1m_2(k_{11}k_{22}-k_{12}^2)\\ &=(k_{11}m_2-k_{22}m_1)^2+4k_{12}^2m_1m_2>0\end{aligned}$$

가 되어 항상 (+)이고, 식(3.2)를 참고하면 식(3.7)의 상수항 $(k_{11}k_{22}-k_{12}^2)$도 (+)이다. 또한 p^2의 계수는 확실히 (−)이다. 따라서 식(3.7)은 항상 2개의 실근 $p^2=p_1^2$, $p^2=p_2^2$을 가지는데, p_1, p_2는 식(3.7)을 풀어서 구하면 다음과 같이 된다.

$$\begin{matrix}p_2^2\\ p_1^2\end{matrix}=\frac{(k_{11}m_2+k_{22}m_1)\pm\sqrt{(k_{11}m_2-k_{22}m_1)^2+4k_{12}^2m_1m_2}}{2m_1m_2} \tag{3.8}$$

식(3.3)의 p에 p_1 혹은 p_2를 적용하면, 식(3.3)은 식(3.1)의 해가 된다는 것이 상기 과정에서 명확해진다. 따라서

$$\left.\begin{aligned} x_{1,2} &= a_{1,2}\sin(p_1t+\beta_1) \\ x_{1,2} &= a_{1,2}\sin(p_2t+\beta_2) \end{aligned}\right\}$$

는 식(3.1)의 해이고, 그 합도 또한 해가 되므로, 식(3.1)의 일반해는 다음과 같이 된다.

$$\left.\begin{aligned} x_1 &= a_{11}\sin(p_1t+\beta_1)+a_{12}\sin(p_2t+\beta_2) \\ x_2 &= a_{21}\sin(p_1t+\beta_1)+a_{22}\sin(p_2t+\beta_2) \end{aligned}\right\} \tag{3.9}$$

여기서, a_{11}과 a_{21}은 각각 진동수 p_1으로 진동하는 x_1과 x_2의 진폭이고, a_{12}와 a_{22}는 각각 진동수 p_2로 진동하는 x_1과 x_2의 진폭이다. 진동수방정식(3.7)은 항상 2개의 실근 $p^2=p_1^2$, $p^2=p_2^2$을 가지므로, p가 허수 혹은 복소수가 되는 일은 없다. 따라서 식(3.1)로 표현되는 2자유도 진동계는 항상 자유도의 수와 같은 2개의 고유진동수 p_1, p_2를 가진다.

다음에는 식(3.6)으로 주어지는 진폭비에 대해 검토해 보자. 식(3.8)에서 확실히 알 수 있는 바와 같이 고유진동수 사이의 대소 관계는 다음과 같다.

$$p_1 < p_2 \tag{3.10}$$

그리고 식(3.5)에서

$$(k_{11}-m_1p^2)(k_{22}-m_2p^2) = m_1m_2p^4-(k_{11}m_2+k_{22}m_1)p^2+k_{11}k_{22}=0 \tag{a}$$

의 근 $p_{10}^2=k_{11}/m_1$, $p_{20}^2=k_{22}/m_2$ 중에서 큰 쪽을 p_{20}^2이라 한다. 여기서 식(3.7)과 식(a)에 있어서 근과 계수의 관계로부터

$$p_1^2+p_2^2 = \frac{k_{11}m_2+k_{22}m_1}{m_1m_2} = p_{10}^2+p_{20}^2 \tag{b}$$

또한 식(a)에서 p_{10}^2, p_{20}^2은

$$\left.\begin{aligned} p_{10}^2 &= \frac{k_{11}}{m_1} = \frac{(k_{11}m_2+k_{22}m_1)-\sqrt{(k_{11}m_2-k_{22}m_1)^2}}{2m_1m_2} \\ p_{20}^2 &= \frac{k_{22}}{m_2} = \frac{(k_{11}m_2+k_{22}m_1)+\sqrt{(k_{11}m_2-k_{22}m_1)^2}}{2m_1m_2} \end{aligned}\right\} \tag{c}$$

의 형태로 나타낼 수 있다. 따라서 식(3.8)과 윗식을 비교해 보면, 식(b)로부터

$$\left.\begin{aligned} &p_1^2 < p_{10}^2 < p_{20}^2 < p_2^2 \\ &p_{10}^2 - p_1^2 = p_2^2 - p_{20}^2 \end{aligned}\right\} \tag{d}$$

이 되는 것을 알 수 있다. 고유진동수 p_1, p_2인 자유진동의 진폭비를 각각 $\varkappa_1$, $\varkappa_2$라 하면, 식(3.6), 식(c)로부터

$$\left.\begin{aligned} \varkappa_1 &= \frac{a_{21}}{a_{11}} = \frac{k_{11} - m_1 p_1^2}{k_{12}} = \frac{m_1(p_{10}^2 - p_1^2)}{k_{12}} \\ \varkappa_2 &= \frac{a_{22}}{a_{12}} = \frac{k_{21}}{k_{22} - m_2 p_2^2} = -\frac{k_{21}}{m_2(p_2^2 - p_{20}^2)} \end{aligned}\right\} \tag{3.11}$$

이 되고, 윗식과 식(d)로부터 (여기서, $k_{12} = k_{21}$)

$$\varkappa_1 \cdot \varkappa_2 = -\frac{m_1}{m_2} < 0 \quad (\because m_1 > 0,\ m_2 > 0) \tag{3.12}$$

$$\left.\begin{aligned} &k_{12} > 0 \text{이면 } \varkappa_1 = \frac{a_{21}}{a_{11}} > 0, \quad \varkappa_2 = \frac{a_{22}}{a_{12}} < 0 \\ &k_{12} < 0 \text{이면 } \varkappa_1 = \frac{a_{21}}{a_{11}} < 0, \quad \varkappa_2 = \frac{a_{22}}{a_{12}} > 0 \end{aligned}\right\} \tag{3.13}$$

가 된다는 것을 알 수 있다. 전술한 바와 같이 스프링상수 $k_{12}(=k_{21})$에는 (+)(−) 양쪽의 경우가 있는데, 어느 쪽이든 낮은 쪽의 고유진동수 p_1과 높은 쪽의 고유진동수 p_2의 자유진동 진폭비는 부호가 항상 반대이다.

식(3.9), (3.11)로부터 식(3.1)의 일반해는 다음과 같이 된다.

$$\left.\begin{aligned} x_1 &= a_{11}\sin(p_1 t + \beta_1) + a_{12}\sin(p_2 t + \beta_2) \\ x_2 &= \varkappa_1 a_{11}\sin(p_1 t + \beta_1) + \varkappa_2 a_{12}\sin(p_2 t + \beta_2) \end{aligned}\right\} \tag{3.14}$$

여기서 진폭 a_{11}, a_{12}, 위상각 β_1, β_2 4개의 양은 4개의 초기조건 x_{10}, x_{20}, $\dot{x}_{10}$, $\dot{x}_{20}$로부터 결정되는 임의상수이다.

그림 3.1 즉, 식(3.1 a)의 계에 대해서는 식(3.2 a)의 관계가 있으므로 진동수방정식(3.7), 고유진동수의 식(3.8), 진폭비의 식(3.6)은 각각 다음과 같이 된다.

$$m_1m_2p^4-\{(k_1+k_2)m_2+(k_2+k_3)m_1\}p^2+(k_1k_2+k_2k_3+k_3k_1)=0 \tag{3.7 a}$$

$$\begin{matrix} p_2^{\ 2} \\ p_1^{\ 2} \end{matrix} = \frac{\{(k_1+k_2)m_2+(k_2+k_3)m_1\}\pm\sqrt{\{(k_1+k_2)m_2-(k_2+k_3)m_1\}^2+4k_2^2m_1m_2}}{2m_1m_2}$$

$$\cdots\cdots\cdots\cdots\cdots\cdots\cdots\cdots\cdots\cdots\cdots \ (3.8\,\mathrm{a})$$

$$\varkappa=\frac{a_2}{a_1}=\frac{(k_1+k_2)-m_1p^2}{k_2}=\frac{k_2}{(k_2+k_3)-m_2p^2} \tag{3.6 a}$$

또한, 이 경우에는 $k_{12}=k_2>0$이므로 식(3.13)에서 보면 낮은 쪽 고유진동수에 대한 자유진동의 진폭비 $\varkappa_1$은 (+), 높은 쪽 고유진동수에 대한 진폭비 $\varkappa_2$는 (−)가 된다.

그림 3.1의 계에 있어서, 만약 $m_1=m_2=m$이면,

$$\varkappa_1\cdot\varkappa_2=-1 \tag{3.12 a)$'$}$$

이 되고, 2개 진폭비의 절대치는 역수 관계가 된다.

그림 3.1의 계가 상하 대칭, 즉 $m_1=m_2=m$, $k_1=k_3=k$이면 고유진동수 및 진폭비는 다음과 같이 된다.

$$p_1=\sqrt{\frac{k}{m}},\qquad p_2=\sqrt{\frac{3k}{m}} \tag{3.8 a)$''$}$$

$$\varkappa_1=\frac{a_{21}}{a_{11}}=+1,\qquad \varkappa_2=\frac{a_{22}}{a_{12}}=-1 \tag{3.11 a)$''$}$$

2자유도계 자유진동의 예로서, **그림 3.2**와 같이, 장력 T로 당겨져 있는 줄에 질량 m_1, m_2인 2개의 질점이 있는 경우, 이 계의 상하진동에 대해 생각해 보자. 질점 m_1, m_2의 변위 x_1, x_2가 작으면, $\sin\theta_1 \fallingdotseq \tan\theta_1$이라고 볼 수 있으므로 질점 m_1에는 x 방향으로 힘

$$\left.\begin{aligned} F_1&=-T\sin\theta_1\fallingdotseq -T\tan\theta_1=-T\frac{x_1}{l_1}\\ F_2&=T\sin\theta_2\fallingdotseq T\tan\theta_2=T\frac{x_2-x_1}{l_2}\end{aligned}\right\}$$

이 작용하고, 질점 m_2에는

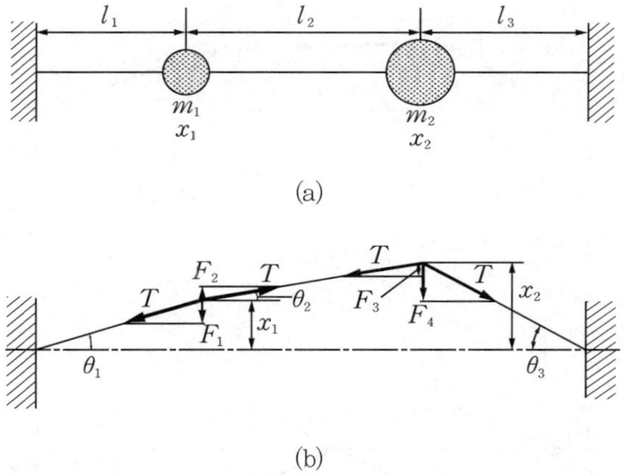

그림 3.2

$$\left.\begin{aligned} F_3 &= -T\sin\theta_2 \fallingdotseq -T\tan\theta_2 = -T\,\frac{x_2-x_1}{l_2} \\ F_4 &= -T\sin\theta_3 \fallingdotseq -T\tan\theta_3 = -T\,\frac{x_2}{l_3} \end{aligned}\right\}$$

의 힘이 작용하고 있다. 뉴톤의 운동 제2법칙으로부터

$$m_1\ddot{x}_1 = F_1 + F_2, \qquad m_2\ddot{x}_2 = F_3 + F_4$$

따라서 운동방정식은 다음과 같이 된다.

$$\left.\begin{aligned} m_1\ddot{x}_1 + \left(\frac{T}{l_1}+\frac{T}{l_2}\right)x_1 - \frac{T}{l_2}\,x_2 = 0 \\ m_2\ddot{x}_2 - \frac{T}{l_2}\,x_1 + \left(\frac{T}{l_2}+\frac{T}{l_3}\right)x_2 = 0 \end{aligned}\right\} \tag{3.1 b}$$

여기서,

$$k_1 = \frac{T}{l_1}, \qquad k_2 = \frac{T}{l_2}, \qquad k_3 = \frac{T}{l_3} \qquad (3.2\,\text{b})'$$

라고 놓으면, 식 (3.1 b)는 식(3.1 a)와 일치한다. 즉, **그림 3.1**과 **그림 3.2**의 시스템은 역학적으로 같은 계이다. 따라서 **그림 3.2**의 계에 있어서도 진폭비는 낮은 쪽의 고유진동수 p_1에 대해서는 (+), 높은 쪽의 p_2에 대해서는 (−)가 되고, p_1, p_2의 자유진동은 **그림 3.3**에서

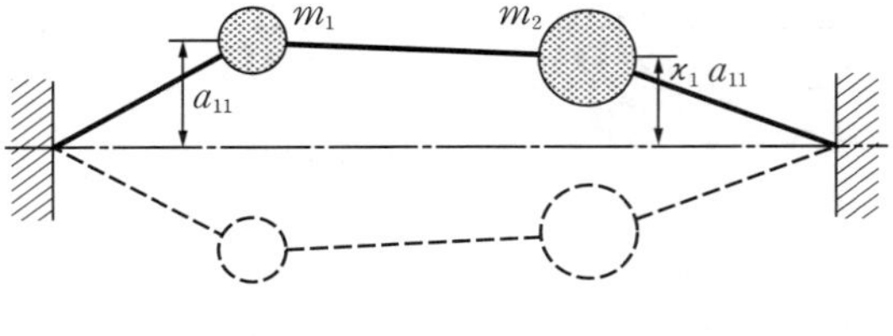

(a) 진동수 $p = p_1$인 경우, 진폭비 $a_{11} : a_{21} = 1 : \varkappa_1 \ (\varkappa_1 > 0)$

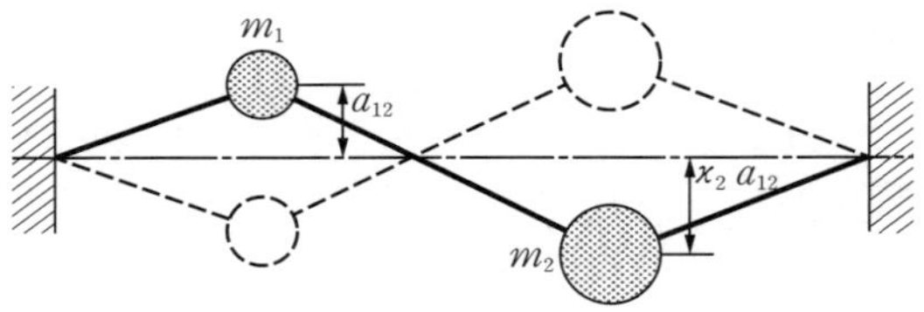

(b) 진동수 $p = p_2$인 경우, 진폭비 $a_{12} : a_{22} = 1 : \varkappa_2 \ (\varkappa_2 < 0)$

$p_1 < p_2$

그림 3.3 진동형

보는 바와 같다. 즉, 각각의 고유진동수 p_1, p_2에 대해서, **그림 3.2**의 계는 **그림 3.3**과 같은 **진동형**(振動型, mode shape)을 가지고 있다. 일반적으로는 식(3.14)와 같이 자유진동을 행할 경우, **그림 3.3** (a), (b)의 진동형태를 가진 고유진동 p_1, p_2의 진동이 동시에 발생한다. 그러나 m_1을 윗방향으로, m_2를 아래 방향으로 당겨 손을 놓는다든가, 또는 m_1, m_2 같이 윗방향으로 당겨 손을 놓는다거나 하는 등, 초기조건을 주는 방법 여하에 따라서 진동수 p_1, p_2 어느 한 방향으로만 자유진동을 발생시키는 것도 가능하다.

그림 3.2의 계가 좌우대칭, 즉 $m_1 = m_2$, $l_1 = l_3$일 때는, **그림 3.1**의 계가 상하대칭인 경우에 해당하고, p_1에 대한 진폭비 $\varkappa_1$은 $+1$, p_2에 대한 진폭비 $\varkappa_2$는 -1이 된다.

그림 2.7 (a)의 계는 상하방향(x 방향)으로도, 지면에 수직인 방향(y 방향)으로도 진동할 수 있으므로 실제로는 2자유도계이다. 지금 탄성보에 있어서 단면 2차모멘트의 주축은 x, y 방향과 일치하는 것으로 한다. x, y 방향의 단면 2차모멘트, 스프링상수, 고유진동수를 각각 I_{0x}, I_{0y}, k_x, k_y, p_x, p_y라고 하면, 운동방정식은

$$\left.\begin{aligned} m\ddot{x} + k_x x = 0 \\ m\ddot{y} + k_y y = 0 \end{aligned}\right\} \tag{3.1 c}$$

가 되고, 식(2.25), (2.26)으로부터

$$k_x = \frac{3EI_{0x}}{l^3}, \qquad k_y = \frac{3EI_{0y}}{l^3} \tag{2.25 a}$$

$$p_x = \sqrt{\frac{3EI_{0x}}{ml^3}}, \qquad p_y = \sqrt{\frac{3EI_{0y}}{ml^3}} \tag{2.26 a}$$

여기서 E는 탄성보의 종탄성계수이다. 식(3.1 c)의 제1, 2식에는 각각 x, y만이 포함되어 있기 때문에 이 경우는 식(3.1)에서 $k_{12}=k_{21}=0$인 경우에 해당하고, **그림 3.1**, **그림 3.2**의 경우와 같이 2개의 좌표가 서로 연성하는 2자유도계는 아니다. 식(3.1 c)의 경우, x, y 방향은 서로 독립이고 고유진동수 p_x나 p_y로 하나의 자유진동을 행할 뿐이다. 따라서 x 방향에 관해서도 1자유도계, y 방향에 관해서도 1자유도계이다. 단, 전체로서는 연성하지 않는 1자유도계가 중첩한 2자유도계이다. 물론 x, y 방향의 진동수 p_x, p_y 진동을 동시에 발생시키는 것도 가능하다.

그림 3.4와 같은 2중(二重) 시계추도 2자유도계이다. 질량 m_1, m_2인 추의 좌표를 각각 (x_1, y_1), (x_2, y_2)라고 하면 그림에서

$$\left.\begin{aligned} x_1 &= l_1\sin\theta_1 \fallingdotseq l_1\theta_1 \\ y_1 &= l_1\cos\theta_1 \fallingdotseq l_1 \end{aligned}\right\} \qquad \left.\begin{aligned} x_2 &= x_1 + l_2\sin\theta_2 \fallingdotseq l_1\theta_1 + l_2\theta_2 \\ y_2 &= y_1 + l_2\cos\theta_2 \fallingdotseq l_1 + l_2 \end{aligned}\right\} \tag{e}$$

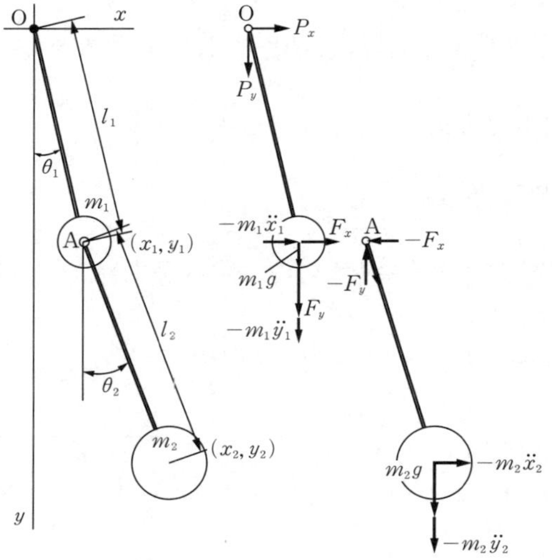

그림 3.4 2중 시계추

윗식으로부터

$$\ddot{y}_1 = 0, \qquad \ddot{y}_2 = 0 \tag{f}$$

가 됨을 알 수 있다. 지점 O에서 받는 x, y 방향의 힘을 P_x, P_y, 지점 A에 있어서 아래쪽 시계추로부터 위쪽 시계추에 작용하는 힘을 F_x, F_y라고 하면, 위쪽 시계추로부터 아래쪽 시계추에 작용하는 힘은 $-F_x$, $-F_y$이다. 또한, 중력 m_1g, m_2g 및 관성력 $-m_1\ddot{x}_1$, $-m_2\ddot{x}_2$ 등도 질점에 작용하고 있다. 상하 시계추에 작용하고 있는 힘 전부를 나타내면 **그림 3.4** 오른쪽 그림과 같다. 아래쪽 시계추에 작용하는 x, y 방향의 힘의 총합은 0이라고 하는 다랑베르의 원리로부터

$$-F_x - m_2\ddot{x}_2 = 0, \qquad -F_y - m_2\ddot{y}_2 + m_2g = -F_y + m_2g = 0$$

따라서

$$F_x = -m_2\ddot{x}_2, \qquad F_y = m_2g \tag{g}$$

지점 O, A 둘레의 모멘트(반시계 방향을 +방향으로 한다)는 0이므로

$$\left.\begin{aligned} &(F_x - m_1\ddot{x}_1)l_1\cos\theta_1 - (m_1g + F_y - m_1\ddot{y}_1)l_1\sin\theta_1 = 0 \\ &-m_2\ddot{x}_2l_2\cos\theta_2 - (m_2g - m_2\ddot{y}_2)l_2\sin\theta_2 = 0 \end{aligned}\right\}$$

윗식에 식 (e), (f), (g)의 관계를 대입하면, 다음과 같은 운동방정식이 주어진다.

$$\left.\begin{aligned} &(m_1+m_2)l_1^2\ddot{\theta}_1 + m_2l_1l_2\ddot{\theta}_2 + (m_1+m_2)gl_1\theta_1 = 0 \\ &m_2l_1l_2\ddot{\theta}_1 + m_2l_2^2\ddot{\theta}_2 + m_2gl_2\theta_2 = 0 \end{aligned}\right\} \tag{3.15}$$

이전과 마찬가지로 이 경우의 진동수방정식과 고유진동수는 각각 다음과 같다.

$$m_1l_1l_2p^4 - (m_1+m_2)(l_1+l_2)gp^2 + (m_1+m_2)g^2 = 0 \tag{3.16}$$

$$\begin{matrix} p_2^2 \\ p_1^2 \end{matrix} = \frac{g}{2}\left(1+\frac{m_2}{m_1}\right)\left\{\left(\frac{1}{l_1}+\frac{1}{l_2}\right) \pm \sqrt{\left(\frac{1}{l_1}-\frac{1}{l_2}\right)^2 + \frac{4}{l_1l_2}\left(\frac{1}{1+\dfrac{m_1}{m_2}}\right)}\right\} \tag{3.17}$$

식 (3.15)에서는 제1식에 제2항, 제2식에 제1항이 있기 때문에 θ_1과 θ_2는 서로 연성하고 있

다. 즉, 2중 시계추에서는 $\ddot{\theta}_1$, $\ddot{\theta}_2$의 항, 바꾸어 말하면 관성항에 의해서 연성하고 있다. **그림 3.1**, **그림 3.2**의 계는 $k_{12}x_2$, $k_{21}x_1$의 스프링력에 의해 연성하고 있다.

이상으로부터 2자유도계에서 2개의 좌표를 q_1, q_2라고 하면, 운동방정식의 일반적인 형식은 스프링력과 관성력 양자에 의해서 다음과 같이 연성하고 있는 식이다(**문 3.5**의 해답참조).

$$\left.\begin{aligned} m_{11}\ddot{q}_1+m_{12}\ddot{q}_2+k_{11}q_1+k_{12}q_2=0 \\ m_{21}\ddot{q}_1+m_{22}\ddot{q}_2+k_{21}q_1+k_{22}q_2=0 \end{aligned}\right\} \tag{3.18}$$

운동방정식(3.18)의 스프링상수 사이에는 항상 식(3.2)의 관계가 성립함과 동시에

$$m_{11}>0, \qquad m_{22}>0, \qquad m_{12}=m_{21}, \qquad m_{11}m_{22}-m_{12}^2>0 \tag{3.19}$$

의 관계도 항상 성립한다(**4.4절** 참조). 식(3.18), (3.19)로부터 진동수방정식, 고유진동수, 진폭비를 이전과 같은 방법으로 수행하여 일반적인 수식으로 나타내면 다음과 같이 된다.

$$\begin{aligned} &\begin{vmatrix} k_{11}-m_{11}p^2 & k_{12}-m_{12}p^2 \\ k_{21}-m_{21}p^2 & k_{22}-m_{22}p^2 \end{vmatrix} \\ &=(m_{11}m_{22}-m_{12}^2)p^4-(k_{11}m_{22}+k_{22}m_{11}-2k_{12}m_{12})p^2+(k_{11}k_{22}-k_{12}^2)=0 \end{aligned} \tag{3.20}$$

$$\begin{aligned} \begin{matrix} p_2^2 \\ p_1^2 \end{matrix} = \frac{1}{2(m_{11}m_{22}-m_{12}^2)}\{&(k_{11}m_{22}+k_{22}m_{11}-2k_{12}m_{12}) \\ &\pm\sqrt{(k_{11}m_{22}+k_{22}m_{11}-2k_{12}m_{12})^2-4(m_{11}m_{22}-m_{12}^2)(k_{11}k_{22}-k_{12}^2)}\} \end{aligned} \tag{3.20$'$}$$

$$\varkappa=\frac{a_2}{a_1}=-\frac{k_{11}-m_{11}p^2}{k_{12}-m_{12}p^2}=-\frac{k_{21}-m_{21}p^2}{k_{22}-m_{22}p^2} \tag{3.21}$$

진동수방정식(3.20)은 항상 2개의 (+)근 p_1^2, p_2^2을 가진다. 따라서 식(3.18)의 2자유도계에는 자유도의 수와 같은 2개의 고유진동수 p_1, p_2가 존재한다는 것을 증명할 수 있다(**4.4절** 참조).

3.2 각종 2자유도계의 진동

예 1 종탄성계수가 E [GPa], 단면 2차모멘트가 I_0[m^4]인 탄성보에 2개의 질점 m_1, m_2

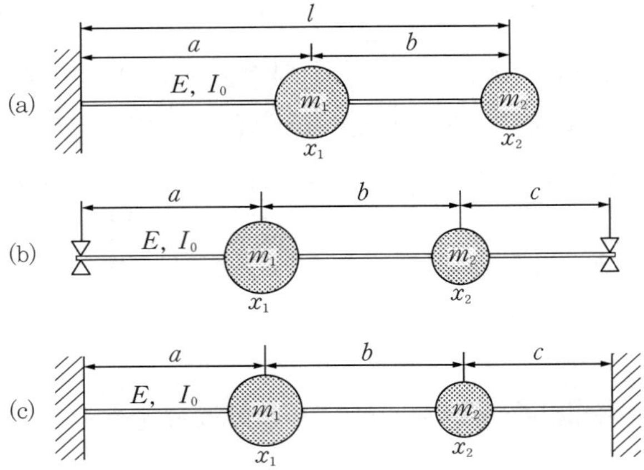

그림 3.5

가 붙어 있는 **그림 3.5** (a), (b), (c)의 경우에 대해 검토해 보자. 질점 m_1, m_2의 위치에 힘 P_1, P_2가 작용하고, 질점 m_1, m_2가 각각 x_1, x_2 만큼 변위했을 때, P_1, P_2, x_1, x_2 사이에는 재료역학을 이용하면

$$\left.\begin{aligned} P_1 &= k_{11}x_1 + k_{12}x_2 \\ P_2 &= k_{21}x_1 + k_{22}x_2 \end{aligned}\right\} \tag{3.22}$$

와 같은 관계가 성립한다. 이 힘은 질점 m_1, m_2가 탄성보에 작용하는 힘이므로 보에서는 이에 대한 반력 $-P_1$, $-P_2$가 각 질점에 작용한다. 따라서 $m_1\ddot{x}_1 = -P_1$, $m_2\ddot{x}_2 = -P_2$로부터 다음과 같은 운동방정식을 유도할 수 있다.

$$\left.\begin{aligned} m_1\ddot{x}_1 + k_{11}x_1 + k_{12}x_2 &= 0 \\ m_2\ddot{x}_2 + k_{21}x_1 + k_{22}x_2 &= 0 \end{aligned}\right\} \tag{3.1}$$

이것은 이전의 식(3.1)과 같고, 탄성보의 스프링상수 k_{11}, k_{12}, k_{21}, k_{22} 사이에도 식(3.2)의 관계는 항상 성립한다.

스프링상수는 재료역학 공식으로 구할 수 있는데, 예를 들면 **그림 3.5** (a)와 같은 경우는 다음과 같다.

$$k_{11} = \frac{12EI_0l^3}{a^3b^2(3a+4b)}, \quad k_{12} = k_{21} = -\frac{6EI_0(2a+3b)}{ab^2(3a+4b)}, \quad k_{22} = \frac{12EI_0}{b^2(3a+4b)} \tag{3.23}$$

예 2 무게중심 G 둘레의 질량관성모멘트가 I인 물체가 **그림 3.6**과 같이 스프링상수 k_1, k_2인 2개의 스프링으로 지지되어 있다. 이 계는, 진동체는 1개이지만 상하운동과 무게중심 둘레로 회전하는 2자유도계이다. 무게중심 G의 상하방향 변위를 x(윗방향을 $+x$ 방향으로 취한다), 무게중심 G 둘레의 물체 회전각을 θ(θ는 반시계방향을 +방향으로 한다)라고 하면, k_1, k_2인 스프링의 신축량은 그림에서 알 수 있듯이

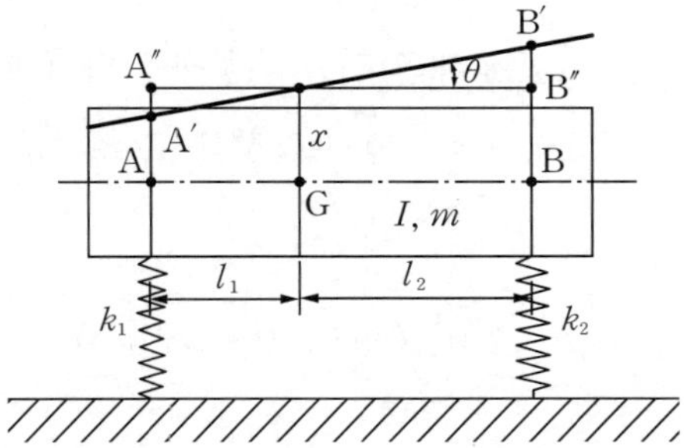

그림 3.6

$$AA' = x - l_1 \sin\theta \fallingdotseq x - l_1\theta, \qquad BB' = x + l_2 \sin\theta \fallingdotseq x + l_2\theta$$

이므로, 상하운동에 대해서는

$$m\ddot{x} = -k_1 \cdot AA' - k_2 \cdot BB'$$

이고, 무게중심 G 둘레의 스프링력에 의한 모멘트 M(θ와 마찬가지로 반시계방향을 +방향으로 한다)은

$$M = k_1(x - l_1\theta)l_1 - k_2(x + l_2\theta)l_2$$

제1장의 식 (B)에서 기술했듯이 $I\ddot{\theta} = M$인 관계가 있으므로 운동방정식은 다음과 같이 된다.

$$\left.\begin{aligned} m\ddot{x} + (k_1+k_2)x - (k_1l_1 - k_2l_2)\theta = 0 \\ I\ddot{\theta} - (k_1l_1 - k_2l_2)x + (k_1l_1^2 + k_2l_2^2)\theta = 0 \end{aligned}\right\} \tag{3.1 d}$$

이 경우 계의 기하학적 위치를 결정하는 2개의 좌표는 x, θ이다. 식 (3.1)에서 다음과 같이 놓으면 식 (3.1)과 일치한다.

$$\left.\begin{aligned} &x_1 = x, \quad x_2 = \theta, \quad m_1 = m, \quad m_2 = I, \\ &k_{11} = k_1 + k_2, \quad k_{12} = k_{21} = k_1 l_1 - k_2 l_2, \quad k_{22} = k_1 l_1^2 + k_2 l_2^2 \end{aligned}\right\} \tag{3.2d}$$

따라서 **그림 3.6**의 계에 대해서도 식(3.2), (3.6)~(3.8), (3.11)~(3.13)이 성립한다. 식(3.13)에서 $k_{12} > 0$이면 즉, $k_1 l_1 > k_2 l_2$이면 식(3.13)의 위쪽 식과 같은 진폭비가 되고, $k_{12} < 0$ 즉, $k_1 l_1 < k_2 l_2$이면 식(3.13)의 아래쪽 식과 같은 진폭비가 된다. **그림 3.7**은 $k_1 l_1 > k_2 l_2$인 경우에 대해 고유진동수 p_1, p_2 ($p_1 < p_2$)에 대한 진동의 형태를 나타낸 것이다.

식(3.2 d)의 관계로부터 **그림 3.6** 계의 진동수방정식, 고유진동수, 진폭비는 다음과 같이 된다.

$$mIp^4 - \{(k_1 l_1^2 + k_2 l_2^2)m + (k_1 + k_2)I\}p^2 + k_1 k_2 (l_1 + l_2)^2 = 0 \tag{3.7d}$$

$$\begin{matrix} p_2^2 \\ p_1^2 \end{matrix} = \frac{\{(k_1 l_1^2 + k_2 l_2^2)m + (k_1 + k_2)I\} \pm \sqrt{\{(k_1 l_1^2 + k_2 l_2^2)m - (k_1 + k_2)I\}^2 + 4mI(k_1 l_1 - k_2 l_2)^2}}{2mI}$$

$$\cdots\cdots\cdots\cdots \tag{3.8d}$$

$$\varkappa = \frac{a_2}{a_1} = \frac{(k_1 + k_2) - mp^2}{k_1 l_1 - k_2 l_2} = \frac{k_1 l_1 - k_2 l_2}{(k_1 l_1^2 + k_2 l_2^2) - Ip^2} \tag{3.6d}$$

그림 3,6의 계가 좌우대칭인 경우, 즉 $k_1 = k_2$, $l_1 = l_2$인 경우에는 $k_{12} = k_{21} = k_1 l_1 - k_2 l_2 = 0$가 되고, 상하방향 변위 x와 회전각 θ는 서로 연성하지 않고, 상하운동과 무게중심 G 둘레의 회전운동은 서로 독립적으로 행한다.

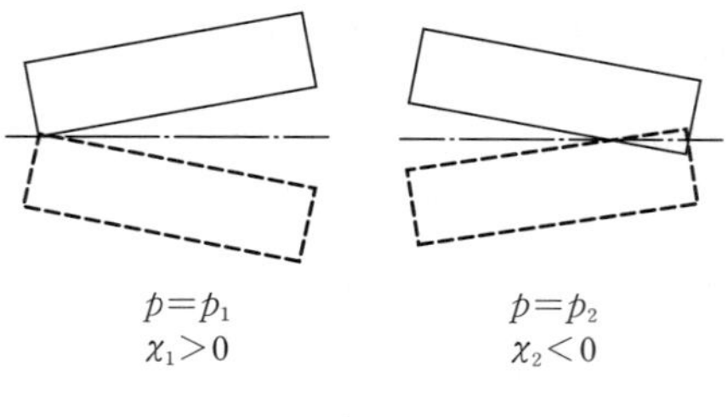

$k_{12} = k_{21} = k_1 l_1 - k_2 l_2 > 0, \quad p_1 < p_2$

그림 3.7 그림 3.6계의 진동형

예 3 질량 m, 무게중심 G 둘레의 질량관성모멘트가 I인 물체가, 종탄성계수 E, 단면 2차모멘트가 I_0인 탄성보 위에 **그림 3.8**과 같이 $a : b$ 위치에 있다. 이 경우 물체의 상하방향 처짐을 x, 기울기를 θ라 하면, 운동방정식은 다음과 같이 된다.

$$\left.\begin{aligned} m\ddot{x}+k_{11}x+k_{12}\theta=0 \\ I\ddot{\theta}+k_{21}x+k_{22}\theta=0 \end{aligned}\right\} \tag{3.1 e}$$

x와 θ는 각각 윗방향, 반시계방향을 (+)방향이라 한다. **그림 3.8** (a), (b)와 같이 양단 자유지지 및 양단 고정지지에 대해 스프링상수를 구해보면 각각 다음과 같이 된다.

$$k_{11}=3EI_0\frac{(a^2-ab+b^2)l}{a^3b^3},\ k_{12}=k_{21}=3EI_0\frac{(a-b)l}{a^2b^2}>0,\ k_{22}=3EI_0\frac{l}{ab} \tag{3.24}$$

$$k_{11}=12EI_0\frac{(a^2-ab+b^2)l}{a^3b^3},\ k_{12}=k_{21}=6EI_0\frac{(a-b)l}{a^2b^2}>0,\ k_{22}=4EI_0\frac{l}{ab} \tag{3.25}$$

식(3.1 e)에서

$$m_1=m\,,\qquad m_2=I \tag{3.2 e}$$

라고 놓으면, 식(3.1 e)는 식(3.1)과 일치한다. 따라서 식(3.2), (3.6), (3.7), (3.8), (3.11), (3.12), (3.13)은 이 경우에도 성립한다. 고유진동수 p_1, $p_2(p_1<p_2)$에 대한 진동형은 **그림 3.9** (a), (b)와 같이 되고, $k_{12}=k_{21}>0$이므로 식(3.13)에서 $\varkappa_1>0$, $\varkappa_2<0$이다.

그림 3.8의 계도 좌우대칭, 즉 $a=b$이면 $k_{12}=k_{21}=0$가 되고, 처짐 x, 경사각 θ는 연성하지 않고, 상하운동 및 회전운동은 서로 독립적인 운동을 행한다.

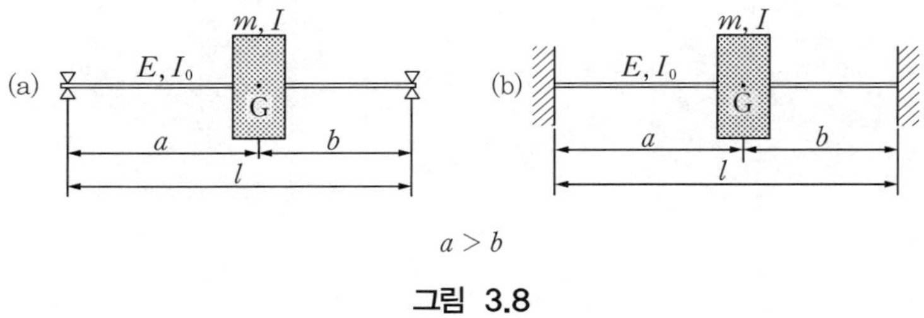

그림 3.8

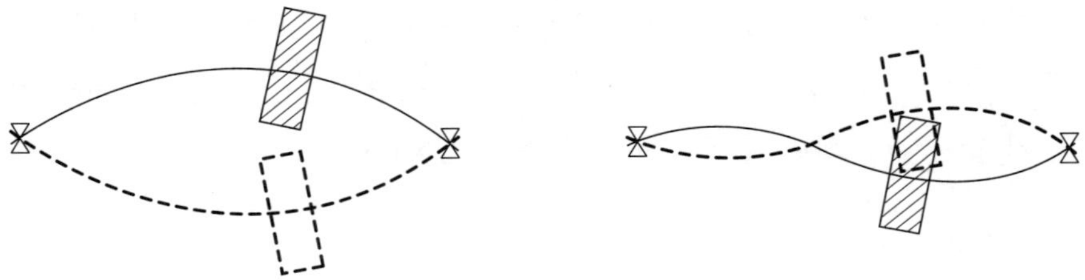

(a) $p = p_1,\ x_1 > 0$　　(b) $p = p_2,\ x_2 < 0$

$p_1 < p_2, \quad a > b, \quad k_{12} > 0$

그림 3.9 예 3 진동계의 진동형

예 4 **그림** 3.10과 같은 비틀림진동계에 대해 검토해 보자. 길이 l, 직경 d인 봉의 비틀림에 대한 스프링상수 k'[Nm/rad]는, 봉 소재의 횡탄성계수를 G[GPa]라고 하면

$$k' = \frac{GI_P}{l} = \frac{\pi d^4 G}{32l} \tag{2.42}$$

로 주어지므로, 그림에 있는 스프링상수 k_1', k_2', k_3'는 각각 윗식으로 계산할 수 있다. **그림** 3.10 (a)의 운동방정식은

$$\left.\begin{aligned} I_1\ddot{\theta}_1 &= -k_1'\theta_1 - k_2'(\theta_1 - \theta_2) \\ I_2\ddot{\theta}_2 &= -k_2'(\theta_2 - \theta_1) \end{aligned}\right\}$$

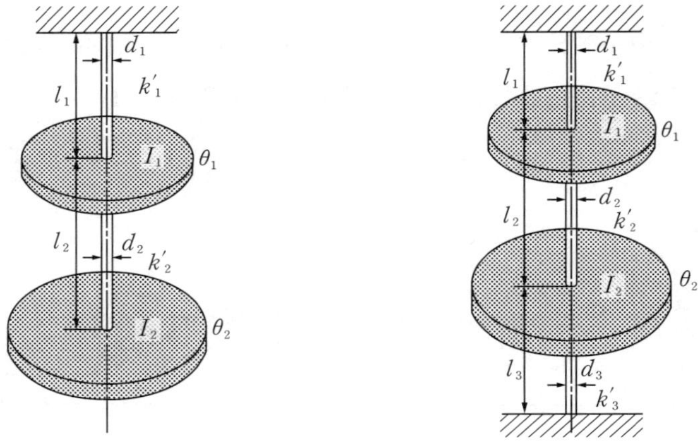

(a)　　(b)

그림 3.10

따라서

$$\left.\begin{aligned} &I_1\ddot{\theta}_1+(k_1'+k_2')\theta_1-k_2'\theta_2=0 \\ &I_2\ddot{\theta}_2-k_2'\theta_1+k_2'\theta_2=0 \end{aligned}\right\} \tag{3.1 f}$$

여기서 θ_1, θ_2는 비틀림 각도이다. 식(3.1 f)에서

$$m_1=I_1,\quad m_2=I_2,\quad k_{11}=k_1'+k_2',\quad k_{12}=k_{21}=k_2',\quad k_{22}=k_2' \tag{3.2 f}$$

라 놓으면, 식(3.1)과 같은 형태가 되다.

또한 **그림 3.10** (b)는 질량 대신에 질량관성모멘트를, 변위 대신에 비틀림각으로 대치하면 **그림 3.1**과 같은 배치의 계이므로 그 운동방정식은 다음과 같이 식(3.1 a)와 같은 형태가 된다.

$$\left.\begin{aligned} &I_1\ddot{\theta}_1+(k_1'+k_2')\theta_1-k_2'\theta_2=0 \\ &I_2\ddot{\theta}_2-k_2'\theta_1+(k_2'+k_3')\theta_2=0 \end{aligned}\right\} \tag{3.1 f$'$}$$

그림 3.10 (a), (b)의 계는 스프링상수 $k_{12}=k_{21}=k_2'>0$ 이므로 낮은 쪽의 고유진동수 p_1에 대한 진폭비 $\varkappa_1$은 (+), 높은 쪽의 p_2에 대한 진폭비 $\varkappa_2$는 (−)이다.

예 5 회전체가 3개인 **그림 3.11**의 경우, 비틀림진동에 대해 검토해 보자.

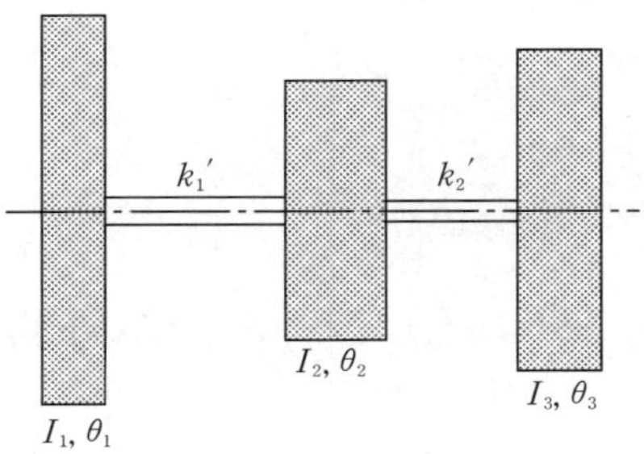

그림 3.11

이 계가 일체가 되어 회전운동을 하는 경우도 포함하면 3자유도이지만, 여기서는 비틀림진동에 대해서만 생각해 보기로 한다. 운동방정식은 식(2.50)을 참조하면 다음과 같이 된다.

$$\left.\begin{aligned} &I_1\ddot{\theta}_1 + k_1'(\theta_1-\theta_2)=0 \\ &I_2\ddot{\theta}_2 + k_1'(\theta_2-\theta_1)+k_2'(\theta_2-\theta_3)=0 \\ &I_3\ddot{\theta}_3 + k_2'(\theta_3-\theta_2)=0 \end{aligned}\right\} \quad (3.1\,\mathrm{g})$$

윗식을 정리하여 고쳐쓰면

$$\left.\begin{aligned} &I_1\ddot{\theta}_1 + k_1'\theta_1 - k_1'\theta_2 = 0 \\ &I_2\ddot{\theta}_2 - k_1'\theta_1 + (k_1'+k_2')\,\theta_2 - k_2'\,\theta_3 = 0 \\ &I_3\ddot{\theta}_3 - k_2'\theta_2 + k_2'\theta_3 = 0 \end{aligned}\right\} \quad (3.1\,\mathrm{g})'$$

식(3.1 g), (3.1 g)′의 해를 식(2.53)을 참조하여

$$\theta_i = \omega t + C + a_i\cos(pt-\alpha) \qquad (i=1,\ 2,\ 3) \tag{3.26}$$

라 놓고, 이것을 식(3.1 g)′에 대입하면 다음 식이 나온다.

$$\left.\begin{aligned} &(k_1' - I_1p^2)a_1 - k_1'a_2 = 0 \\ &-k_1'a_1 + \{(k_1'+k_2') - I_2p^2\}a_2 - k_2'a_3 = 0 \\ &-k_2'a_2 + (k_2' - I_3p^2)a_3 = 0 \end{aligned}\right\} \quad (3.4\,\mathrm{g})$$

윗식에서 a_1, a_2, a_3를 소거하면

$$\begin{vmatrix} k_1'-I_1p^2 & -k_1' & 0 \\ -k_1' & (k_1'+k_2')-I_2p^2 & -k_2' \\ 0 & -k_2' & k_2'-I_3p^2 \end{vmatrix} = 0 \quad (3.5\,\mathrm{g})$$

따라서 진동수방정식은 다음과 같이 된다.

$$p^2[I_1I_2I_3p^4 - \{I_1I_2k_2' + I_2I_3k_1' + I_3I_1(k_1'+k_2')\}p^2 + k_1'k_2'(I_1+I_2+I_3)] = 0 \quad (3.7\,\mathrm{g})$$

식(3.7 g)의 근 중에는 $p=0$을 포함하고 있는데, 이것은 **제2장**의 **예 10**과 마찬가지로 이 계가 일체가 되어 회전할 수 있는 가능성을 암시하고 있다. 식(3.7 g)의 [ ] 안을 0으로 놓은 식은 항상 2개의 실근 $p^2=p_1^2$, $p^2=p_2^2$을 갖는다. 즉, **그림 3.11** 계의 비틀림진동에 관한 고유진동수는 p_1, p_2 $(p_1 < p_2)$ 2개 존재한다.

진폭비는 식(3.4 g)에서 구해보면 다음과 같이 된다.

$$\varkappa' = \frac{a_2}{a_1} = \frac{k_1' - I_1 p^2}{k_1'}, \qquad \varkappa'' = \frac{a_3}{a_1} = \frac{k_2'(k_1' - I_1 p^2)}{k_1'(k_2' - I_3 p^2)} \tag{3.6g}$$

식(3.1 g) 3개의 식을 합하면

$$I_1 \ddot{\theta}_1 + I_2 \ddot{\theta}_2 + I_3 \ddot{\theta}_3 = 0 \tag{3.27}$$

의 관계가 주어진다. 윗식은 식(2.51)과 마찬가지로 계 전체의 각운동량은 운동중 일정하다는 것을 의미하고 있다. 식(3.27)에 식(3.26)을 대입하면 진폭비 사이에는 다음 관계가 성립한다.

$$I_1 a_1 + I_2 a_2 + I_3 a_3 = 0 \tag{3.28}$$

윗식은 3개의 진폭이 같은 부호가 될 수 없다는 것을 나타내고 있다. 지금 $a_1 > 0$라고 하면, 다음과 같이 세 경우가 발생한다. $p = p_1$ ($p_1 < p_2$)일 때는 ① 또는 ② 중에서 어느 경우가 되고, $p = p_2$일 때는 ③의 경우가 된다.

	a_1	a_2	a_3	
①	+	+	−	$p = p_1$ 일 때
②	+	−	−	
③	+	−	+	$p = p_2$ 일 때

예 6 **그림 3.12**는, 감속비가 1 : n인 기어에 의해 질량관성모멘트가 I_{I}, I_{III}인 2개의 회전체가 연결되어 있는 계이다. 그림에서 I_g, I_p는 각각 대기어(bull gear), 피니언(pinion, 소기어)의 질량관성모멘트, θ_{I}, θ_g, θ_p, θ_{III}는 비틀림각, k_{I}', k_{II}'는 비틀림에 관한 스프링상수이다. 이와 같은 계는 다음과 같이 해서 **그림 3.11**의 계로 치환하는 것이 가능하다. $\theta_p = -n\theta_g$이므로 **그림 3.12** 계의 운동에너지 T, 포텐셜 에너지 V는

$$\left.\begin{aligned} T &= \frac{1}{2}(I_{\mathrm{I}}\dot{\theta}_{\mathrm{I}}^2 + I_g\dot{\theta}_g^2 + I_p\dot{\theta}_p^2 + I_{\mathrm{III}}\dot{\theta}_{\mathrm{III}}{}^2) = \frac{1}{2}\{I_{\mathrm{I}}\dot{\theta}_{\mathrm{I}}^2 + (I_g + n^2 I_p)\dot{\theta}_g^2 + I_{\mathrm{III}}\dot{\theta}_{\mathrm{III}}{}^2\} \\ V &= \frac{1}{2}\{(k_{\mathrm{I}}'(\theta_{\mathrm{I}} - \theta_g)^2 + k_{\mathrm{II}}'(\theta_{\mathrm{III}} - \theta_p)^2\} = \frac{1}{2}\{(k_{\mathrm{I}}'(\theta_{\mathrm{I}} - \theta_g)^2 + k_{\mathrm{II}}'(\theta_{\mathrm{III}} + n\theta_g)^2\} \end{aligned}\right\} \tag{3.29}$$

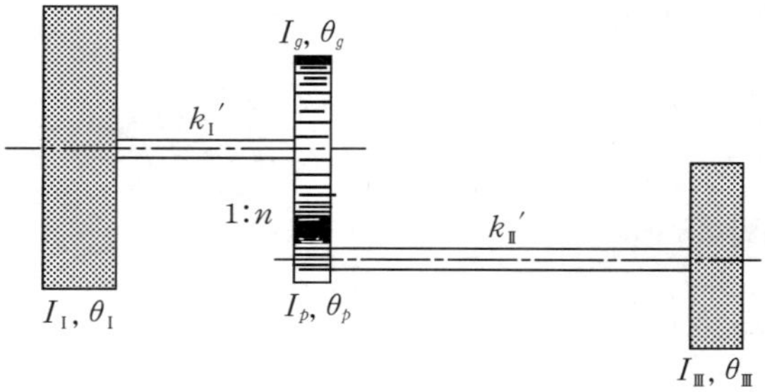

그림 3.12

한편, **그림 3.11** 계의 T, V는

$$T = \frac{1}{2}(I_1\dot{\theta}_1^2 + I_2\dot{\theta}_2^2 + I_3\dot{\theta}_3^2), \qquad V = \frac{1}{2}\{k_1'(\theta_1-\theta_2)^2 + k_2'(\theta_3-\theta_2)^2\} \tag{3.30}$$

따라서

$$\theta_1 = \theta_\text{I}, \qquad \theta_2 = \theta_g, \qquad -n\theta_3 = \theta_\text{III} \tag{3.31}$$

$$I_1 = I_\text{I}, \quad I_2 = I_g + n^2 I_p, \quad I_3 = n^2 I_\text{III}, \quad k_1' = k_\text{I}', \quad k_2' = n^2 k_\text{II}' \tag{3.32}$$

라고 놓으면, 식(3.29)는 식(3.30)이 된다. 즉, 고속으로 회전하는 축 쪽의 질량관성모멘트 I_p, I_III와 스프링상수 k_II'를 n^2배 하고, $\theta_\text{III} = -n\theta_3$라고 놓으면 **그림 3.12**의 계를 **그림 3.11**의 계로 치환할 수 있다.

3.3 영향계수와 스프링상수

지금까지는 운동방정식을 유도할 때, 스프링상수를 도입하여 유도해 왔다. 그러나 역학계에서는 여기서 다루고자 하는 **영향계수**(影響係數, influence number)를 도입하는 것이 편리할 때가 있다.

그림 3.5 (a), (b), (c)에서 질점 m_1 위치에 단위 크기의 힘 [1 N]을 가했을 때 질점 m_1 및 m_2의 처짐을 각각 α_{11} 및 α_{21}, 그리고 질점 m_2 위치에 단위 크기의 힘[1 N]을 가했을 때 질점 m_1 및 m_2의 처짐을 각각 α_{12} 및 α_{22}라고 하자. 이와 같은 $\alpha_{ij}(i,\ j=1,\ 2)$를 **영향계수**라 하

고, 단위는 스프링상수 단위의 역수 [m/N]이다. m_1, m_2 위치에 힘 P_1, P_2가 작용했을 때 m_1, m_2의 처짐 x_1, x_2는 영향계수의 정의로부터 알 수 있듯이 다음과 같이 된다.

$$\left.\begin{aligned} x_1 &= P_1\alpha_{11} + P_2\alpha_{12} \\ x_2 &= P_1\alpha_{21} + P_2\alpha_{22} \end{aligned}\right\} \tag{3.33}$$

예를 들면 **그림 3.5** (a)의 영향계수는 재료역학 공식으로부터

$$\alpha_{11} = \frac{a^3}{3EI_0}, \qquad \alpha_{12} = \alpha_{21} = \frac{a^2(2a+3b)}{6EI_0}, \qquad \alpha_{22} = \frac{(a+b)^3}{3EI_0} \tag{3.23 a}$$

여기서 E, I_0는 각각 탄성보의 종탄성계수, 단면 2차모멘트이다. 일반적으로 영향계수 사이에는 다음과 같은 관계가 있다.

$$\alpha_{12} = \alpha_{21}, \qquad \alpha_{ij} = \alpha_{ji} \tag{3.34}$$

한편, 스프링상수 k_{11}, k_{12}, k_{21}, k_{22}를 이용하여 구한 힘과 처짐 사이의 관계는 이미 기술한 바와 같이

$$\left.\begin{aligned} P_1 &= k_{11}x_1 + k_{12}x_2 \\ P_2 &= k_{21}x_1 + k_{22}x_2 \end{aligned}\right\} \tag{3.22}$$

이므로 식(3.22), (3.33)에서, 스프링상수와 영향계수 사이에는 다음과 같은 관계가 있다는 것을 알 수 있다.

$$\alpha_{11} = \frac{k_{22}}{\begin{vmatrix} k_{11} & k_{12} \\ k_{21} & k_{22} \end{vmatrix}}, \quad \alpha_{12} = \alpha_{21} = \frac{-k_{12}}{\begin{vmatrix} k_{11} & k_{12} \\ k_{21} & k_{22} \end{vmatrix}}, \quad \alpha_{22} = \frac{k_{11}}{\begin{vmatrix} k_{11} & k_{12} \\ k_{21} & k_{22} \end{vmatrix}} \tag{3.35}$$

$$k_{11} = \frac{\alpha_{22}}{\begin{vmatrix} \alpha_{11} & \alpha_{12} \\ \alpha_{21} & \alpha_{22} \end{vmatrix}}, \quad k_{12} = k_{21} = \frac{-\alpha_{12}}{\begin{vmatrix} \alpha_{11} & \alpha_{12} \\ \alpha_{21} & \alpha_{22} \end{vmatrix}}, \quad k_{22} = \frac{\alpha_{11}}{\begin{vmatrix} \alpha_{11} & \alpha_{12} \\ \alpha_{21} & \alpha_{22} \end{vmatrix}} \tag{3.36}$$

식(3.23 a)를 식(3.36)에 대입하면, 이미 기술한 식(3.23)의 스프링상수를 구할 수 있다.

그림 3.5에서 운동중 질점 m_1, m_2에 작용하는 힘 P_1, P_2는 관성력 $P_1 = -m_1\ddot{x}_1$, $P_2 = -m_2\ddot{x}_2$이므로 이들 관계를 식(3.33)에 대입하면

$$\left.\begin{aligned} x_1 &= -\alpha_{11}m_1\ddot{x}_1-\alpha_{12}m_2\ddot{x}_2 \\ x_2 &= -\alpha_{21}m_1\ddot{x}_1-\alpha_{22}m_2\ddot{x}_2 \end{aligned}\right\} \tag{3.37}$$

상기 미분방정식의 해를

$$x_1 = a_1 \sin(pt+\beta), \qquad x_2 = a_2 \sin(pt+\beta) \tag{3.3}$$

라 놓고, 이것을 식 (3.37)에 대입하면

$$\left.\begin{aligned} (\alpha_{11}m_1p^2-1)a_1+\alpha_{12}m_2p^2a_2 &= 0 \\ \alpha_{21}m_1p^2a_1+(\alpha_{22}m_2p^2-1)a_2 &= 0 \end{aligned}\right\} \tag{3.38}$$

윗식에서 a_1, a_2를 소거하면 다음과 같이 된다.

$$\begin{vmatrix} \alpha_{11}m_1p^2-1 & \alpha_{12}m_2p^2 \\ \alpha_{21}m_1p^2 & \alpha_{22}m_2p^2-1 \end{vmatrix} = (\alpha_{11}\alpha_{22}-\alpha^2_{12})m_1m_2p^4-(\alpha_{11}m_1+\alpha_{22}m_2)p^2+1=0 \tag{3.39}$$

식 (3.35)의 관계를 이용하면, 식 (3.39)를 스프링상수로 나타낸 진동수방정식 (3.7)로 바꾸어 쓸 수 있다.

그림 3.2 역학계에 대해 영향계수를 구해 보자. 질점 m_1의 위치에 1 N의 힘이 작용했을 때 m_1, m_2의 처짐을 α_{11}, α_{21} [**그림 3.13** (b)]이라 하면, 힘의 평형으로부터

$$1\ \text{N} = F_1+F_2 = \frac{\alpha_{11}}{l_1}T+\frac{\alpha_{11}}{l_2+l_3}T = \frac{\alpha_{11}T\cdot l}{l_1(l_2+l_3)}$$

여기서 T는 장력이다. 윗식에서

$$\alpha_{11} = \frac{l_1(l_2+l_3)}{lT} \tag{3.40}$$

또한 **그림 3.13** (b)에서

$$\frac{\alpha_{21}}{\alpha_{11}} = \frac{l_3}{l_2+l_3} \qquad \therefore\ \alpha_{21} = \frac{l_1l_3}{lT} \tag{3.41}$$

α_{11}을 구하는 방법과 동일하게 적용하면

$$\alpha_{22} = \frac{l_3(l_1+l_2)}{lT} \tag{3.42}$$

또한 **그림 3.13** (c)에서

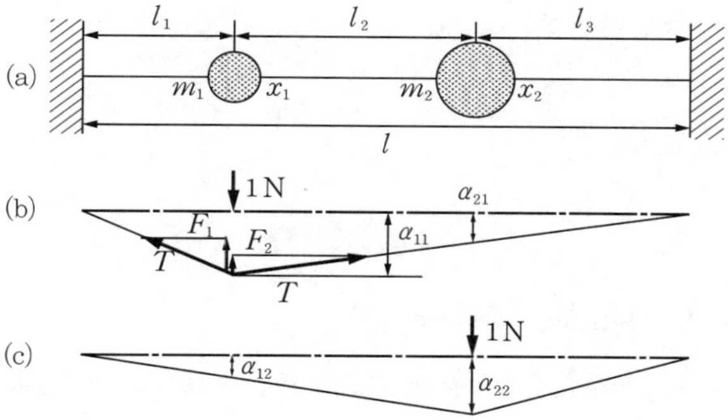

그림 3.13

$$\frac{\alpha_{12}}{\alpha_{22}} = \frac{l_1}{l_1 + l_2} \qquad \therefore\ \alpha_{12} = \frac{l_1 l_3}{lT} \tag{3.43}$$

가 되고, 식(3.34)에 나타낸 $\alpha_{12} = \alpha_{21}$의 관계가 성립한다는 것을 알 수 있다. 이들 영향계수의 값을 식(3.37), (3.39)에 대입하면, 이 경우에 대한 운동을 구할 수 있다. 또한 식(3.36)에 대입하면

$$k_{11} = \frac{T}{l_1} + \frac{T}{l_2}, \qquad k_{12} = k_{21} = -\frac{T}{l_2}, \qquad k_{22} = \frac{T}{l_2} + \frac{T}{l_3} \tag{3.44}$$

가 되고, 이 계의 운동방정식이 전술한 식(3.1 b)와 일치한다는 것을 알 수 있다.

3.1, 3.2, 3.3절에서 기술한 여러 가지 예에서 다음과 같은 사실이 떠오를 것이다. 높은 쪽의 고유진동수 p_2는 낮은 쪽의 고유진동수 p_1에 비해 처짐진동이면 처짐이 어렵고, 회전진동이면 회전하기 어렵고, 비틀림진동이면 비틀기 어려운 진동형태가 된다. 즉, p_2 진동의 형태는 강성(剛性, stiffness)이 높고, 변형하기 어려운 형태이다. 이 사실은 **제4장**에서 다루는 다자유도계에 대해서도 적용된다.

3.4 맥놀이

2자유도계와 직접 관계있는 사항은 아니지만, 서로 근접한 거의 같은 진동수를 가진 2개의 진동이 동시에 존재할 때 발생하는 **맥놀이**(beat)라고 하는 진동현상에 대해 검토해 보자.

$$x = a_1 \sin \omega_1 t + a_2 \sin \omega_2 t \tag{3.45}$$

로 나타낼 수 있는 진동에 있어서

$$\omega_1 \fallingdotseq \omega_2 \quad (\omega_1 > \omega_2) \tag{3.46}$$

라 한다. 식(3.45)는

$$\begin{aligned} x &= a_1 \sin \omega_1 t + a_2 \sin \{\omega_1 t - (\omega_1 - \omega_2)t\} \\ &= a_1 \sin \omega_1 t + a_2 \cos (\omega_1 - \omega_2)t \cdot \sin \omega_1 t - a_2 \sin (\omega_1 - \omega_2)t \cdot \cos \omega_1 t \\ &= \{a_1 + a_2 \cos (\omega_1 - \omega_2)t\} \sin \omega_1 t - a_2 \sin (\omega_1 - \omega_2)t \cdot \cos \omega_1 t \\ &= \sqrt{\{a_1 + a_2 \cos (\omega_1 - \omega_2)t\}^2 + a_2^2 \sin^2 (\omega_1 - \omega_2)t} \cdot \sin (\omega_1 t + \beta_1) \\ &= \sqrt{a_1^2 + a_2^2 + 2a_1 a_2 \cos (\omega_1 - \omega_2)t} \cdot \sin (\omega_1 t + \beta_1) \end{aligned} \tag{3.47 a}$$

$$단,\ \beta_1 = \tan^{-1} \left\{ \frac{-a_2 \sin (\omega_1 - \omega_2)t}{a_1 + a_2 \cos (\omega_1 - \omega_2)t} \right\} \tag{3.48 a}$$

혹은

$$x = \sqrt{a_1^2 + a_2^2 + 2a_1 a_2 \cos (\omega_1 - \omega_2)t} \cdot \sin (\omega_2 t + \beta_2) \tag{3.47 b}$$

$$단,\ \beta_2 = \tan^{-1} \left\{ \frac{a_1 \sin (\omega_1 - \omega_2)t}{a_2 + a_1 \cos (\omega_1 - \omega_2)t} \right\} \tag{3.48 b}$$

의 형태로 고쳐 쓸 수 있다. 식(3.47 a), (3.47 b)의 진폭 $\sqrt{a_1^2 + a_2^2 + 2a_1 a_2 \cos (\omega_1 - \omega_2)t}$는 $(\omega_1 - \omega_2)t = \pm 2n\pi$($n=0$ 혹은 정수)일 때 $a_1 + a_2$, $(\omega_1 - \omega_2)t = \pm(2n+1)\pi$일 때 $|a_1 - a_2|$가 되고, x는 그 진폭을 $a_1 + a_2$에서 $|a_1 - a_2|$로, 또 $a_1 + a_2$로

$$T_b = \frac{2\pi}{\omega_1 - \omega_2} \tag{3.49}$$

인 아주 긴 주기로 **그림 3.14**와 같이 변화한다. 이와 같은 현상을 **맥놀이**(beat)라고 하고, 맥놀이의 주기 T_b는 2개의 진동수 ω_1, ω_2가 접근할수록 길어진다.

맥놀이 파형인 **그림 3.14**에서, 진폭이 큰 파형의 포락선(包絡線, envelope)(점선)이 부풀어 있는 부분을 맥놀이의 배, 진폭이 작고 포락선이 잘록한 부분을 맥놀이의 절(節, node)이라 한다. 절에서 절, 배에서 배까지의 시간이 상술한 맥놀이의 주기 T_b이다.

식(3.45)의 진동을 회전벡터로 나타내면 **그림 3.15**와 같다. 길이 a_1, a_2인 벡터는 각각 ω_1, ω_2($\omega_1 > \omega_2$)의 각속도로 회전하고 있고, 이 2개의 벡터 합인 벡터 $\overrightarrow{OC}$를 x축에 투영한 것

이 x이다. **그림 3.15** (a)는 빨리 회전하는 벡터 $\boldsymbol{a}_1$이 이것보다 천천히 회전하는 벡터 $\boldsymbol{a}_2$를 마치 추월할려고 하고 있는 경우이고, 이때

$$(\omega_1-\omega_2)t \fallingdotseq \pm 2n\pi, \quad \text{진폭 OC} \fallingdotseq a_1+a_2$$

인데, 이것은 맥놀이 배의 경우이다. 이 상태에서 시간이 경과하여 몇 회전 후 빠른 쪽의

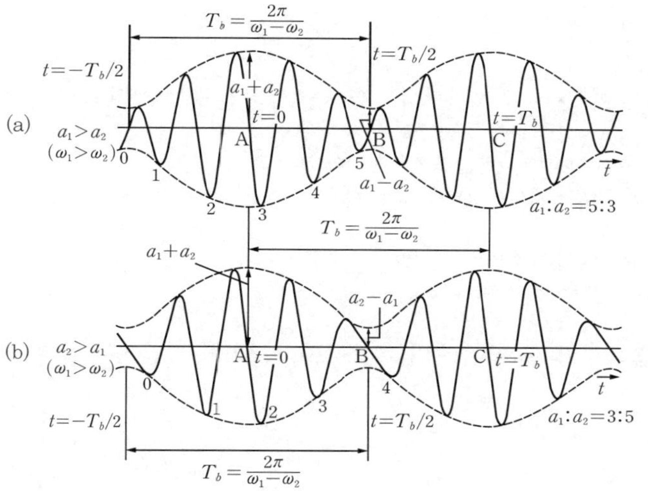

$x=a_1\sin\omega_1 t+a_2\sin\omega_2 t,\ \omega_1:\omega_2=5:4$

그림 3.14 맥놀이

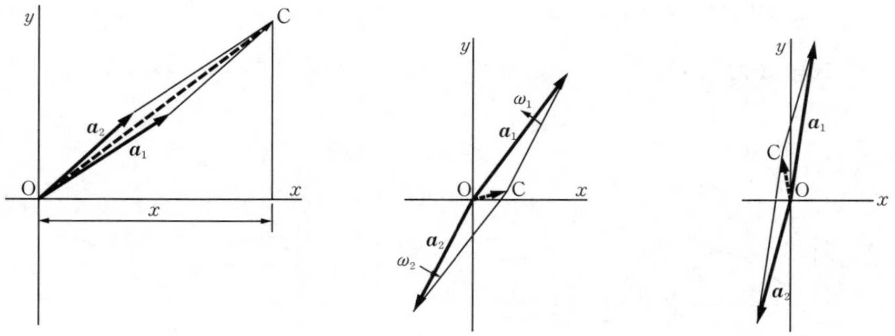

(a) 맥놀이의 배 부근 $(\omega_1-\omega_2)t \fallingdotseq 0$

(b) 맥놀이의 절 부근 $(\omega_1-\omega_2)t \fallingdotseq 180°$

(c) 맥놀이의 절 부근 $(\omega_1-\omega_2)t \fallingdotseq 180°$

$x=a_1\sin\omega_1 t+a_2\sin\omega_2 t$ (그림 3.14 (a)의 경우)

그림 3.15 맥놀이의 벡터 표시

$\boldsymbol{a}_1$ 벡터가 늦은 쪽의 $\boldsymbol{a}_2$ 벡터를 거의 반회전 정도 앞지르면 **그림 3.15** (b)의 상태가 되고, 이때 $(\omega_1-\omega_2)t \fallingdotseq \pm(2n+1)\pi$, 진폭의 크기는 거의 $|a_1-a_2|$ 정도로 작아지고, 이것은 맥놀이 절의 경우이다.

식(3.47 a), (3.47 b) 중의 위상각 β_1, β_2는 식(3.48 a), (3.48 b)와 같이 시간의 함수이므로 벡터 $\overrightarrow{\mathrm{OC}}$의 각속도 Ω는

$$\Omega = \omega_1 + \dot{\beta}_1 = \omega_2 + \dot{\beta}_2 \tag{3.50}$$

로 나타낼 수 있다. 여기서 $\dot{\beta}_1$, $\dot{\beta}_2$는 식(3.48 a), (3.48 b)로부터 다음과 같이 구할 수 있다.

$$\dot{\beta}_1 = \frac{-a_2(\omega_1-\omega_2)\{a_2+a_1\cos(\omega_1-\omega_2)t\}}{a_1^2+a_2^2+2a_1a_2\cos(\omega_1-\omega_2)t} \tag{3.51 a}$$

$$\dot{\beta}_2 = \frac{a_1(\omega_1-\omega_2)\{a_1+a_2\cos(\omega_1-\omega_2)t\}}{a_1^2+a_2^2+2a_1a_2\cos(\omega_1-\omega_2)t} \tag{3.51 b}$$

그림 3.16 (b), **그림 3.17** (b)에 $\dot{\beta}_1$, $\dot{\beta}_2$의 예를 보이고 있다. 그림에서 알 수 있듯이 $\dot{\beta}_1$, $\dot{\beta}_2$는

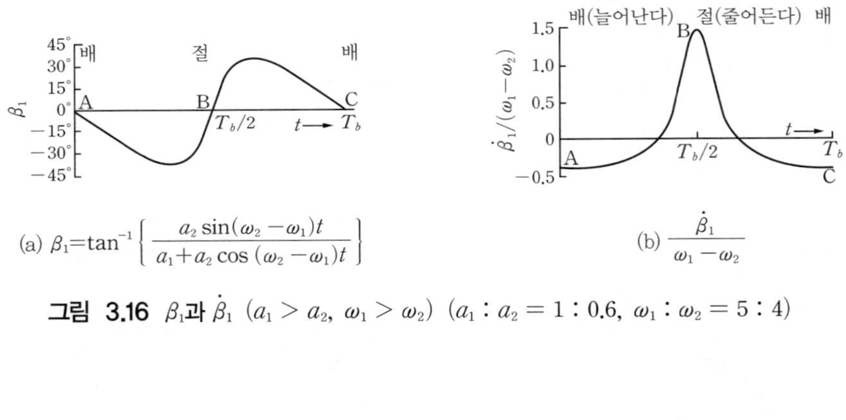

(a) $\beta_1=\tan^{-1}\left\{\dfrac{a_2\sin(\omega_2-\omega_1)t}{a_1+a_2\cos(\omega_2-\omega_1)t}\right\}$ (b) $\dfrac{\dot{\beta}_1}{\omega_1-\omega_2}$

그림 3.16 β_1과 $\dot{\beta}_1$ $(a_1 > a_2,\ \omega_1 > \omega_2)$ $(a_1 : a_2 = 1 : 0.6,\ \omega_1 : \omega_2 = 5 : 4)$

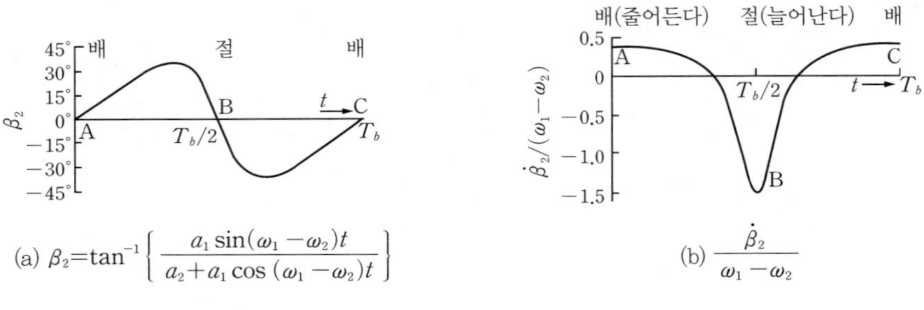

(a) $\beta_2=\tan^{-1}\left\{\dfrac{a_1\sin(\omega_1-\omega_2)t}{a_2+a_1\cos(\omega_1-\omega_2)t}\right\}$ (b) $\dfrac{\dot{\beta}_2}{\omega_1-\omega_2}$

그림 3.17 β_2와 $\dot{\beta}_2$ $(a_1 < a_2,\ \omega_1 > \omega_2)$ $(a_1 : a_2 = 0.6 : 1,\ \omega_1 : \omega_2 = 5 : 4)$

그 값의 (±)는 별도로 하고, 맥놀이의 절에서 큰 값을 갖는다. 즉, **그림 3.15**의 벡터 $\overrightarrow{OC}$의 각속도 Ω는 맥놀이의 절에서 각속도 $\omega_1(\fallingdotseq\omega_2)$, 혹은 $\omega_2(\fallingdotseq\omega_1)$와의 차이가 크게 된다. 이것은 **그림 3.15** (b), (c)를 비교해 보면 이해할 수 있다. **그림 3.15** (b)의 상태에서 시간이 약간 경과했을 때의 상태가 **그림 3.15** (c)이다. 이 사이에 벡터 $\boldsymbol{a}_1$, $\boldsymbol{a}_2$는 약간 회전했을 뿐인데, 벡터 $\overrightarrow{OC}$는 꽤 큰 각도로 회전하였다. 즉, 절에서 Ω는 ω_1, ω_2와는 꽤 다른 크기가 된다. **그림 3.15**는 빠른 쪽의 벡터 $\boldsymbol{a}_1$이 $\boldsymbol{a}_2$보다 크고, **그림 3.16** (b)의 경우이다. 절 부근에서는 $\dot{\beta}_1 > 0$, 따라서 $\Omega > \omega_1 > \omega_2$가 되고, **그림 3.15** (b), (c)와 같이 $\overrightarrow{OC}$ 벡터는 $\boldsymbol{a}_1$, $\boldsymbol{a}_2$ 벡터에 비해 상당히 고속으로 회전하고 있다.

진동수가 높은 쪽 진동의 진폭 a_1이 낮은 진동수 쪽 진동진폭 a_2보다 큰 $a_1 > a_2$인 경우, 식(3.48 a)의 위상각 β_1은 **그림 3.16** (a)와 같이 된다. 이 β_1을 맥놀이의 1주기 T_b동안 적분하면 0이 된다. 거꾸로 $a_2 > a_1$인 경우 식(3.48 b)로 주어지는 β_2는 **그림 3.17** (a)와 같이 되고, 이것도 1주기 동안 적분하면 0이 된다. 이것과 식(3.47 a), (3.47 b)로부터 다음과 같은 사실을 알 수 있다.

맥놀이 진동파형의 주기는 $\dot{\beta}_1 \neq 0$, $\dot{\beta}_2 \neq 0$이기 때문에 파형에 따라 다르지만, 맥놀이의 배에서 배 혹은 절에서 절까지 맥놀이의 1주기 T_b에 걸쳐 진동주기 및 진동수를 구해보면, 그것은 진폭이 큰 쪽 진동의 주기 및 진동수와 일치한다. 예를 들면, **그림 3.14** (a)에서는 $a_1 > a_2$이고, 빠른 쪽의 진동 $a_1 \sin \omega_1 t$는 맥놀이의 1주기 T_b동안(그림에서 A에서 C까지의 기간) 5회 진동한다. 그림에서 맥놀이 진동파형도 이 사이에 5회 진동하고, 진폭이 큰 쪽의 진동수와 일치하고 있다. 또한 늦은 진동인 $a_2 \sin\omega_2 t$ 진폭 쪽이 큰 $a_2 > a_1$의 경우인 **그림 3.14** (b)에서는, T_b동안 $a_2 \sin\omega_2 t$ 는 4회 진동한다. 맥놀이의 진동파형도 그림에 나타나 있는 바와 같이 이 사이에 4회 진동한다.

그림 3.16 (b)의 $a_1 > a_2$일 때 $\dot{\beta}_1$는 맥놀이의 배에서 $\dot{\beta}_1 < 0$, 절에서 $\dot{\beta}_1 > 0$이고, 따라서 맥놀이 진동의 진동수 Ω는 1주기 T_b 사이를 평균하면 위에서 기술한 바와 같이 ω_1과 일치하는데, 절에서 Ω는 크고, 배에서는 작게 된다. 즉, 맥놀이의 진동파형은 시간축에 대해 배에서는 늘어나고 절에서는 수축된다. $a_1 > a_2$인 **그림 3.14** (a)에서, 절 부분 0에서 1까지 1진동의 시간은 배 부분 2에서 3까지의 1진동 시간보다 짧다. 이것과 반대로 **그림 3.17** (b)와 같이 $a_2 > a_1$일 때의 $\dot{\beta}_2$는 배에서는 (+), 절에서는 (−)이다. 따라서 이 경우 맥놀이의 진동파형은 배에서 수축하고, 절에서 늘어난다. $a_2 > a_1$인 **그림 3.14** (b)에서, 맥놀이의 배 부분 1에서 2까지의 1진동에 필요한 시간보다 절 부분 3에서 4까지의 1진동 시간이 길다.

이상으로부터 맥놀이 현상의 성질을 요약하면 다음과 같다.

(1) 2개 진동의 진동수를 ω_1, ω_2 ($\omega_1 > \omega_2$)라 하면, 맥놀이의 주기 T_b는 $2\pi/(\omega_1 - \omega_2)$이고, 2개의 진동수가 접근할수록 주기는 길어진다.

(2) 맥놀이 배에 있어서의 진폭은, 2개 진동진폭의 합 a_1+a_2이고, 맥놀이 절에서는 차이 $|a_1-a_2|$이다. 따라서 맥놀이 파형의 포락선(**그림 3.14**에 점선으로 표시되어 있는 부분)에서 배와 절에서의 진폭을 측정하면 a_1 및 a_2의 진폭을 구할 수 있다. 단, 어느 쪽이 빠른 진동 a_1인지 혹은 늦은 쪽인 a_2인가는 다음 (5)를 참조해서 구해야 한다.

(3) 맥놀이 1주기에 걸쳐 2개 진동의 합성인 맥놀이 파형으로부터 구한 진동수, 주기, 파형의 개수는 진폭이 큰 쪽 진동의 그것과 일치한다.

(4) 맥놀이 진동파형의 진동수 Ω는, 특히 맥놀이의 절에서, 원래 진동의 진동수 ω_1, ω_2와는 크게 다르다.

(5) 맥놀이 파형이 배에서 늘어나고 절에서 줄어들면 빠른 쪽 ω_1의 진동진폭 a_1은 늦은 쪽 진동진폭 a_2보다 크다. 이와 같은 경우 맥놀이의 1주기 T_b동안 맥놀이 파형의 산의 개수를 N이라 하면 빠른 쪽 진동의 주기 T_1 및 진동수 ω_1은 직접

$$T_1 = \frac{T_b}{N}, \qquad \omega_1 = \frac{2\pi N}{T_b} \tag{3.52a}$$

으로 구할 수 있고, 숨어 있는 늦은 쪽 진동의 주기 T_2 및 진동수 ω_2는

$$T_2 = \frac{T_b}{N-1}, \qquad \omega_2 = \frac{2\pi(N-1)}{T_b} \tag{3.53a}$$

로부터 간접적으로 구해야 된다.

맥놀이 파형이 배에서 수축하고 절에서 늘어나면, 늦은 쪽 진동의 진폭 a_2가 빠른 쪽 진동의 진폭 a_1보다 크다. 이 경우 맥놀이의 1주기 동안 맥놀이 파형 산의 개수 N을 알면 늦은 쪽 진동의 주기 T_2 및 진동수 ω_2는 직접

$$T_2 = \frac{T_b}{N}, \qquad \omega_2 = \frac{2\pi N}{T_b} \tag{3.52b}$$

으로 구할 수 있고, 빠른 쪽 진동의 주기 T_1 및 진동수 ω_1은

$$T_1 = \frac{T_b}{N+1}, \qquad \omega_1 = \frac{2\pi(N+1)}{T_b} \tag{3.53b}$$

로 간접적으로 구해야 된다.

상기 (1)~(5)를 이용하면, 주어진 맥놀이 파형으로부터 합성 전 2개 진동의 진동수 및 진폭을 구할 수 있다. **그림 3.18**은 진폭이 같은 2개의 진동, 즉 $a_1 = a_2 = a$ 경우에 대한 맥놀이 파형이다. 이 경우 맥놀이 절에서의 진폭은 0이 되고, 점선의 포락선도 그림과 같은 파형을 취한다. **그림 3.1**의 진동계가 상하대칭, 즉 $m_1 = m_2 = m$, $k_1 = k_3 = k$일 때 운동방정식은

$$\left.\begin{aligned} m\ddot{x}_1 + (k+k_2)x_1 - k_2x_2 = 0 \\ m\ddot{x}_2 - k_2x_1 + (k+k_2)x_2 = 0 \end{aligned}\right\} \tag{3.54}$$

가 되고, 진동수 p_1, p_2는 식(3.8 a)″로 주어진다. 만약 중앙에 있는 스프링이 상하 스프링보다 훨씬 약해 $k_2 \ll k$이면 식(3.8 a)″로부터

$$p_1 \fallingdotseq p_2 \quad (p_1 < p_2)$$

이 경우 진폭비는 식(3.11 a)″와 같이 p_1 진동에 대해 $\varkappa_1 = a_{21}/a_{11} = +1$, p_2 진동에 대해서는 $\varkappa_2 = a_{22}/a_{12} = -1$이므로 질량 m_1, m_2인 진동체의 진동 식(3.9)는

$$\left.\begin{aligned} x_1 = a_1 \sin(p_1t+\beta_1) + a_2 \sin(p_2t+\beta_2) \\ x_2 = a_1 \sin(p_1t+\beta_1) - a_2 \sin(p_2t+\beta_2) \end{aligned}\right\} \tag{3.9 a}$$

$p_1 \fallingdotseq p_2$이므로 x_1, x_2 모두 맥놀이 현상이 발생한다. 이 경우 초기조건을 적당히 주는 방법에 따라

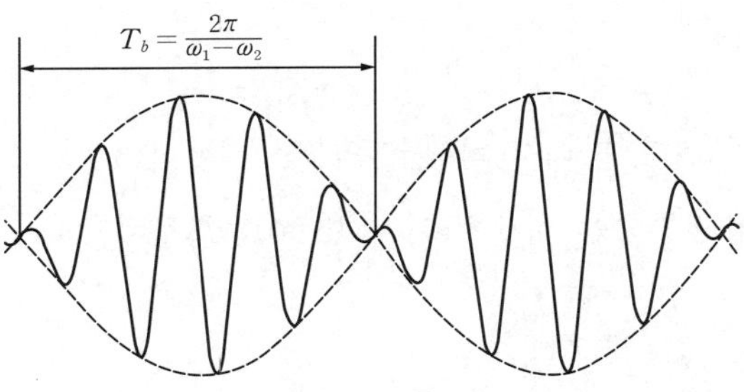

$\omega_1 : \omega_2 = 5 : 4$
$x = a \sin \omega_1 t + a \sin \omega_2 t$

그림 3.18 맥놀이

$$a_1 \fallingdotseq a_2$$

라 하면(**문제 3.9** 참조),

$$(p_1 t + \beta_1) \fallingdotseq (p_2 t + \beta_2) \pm 2n\pi \quad (n=0 \text{ 또는 정수})$$

가 되는 시각에서, m_1은 거의 a_1+a_2의 진폭으로 진동하지만, m_2는 $x_2 \fallingdotseq 0$이므로 거의 정지하고 있다. 그래서 맥놀이의 주기 $T_b = 2\pi/(p_2-p_1)$의 절반, 즉 반주기 경과한 시각 t에서는

$$(p_1 t + \beta_1) = (p_2 t + \beta_2) \pm (2n \pm 1)\pi$$

가 되기 때문에 $x_1 \fallingdotseq 0$가 되어 m_1은 거의 정지해 있고, m_2만 거의 a_1+a_2 진폭으로 진동한다. 즉, **그림 3.1**에서 m_1쪽이 맥놀이의 배일 때는 아래의 m_2는 맥놀이의 절이 되고, 또한 m_1이 절일 때 m_2는 배가 된다. 이 때문에 m_2가 정지하고 있고 m_1만 크게 진동하고, 이윽고 m_1, m_2 양쪽이 진동하기 시작하여, 잠시 후에는 m_2만이 진동한다고 하는, 진동이 한쪽에서 한쪽으로 옮겨가는 운동을 한다.

그림 3.19와 같은 계의 운동방정식은

$$\left.\begin{aligned} ml^2\ddot{\theta}_1 + (mgl+ka^2)\theta_1 - ka^2\theta_2 = 0 \\ ml^2\ddot{\theta}_2 - ka^2\theta_1 + (mgl+ka^2)\theta_2 = 0 \end{aligned}\right\} \tag{3.55}$$

이 식을

$$\left.\begin{aligned} m = ml^2, \quad k = mgl, \quad k_2 = ka^2 \\ x_1 = \theta_1, \quad x_2 = \theta_2 \end{aligned}\right\} \tag{3.56}$$

로 치환하면 식(3.54)가 된다. 따라서 식(3.55)의 θ_1, θ_2는 식(3.9 a)로 주어지는 운동과 같은 운동을 행하고, 그 고유진동수는 식(3.8 a)″ 및 (3.56)으로부터

$$p_1 = \sqrt{\frac{g}{l}}, \quad p_2 = \sqrt{\frac{g}{l} + 2\frac{ka^2}{ml^2}} \tag{3.57}$$

으로 주어진다. **그림 3.19**의 좌우 시계추를 연결해 있는 스프링이 약해서 스프링상수 k가 작을 때는 $p_1 \fallingdotseq p_2$가 되고, 여기서 맥놀이 현상이 발생한다. 좌우 시계추의 진폭 a_1, a_2를 거의

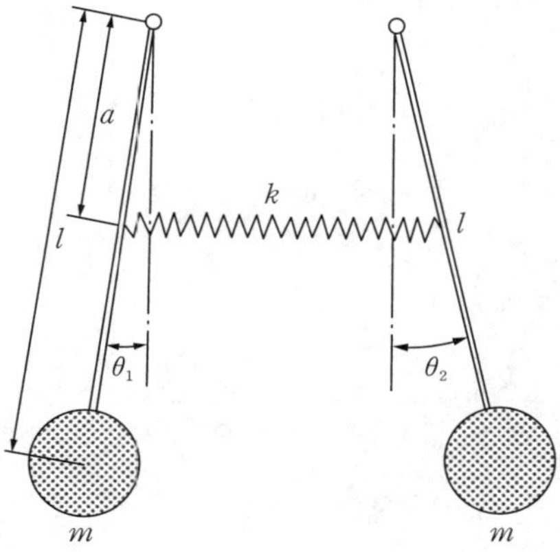

그림 3.19

같다고 하면, 한 쪽의 시계추만이 흔들리고, 그 후에 다른 쪽 시계추도 운동하였다가 마침내 한 쪽만이 흔들린다고 하는, 위에서 말한 현상과 같은 운동이 **그림 3.19**의 계에 발생한다.

3.5 감쇠가 있을 때의 자유진동

우선 가장 일반적인 경우에 대해 검토해 보자. 감쇠가 존재하는 2자유도계의 가장 일반적인 경우의 운동방정식은 다음과 같다.

$$\left.\begin{aligned} m_{11}\ddot{q}_1+m_{12}\ddot{q}_2+c_{11}\dot{q}_1+c_{12}\dot{q}_2+k_{11}q_1+k_{12}q_2=0 \\ m_{21}\ddot{q}_1+m_{22}\ddot{q}_2+c_{21}\dot{q}_1+c_{22}\dot{q}_2+k_{21}q_1+k_{22}q_2=0 \end{aligned}\right\} \tag{3.58}$$

m_{11}, m_{12} 사이에는 식(3.19), 스프링상수 k_{11}, k_{12} 사이에는 식(3.2)의 관계가 존재하고, 또한 c_{11}, c_{12}, c_{21}, c_{22}는 감쇠계수이다. 이 절에서는 이들 감쇠계수가 작은 경우에 대해 취급한다. 이들 감쇠계수 사이에는

$$c_{11}>0, \qquad c_{22}>0, \qquad c_{12}=c_{21}, \qquad c_{11}c_{22}-c_{12}^2>0 \tag{3.59}$$

의 관계가 있는 것으로 한다. 식(3.58)의 해를

$$q_1=A_1e^{st}, \qquad q_2=A_2e^{st} \tag{3.60}$$

라 놓고, 윗식을 식(3.58)에 대입하면

$$\left.\begin{aligned}(m_{11}s^2+c_{11}s+k_{11})A_1+(m_{12}s^2+c_{12}s+k_{12})A_2=0\\(m_{21}s^2+c_{21}s+k_{21})A_1+(m_{22}s^2+c_{22}s+k_{22})A_2=0\end{aligned}\right\}\tag{3.61}$$

윗식으로부터 다음 관계가 구해진다.

$$\frac{A_2}{A_1}=-\frac{m_{11}s^2+c_{11}s+k_{11}}{m_{12}s^2+c_{12}s+k_{12}}=-\frac{m_{21}s^2+c_{21}s+k_{21}}{m_{22}s^2+c_{22}s+k_{22}}\tag{3.62}$$

또한, 식(3.61)로부터 A_1, A_2를 소거하면

$$\begin{vmatrix}m_{11}s^2+c_{11}s+k_{11} & m_{12}s^2+c_{12}s+k_{12}\\m_{21}s^2+c_{21}s+k_{21} & m_{22}s^2+c_{22}s+k_{22}\end{vmatrix}=0\tag{3.63}$$

즉, 정리하면

$$\begin{aligned}&(m_{11}m_{22}-m^2_{12})s^4+(c_{11}m_{22}+c_{22}m_{11}-2c_{12}m_{12})s^3\\&\quad+\{(k_{11}m_{22}+k_{22}m_{11}-2k_{12}m_{12})+(c_{11}c_{22}-c^2_{12})\}s^2\\&\quad+(k_{11}c_{22}+k_{22}c_{11}-2k_{12}c_{12})s+(k_{11}k_{22}-k^2_{12})=0\end{aligned}\tag{3.64}$$

가 되어, s에 관한 4차 특성방정식을 구할 수 있다. 식(3.64)에 있어서 감쇠계수를 0으로 하고, $s^2=-p^2$이라 놓으면, 식(3.20)이 되고, 식(3.20)은 항상 2개의 (+)근을 갖는다. 따라서 감쇠계수를 0이라고 놓은 경우의 식(3.64)는 2개의 (−)근 $s^2_1=-p^2_1$, $s^2_2=-p^2_2$을 가진다. 즉, $s_1=\pm ip_1$, $s_2=\pm ip_2$인 순허근을 가진다.

(i) 식(3.64)의 홀수차 항의 계수는 전부 감쇠계수와 같은 정도의 작은 양이다.

(ii) 방정식의 근과 계수는 서로 연속적으로 변화한다.

(iii) 감쇠계수를 0으로 놓은 짝수차 항으로만 구성된 식(3.64)의 모든 근은 순허근이다.

(iv) 실수계수를 갖는 대수방정식의 근 중에 복소수가 있을 경우, 그 공액복소수도 또한 근이다.

(v) 감쇠계수에는 식(3.59)의 관계가 성립한다.

상기 (i)~(v)로부터 감쇠계수가 작은 경우, 식(3.64)의 모든 근은 공액복소근

$$s=-n\pm ip\tag{3.65}$$

이고, 실수부 $-n$은 (−)값이라고 결론지을 수 있다. 식(3.65)의 근은 4개이므로 이 경우 2조의 공액복소근을 가지게 된다. 근과 계수는 서로 연속적으로 변화하므로 근의 실수부 $-n$은 감쇠계수와 같은 정도로 작은 양이다. 1조의 공액복소근을

$$s' = -n+ip, \qquad s'' = -n-ip \tag{3.66}$$

라 놓고, 식(3.62) 중의 s에 s'를 대입하면

$$\frac{A_2}{A_1} = \xi + i\eta \tag{3.67 a}$$

가 되는데, 일반적으로 A_2/A_1는 복소수가 된다. s''를 대입하면

$$\frac{A_2}{A_1} = \xi - i\eta \tag{3.67 b}$$

가 되고, $s = s'$일 때 A_2/A_1 값의 공액복소수가 된다. $q_{1,2} = A_{1,2}e^{s't}$, $q_{1,2} = B_{1,2}e^{s''t}$는 식(3.58)의 해이고, 그 합도 또한 해이므로, 식(3.58)의 해는

$$\begin{aligned} q_1 &= A_1e^{s't} + B_1e^{s''t} = e^{-nt}(A_1e^{ipt} + B_1e^{-ipt}) = e^{-nt}\{(C-iD)e^{ipt} + (C+iD)e^{-ipt}\} \\ &= e^{-nt}(2D\sin pt + 2C\cos pt) = e^{-nt}a\sin(pt+\beta) \end{aligned} \tag{3.68 a}$$

$$\begin{aligned} q_2 &= A_2e^{s't} + B_2e^{s''t} = (\xi+i\eta)A_1e^{s't} + (\xi-i\eta)B_1e^{s''t} \\ &= e^{-nt}\{(\xi+i\eta)(C-iD)e^{ipt} + (\xi-i\eta)(C+iD)e^{-ipt}\} \\ &= e^{-nt}\{2(\xi D-\eta C)\sin pt + 2(\xi C+\eta D)\cos pt\} \\ &= e^{-nt}\xi\sqrt{1+\frac{\eta^2}{\xi^2}}\,a\sin(pt+\beta+\varphi) \end{aligned} \tag{3.68 b}$$

2.3.2항에서 설명한 바와 같이 x_1, x_2가 실수가 되기 위해서는, $A_1 = C - iD$, $B_1 = C + iD$라고 놓으면 이들은 서로 공액복소수 이어야 된다. 식(3.68 a)와 식(3.68 b)에서

$$a = 2\sqrt{C^2+D^2}, \qquad \beta = \tan^{-1}\frac{C}{D}, \qquad \varphi = \tan^{-1}\frac{\eta}{\xi} \tag{3.69}$$

이다(**문제 3.10** 참조). 또한 식(3.68 a)와 식(3.68 b)에서 이 경우의 진폭비 $\varkappa$는

$$\varkappa = \xi\sqrt{1+\frac{\eta^2}{\xi^2}} \tag{3.70}$$

식(3.67 a)와 식(3.67 b)에서 η는, 감쇠가 없을 때 0이 되는 c_{11}, c_{12} 등과 같은 정도의 작은 양이다. 따라서 위상각 φ도 감쇠계수와 같은 정도의 작은 각도이다. 작은 각도이지만, 감쇠작용이 있을 때는 일반적으로 q_1과 q_2 사이에 위상차 φ가 존재하는 점은 주의해야 한다. 또한 식(3.70)으로 주어지는 진폭비 $\varkappa$의 값도, 무감쇠일 때 식(3.21)로 주어지는 진폭비의 값에 비해 감쇠계수의 제곱과 같은 정도의 차이가 있다.

식(3.58)은 2조의 공액복소근

$$s_1 = -n_1 \pm ip_1, \qquad s_2 = -n_2 \pm ip_2 \tag{3.66 a}$$

의 각각에 대해 지금까지 기술한 것이 성립하므로, 식(3.58)의 일반해는 다음과 같이 된다.

$$\left.\begin{aligned} q_1 &= ae^{-n_1 t}\sin(p_1 t+\beta_1) + be^{-n_2 t}\sin(p_2 t+\beta_2) \\ q_2 &= \varkappa_1 ae^{-n_1 t}\sin(p_1 t+\beta_1+\varphi_1) + \varkappa_2 be^{-n_2 t}\sin(p_2 t+\beta_2+\varphi_2) \end{aligned}\right\} \tag{3.71}$$

식(3.62)에 $s' = -n_1 + ip_1$, $s_2 = -n_2 + ip_2$를 대입했을 때 A_2/A_1를 각각 $\xi_1 + i\eta_1$, $\xi_2 + i\eta_2$라 하면

$$\varkappa_{1,2} = \xi_{1,2}\sqrt{1+\frac{\eta_{1,2}^2}{\xi_{1,2}^2}}, \qquad \varphi_{1,2} = \tan^{-1}\frac{\eta_{1,2}}{\xi_{1,2}} \tag{3.69 a}$$

식(3.71) 중의 a, b, β_1, β_2 4개의 양은 4개의 초기조건, 예를 들면 시각 $t = 0$에 있어서 $q_1 = q_{10}$, $q_2 = q_{20}$, $\dot{q}_1 = \dot{q}_{10}$, $\dot{q}_2 = \dot{q}_{20}$가 주어지면 결정되는 임의상수이다.

다음에 식(3.58)에 있어서

$$m = m_{11} = m_{22}, \qquad c = c_{11} = c_{22}, \qquad k = k_{11} = k_{22} \tag{3.72}$$

의 관계가 성립하는 특별한 경우, 즉 대칭적인 배치의 2자유도 진동계의 경우에 대해 검토해 보자. 이 경우는

$$m_{11}s^2 + c_{11}s + k_{11} = m_{22}s^2 + c_{22}s + k_{22} = ms^2 + cs + k \tag{3.73}$$

이므로, 특성방정식은

$$\{(m+m_{12})s^2+(c+c_{12})s+(k+k_{12})\}\{(m-m_{12})s^2+(c-c_{12})s+(k-k_{12})\} = 0 \tag{3.64 a}$$

로 2차식의 곱셈 형식이 되고, 최초의 { } 안을 0으로 놓은 식의 근을 $s_1 = -n_1 \pm ip_1$, 두 번째 { } 안을 0으로 놓은 식의 근을 $s_2 = -n_2 \pm ip_2$라 하면

$$\left.\begin{aligned} n_1 &= \frac{c+c_{12}}{2(m+m_{12})}, \quad p_1 = \sqrt{\frac{k+k_{12}}{m+m_{12}} - \left\{\frac{c+c_{12}}{2(m+m_{12})}\right\}^2} \\ n_2 &= \frac{c-c_{12}}{2(m-m_{12})}, \quad p_2 = \sqrt{\frac{k-k_{12}}{m-m_{12}} - \left\{\frac{c-c_{12}}{2(m-m_{12})}\right\}^2} \end{aligned}\right\} \tag{3.74}$$

s_1을 식(3.62)에 대입하면 $A_2/A_1 = 1$, s_2를 대입하면 $A_2/A_1 = -1$이 되므로

$$\left.\begin{aligned} &\xi_1 = 1, \quad \eta_1 = 0, \quad \varkappa_1 = 1, \quad \varphi_1 = 0 \\ &\xi_2 = -1, \quad \eta_2 = 0, \quad \varkappa_2 = -1, \quad \varphi_2 = 0 \end{aligned}\right\} \tag{3.75}$$

따라서 이 경우 일반해는

$$\left.\begin{aligned} q_1 &= ae^{-n_1t}\sin(p_1t+\beta_1) + be^{-n_2t}\sin(p_2t+\beta_2) \\ q_2 &= ae^{-n_1t}\sin(p_1t+\beta_1) - be^{-n_2t}\sin(p_2t+\beta_2) \end{aligned}\right\} \tag{3.71 a}$$

가 되고, 감쇠가 작용함에도 불구하고, q_1과 q_2 사이에는 위상차가 없고, 또한 진폭비도 무감쇠일 때와 같은 ± 1이 된다.

3.6 강제진동

우선, 감쇠가 없는 경우에 대해 검토해 보자. 2자유도계의 가장 일반적인 운동방정식 형태는 식(3.18)인데, 이 경우 강제력 $P_1 = P_{10}\cos\omega t$가 식(3.18)의 제1식의 우변에 존재하면

$$\left.\begin{aligned} m_{11}\ddot{q}_1 + m_{12}\ddot{q}_2 + k_{11}q_1 + k_{12}q_2 &= P_{10}\cos\omega t \\ m_{21}\ddot{q}_1 + m_{22}\ddot{q}_2 + k_{21}q_1 + k_{22}q_2 &= 0 \end{aligned}\right\} \tag{3.76}$$

이 계의 강제진동은

$$q_1 = A_1\cos\omega t, \qquad q_2 = A_2\cos\omega t \tag{3.77}$$

라 하고, 윗식을 식(3.76)에 대입하면

$$\left.\begin{aligned}(k_{11}-m_{11}\omega^2)A_1+(k_{12}-m_{12}\omega^2)A_2&=P_{10}\\(k_{21}-m_{21}\omega^2)A_1+(k_{22}-m_{22}\omega^2)A_2&=0\end{aligned}\right\}\tag{3.78}$$

윗식에서 강제진동의 진폭 A_1, A_2를 구하면 다음과 같이 된다.

$$A_1=\frac{P_{10}(k_{22}-m_{22}\omega^2)}{D},\qquad A_2=\frac{-P_{10}(k_{21}-m_{21}\omega^2)}{D}\tag{3.79}$$

여기서,

$$\begin{aligned}D&=\begin{vmatrix}k_{11}-m_{11}\omega^2 & k_{12}-m_{12}\omega^2\\ k_{21}-m_{21}\omega^2 & k_{22}-m_{22}\omega^2\end{vmatrix}\\&=(m_{11}m_{22}-m_{12}^2)\omega^4-(k_{11}m_{22}+k_{22}m_{11}-2k_{12}m_{12})\omega^2+(k_{11}k_{22}-k_{12}^2)\end{aligned}\tag{3.80}$$

식(3.80)은 식(3.20)의 고유진동수 p를 ω로 치환한 식이므로 강제진동의 진동수 ω가 식(3.20)′로 주어지는 계의 고유진동수 p_1, p_2와 같아지면 $D=0$가 되고, 이때 강제진동의 진폭 A_1 및 A_2는 무한대가 된다. 즉, 일반적으로 2자유도계에서는 $\omega=p_1$, $\omega=p_2$ 두 곳에서 공진을 일으킨다.

식(3.76) 제2식의 우변에 $P_2=P_{20}\cos\omega t$의 강제력이 존재할 때의 진폭은 식(3.79)의 첨자 1과 2를 바꾸면 구해진다. 식(3.76) 제1, 2식의 우변에 많은 강제력이 존재할 경우에는 이들 강제력이 단독으로 존재할 경우의 해를 상술한 바와 같이 구하여 각각의 결과를 전부 더하면 된다. 즉, 이 경우도 **2.5.1항**에서 기술한 "중첩의 원리"가 성립한다.

감쇠가 작용하는 경우에는 식(3.58)에서 알 수 있듯이, 운동방정식은

$$\left.\begin{aligned}m_{11}\ddot{q}_1+m_{12}\ddot{q}_2+c_{11}\dot{q}_1+c_{12}\dot{q}_2+k_{11}q_1+k_{12}q_2&=P_{10}\cos\omega t\\m_{21}\ddot{q}_1+m_{22}\ddot{q}_2+c_{21}\dot{q}_1+c_{22}\dot{q}_2+k_{21}q_1+k_{22}q_2&=0\end{aligned}\right\}\tag{3.81}$$

감쇠가 작용하고 있는 지금의 경우, 강제진동에는 위상지연이 존재하므로 1자유도계에 있어서의 식(2.133)과 마찬가지로 강제진동을

$$\left.\begin{aligned}q_1&=B_1\cos\omega t+C_1\sin\omega t=A_1\cos(\omega t-\delta_1)\\q_2&=B_2\cos\omega t+C_2\sin\omega t=A_2\cos(\omega t-\delta_2)\end{aligned}\right\}\tag{3.82}$$

로 sin과 cos 항으로 나타내야 한다. 식(3.82)를 식(3.81)에 대입하면 다음 식을 구할 수 있다.

$$\left.\begin{aligned}
&(k_{11}-m_{11}\omega^2)B_1+c_{11}\omega C_1+(k_{12}-m_{12}\omega^2)B_2+c_{12}\omega C_2=P_{10}\\
&-c_{11}\omega B_1+(k_{11}-m_{11}\omega^2)C_1-c_{12}\omega B_2+(k_{12}-m_{12}\omega^2)C_2=0\\
&(k_{21}-m_{21}\omega^2)B_1+c_{21}\omega C_1+(k_{22}-m_{22}\omega^2)B_2+c_{22}\omega C_2=0\\
&-c_{21}\omega B_1+(k_{21}-m_{21}\omega^2)C_1-c_{22}\omega B_2+(k_{22}-m_{22}\omega^2)C_2=0
\end{aligned}\right\} \tag{3.83}$$

식(3.83)을 풀면 진폭 $A_1=\sqrt{B_1^{\,2}+C_1^{\,2}}$, $A_2=\sqrt{B_2^{\,2}+C_2^{\,2}}$, 위상지연 δ_1, δ_2를 다음과 같이 구할 수 있다.

$$A_1=P_{10}\sqrt{\frac{K_2^2+C_{22}^2}{H^2+G^2}},\qquad A_2=P_{10}\sqrt{\frac{K_{12}^2+C_{12}^2}{H^2+G^2}} \tag{3.84}$$

$$\delta_1=\frac{K_{12}G-C_{12}H}{K_{12}H+C_{12}G},\qquad \delta_2=\frac{K_2G-C_{22}H}{K_2H+C_{22}G} \tag{3.85}$$

여기서,

$$\left.\begin{aligned}
&K_1=k_{11}-m_{11}\omega^2,\quad K_2=k_{22}-m_{22}\omega^2,\quad K_{12}=k_{12}-m_{12}\omega^2\\
&C_{11}=c_{11}\omega,\quad C_{22}=c_{22}\omega,\quad C_{12}=c_{12}\omega
\end{aligned}\right\} \tag{3.86}$$

$$\left.\begin{aligned}
&H=(K_1K_2-K_{12}^2)-(C_{11}C_{22}-C_{12}^2)\\
&G=K_1C_{22}+K_2C_{11}-2K_{12}C_{12}
\end{aligned}\right\} \tag{3.87}$$

ω의 값에 관계없이 $H^2+G^2\neq 0$이므로 진폭 A_1, A_2는 무한대가 되는 일은 없다. 또한 일반적으로는 $\delta_1\neq\delta_2$이다. 식(3.76) 제2식의 우변에 강제력 $P_2=P_{20}\cos\omega t$가 존재할 때의 진폭 및 위상차는 각각 식(3.84), (3.85)에서 첨자 1과 2를 바꾸면 구할 수 있다.

3.7 흡진기

1자유도계에 강제력이 작용할 때 운동방정식은 **2.5절**에서 기술한 바와 같이

$$m\ddot{x}+kx=P_0\cos\omega t \tag{2.109}$$

각종 트러블의 원인이 되는 강제진동을 제거하든가 아니면 해가 없을 정도로 작게 하기 위

해서는 다음과 같은 방법을 강구한다.

(1) 강제력의 크기 P_0를 0으로 하든가, 아니면 가능한 한 작게한다.

(2) $\omega = p = \sqrt{k/m}$인 공진점으로부터 가능한 한 멀리 떨어지게 한다. 많은 경우, 강제력의 진동수 ω는 변하지 않기 때문에 설계변경하여 스프링상수 k와 진동체의 질량 m을 바꾸어 계의 고유진동수 p를 변경시켜 공진점으로부터 ω를 멀리 떨어지게 한다.

그러나 기계의 종류, 사용상황에 따라 상기 (1), (2) 방법이 소용없을 때도 있다. 이와 같을 때 이 절에서 기술하고자 하는 **흡진기**(吸振器, absorber)를 이용한다. 최악의 경우로서 P_0를 작게 하는 것도 불가능하고, 게다가 $\omega = p$인 공진점 부근에서 기계를 운전해야 하는 경우에 대해 검토해 보자. 이 경우, **그림 3.20**과 같이 본체에 질량 m_0, 스프링상수 k_0인 적당한 크기의 작은 진동체, 즉 흡진기를 붙여, 계를 1자유도계에서 2자유도계로 바꾸면 다음과 같이 강제진동을 제거할 수가 있다.

그림 3.20 계의 운동방정식은 다음과 같다.

$$\left.\begin{aligned} m\ddot{x} + kx + k_0(x - x_0) &= P_0 \cos \omega t \\ m_0\ddot{x}_0 + k_0(x_0 - x) &= 0 \end{aligned}\right\} \tag{3.88}$$

여기서,

$$x = A \cos \omega t, \qquad x_0 = A_0 \cos \omega t$$

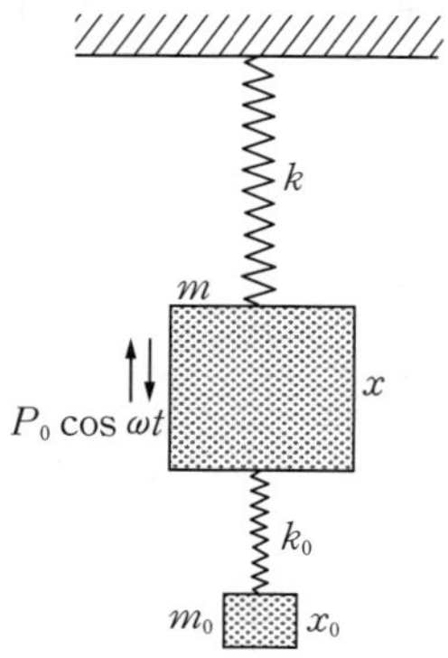

그림 3.20

를 식(3.88)에 대입하여 강제진동의 진폭 A 및 A_0를 구하면

$$\left.\begin{aligned} A &= \frac{P_0(k_0 - m_0\omega^2)}{(k+k_0-m\omega^2)(k_0-m_0\omega^2)-k_0^2} \\ A_0 &= \frac{P_0 k_0}{(k+k_0-m\omega^2)(k_0-m_0\omega^2)-k_0^2} \end{aligned}\right\} \tag{3.89}$$

윗식을 무차원으로 표현하기 위해

$$p = \sqrt{\frac{k}{m}}, \qquad p_0 = \sqrt{\frac{k_0}{m_0}}, \qquad \delta_{st}' = \frac{P_0}{k} \tag{3.90}$$

인 양을 도입한다. 여기서 p, p_0는 각각 본체 및 흡진기 그 자체만의 고유진동수이고, δ_{st}'는 본체의 정적처짐이다. 식(3.90)을 이용하면 식(3.89)는 다음과 같이 무차원으로 바꾸어 쓸 수 있다.

$$\left.\begin{aligned} \frac{A}{\delta_{st}'} &= \frac{1-\dfrac{\omega^2}{p_0^2}}{\left(1+\dfrac{k_0}{k}-\dfrac{\omega^2}{p^2}\right)\left(1-\dfrac{\omega^2}{p_0^2}\right)-\dfrac{k_0}{k}} \\ \frac{A_0}{\delta_{st}'} &= \frac{1}{\left(1+\dfrac{k_0}{k}-\dfrac{\omega^2}{p^2}\right)\left(1-\dfrac{\omega^2}{p_0^2}\right)-\dfrac{k_0}{k}} \end{aligned}\right\} \tag{3.91}$$

$k_0 - m_0\omega^2$, 즉

$$\omega(=p) = p_0 \qquad \therefore\ \omega = \sqrt{\frac{k}{m}} = \sqrt{\frac{k_0}{m_0}} \tag{3.92}$$

이면 $A = 0$가 되고, 본체의 진동은 사라진다. 즉, 덧붙이는 흡진기의 고유진동수 $p_0 = \sqrt{k_0/m_0}$를 본체의 고유진동수 $p = \sqrt{k/m}$와 같게 하면 $\omega = p$에서 진동은 없어진다.

그림 3.21에서, 실선은 $p = p_0$인 경우의 식(3.90), (3.91)로 주어지는 진폭 A, A_0이고, 파선은 그 진폭을 절대값으로 나타낸 것이다. 점선은 흡진기를 사용하지 않을 때의 강제진동의 진폭 $\delta_{st}' / |1-\omega^2/p^2|$이다. **그림 3.20**과 같이 흡진기를 붙이면 2자유도계가 되고, 그 진동수방정식은 식(3.88)로부터

$$mm_0p^4 - \{(k+k_0)m_0 + k_0m\}p^2 + kk_0 = 0 \tag{3.93}$$

윗식의 근, 즉 **그림 3.20** 계의 고유진동수 p_1, p_2는 본체와 흡진기의 질량비를

$$\mu = \frac{m_0}{m} \tag{3.94}$$

라고 놓으면, $p = p_0$일 때 다음과 같이 된다.

$$\begin{matrix} p_2^2 \\ p_1^2 \end{matrix} = p^2\left\{\left(1+\frac{\mu}{2}\right) \pm \sqrt{\mu + \frac{\mu^2}{4}}\right\} \tag{3.95}$$

즉, 원래의 공진점 $\omega = p$를 중심으로 $\omega = p_1$, $\omega = p_2$의 두 곳에서 공진점이 발생한다. 따라서 $\omega = p$인 원래의 공진점에는 강제진동의 진폭을 0으로 할 수 있는 대신에, 그 전후에 별도로 두 곳에서 공진점이 발생하게 된다.

식(3.89)에서 $\omega = p = p_0$라고 놓으면, $A = 0$, $A_0 = -P_0/k_0$가 되고, $\omega = p$에서 m, m_0의 운동은

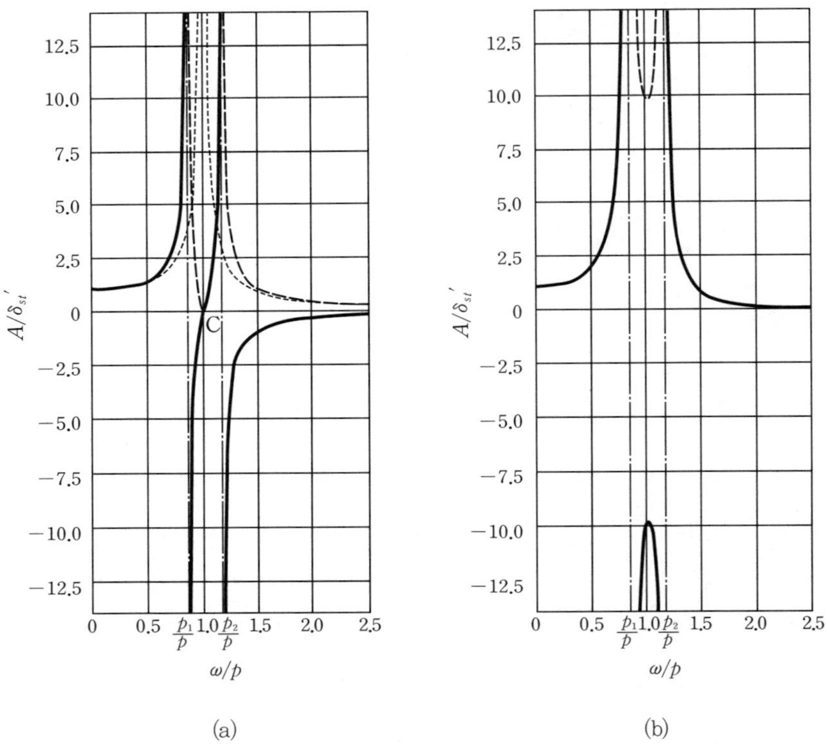

A : 본체의 진폭, A_0 : 흡진기의 진폭, $\delta'_{st} = p_0/k$: 정적처짐

(질량비 $\mu = m_0/m$=0.1의 경우, $p = \sqrt{k/m} = p_0 = \sqrt{k_0/m_0}$)

그림 3.21 본체 m과 흡진기 m_0의 진폭

$$x = 0, \qquad x_0 = -\frac{P_0}{k_0}\cos\omega t \tag{3.96}$$

흡진기 m_0의 운동에 의해 본체 m에 미치는 스프링력은

$$k_0(x_0 - x) = -P_0 \cos\omega t$$

이것은 강제력 $P = P_0 \cos\omega t$와 크기가 같고, 방향이 반대인 힘이다. 따라서 $\omega = p$에서 본체에 작용하는 스프링력과 강제력의 합은 0이 되므로 본체 m의 진동은 멈추게 된다.

이와 같은 흡진기를 설계하려면, 우선 식(3.92)에 따라 k_0/m_0의 비율을 정하고, 다음에 식(3.96)으로 주어지는 x_0가 지나치게 크게 되어 흡진기의 스프링에 과대한 응력이 발생하지 않도록, 또한 m_0의 운동범위 제한에 저촉되지 않도록 적당한 값의 k_0를 선택하고, k_0가 정해지면 m_0는 식(3.92)로부터 정해진다.

강제력의 진동수 ω가 거의 일정한 기계에서는 상술한 바와 같이 해서 강제진동을 제거할 수 있지만, 자동차와 같이 ω가 광범위하게 변동하는 경우, $\omega \fallingdotseq p$에 있어서의 강제진동은 없어지더라도, 그 전후의 $\omega \fallingdotseq p_1$, $\omega \fallingdotseq p_2$에서 강제진동의 진폭이 크게 되는 점이 문제가 된다. 이와같은 경우 본체와 흡진기 사이에 적당한 크기의 감쇠계수를 가진 댐퍼를 설치하면, $\omega = p$에서 $A = 0$로 하는 것은 불가능하지만, 넓은 범위의 ω에 대해서 본체의 강제진동 진폭을 어느 정도 크기 이하로 억제시키는 것은 가능하다.

왕복동 내연기관에서는 피할 수 없는 엔진의 주기적인 토크 변동에 의해, 크랭크축에 비틀림진동이 발생한다. 변동 토크, 즉 강제력의 진동수 ω는 크랭크축의 회전수 Ω의 s배($s\,\Omega$)이다. 중력장에서 시계추의 고유진동수는 식(2.63)에 나타낸 바와 같이 $\sqrt{g}$에 비례한다. 원심력이 작용하는 곳에서 시계추를 흔들면, 시계추는 중력에 상당하는 원심력의 1/2 제곱에 비례하는 고유진동수를 가진다. 원심력은 Ω^2에 비례하므로 시계추의 고유진동수 p는, 이 경우 크랭크축의 회전수 Ω, 따라서 강제력의 진동수 ω에 비례한다. 그래서 시계추의 길이 및 질량을 적당히 선택하면, 크랭크축의 회전수 Ω가 변동해도, 항상 $p = s\Omega = \omega$의 관계를 유지시킬 수 있다. 즉, **그림 3.21**에서 C점의 위치를 유지시킬 수 있으므로 Ω 및 ω가 변화해도 항상 강제진동의 진폭을 0으로 할 수 있다. **그림 3.22**는 이런 종류의 흡진기의 일례이다. 크랭크 핀의 반대측 크랭크 암 끝에 붙인 물체 W가 시계추이다. W는 시계추의 추와 같은 운동을 하도록 하고 있는데, 가능한 한 운동에 대한 감쇠는 적게 하고, **그림 3.21**의 C점에서의 진폭 A를 되도록 0에 근접시키는 궁리를 하여 크랭크 암, 핀, W 세 가지를 그림과

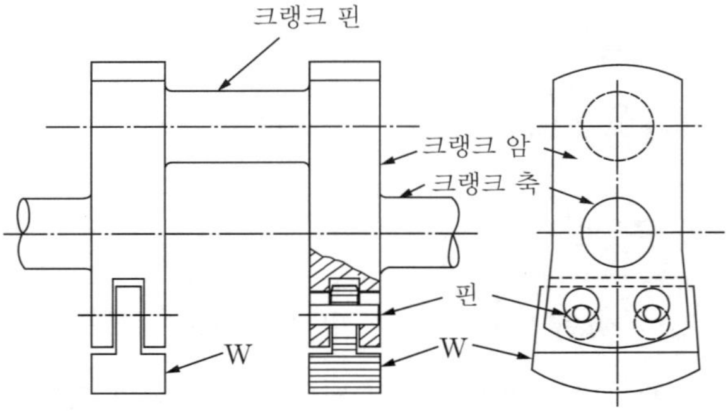

그림 3.22

같이 구름접촉으로 상대운동 하도록 한다. 이와 같은 원리에 근거하여 이런 종류의 흡진기에는 이 외에도 여러 가지 형태의 것이 강구되고 있다.

문 제

3.1 **그림** 3.1에서 $m = m_1 = m_2$, $k = k_1 = k_2 = k_3$일 때, 고유진동수 p와 진폭비 $\varkappa$를 구하라.

3.2 그림과 같은 진동계에 대해 운동방정식과 고유진동수를 구하라.

3.3 그림과 같은 진동계에 대해 운동방정식과 고유진동수를 구하라. 단, m_1과 m_2를 연결하는 봉의 질량은 무시한다.

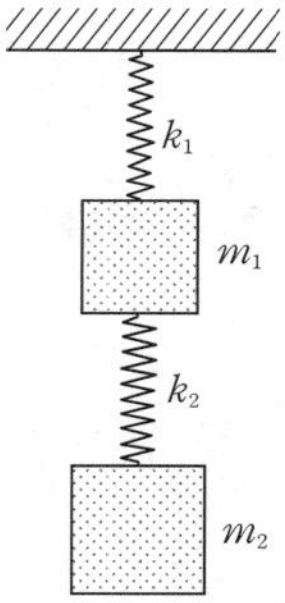

문 3.2

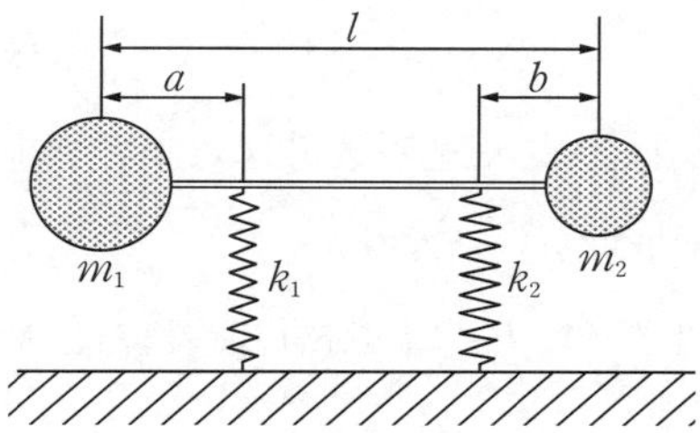

문 3.3

3.4 그림과 같은 2중 시계추에 대해 운동방정식을 구하라. G_1, G_2는 무게중심이고, 무게중심 G은 지지점 A, B를 연결한 선상에 있는 것으로 한다.

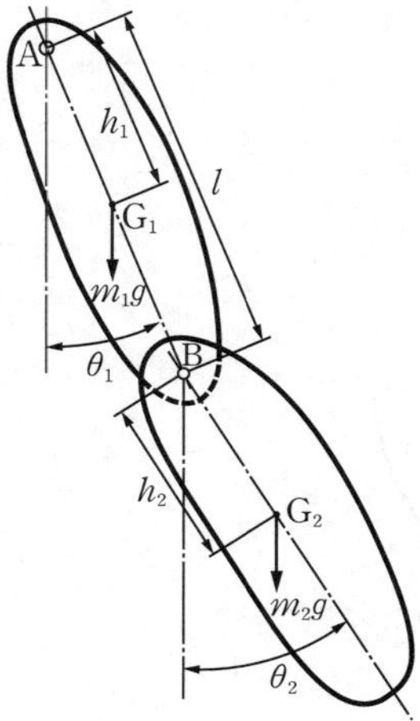

문 3.4

3.5 그림 3.4의 2중 시계추에 있어서, A점, B점(아래쪽 시계추의 무게중심)에서 각각 스프링상수 k_1, k_2인 스프링을 수평으로 설치했을 경우에 대해 운동방정식을 구하라. 이들 수평방향으로 작용하는 스프링력은 $\theta_1 = 0$, $\theta_2 = 0$일 때 0이라 한다.

3.6 그림과 같이 질량이 m, 무게중심 O 둘레의 질량관성모멘트가 I인 물체가, 장력 T로 당겨져 있는 줄에 $a : b$인 위치에 놓여 있다. 이 계의 운동방정식을 구하라.

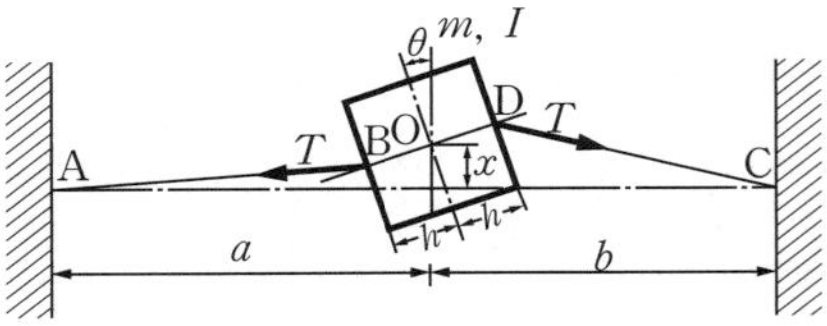

문 3.6

3.7 그림과 같이, 반원기둥형인 2개의 물체가 구름접촉하면서 좌우로 운동하는 계에 대해 운동방정식을 구하라.

주 문제 2.24의 [주]를 참조할 것. 기울기를 θ_1, θ_2라 하고, 운동중에 무게중심 G_1, G_2의 좌표를 (x_1, x_2), (x_2, y_2)라고 하면

$$x_1 = \left(1 - \frac{4}{3\pi}\right) r_1\theta_1$$

$$y_1 = \left(1 - \frac{4}{3\pi}\right) r_1 + \frac{2}{3\pi} r_1\theta_1^2 \fallingdotseq \left(1 - \frac{4}{3\pi}\right) r_1$$

$$x_2 = r_1\theta_1 + \left(1 - \frac{4}{3\pi}\right) r_2\theta_2$$

$$y_2 = \left\{r_1 + \left(1 - \frac{4}{3\pi}\right) r_2\right\} + \frac{1}{2} r_2\theta_1^2 + \frac{2}{3\pi} r_2\theta_2^2 - r_2\theta_1\theta_2 \fallingdotseq r_1 + \left(1 - \frac{4}{3\pi}\right) r_2$$

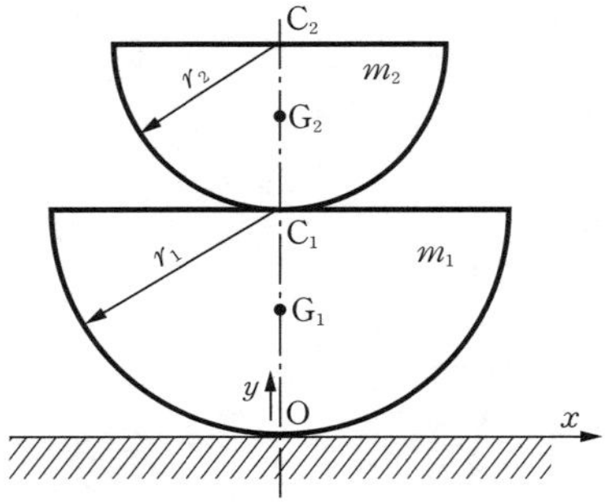

문 3.7

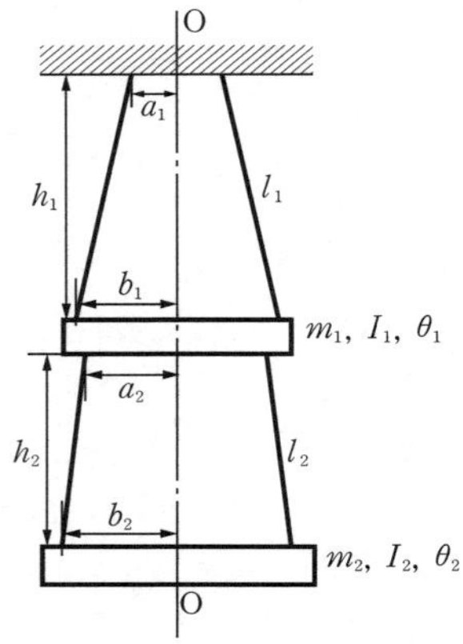

문 3.8

3.8 그림과 같이 2개의 줄로 매달려 있는 물체가 상하 2중으로 되어 있는 계에 대해 운동 방정식을 구하라.

주 위쪽 물체는 상하 양쪽 줄로부터 모멘트를 받는다. 또한 아래쪽 줄이 아래쪽 물체에 미치는 모멘트와 위쪽 물체에 미치는 모멘트는 크기가 같고 방향은 반대이다.

3.9 식(3.9 a)중의 a_1, a_2는, 초기조건으로서 시각 $t=0$일 때 $x_1 \neq 0$, $x_2=0$, $\dot{x}_1=0$, $\dot{x}_2=0$가 주어졌을 때 서로 같게 되는 것, 즉 $a_1=a_2$가 되는 것을 증명하라.

3.10 식(3.69)에 있어서 $\varphi=\tan^{-1}(\eta/\xi)$가 되는 것을 증명하라.

주 q_2는 식(3.68 b)와 같이도 나타낼 수 있고, 또한

$$q_2 = e^{-nt}\{2E\sin(pt+\beta)+2F\cos(pt+\beta) = e^{-nt}2\sqrt{E^2+F^2}\sin(pt+\beta+\varphi) \qquad \text{(a)}$$

여기서 $\varphi=\tan^{-1}\dfrac{F}{E}$

혹은

$$q_2 = e^{-nt}\{2E\sin(pt+\beta)+2F\cos(pt+\beta)\}$$
$$= e^{-nt}\{2(E\cos\beta-F\sin\beta)\sin pt+2(E\sin\beta+F\cos\beta)\cos pt\} \qquad \text{(b)}$$

의 형태로도 나타낼 수 있다. 식(a), (b)와 식(3.68 b)는 같기 때문에 $\varphi=\tan^{-1}(\eta/\xi)$관계가 나온다.

3.11 **그림 3.2** 진동계에서 $l=l_1=l_2=l_3$, $m=m_1=m_2$일 때, 고유진동수 p_1, p_2와 그 진폭비 κ_1, κ_2를 구하라.

3.12 **그림 3.2** 진동계에서 $l=l_1=l_2=l_3$, $2m=m_1=2m_2$일 때, 고유진동수 p_1, p_2와 그 진폭비 κ_1, κ_2를 구하라.

3.13 **그림 3.2** 진동계에서 $l=l_1=l_3$, $2l=l_2$이고 $2m=m_1$, $m=m_2$일 때 운동방정식을 구하라. 그리고 고유진동수와 진폭비도 구하라.

Chapter 4

다자유도계의 진동

4.1 3자유도계의 진동

4.1.1 자유진동

가장 일반적인 3자유도계의 운동방정식은, 좌표를 q_1, q_2, q_3라 하면 다음과 같은 형식을 취한다.

$$\left.\begin{aligned} m_{11}\ddot{q}_1+m_{12}\ddot{q}_2+m_{13}\ddot{q}_3+k_{11}q_1+k_{12}q_2+k_{13}q_3=0 \\ m_{21}\ddot{q}_1+m_{22}\ddot{q}_2+m_{23}\ddot{q}_3+k_{21}q_1+k_{22}q_2+k_{23}q_3=0 \\ m_{31}\ddot{q}_1+m_{32}\ddot{q}_2+m_{33}\ddot{q}_3+k_{31}q_1+k_{32}q_2+k_{33}q_3=0 \end{aligned}\right\} \tag{4.1}$$

이 계도 자유도의 수만큼 고유진동수 p_1, p_2, p_3를 갖는 것을 일반적으로 증명할 수 있다(**4.4절**). 식(4.1)의 계는 해석적으로 취급하기 곤란하므로, 비교적 다루기 쉬운 **그림 4.1**과 같은 역학계에 대해 고찰해 보자. 이 계의 운동방정식은 다음과 같이 된다(**문제 4.1** 참조).

$$\left.\begin{aligned} m\ddot{x}_1 + 2kx_1 - kx_2 = 0 \\ m\ddot{x}_2 - kx_1 + 2kx_2 - kx_3 = 0 \\ m\ddot{x}_3 - kx_2 + 2kx_3 = 0 \end{aligned}\right\} \tag{4.1 a}$$

$$x_i = a_i \sin(pt+\beta) \quad (i=1,\ 2,\ 3) \tag{4.2}$$

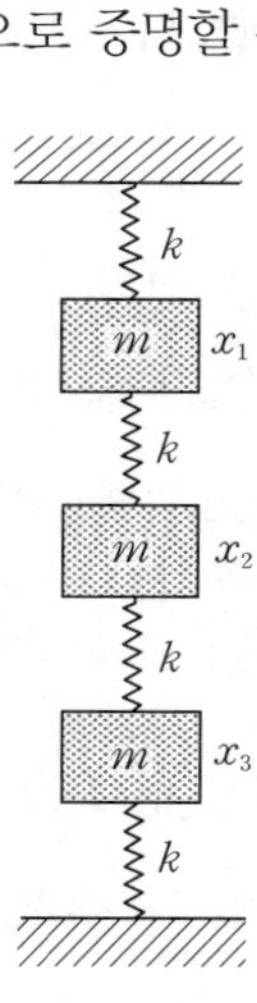

그림 4.1

식(4.2)를 식(4.1 a)에 대입하면

$$\left.\begin{aligned}&(2k-mp^2)a_1-\ ka_2=0\\&-ka_1+\ (2k-mp^2)a_2-\ ka_3=0\\&-ka_2+(2k-mp^2)a_3=0\end{aligned}\right\}\tag{4.3}$$

윗식에서 a_1, a_2, a_3를 소거하면, 진동수방정식

$$\begin{vmatrix}2k-mp^2 & -k & 0\\ -k & 2k-mp^2 & -k\\ 0 & -k & 2k-mp^2\end{vmatrix}=0$$

즉,

$$\Phi(p)=(mp^2-2k)\{mp^2-(2-\sqrt{2})k\}\{mp^2-(2+\sqrt{2})k\}=0\tag{4.4}$$

따라서 이 계의 고유진동수는

$$p_1=\sqrt{2-\sqrt{2}}\cdot\sqrt{\frac{k}{m}},\qquad p_2=\sqrt{2}\cdot\sqrt{\frac{k}{m}},\qquad p_3=\sqrt{2+\sqrt{2}}\cdot\sqrt{\frac{k}{m}}\tag{4.5}$$

진폭비는 식(4.3)의 제1, 2식으로부터

$$\frac{a_2}{a_1}=\frac{2k-mp^2}{k},\qquad \frac{a_3}{a_1}=\frac{(3k-mp^2)(k-mp^2)}{k^2}\tag{4.6}$$

으로 주어지므로, 윗식의 p에 식(4.5)의 p_1, p_2, p_3 값을 대입하면, 고유진동수 p_1, p_2, p_3인 자유진동에 대해 그 진폭비가 각각 다음과 같이 구해진다.

$$\left.\begin{aligned}&p=p_1\text{ 일때}\quad a_1:a_2:a_3=1:\sqrt{2}:1\\&p=p_2\text{ 일때}\quad a_1:a_2:a_3=1:0:-1\\&p=p_3\text{ 일때}\quad a_1:a_2:a_3=1:-\sqrt{2}:1\end{aligned}\right\}\tag{4.7}$$

따라서 식(4.1 a)의 일반해는 다음과 같이 된다.

$$\left.\begin{aligned}&x_1=a\sin(p_1t+\alpha_1)+b\sin(p_2t+\alpha_2)+c\sin(p_3t+\alpha_3)\\&x_2=\sqrt{2}\,a\sin(p_1t+\alpha_1)+0-\sqrt{2}\,c\sin(p_3t+\alpha_3)\\&x_3=a\sin(p_1t+\alpha_1)-b\sin(p_2t+\alpha_2)+c\sin(p_3t+\alpha_3)\end{aligned}\right\}\tag{4.8}$$

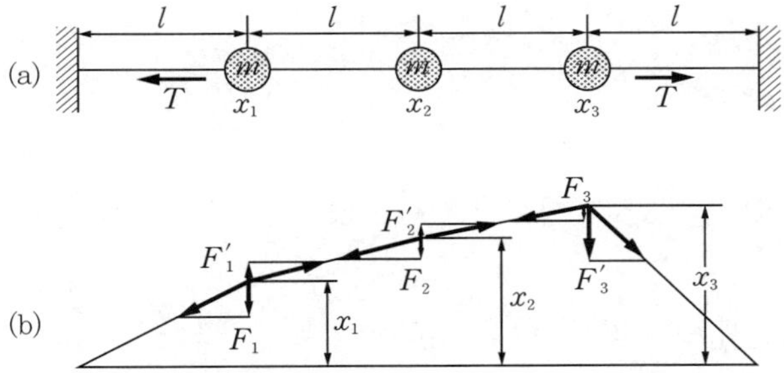

그림 4.2

여기서, a, b, c, α_1, α_2, α_3 6개의 임의상수는 6개의 초기조건 x_{10}, x_{20}, x_{30}, $\dot{x}_{10}$, $\dot{x}_{20}$, $\dot{x}_{30}$로부터 결정된다.

다음에 장력 T로 당겨져 있는 줄과 3개의 질점으로 구성되어 있는 **그림 4.2**와 같은 3자유도계에 대해 고찰해 보자. **그림 4.2** (b)와 같이 질점들이 x_1, x_2, x_3로 변위했을 때, 장력 T의 운동방향(상하방향) 성분 F_i 및 F_i' $(i=1,\ 2,\ 3)$는

$$F_1 = -T\frac{x_1}{l}, \qquad F_1' = T\frac{x_2 - x_1}{l}$$

$$F_2 = -F_1', \qquad F_2' = T\frac{x_3 - x_2}{l}$$

$$F_3 = -F_2', \qquad F_3' = -T\frac{x_3}{l}$$

$$\left.\begin{aligned} m\ddot{x}_1 &= F_1 + F_1' \\ m\ddot{x}_2 &= F_2 + F_2' \\ m\ddot{x}_3 &= F_3 + F_3' \end{aligned}\right\}$$

로부터 운동방정식은 다음과 같이 된다.

$$\left.\begin{aligned} & m\ddot{x}_1 + \frac{2T}{l}x_1 - \frac{T}{l}x_2 = 0 \\ & m\ddot{x}_2 - \frac{T}{l}x_1 + \frac{2T}{l}x_2 - \frac{T}{l}x_3 = 0 \\ & m\ddot{x}_3 - \frac{T}{l}x_2 + \frac{2T}{l}x_3 = 0 \end{aligned}\right\} \tag{4.1b}$$

식(4.1 b)에서

$$k = \frac{T}{l}$$

라고 놓으면 식(4.1 a)와 일치한다. 따라서 식(4.1 b) 계의 고유진동수는

$$p_1 = \sqrt{2-\sqrt{2}} \cdot \sqrt{\frac{T}{ml}}, \quad p_2 = \sqrt{2} \cdot \sqrt{\frac{T}{ml}}, \quad p_3 = \sqrt{2+\sqrt{2}} \cdot \sqrt{\frac{T}{ml}} \tag{4.5 a}$$

진폭비는 **그림 4.2** 계의 경우도 식(4.7)로 주어지므로, 진폭의 형태는 **그림 4.3**과 같다.

스프링상수 $k_{ij}(i,\ j = 1,\ 2,\ 3)$ 대신에 영향계수 α_{ij}를 이용하여 **그림 4.1**, **그림 4.2**의 3자유도계에 대해 고찰해 보자. **3.3절**의 2자유도계에 대한 식(3.37)과 마찬가지로 해서 **그림 4.1**, **그림 4.2**의 3자유도계에 대해 운동방정식을 구해보면 다음과 같은 형태를 취한다.

$$\left.\begin{aligned} x_1 &= -\alpha_{11}m\ddot{x}_1 - \alpha_{12}m\ddot{x}_2 - \alpha_{13}m\ddot{x}_3 \\ x_2 &= -\alpha_{21}m\ddot{x}_1 - \alpha_{22}m\ddot{x}_2 - \alpha_{23}m\ddot{x}_3 \\ x_3 &= -\alpha_{31}m\ddot{x}_1 - \alpha_{32}m\ddot{x}_2 - \alpha_{33}m\ddot{x}_3 \end{aligned}\right\} \tag{4.9}$$

식(4.2)를 윗식에 대입하면

$$\left.\begin{aligned} (\alpha_{11}mp^2-1)a_1 + \alpha_{12}mp^2a_2 + \alpha_{13}mp^2a_3 &= 0 \\ \alpha_{21}mp^2a_1 + (\alpha_{22}mp^2-1)a_2 + \alpha_{23}mp^2a_3 &= 0 \\ \alpha_{31}mp^2a_1 + \alpha_{32}mp^2a_2 + (\alpha_{33}mp^2-1)a_3 &= 0 \end{aligned}\right\} \tag{4.10}$$

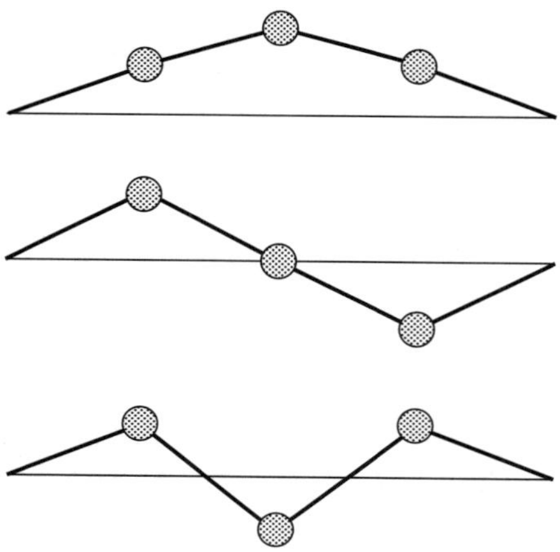

(a) $p_1 = \sqrt{2-\sqrt{2}} \cdot \sqrt{\frac{T}{ml}}$, $a_1 : a_2 : a_3 = 1 : \sqrt{2} : 1$

(b) $p_2 = \sqrt{2} \cdot \sqrt{\frac{T}{ml}}$, $a_1 : a_2 : a_3 = 1 : 0 : -1$

(c) $p_3 = \sqrt{2+\sqrt{2}} \cdot \sqrt{\frac{T}{ml}}$, $a_1 : a_2 : a_3 = 1 : -\sqrt{2} : 1$

그림 4.3 그림 4.2 계의 진동형

윗식에서 a_1, a_2, a_3를 소거하면, 진동수를 구할 수 있는 다음 식이 정해진다.

$$\begin{vmatrix} \alpha_{11}mp^2-1 & \alpha_{12}mp^2 & \alpha_{13}mp^2 \\ \alpha_{21}mp^2 & \alpha_{22}mp^2-1 & \alpha_{23}mp^2 \\ \alpha_{31}mp^2 & \alpha_{32}mp^2 & \alpha_{33}mp^2-1 \end{vmatrix} = 0 \tag{4.11}$$

그림 4.2 계의 영향계수 α_{ij}를 구해보자. 중앙 즉, 두 번째 질점에 단위 힘 1N이 작용했을 때 중앙 질점의 처짐은 영향계수의 정의로부터 α_{22}이고, 첫 번째와 세 번째 질점의 처짐은 각각 α_{12}, α_{32}로 나타낼 수 있다. 또한 **그림 4.4** (a)로부터

$$\alpha_{12} = \alpha_{32} = \frac{1}{2}\alpha_{22}$$

힘의 평형으로부터 다음과 같은 관계가 주어진다.

$$1\,\mathrm{N} \fallingdotseq 2T\tan\theta = T\frac{\alpha_{22}}{l}$$

$$\therefore\ \alpha_{22} = \frac{l}{T}, \qquad \alpha_{12} = \alpha_{32} = \frac{1}{2}\frac{l}{T}$$

좌측, 즉 첫 번째 질점에 단위 힘 1N을 작용시켰을 때 각 질점의 처짐은 각각 α_{11}, α_{21}, α_{31}이고, **그림 4.4** (b)에서

$$\alpha_{31} = \frac{1}{3}\alpha_{11}, \qquad \alpha_{21} = \frac{2}{3}\alpha_{22}$$

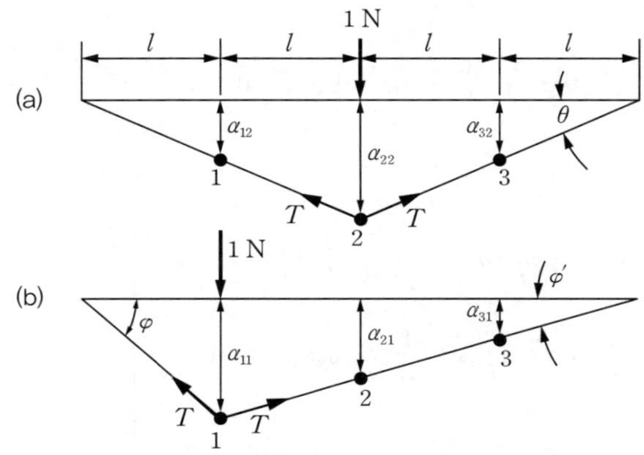

그림 4.4 영향계수

힘의 평형으로부터

$$1\,\mathrm{N} \fallingdotseq T\tan\varphi + T\tan\varphi' = T\frac{\alpha_{11}}{l} + T\frac{\alpha_{11}}{3l} = \frac{4}{3}\frac{T\alpha_{11}}{l}$$

따라서

$$\alpha_{11} = \frac{3}{4}\frac{l}{T}, \qquad \alpha_{21} = \frac{1}{2}\frac{l}{T}, \qquad \alpha_{31} = \frac{1}{4}\frac{l}{T}$$

이 계는 좌우대칭이므로

$$\alpha_{11} = \alpha_{33}, \qquad \alpha_{21} = \alpha_{12} = \alpha_{32} = \alpha_{23}, \qquad \alpha_{31} = \alpha_{13}$$

이상을 정리하면 다음과 같이 된다.

$$\left.\begin{aligned} &\alpha_{11} = \alpha_{33} = \frac{3}{4}\frac{l}{T}, \quad \alpha_{22} = \frac{l}{T} \\ &\alpha_{12} = \alpha_{21} = \alpha_{32} = \alpha_{23} = \frac{1}{2}\frac{l}{T} \\ &\alpha_{13} = \alpha_{31} = \frac{1}{4}\frac{l}{T} \end{aligned}\right\} \tag{4.12}$$

식(4.12)를 식(4.9), (4.10), (4.11)에 대입하면 다음 식들을 구할 수 있다.

$$\left.\begin{aligned} &\frac{3}{4}\frac{l}{T}m\ddot{x}_1 + \frac{1}{2}\frac{l}{T}m\ddot{x}_2 + \frac{1}{4}\frac{l}{T}m\ddot{x}_3 + x_1 = 0 \\ &\frac{1}{2}\frac{l}{T}m\ddot{x}_1 + \frac{l}{T}m\ddot{x}_2 + \frac{1}{2}\frac{l}{T}m\ddot{x}_3 + x_2 = 0 \\ &\frac{1}{4}\frac{l}{T}m\ddot{x}_1 + \frac{1}{2}\frac{l}{T}m\ddot{x}_2 + \frac{3}{4}\frac{l}{T}m\ddot{x}_3 + x_3 = 0 \end{aligned}\right\} \tag{4.9a}$$

$$\left.\begin{aligned} &\left(\frac{3}{4}\frac{l}{T}mp^2 - 1\right)a_1 + \frac{1}{2}\frac{l}{T}mp^2a_2 + \frac{1}{4}\frac{l}{T}mp^2a_3 = 0 \\ &\frac{1}{2}\frac{l}{T}mp^2a_1 + \left(\frac{l}{T}mp^2 - 1\right)a_2 + \frac{1}{2}\frac{l}{T}mp^2a_3 = 0 \\ &\frac{1}{4}\frac{l}{T}mp^2a_1 + \frac{1}{2}\frac{l}{T}mp^2a_2 + \left(\frac{3}{4}\frac{l}{T}mp^2 - 1\right)a_3 = 0 \end{aligned}\right\} \tag{4.10a}$$

$$\begin{vmatrix} \frac{3}{4}\frac{l}{T}mp^2-1 & \frac{1}{2}\frac{l}{T}mp^2 & \frac{1}{4}\frac{l}{T}mp^2 \\ \frac{1}{2}\frac{l}{T}mp^2 & \frac{l}{T}mp^2-1 & \frac{1}{2}\frac{l}{T}mp^2 \\ \frac{1}{4}\frac{l}{T}mp^2 & \frac{1}{2}\frac{l}{T}mp^2 & \frac{3}{4}\frac{l}{T}mp^2-1 \end{vmatrix} = 0 \tag{4.11 a}$$

식 (4.11 a)로부터 **그림 4.2**의 계에 대해 다음과 같은 진동수방정식을 구할 수 있다.

$$\left(mp^2-2\frac{T}{l}\right)\left\{mp^2-(2-\sqrt{2})\frac{T}{l}\right\}\left\{mp^2-(2+\sqrt{2})\frac{T}{l}\right\} = 0 \tag{4.4 a}$$

따라서 고유진동수 p_1, p_2, p_3 값은 식 (4.5 a)와 일치한다. 또한

$$\frac{1}{k} = \frac{l}{T}, \qquad k = \frac{T}{l}$$

라 놓으면, 식 (4.12), (4.9 a), (4.10 a), (4.11 a), (4.4 a)는 **그림 4.1**의 계에 관한 식이 된다는 것도 자연히 명확해질 것이다.

그림 4.5와 같이 종탄성계수 E [GPa], 단면 2차모멘트 I_0 [m^4]인 탄성보 위에 3개의 질점이 붙어 있는 계에 대해서도 영향계수를 이용하는 것이 편리하다. 왜냐하면 재료역학 공식으로는 스프링상수를 구하는 것보다 영향계수를 구하는 것이 보다 쉽기 때문이다.

그림 4.5 (a)와 같은 양단 자유지지일 때 영향계수는

$$\left.\begin{aligned} &\alpha_{11} = \alpha_{33} = \frac{3}{4}\frac{l^3}{EI_0}, \qquad \alpha_{22} = \frac{4}{3}\frac{l^3}{EI_0} \\ &\alpha_{12} = \alpha_{21} = \alpha_{32} = \alpha_{23} = \frac{11}{12}\frac{l^3}{EI_0} \\ &\alpha_{13} = \alpha_{31} = \frac{7}{12}\frac{l^3}{EI_0} \end{aligned}\right\} \tag{4.9 b}$$

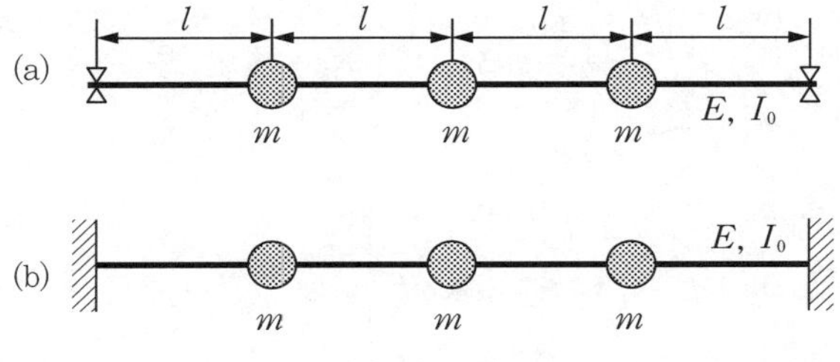

그림 4.5

그림 4.5 (b)와 같은 양단 고정지지일 때는 다음과 같이 된다.

$$\left.\begin{aligned}&\alpha_{11}=\alpha_{33}=\frac{9}{64}\frac{l^3}{EI_0},\quad \alpha_{22}=\frac{1}{3}\frac{l^3}{EI_0}\\&\alpha_{12}=\alpha_{21}=\alpha_{32}=\alpha_{23}=\frac{1}{6}\frac{l^3}{EI_0}\\&\alpha_{13}=\alpha_{31}=\frac{13}{192}\frac{l^3}{EI_0}\end{aligned}\right\}\tag{4.9c}$$

4.1.2 강제진동

그림 4.1, 4.2 , 4.5의 계에 있어서, 제1, 2, 3 질점의 질량이 같지 않고, 각각 m_1, m_2, m_3인 경우에 대해 고찰해 보자. 스프링상수도 $k_{ij}(i,\ j=1,\ 2,\ 3)$로 일반적인 형태로 주어지는 경우라고 하면, 외부에서 강제력이 작용하지 않을 때의 운동방정식은

$$\left.\begin{aligned}&m_1\ddot{x}_1+k_{11}x_1+k_{12}x_2+k_{13}x_3=0\\&m_2\ddot{x}_2+k_{21}x_1+k_{22}x_2+k_{23}x_3=0\\&m_3\ddot{x}_3+k_{31}x_1+k_{32}x_2+k_{33}x_3=0\end{aligned}\right\}\tag{4.13}$$

이 식에 식(4.2)를 대입하면 다음과 같은 진동수방정식을 얻을 수 있다.

$$\begin{aligned}\Phi(p^2)&=\begin{vmatrix}k_{11}-m_1p^2 & k_{12} & k_{13}\\ k_{21} & k_{22}-m_2p^2 & k_{23}\\ k_{31} & k_{32} & k_{33}-m_3p^2\end{vmatrix}\\&=-m_1m_2m_3(p^2-p_1^2)(p^2-p_2^2)(p^2-p_3^2)=0\end{aligned}\tag{4.14}$$

$\Phi(p^2)=0$은 p^2에 관한 3차식이고, 항상 3개의 (+)근 p_1^2, p_2^2, p_3^2을 가진다(**4.4절** 참조). 따라서 자유도의 수와 같은 3개의 고유진동수 p_1, p_2, p_3가 항상 존재한다. 제1, 2, 3 질량에 각각 강제력 $P_1=P_{10}\cos\omega t$, $P_2=P_{20}\cos\omega t$, $P_3=P_{30}\cos\omega t$가 작용하면 운동방정식은 다음과 같이 된다.

$$\left.\begin{aligned}&m_1\ddot{x}_1+k_{11}x_1+k_{12}x_2+k_{13}x_3=P_{10}\cos\omega t\\&m_2\ddot{x}_2+k_{21}x_1+k_{22}x_2+k_{23}x_3=P_{20}\cos\omega t\\&m_3\ddot{x}_3+k_{31}x_1+k_{32}x_2+k_{33}x_3=P_{30}\cos\omega t\end{aligned}\right\}\tag{4.15}$$

강제진동은

$$x_i = A_i \cos \omega t \qquad (i = 1,\ 2,\ 3) \tag{4.16}$$

의 형태라 하고, 이것을 식(4.15)에 대입하면 다음과 같이 된다.

$$\left.\begin{aligned} (k_{11}-m_1\omega^2)A_1 + k_{12}A_2 + k_{13}A_3 &= P_{10} \\ k_{21}A_1 + (k_{22}-m_2\omega^2)A_2 + k_{23}A_3 &= P_{20} \\ k_{31}A_1 + k_{32}A_2 + (k_{33}-m_3\omega^2)A_3 &= P_{30} \end{aligned}\right\} \tag{4.17}$$

진폭 A_1, A_2, A_3에 관한 3원1차방정식(4.17)을 풀면 다음과 같이 된다.

$$\begin{aligned} A_1 &= \frac{1}{\Phi(\omega^2)}\begin{vmatrix} P_{10} & k_{12} & k_{13} \\ P_{20} & k_{22}-m_2\omega^2 & k_{23} \\ P_{30} & k_{32} & k_{33}-m_3\omega^2 \end{vmatrix} \\ A_2 &= \frac{1}{\Phi(\omega^2)}\begin{vmatrix} k_{11}-m_1\omega^2 & P_{10} & k_{13} \\ k_{21} & P_{20} & k_{23} \\ k_{31} & P_{30} & k_{33}-m_3\omega^2 \end{vmatrix} \\ A_3 &= \frac{1}{\Phi(\omega^2)}\begin{vmatrix} k_{11}-m_1\omega^2 & k_{12} & P_{10} \\ k_{21} & k_{22}-m_2\omega^2 & P_{20} \\ k_{31} & k_{32} & P_{30} \end{vmatrix} \end{aligned} \tag{4.18}$$

$\Phi(\omega^2)$은 식(4.14) $\Phi(p^2)$중의 고유진동수 p를 강제력의 각진동수 ω로 치환한 식이다. 따라서 ω가 고유진동수 p_1, p_2, p_3중 어느 하나와 같아지면 $\Phi(\omega^2) = 0$가 되고, 이들 3개의 공진점 $\omega = p_1$, $\omega = p_2$, $\omega = p_3$에서 강제진동의 진폭 A_1, A_2, A_3는 무한대가 된다. $P_i = P_{i0}\cos \omega t$ 이외의 강제력이 동시에 작용하면 중첩의 원리에 따라 해를 구하면 된다.

이상은 일반론이다. 다음에 제1 질점에만 강제력이 작용하는 경우에 대해 검토해 보자. 이 경우 진폭은 식(4.18)에서 $P_{10} \neq 0$, $P_{20} = 0$, $P_{30} = 0$라고 하면 구할 수 있고, 제1 질점 m_1의 진폭은 다음과 같다.

$$A_1 = \frac{P_{10}\{m_2m_3\omega^4 - (k_{22}m_3 + k_{33}m_2)\omega^2 + (k_{22}k_{33} - k_{23}^2)\}}{\Phi(\omega^2)} \tag{4.19}$$

한편, 2자유도계

$$\left.\begin{aligned} m_2\ddot{x}_2 + k_{22}x_2 + k_{23}x_3 = 0 \\ m_3\ddot{x}_3 + k_{32}x_2 + k_{33}x_3 = 0 \end{aligned}\right\} \tag{4.20}$$

의 진동수방정식

$$\begin{vmatrix} k_{22}-m_2p^2 & k_{23} \\ k_{32} & k_{33}-m_3p^2 \end{vmatrix} = m_2m_3p^4-(k_{22}m_3+k_{33}m_2)p^2+(k_{22}k_{33}-k^2_{23})$$

$$= m_2m_3(p^2-p_2'^2)(p^2-p_3'^2) = 0 \tag{4.14 a}$$

는 식(4.19)의 분자에서 $\omega = p$로 한 식이고, 게다가 식(4.14 a)는 반드시 2개의 (+)근 $p_2'^2$, $p_3'^2$을 갖는 것이 증명된다(**4.4절** 참조). 또한 $p_2' < p_3'$라 하면

$$p_1 < p_2' < p_2 < p_3' < p_3 \tag{4.21}$$

의 관계가 있다는 사실, 즉 식(4.14 a)의 근은 식(4.14)의 근 사이에 존재하는 것도 일반적으로 증명할 수 있다. 따라서 제1($\omega = p_1$)과 제2($\omega = p_2$), 제2($\omega = p_2$)와 제3($\omega = p_3$) 공진점 중간의 $\omega = p_2'$와 $\omega = p_3'$에서 식(4.19)의 분자가 0, 즉 $A_1 = 0$가 되고, 강제력 $P_{10}\cos\omega t$가 작용하는 제1 질점 m_1만은 여기서 완전히 진동하지 않게 된다.

이와 같은 사실은 3자유도계 뿐만 아니라, 일반적으로 n자유도계($n > 2$)에 있어서도 성립한다. $n = 2$인 경우에 있어서 이 사실을 응용한 것이 **그림 3.20**의 흡진기 원리이다. 즉, 그림 3.20에 있어서 식(3.89)로 주어지는 본체의 진폭 A는 제1, 제2의 공진점 $\omega = p_1$, $\omega = p_2$의 중간인 **그림 3.21** (a)의 $\omega = p$인 C점에서 반드시 0이 된다.

제1 질점에만 강제력이 작용하는 경우(이때 $P_{20} = 0$, $P_{30} = 0$), 제2 질점의 진폭 A_2는 식(4.18)로부터 다음과 같이 주어진다.

$$A_2 = -P_{10}\frac{\begin{vmatrix} k_{21} & k_{23} \\ k_{31} & k_{33}-m_3\omega^2 \end{vmatrix}}{\Phi(\omega^2)}$$

A_2는 $k_{13} = k_{31} = 0$, $k_{11}/m_1 = k_{33}/m_3$의 관계가 있는 특별한 경우(**그림 4.1, 4.2, 4.5**는 이와 같은 경우이다)에는

$$A_2 = \frac{P_{10}k_{21}(m_3\omega^2-k_{33})}{\Phi(\omega^2)} = \frac{P_{10}k_{21}m_3(\omega^2-p_2^2)}{\Phi(\omega^2)}$$

이 되고, 제1, 제3의 공진점에서 A_2는 무한대가 되지만, 제2의 공진점 $\omega = p_2$에 있어서 제

2 질점의 진폭 A_2는 유한한 값이 된다(**문제 4.2** 참조). 이 사실은 **그림 4.1, 4.2, 4.5** 시스템의 경우, $\omega \fallingdotseq p_2$인 제2 공진점 부근에 있어서 강제진동의 진동 형태가 **그림 4.3** (b)와 같이 $p = p_2$인 자유진동일 때의 진동형태와 거의 같게 된다는 사실로부터도 유추할 수 있을 것이다. 이 자유진동의 형태는 $a_1 \neq 0$, $a_2 = 0$, $a_3 \neq 0$이고, 제2의 질점 m_2의 진폭만이 0이 된다.

4.2 일반좌표, 일반력, 라그랑지 방정식

xy 평면 위에서 자유롭게 운동하는 질점은 **2.1절**에서 기술한 바와 같이 2자유도계이다. **그림 2.20**에서 시계추의 질점 m은 xy 평면 위에서 운동하는 질점이기는 하지만, 반경 l인 원호를 따라 운동하도록 구속되어 있기 때문에 하나의 곡선 위에서 운동하는 질점계이므로 2자유도계는 아니고 1자유도계이다. 이와 같은 경우, 2개의 좌표 x, y를 이용하는 것 보다는 자유도의 수와 같은 하나의 좌표 θ, 즉 시계추의 기울기 각 θ를 이용하는 것이 계산상 편리하다. 이 경우 좌표 x, y를 이용하면, x, y는 서로 독립이 아니고 $x^2 + y^2 = l^2$으로 표현되는 구속조건을 만족하면서 변화하기 때문에 운동방정식과 구속조건 양쪽을 고려하여 해석해야 하고, 구속조건에 얽매이지 않고 자유로 변화하는 하나의 좌표 θ를 이용한 경우와 비교해 보면 해석하기가 까다롭다.

이와 같이 구속조건에 얽매이는 일 없이 자유도의 수 k와 같은 k개의 좌표 q_1, q_2, $\cdots$, q_k를 이용하여 계의 기하학적 위치를 나타내면 해석하기가 쉬운데, 이 자유도의 수와 같도록 선택한 좌표 $q_i (i = 1, 2, \cdots, k)$를 **일반좌표**(一般座標, generalized coordinate)라고 한다. 지금까지 기술해 온 진동계의 거의 대부분은, 미리 언급하지는 않았지만, 이 일반좌표를 이용했다. 일반좌표는 반드시 길이의 차원을 가질 필요는 없고, 또한 무엇을 일반좌표로 선택할까 하는 것은 주로 계산의 편의성으로 결정된다.

일반좌표라고 하는 사고에 더하여 **일반력**(一般力, generalized force)이라고 하는 역학량을 도입하기로 한다. 1개 질점의 위치는 직교좌표 x, y, z에 의해서도, 또한 일반좌표 q_1, q_2, $\cdots$, q_k에 의해서도 나타낼 수 있고, 게다가

$$x = x(q_1, q_2, \cdots, q_k), \quad y = y(q_1, q_2, \cdots, q_k), \quad z = z(q_1, q_2, \cdots, q_k) \tag{4.22}$$

와 같이 직교좌표는 일반좌표의 함수로서 나타낼 수 있다. 예를 들면, 일반좌표로서 **그림**

4.6의 극좌표 $q_1 = r$, $q_2 = \theta$, $q_3 = \varphi$를 도입했을 경우, x, y, z와 일반좌표 사이의 관계를 나타내면

$$x = r\sin\theta\cos\varphi, \quad y = r\sin\theta\sin\varphi, \quad z = r\cos\theta \tag{4.22a}$$

가 이 경우의 식(4.22)에 상당하는 식이다. 질량 m에 작용하고 있는 x, y, z 방향의 외력을 F_x, F_y, F_z라고 하자. 지금 직교좌표 x, y, z중에서 x만 δx 만큼 미소변위를 행하여 질점이 (x, y, z)에서 $(x+\delta x, y, z)$위치로 이동했을 경우, 외력이 질점에 행한 일은 $E = F_x\,\delta x$이다. 즉, 이때의 일량은 외력의 x 방향 성분 F_x와 x 방향의 변위 δx와의 곱이다. 이것과 마찬가지로 질점 m의 좌표를 q_1, q_2, $\cdots$, q_k의 일반좌표로 나타내었을 경우, 이 일반좌표 중 단 하나의 좌표 q_s만이 $q_s+\delta q_s$ 만큼 변위 했을 때 질점이 행한 일량을 E라고 하면,

$$E = Q_s \cdot \delta q_s \quad \therefore\ Q_s = \frac{E}{\delta q_s} \tag{4.23}$$

로 정의되는 Q_s를 일반좌표 q_s에 관한 **일반력**(generalized force)이라고 한다. q_s의 차원이 반드시 길이가 아닌 것과 마찬가지로 일반력 Q_s의 차원도 반드시 힘[N]은 아니지만, Q_s와 δq_s의 곱인 $Q_s\delta q_s$는 에너지 차원을 가져야 한다. q_s가 $q_s + \delta q_s$로 변하면 직교좌표 x, y, z는 각각

$$x + \frac{\partial x}{\partial q_s}\delta q_s, \quad y + \frac{\partial y}{\partial q_s}\delta q_s, \quad z + \frac{\partial z}{\partial q_s}\delta q_s$$

로 변화한다. 이와 같은 질점의 변위에 의해 계가 행한 일은

$$E = \left(F_x\frac{\partial x}{\partial q_s} + F_y\frac{\partial y}{\partial q_s} + F_z\frac{\partial z}{\partial q_s}\right)\delta q_s \tag{4.24}$$

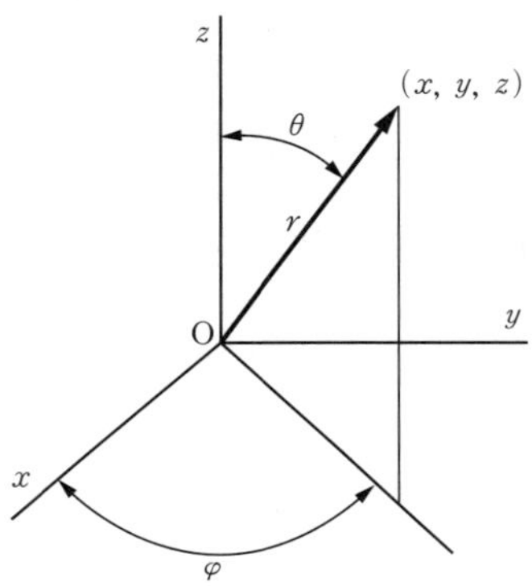

그림 4.6

식(4.23)과 식(4.24)의 E는 동일한 변위 δq_s에 의해 행해진 일량이므로 같은 것이다. 따라서 양자를 같다고 놓으면

$$Q_s = F_x \frac{\partial x}{\partial q_s} + F_y \frac{\partial y}{\partial q_s} + F_z \frac{\partial z}{\partial q_s} \tag{4.25}$$

의 관계가 구해지고, 이 식(4.25)를 이용하면 일반력 Q_s를 구할 수 있다.

n개의 질점 m_i $(i = 1, 2, \cdots, n)$로 이루어진 질점계에 있어서 질점 m_i의 직교정지좌표계 O$-xyz$에 관한 좌표를 x_i, y_i, z_i, 질점 m_i에 작용하는 x, y, z 방향의 힘을 F_{xi}, F_{yi}, F_{zi}라고 하자. 시스템 내에 강체이면서 유한한 크기의 질점으로는 취급할 수 없는 물체가 존재할 경우에는, 이들 물체를 무한개의 질점 m_i의 집합으로 간주하고, 또한 F_{xi}, F_{yi}, F_{zi}는 m_i에 작용하는 외력 및 분자력의 합이라고 생각하면 된다. 질점 m_i에 관한 운동방정식은 뉴톤의 운동에 관한 제2법칙으로부터 다음과 같이 된다.

$$m_i \ddot{x}_i = F_{xi}, \qquad m_i \ddot{y}_i = F_{yi}, \qquad m_i \ddot{z}_i = F_{zi} \tag{4.26}$$

직교좌표 x_i, y_i, z_i는 식(4.22)와 마찬가지로, 자유도의 수 k와 같은 수의 일반좌표 q_1, q_2, $\cdots$, q_k의 함수이다.

$$x_i = x_i(q_1, q_2, \cdots, q_k), \quad y_i = y_i(q_1, q_2, \cdots, q_k), \quad z_i = z_i(q_1, q_2, \cdots, q_k) \tag{4.27}$$

식(4.26)의 제1, 2, 3식에 각각 $\partial x_i/\partial q_s$, $\partial y_i/\partial q_s$, $\partial z_i/\partial q_s$를 곱하고, 모든 질점에 대해 이들을 합하면 다음과 같이 된다.

$$\sum_{i=1}^{n} m_i \left(\ddot{x}_i \frac{\partial x_i}{\partial q_s} + \ddot{y}_i \frac{\partial y_i}{\partial q_s} + \ddot{z}_i \frac{\partial z_i}{\partial q_s} \right) = \sum_{i=1}^{n} \left(F_{xi} \frac{\partial x_i}{\partial q_s} + F_{yi} \frac{\partial y_i}{\partial q_s} + F_{zi} \frac{\partial z_i}{\partial q_s} \right) \tag{4.28}$$

강체의 경우에는 $\sum_{i=1}^{n}$ 대신에 물체 전체에 걸쳐 적분하면 된다. 이 경우, F_{xi} 등에 있는 분자력 성분은 물체 전체에 걸쳐 적분하면 총합이 0이 되어 전부 없어지고, 물체 외부에서 작용하는 외력만 남는다. 식(4.27)을 시간 t로 미분하면

$$\frac{dx_i}{dt} = \dot{x}_i = \frac{\partial x_i}{\partial q_1} \dot{q}_1 + \frac{\partial x_i}{\partial q_2} \dot{q}_2 + \cdots + \frac{\partial x_i}{\partial q_k} \dot{q}_k \tag{4.29}$$

의 관계를 구할 수 있다. 윗식을 $\dot{q}_s$로 편미분하면

$$\frac{\partial \dot{x}_i}{\partial \dot{q}_s} = \frac{\partial}{\partial \dot{q}_s} \left(\frac{\partial x_i}{\partial q_1} \dot{q}_1 + \cdots + \frac{\partial x_i}{\partial q_s} \dot{q}_s + \cdots + \frac{\partial x_i}{\partial q_k} \dot{q}_k \right) = \frac{\partial x_i}{\partial q_s} \tag{4.30}$$

따라서 다음과 같은 관계가 주어진다.

$$\ddot{x}_i \frac{\partial x_i}{\partial q_s} = \ddot{x}_i \frac{\partial \dot{x}_i}{\partial \dot{q}_s} = \frac{d}{dt}\left(\dot{x}_i \frac{\partial \dot{x}_i}{\partial \dot{q}_s}\right) - \dot{x}_i \frac{d}{dt}\left(\frac{\partial x_i}{\partial q_s}\right) \tag{4.31}$$

$\partial x_i/\partial q_s$는 일반적으로 q_1, q_2, $\cdots$, q_k의 함수이므로 정리하면 다음과 같이 된다.

$$\frac{d}{dt}\left(\frac{\partial x_i}{\partial q_s}\right) = \frac{\partial^2 x_i}{\partial q_1 \partial q_s}\dot{q}_1 + \frac{\partial^2 x_i}{\partial q_2 \partial q_s}\dot{q}_2 + \cdots + \frac{\partial^2 x_i}{\partial q_s^2}\dot{q}_s + \cdots + \frac{\partial^2 x_i}{\partial q_k \partial q_s}\dot{q}_k \tag{4.32}$$

한편, 식(4.29)의 $\dot{x}_i$를 q_s로 편미분하면, $\partial x_i/\partial q_1$, $\partial x_i/\partial q_2$, $\cdots$ 등은 q_1, q_2, $\cdots$, q_k의 함수이지만, $\dot{q}_1$, $\dot{q}_2$, $\cdots$ 등은 q_1, q_2, $\cdots$, q_k의 함수가 아니므로 다음과 같이 된다.

$$\frac{\partial \dot{x}_i}{\partial q_s} = \frac{\partial^2 x_i}{\partial q_1 \partial q_s}\dot{q}_1 + \frac{\partial^2 x_i}{\partial q_2 \partial q_s}\dot{q}_2 + \cdots + \frac{\partial^2 x_i}{\partial q_s^2}\dot{q}_s + \cdots + \frac{\partial^2 x_i}{\partial q_k \partial q_s}\dot{q}_k \tag{4.33}$$

식(4.33)의 우변과 식(4.32)의 우변은 같으므로 다음 식이 성립한다.

$$\frac{d}{dt}\left(\frac{\partial x_i}{\partial q_s}\right) = \frac{\partial \dot{x}_i}{\partial q_s} \tag{4.34}$$

윗식의 관계를 식(4.31)에 대입하면, 식(4.31)은 다음과 같이 된다.

$$\ddot{x}_i \frac{\partial x_i}{\partial q_s} = \frac{d}{dt}\left(\dot{x}_i \frac{\partial \dot{x}_i}{\partial \dot{q}_s}\right) - \dot{x}_i \frac{\partial \dot{x}_i}{\partial q_s} = \frac{d}{dt}\left\{\frac{\partial}{\partial \dot{q}_s}\left(\frac{1}{2}\dot{x}_i^2\right)\right\} - \frac{\partial}{\partial q_s}\left(\frac{1}{2}\dot{x}_i^2\right) \tag{4.35}$$

y_i, z_i에 대해서도 식(4.35)와 마찬가지 관계가 있으므로 식(4.28)의 좌변은

$$\begin{aligned}
&\sum_{i=1}^{n} m_i\left(\ddot{x}_i \frac{\partial x_i}{\partial q_s} + \ddot{y}_i \frac{\partial y_i}{\partial q_s} + \ddot{z}_i \frac{\partial z_i}{\partial q_s}\right) \\
&\quad = \frac{1}{2}\sum_{i=1}^{n} m_i \frac{d}{dt}\left\{\frac{\partial}{\partial \dot{q}_s}(\dot{x}_i^2 + \dot{y}_i^2 + \dot{z}_i^2)\right\} - \frac{1}{2}\sum_{i=1}^{n} m_i \frac{\partial}{\partial q_s}(\dot{x}_i^2 + \dot{y}_i^2 + \dot{z}_i^2) \\
&\quad = \frac{d}{dt}\left(\frac{\partial T}{\partial \dot{q}_s}\right) - \frac{\partial T}{\partial q_s}
\end{aligned} \tag{4.36}$$

여기서,

$$T = \frac{1}{2}\sum_{i=1}^{n} m_i(\dot{x}_i^2 + \dot{y}_i^2 + \dot{z}_i^2) \tag{4.37}$$

은 계 전체의 **운동에너지**(kinetic energy)이다.

하나의 일반좌표 q_s만 $q_s + \delta q_s$ 변화했을 때, 계가 한 일 E와 일반력 Q_s와의 관계는 식(4.23)으로 주어진다. 이 δq_s의 변위에 의해 직교좌표 x_i, y_i, z_i는

$$x_i + \frac{\partial x_i}{\partial q_s}\delta q_s, \qquad y_i + \frac{\partial y_i}{\partial q_s}\delta q_s, \qquad z_i + \frac{\partial z_i}{\partial q_s}\delta q_s$$

로 변화하므로, 이 경우 계가 한 일 E는, 식(4.24)와 마찬가지로

$$E = Q_s \delta q_s = \sum_{i=1}^{n}\left(F_{xi}\frac{\partial x_i}{\partial q_s} + F_{yi}\frac{\partial y_i}{\partial q_s} + F_{zi}\frac{\partial z_i}{\partial q_s}\right)\delta q_s \tag{4.38}$$

로 나타낼 수도 있다. 윗식의 경우 일반력은, 식(4.25)와 마찬가지로

$$Q_s = \sum_{i=1}^{n}\left(F_{xi}\frac{\partial x_i}{\partial q_s} + F_{yi}\frac{\partial y_i}{\partial q_s} + F_{zi}\frac{\partial z_i}{\partial q_s}\right) \tag{4.39}$$

이다는 것을 알 수 있다. 이것은 식(4.28)의 우변과 일치한다. 식(4.28)의 좌변은 식(4.36)으로 주어지므로, 여기서 자유도의 수와 같은 k개의 다음 관계를 구할 수 있다.

$$\frac{d}{dt}\left(\frac{\partial T}{\partial \dot{q}_s}\right) - \frac{\partial T}{\partial q_s} = Q_s \qquad (s = 1,\ 2,\ \cdots,\ k) \tag{4.40}$$

질점 m_i에 작용하는 힘 F_{xi}, 혹은 Q_s 등이 보존력인 경우에 대해 고찰해 보자. **보존력**(保存力, conservative force)이란, 스프링력 $F = -kx$, 중력 $F = mg$, 만유인력, 혹은 전자장에 있어서의 전자력 등과 같이, 좌표가 정해지면 크기와 방향이 정해지는 힘, 즉 좌표만의 함수로서 나타낼 수 있는 힘을 말한다. 계의 어떤 기하학적 위치 P $(q_1,\ q_2,\ \cdots,\ q_k)$에서 기준위치 P_0 $(q_{10},\ q_{20},\ \cdots,\ q_{k0})$까지 계가 변위하는 사이에, 각 질점 m_i에 작용하는 외력(이 경우 외력은 보존력이다)이 행한 일을 V라 하자. 이 V는 위치 P에서 기준위치 P_0까지 변할 때 그 변위의 중간 경로와는 관계없이 같은 값을 취한다. 즉, V는 위치 P의 좌표 $q_1,\ q_2,\ \cdots,\ q_k$만의 함수이다. 이 V를 **포텐셜 에너지**(potential energy, **위치에너지**)라고 한다. 만약 V가 $(+)$이면 기준위치 P_0에 있어서의 포텐셜 에너지 V_0 $(q_{10},\ q_{20},\ \cdots,\ q_{k0})$에 비해 P점에서의 포텐셜 에너지가 V만큼 크다는 뜻이다. 따라서 계의 기하학적 위치를 P_0에서 P로 변화시키기 위해서는 계에 존재하는 보존력에 대항하여 에너지 V만큼 일을 할 필요가 있다. 예로서 스프링 상수 k인 스프링력에 대해 검토해 보자. 이 경우 $x = x_0 = 0$를 기준위치로 선택하면, 좌표 $x = x$ 위치에서 $x = 0$ 위치까지 변위하는 사이에 스프링력이 행한 일은, 정의에 따라 포텐셜 에너지 V이다. 스프링력 $F = -kx$는 항상 기준위치 $x = 0$ 방향을 향하고 있고, 물체도

$x=x$에서 $x=0$인 기준위치로 향하여 이동하고 있으므로 스프링력에 의해 계에는 (+) 일이 행해진다. 즉, 이 경우의 V는 (+)이다. 이 사이 $F=-kx$가 행한 일량 V는 다음과 같다.

$$V=\int_x^0(-kx)dx=\int_0^x kxdx=\frac{1}{2}kx^2 \tag{4.41}$$

또한, 이 V는 스프링력에 대항해서 $x=0$에서 $x=x$까지 물체를 이동시키는데 필요한 일이기도 하다.

위치 P 보다 약간 다른 위치 P$+\delta$P$(q_1+\delta q_1,\ q_2+\delta q_2,\ \cdots,\ q_k+\delta q_k)$의 포텐셜 에너지 $V+\delta V$는, 테일러 전개하면 다음 식과 같이 된다.

$$\begin{aligned}V+\delta V&=V(q_1+\delta q_1,\ q_2+\delta q_2,\ \cdots,\ q_k+\delta q_k)\\&=V(q_1,\ q_2,\ \cdots,\ q_k)+\frac{\partial V}{\partial q_1}\delta q_1+\frac{\partial V}{\partial q_2}\delta q_2+\cdots+\frac{\partial V}{\partial q_k}\delta q_k\end{aligned} \tag{a}$$

위치 P에서 위치 P$+\delta$P를 거쳐 기준위치 P_0에 이르는 사이에 행한 일은, 경로와 관계없이 여전히 V이고, 위치 P$+\delta$P에서 기준위치 P_0에 이르는 사이에 행한 일은 식(a)로 주어지는 $V+\delta V$이다. 따라서 위치 P에서 위치 P$+\delta$P에 이르는 사이에 행한 일량, 바꾸어 말하면 좌표 $q_1,\ q_2,\ \cdots,\ q_k$가 각각 $\delta q_1,\ \delta q_2,\ \cdots,\ \delta q_k$ 변화했을 때의 일량은 다음과 같다.

$$V-(V+\delta V)=-\left(\frac{\partial V}{\partial q_1}\delta q_1+\frac{\partial V}{\partial q_2}\delta q_2+\cdots+\frac{\partial V}{\partial q_k}\delta q_k\right) \tag{4.42}$$

윗식에서 $\delta q_1=0,\ \delta q_2=0,\ \cdots$이고 q_s만 δq_s 변화했을 때 질량 m_i에 가해진 외력(이 경우 보존력)이 행한 일은 $(-\partial V/\partial q_s)\delta q_s$이다는 것을 알 수 있다. 이 일은 명확히 식(4.38)로 주어지는 일과 같다. 따라서

$$Q_s=\sum_{i=1}^{n}\left(F_{xi}\frac{\partial x_i}{\partial q_s}+F_{yi}\frac{\partial y_i}{\partial q_s}+F_{zi}\frac{\partial z_i}{\partial q_s}\right)=-\frac{\partial V}{\partial q_s} \tag{4.43}$$

이것을 식(4.40)에 대입하면

$$\frac{d}{dt}\left(\frac{\partial T}{\partial \dot{q}_s}\right)-\frac{\partial T}{\partial q_s}+\frac{\partial V}{\partial q_s}=0 \qquad (s=1,\ 2,\ \cdots,\ k) \tag{4.44}$$

일반력 Q_s의 일부는 보존력 Q_s'이고, 나머지는 비보존력 Q_s''일 때, 즉 보존력과 그렇지 않는 힘, 양쪽의 힘이 작용할 때는

$$Q_s=Q_s'+Q_s'',\qquad Q_s'=-\frac{\partial V}{\partial q_s}$$

이므로

$$\frac{d}{dt}\left(\frac{\partial T}{\partial \dot{q}_s}\right)-\frac{\partial T}{\partial q_s}+\frac{\partial V}{\partial q_s}=Q_s'' \quad (s=1,\ 2,\ \cdots,\ k) \tag{4.45}$$

2.5.2항의 식(2.109), 즉 $m\ddot{x}+kx=P_0\cos\omega t$에 대해서 살펴보면, $m\ddot{x}$는 식(4.45)의 첫 번째와 두 번째 항, kx는 세 번째 항, $P_0\cos\omega t$는 우변 Q_s''항에 상당한다. 식(4.44)에서 계에 작용하는 힘 Q_s는 전부 보존력(복원력)이다. 즉, 질점에 작용하는 힘은 복원력만 있는 경우이므로, 이것이 진동계라면 식(4.44)는 자유진동일 때의 운동방정식이다.

식(4.40), (4.44), (4.45)를 **라그랑지 방정식**(Lagrange's equation)이라고 한다. 자유도가 많은 복잡한 계에 있어서는 각각의 좌표에 대한 관성력, 복원력을 구해서 운동에 관한 뉴톤의 제2법칙, 혹은 다랑베르의 원리로부터 운동방정식을 도입하는 것 보다도, 그 계의 운동에너지 T와 포텐셜 에너지 V를 구하는 쪽이 훨씬 용이한 경우가 많다. 특히 회전좌표계를 이용할 시에는 관성항을 구하는 것이 운동에너지 T를 구하는 것보다 훨씬 곤란한 경우가 많다. 따라서 이와 같은 경우에는 라그랑지 방정식이 훨씬 유용하다. 또한, 1자유도계이더라도 **2.3.7항**의 **예** 15, 16, 17 등에서 복원력을 구하는 것은, 포텐셜 에너지 V를 구하는 것보다 훨씬 복잡하므로, 이들은 라그랑지 방정식을 이용하여 운동방정식을 유도하는 것이 좋다는 적합한 예라고 할 수 있다.

평형점 부근의 미소진동을 다룰 경우, 좌표 $q_1,\ q_2,\ \cdots,\ q_k$는 미소량이라고 간주하고, 운동방정식을 유도할 때는 이들의 제곱 이상을 무시하는 것이 보통이다. 식(4.40), (4.44), (4.45)에서 알 수 있듯이 라그랑지 방정식에서는 $q_s,\ \dot{q}_s$로 편미분을 수행한다. 따라서 운동방정식에서 좌표의 1제곱까지 도입할 경우에는 T 및 V를 구할 때는 $q_s,\ \dot{q}_s$의 제곱 항까지 구해야 된다.

4.3 라그랑지 방정식의 응용 예

예 1 우선 **2.3.1항**, 식(2.7), **그림 2.4**의 간단한 예에 대해서 검토해 보자. 이 경우 운동에너지는 $T=m\dot{x}^2/2$이고, 포텐셜 에너지는 식(4.41)에서 $V=kx^2/2$이다. 따라서

$$\frac{d}{dt}\left(\frac{\partial T}{\partial \dot{x}}\right)=m\ddot{x},\qquad \frac{\partial T}{\partial x}=0,\qquad \frac{\partial V}{\partial x}=kx$$

이들을 식(4.44)에 대입하면 식(2.7)과 같은 식이 나온다.

$$m\ddot{x}+kx=0$$

예 2 **2.3.7항, 예 16, 그림 2.22**의 계에 대해 검토해 보자. 이 경우 운동에너지 T, 포텐셜 에너지 V는

$$T=\frac{1}{2}m(\dot{x}^2+\dot{y}^2)+\frac{1}{2}I\dot{\psi}^2=\frac{1}{2}m(\dot{x}^2+\dot{y}^2)+\frac{1}{2}I(\dot{\varphi}-\dot{\theta})^2$$

$$=\frac{1}{2}m(R-r)^2\dot{\theta}^2+\frac{1}{2}I\left(\frac{R-r}{r}\right)^2\dot{\theta}^2$$

$$V=mgy=mg\cdot \mathrm{AO}\cdot(1-\cos\theta)\fallingdotseq\frac{1}{2}mg(R-r)\theta^2$$

이므로 이들 값을 라그랑지 방정식(4.44)에 대입하면 바로 다음 식을 구할 수 있다.

$$\left\{m(R-r)^2+I\frac{(R-r)^2}{r^2}\right\}\ddot{\theta}+mg(R-r)\theta=0$$

따라서

$$\ddot{\theta}+\frac{mgr^2}{(R-r)(I+mr^2)}\theta=0 \tag{2.68}$$

가 되므로 이전에 유도한 식과 같은 결과가 주어진다.

예 3 **그림 2.23**과 같이, 줄 2개로 매단 경우에 대해서도 라그랑지 방정식을 이용하면 비교적 용이하게 운동방정식을 유도할 수 있다. 원판의 상하 변위를 z라 하면, **그림 2.23**에서

$$z=\mathrm{AA''}-\mathrm{AA'}$$

한편,

$$\mathrm{AA''}=h$$

$$\mathrm{AA'}=\sqrt{\mathrm{AB'^2}-\mathrm{A'B'^2}}=\sqrt{\mathrm{AB'^2}-(\mathrm{CA'^2}+\mathrm{CB'^2})}=\sqrt{l^2-\{a^2\sin^2\theta+(b-a\cos\theta)^2\}}$$

$$\fallingdotseq\sqrt{h^2-ab\theta^2}\fallingdotseq h\left(1-\frac{1}{2}\frac{ab}{h^2}\theta^2\right)$$

이므로 상하변위 z는

$$z = \mathrm{AA''} - \mathrm{AA'} = \frac{1}{2}\frac{ab}{h}\theta^2$$

따라서 운동에너지 T와 중력에 의한 포텐셜 에너지 V는 다음과 같다.

$$T = \frac{1}{2}m\dot{z}^2 + \frac{1}{2}I\dot{\theta}^2 \fallingdotseq \frac{1}{2}I\dot{\theta}^2$$

$$V = mgz = \frac{1}{2}mg\frac{ab}{h}\theta^2$$

상기의 T, V를 식(4.44)에 대입하면

$$I\ddot{\theta} + \frac{mgab}{h}\theta = 0 \tag{2.70}$$

가 되어, 이것도 이미 구한 식과 일치한다.

예 4 2자유도계의 예로서 **그림 3.1**의 계에 대해 고찰해 보자. 이 경우는

$$T = \frac{1}{2}m_1\dot{x}_1^2 + \frac{1}{2}m_2\dot{x}_2^2$$

$$V = \frac{1}{2}k_1x_1^2 + \frac{1}{2}k_2(x_1 - x_2)^2 + \frac{1}{2}k_3x_2^2$$

$$= \frac{1}{2}(k_1 + k_2)x_1^2 - k_2x_1x_2 + \frac{1}{2}(k_2 + k_3)x_2^2$$

라그랑지 방정식(4.44)를 이용하면 바로 식(3.1 a)를 구할 수 있다.

예 5 **그림 3.4**의 2중 시계추에 관한 운동방정식을 라그랑지 방정식을 이용하여 구해 보자. 그림에서 질량 m_1, m_2인 추의 좌표를 각각 (x_1, y_1), (x_2, y_2)라고 하면

$$\left.\begin{aligned} &x_1 = l_1\sin\theta_1 \fallingdotseq l_1\theta_1 & &x_2 = l_1\sin\theta_1 + l_2\sin\theta_2 \fallingdotseq l_1\theta_1 + l_2\theta_2 \\ &y_1 = l_1\cos\theta_1 \fallingdotseq l_1\left(1 - \frac{1}{2}\theta_1^2\right) & &y_2 = l_1\cos\theta_1 + l_2\cos\theta_2 \\ & & &\quad\fallingdotseq l_1\left(1 - \frac{1}{2}\theta_1^2\right) + l_2\left(1 - \frac{1}{2}\theta_2^2\right) \end{aligned}\right\} \tag{e}$$

미소량 θ_1, θ_2의 3제곱 이상을 무시하고 운동에너지 T를 구해보면 다음과 같이 된다.

$$T = \frac{1}{2}m_1(\dot{x}_1^2+\dot{y}_1^2)+\frac{1}{2}m_2(\dot{x}_2^2+\dot{y}_2^2) = \frac{1}{2}m_1l_1^2\dot{\theta}_1^2+\frac{1}{2}m_2(l_1\dot{\theta}_1+l_2\dot{\theta}_2)^2$$
$$= \frac{1}{2}(m_1+m_2)l_1^2\dot{\theta}_1^2+m_2l_1l_2\dot{\theta}_1\dot{\theta}_2+\frac{1}{2}m_2l_2^2\dot{\theta}_2^2$$

평형위치 ($\theta_1 = 0,\ \theta_2 = 0$)를 기준위치 P_0로 선택하면, 중력에 의한 포텐셜 에너지 V는 다음과 같이 된다.

$$V = m_1g(l_1 - y_1) + m_2g(l_1+l_2-y_2)$$
$$= \frac{1}{2}m_1gl_1\theta_1^2 + \frac{1}{2}m_2gl_2(l_1\theta_1^2+l_2\theta_2^2)$$
$$= \frac{1}{2}(m_1+m_2)gl_1\theta_1^2+\frac{1}{2}m_2gl_2\theta_2^2$$

이 T, V를 식(4.44)에 대입하면 바로 식(3.15)를 구할 수 있다.

예 6 **그림 3.8**의 계에 대해 고찰해 보자. 무게중심 G 위치에 힘 P, 모멘트 M을 작용시켰을 때, 재료역학에 의하면

$$P = k_{11}x+k_{12}\theta, \qquad M = k_{21}x+k_{22}\theta \qquad (k_{12} = k_{21})$$

탄성보에 축적된 탄성에너지, 즉 포텐셜 에너지 V는

$$V = \int_0^x Pdx+\int_0^\theta Md\theta$$
$$= k_{11}\int_0^x xdx+k_{12}\left(\int_0^x \theta dx+\int_0^\theta xd\theta\right)+k_{22}\int_0^\theta \theta d\theta$$
$$= k_{11}\int_0^x xdx+k_{12}\int_0^{x\theta} d(x\theta)+k_{22}\int_0^\theta \theta d\theta$$
$$= \frac{1}{2}k_{11}x^2+k_{12}x\theta+\frac{1}{2}k_{22}\theta^2$$

한편,

$$T = \frac{1}{2}m\dot{x}^2+\frac{1}{2}I\dot{\theta}^2$$

이 T, V를 식(4.44)에 대입하면 바로 식(3.1 e)를 구할 수 있다.

예 7 **문제 3.7**의 예를 고찰해 보자. I_{G1}, I_{G2}를 G_2, G_2 점에 관한 질량관성모멘트라고 하

면, 이 계의 T, V는 다음과 같이 된다.

$$T=\frac{1}{2}I_{G1}\dot{\theta}_1^2+\frac{1}{2}I_{G2}\dot{\theta}_2^2+\frac{1}{2}m_1(\dot{x}_1^2+\dot{y}_1^2)+\frac{1}{2}m_2(\dot{x}_2^2+\dot{y}_2^2)$$

$$V=(m_1y_1+m_2y_2-m_1\cdot \mathrm{OG}_1-m_2\cdot \mathrm{OG}_2)g$$

한편, **문제 2.24**의 **주**와 **문제 3.7**의 **주**를 참조하면

$$I_{G1}=\left(\frac{1}{2}-\frac{16}{9\pi^2}\right)m_1r_1^2\,,\qquad I_{G2}=\left(\frac{1}{2}-\frac{16}{9\pi^2}\right)m_2r_2^2$$

$$\left.\begin{aligned}x_1&=\left(1-\frac{4}{3\pi}\right)r_1\theta_1\\ y_1&=\left(1-\frac{4}{3\pi}\right)r_1+\frac{2}{3\pi}r_1\theta_1^2\end{aligned}\right\}$$

$$\left.\begin{aligned}x_2&=r_1\theta_1+\left(1-\frac{4}{3\pi}\right)r_2\theta_2\\ y_2&=\left\{r_1+\left(1-\frac{4}{3\pi}\right)r_2\right\}+\frac{1}{2}r_2\theta_1^2+\frac{2}{3\pi}r_2\theta_2^2-r_2\theta_1\theta_2\end{aligned}\right\}$$

이들의 관계를 T, V에 대입하여, 미소량의 3제곱 이상을 무시하면

$$T=\frac{1}{2}\left\{\left(\frac{3}{2}-\frac{8}{3\pi}\right)m_1+m_2\right\}r_1^2\dot{\theta}_1^2+\frac{1}{2}\left(\frac{3}{2}-\frac{8}{3\pi}\right)m_2r_2^2\dot{\theta}_2^2+\left(1-\frac{4}{3\pi}\right)m_2r_1r_2\dot{\theta}_1\dot{\theta}_2$$

$$V=\left(\frac{2}{3\pi}m_1r_1+\frac{1}{2}m_2r_2\right)g\theta_1^2+\frac{2}{3\pi}m_2r_2g\theta_2^2-m_2r_2g\theta_1\theta_2$$

이들 식을 식(4.44)에 대입하면, 바로 다음과 같은 운동방정식이 주어진다.

$$\left.\begin{aligned}&\left\{\left(\frac{3}{2}-\frac{8}{3\pi}\right)m_1+m_2\right\}r_1^2\ddot{\theta}_1+\left(1-\frac{4}{3\pi}\right)m_2r_1r_2\ddot{\theta}_2+\left(\frac{4}{3\pi}m_1r_1+m_2r_2\right)g\theta_1-m_2r_2g\theta_2=0\\ &\left(1-\frac{4}{3\pi}\right)m_2r_1r_2\ddot{\theta}_1+\left(\frac{3}{2}-\frac{8}{3\pi}\right)m_2r_2^2\ddot{\theta}_2-m_2r_2g\theta_1+\frac{4}{3\pi}m_2r_2g\theta_2=0\end{aligned}\right\}$$

4.4 평형점 부근에서의 미소진동

$\ddot{q}_1 = 0$, $\ddot{q}_2 = 0$, $\cdots$, $\dot{q}_1 = 0$, $\dot{q}_2 = 0$, $\cdots$와 모든 일반좌표에 관한 가속도, 속도가 0이 되는 계의 기하학적 위치 $P_0(q_{10}, q_{20}, \cdots, q_{k0})$를 계의 정지위치, 혹은 계의 평형위치, **평형점**이라고 한다. 평형점 P_0를 계의 원점 $(q_{10} = 0, q_{20} = 0, \cdots, q_{k0} = 0)$으로 취하는 것은, 일반성을 잃지 않고 항상 가능한 일이다. 그래서 이후 평형점에 있어서는 모든 일반좌표 q_s $(s = 1, 2, \cdots, k)$가 0이다라고 한다. 직교좌표계 표시에 의해 계의 운동에너지 T를 나타내는 식(4.37)에 식(4.29)를 대입하여 T를 일반좌표 q_s로 바꾸어 쓰면, 다음과 같이 된다.

$$\begin{aligned} T &= \frac{1}{2}\{(m_{11}\dot{q}_1^2 + m_{22}\dot{q}_2^2 + \cdots + m_{kk}\dot{q}_k^2) + 2m_{12}\dot{q}_1\dot{q}_2 + 2m_{13}\dot{q}_1\dot{q}_3 + \cdots\} \\ &= \frac{1}{2}\sum_{r,s=1}^{k} m_{rs}\dot{q}_r\dot{q}_s \end{aligned} \tag{4.46}$$

여기서,

$$\left.\begin{aligned} m_{rr} &= \sum_{i=1}^{n} m_i\left\{\left(\frac{\partial x_i}{\partial q_r}\right)^2 + \left(\frac{\partial y_i}{\partial q_r}\right)^2 + \left(\frac{\partial z_i}{\partial q_r}\right)^2\right\} \\ m_{rs} &= \sum_{i=1}^{m} m_i\left(\frac{\partial x_i}{\partial q_r}\frac{\partial x_i}{\partial q_s} + \frac{\partial y_i}{\partial q_r}\frac{\partial y_i}{\partial q_s} + \frac{\partial z_i}{\partial q_r}\frac{\partial z_i}{\partial q_s}\right) \end{aligned}\right\} \tag{4.47}$$

는 일반적으로는 $q_1, q_2, \cdots, q_k$의 함수이지만, 거의 평형점 부근에서의 변위 및 운동으로 문제를 한정시키면 모든 변위는 미소량이므로 이 m_{rr}, m_{rs}를 테일러 전개하면 다음과 같이 된다.

$$\begin{aligned} m_{rr}(q_1, q_2, \cdots, q_k) &= m_{rr}(q_1 = 0,\ q_2 = 0,\ \cdots,\ q_k = 0) \\ &\quad + \frac{\partial m_{rr}}{\partial q_1}q_1 + \frac{\partial m_{rr}}{\partial q_2}q_2 + \cdots + \frac{\partial m_{rr}}{\partial q_k}q_k + \cdots \end{aligned}$$

윗식을 식(4.46)에 대입하고, q_s, $\dot{q}_s$의 3제곱 이상의 미소량을 무시하면, m_{rr}, m_{rs}는 이들이 평형점에서 취하는 실수의 일정한 값 $m_{rr}(q_1 = 0, q_2 = 0, \cdots, q_k = 0)$, $m_{rs}(q_1 = 0, q_2 = 0, \cdots, q_k = 0)$이다라고 간주해도 좋다. 즉, 미소량의 3제곱 이상을 무시하는 한에 있어서, 식(4.46)으로 나타낼 수 있는 운동에너지 T는 $\dot{q}_1, \dot{q}_2, \cdots, \dot{q}_k$에 관한 실수계수를 갖는 2차식이 된다. 이러한 2차식을 $\dot{q}_1, \dot{q}_2, \cdots, \dot{q}_k$에 관한 **2차형식**이라고 한다. 또한, T가 운동에너지라고 하는 역학량인 사실로부터 당연히 말할 수 있는 것이지만, 모든 $\dot{q}_s$ $(s = 1, 2, \cdots, k)$가 0이 되는 경우에만 $T = 0$가 되고, 운동중 T는 (+)이므로 $\dot{q}_1, \dot{q}_2, \cdots, \dot{q}_k$가 (±) 어떤 값을 취하더라도 T는 항상 (+)이다. 이러한 2차형식을 **양의 2차형식**이라 한다. 2차형식(4.46)의

계수 m_{ij}로 구성되는 행렬식

$$M = \begin{vmatrix} m_{11} & m_{12} \cdots\cdots & m_{1k} \\ m_{21} & m_{22} \cdots\cdots & m_{2k} \\ \cdots\cdots & \cdots\cdots & \cdots\cdots \\ m_{k1} & m_{k2} \cdots\cdots & m_{kk} \end{vmatrix} = |m_{ij}| \tag{4.48}$$

를 2차형식(4.46)에 관한 행렬식이라고 한다. M에 있어서는 당연히

$$m_{ij} = m_{ji} \tag{4.49}$$

이므로 2차형식에 관한 행렬식은 대칭행렬이다. 행렬식 M의 1행 1열을 제거한 $(k-1)$계(階)의 소행렬식을 M_1, 1 및 2행, 1 및 2열을 제거한 $(k-2)$계(階)의 소행렬식을 M_2, 1, 2, …, k행과 1, 2, …, k을 제거한 $(k-r)$계(階)의 소행렬식을 M_r라고 하면, 이 M_1, M_2, …, M_r를 행렬식 M의 **수좌소행렬식**(首座小行列式, principal submatrix)이라고 한다. 2차형식이 양의 2차형식이 되기 위한 필요충분조건은, M 및 이들 모든 수좌소행렬식이 (+)일 것, 즉

$$M > 0, \quad M_1 > 0, \quad M_2 > 0, \quad \cdots, \quad M_r > 0, \quad \cdots, \quad M_{k-1} = m_{kk} > 0 \tag{4.50}$$

일반좌표 q_1, q_2, …, q_k에 번호를 붙이는 순서는 임의로 선택하므로 식(4.50)의 조건을 더 확장해서, "모든 계수(階數)의 전체 수좌소행렬식이 (+)이다"는 것이 양의 2차형식이 되기 위한 조건이다라고 말할 수 있다.

3.1절의 식(3.19)에 있어서 $m_{11}m_{22} - m_{12}^2 > 0$, $m_{11} > 0$, $m_{22} > 0$, $m_{12} = m_{21}$이 성립한다고 했는데, 2자유도계에서는

$$M = \begin{vmatrix} m_{11} & m_{12} \\ m_{21} & m_{22} \end{vmatrix} = m_{11}m_{22} - m_{12}^2 \qquad (\because\ m_{12} = m_{21})$$

이므로, 식(4.50)으로부터 이것은 (+)이다. 1계(階)의 수좌소행렬식이란 m_{11}, m_{22}, …, m_{kk}이고, 이들은 (+)이므로 식(3.19)에 있어서도 $m_{11} > 0$, $m_{22} > 0$이라고 했다. 더욱이 식(4.46)의 T를 라그랑지 방정식에 대입하여 운동방정식을 구해보면, 식(4.46)의 T 중에서 하나의 항 $m_{ij}\dot{q}_i\dot{q}_j$로부터 운동방정식 중에 $m_{ij}\ddot{q}_j$, $m_{ji}\ddot{q}_i$ 두 항이 파생했다는 것을 알 수 있다. 따라서 당연히 $m_{ij} = m_{ji}$이고, 식(3.19)에 있어서도 $m_{12} = m_{21}$의 관계가 항상 성립한다. 이 사실은 상술한 바와 같이 M이 대칭행렬식인 것으로부터도 자명한 사실이다.

강제외력(이것은 비보존력이다)이 작용하지 않고, 계가 평형위치에서 정지하고 있는 상태

도 계가 취할 가능성이 있는 하나의 상태이므로 이 상태도 비보존력이 작용하지 않을 때의 라그랑지 방정식(4.44)를 만족한다. 식(4.46)을 식(4.44)에 대입하고, 모든 좌표에 관한 가속도를 0으로 놓으면 정지상태에서 성립하는 라그랑지 방정식이라고 말할 수 있는

$$\frac{\partial V}{\partial q_s} = 0 \quad (s = 1,\ 2,\ \cdots,\ k) \tag{4.51}$$

가 주어진다. 즉, 정지상태에서는 식(4.43)의 보존력(복원력) $Q_s = -\partial V/\partial q_s$는 0이다. 포텐셜 에너지 V를 테일러 전개를 이용하여 일반좌표 q_1, q_2 $\cdots$, q_k의 제곱항으로 나타내었을 경우, 상수항은 운동방정식과 관계 없으므로 0이라고 해도 좋다. 바꾸어 말하면, V의 에너지 수준을 일정치 만큼 증감시킴으로서 상수항을 제거할 수 있다. 또한 V 중에 q_s의 1차항이 존재한다고 하면, 평형위치 ($q_1 = 0$, $q_2 = 0$, $\cdots$, $q_k = 0$)에서 정지하고 있을 때라도 $\partial V/\partial q_s =$ 상수 $\neq 0$가 되고, 식(4.51)이 성립하지 않는다고 하는 모순이 발생하므로, 1차항은 포함되어 있지 않다. 따라서 V는 좌표 q_s의 2차 이상의 항으로 구성되어 있다. 전술한 바와 같이 3제곱 이상의 미소량을 무시하면, 포텐셜 에너지 V는 좌표의 2차항만으로 이루어지게 된다. 즉,

$$\begin{aligned} V &= \frac{1}{2}\{(k_{11}q_1^2 + k_{22}q_2^2 + \cdots + k_{kk}q_k^2) + 2k_{12}q_1q_2 + 2k_{13}q_1q_3 + \cdots\} \\ &= \frac{1}{2}\sum_{r,s=1}^{k} k_{rs}q_rq_s \end{aligned} \tag{4.52}$$

이고, V는 좌표 q_1, q_2 $\cdots$, q_k에 관한 2차형식이 된다.

운동이 평형점 근처에서만 행해지고, q_s, $\dot{q}_s$의 3제곱 이상을 무시할 수 있을 때는 전술한 바와 같이 T는 식(4.46)과 같고, q_1, q_2 $\cdots$, q_k는 포함되어 있지 않으므로 항상 $\partial T/\partial q_s = 0$이다. 즉, 이와 같은 경우에 한해서 라그랑지 방정식(4.40), (4.44), (4.45)는 각각 다음과 같이 간단히 나타낼 수 있다.

$$\frac{d}{dt}\left(\frac{\partial T}{\partial \dot{q}_s}\right) = Q_s \tag{4.40 a}$$

$$\frac{d}{dt}\left(\frac{\partial T}{\partial \dot{q}_s}\right) + \frac{\partial V}{\partial q_s} = 0 \tag{4.44 a}$$

$$\frac{d}{dt}\left(\frac{\partial T}{\partial \dot{q}_s}\right) + \frac{\partial V}{\partial q_s} = Q_s'' \tag{4.45 a}$$

보존력 이외의 힘은 작용하지 않은 경우에 대한 운동방정식은, T 및 V는 각각 식(4.46)

및 (4.52)와 같으므로, 식(4.44) 혹은 식(4.44 a)로부터 다음과 같이 된다.

$$\left.\begin{array}{l} m_{11}\ddot{q}_1+m_{12}\ddot{q}_2+\cdots+m_{1k}\ddot{q}_k+k_{11}q_1+k_{12}q_2+\cdots+k_{1k}q_k=0 \\ m_{21}\ddot{q}_1+m_{22}\ddot{q}_2+\cdots+m_{2k}\ddot{q}_k+k_{21}q_1+k_{22}q_2+\cdots+k_{2k}q_k=0 \\ \cdots\cdots\cdots\cdots\cdots\cdots\cdots\cdots\cdots\cdots\cdots\cdots \\ m_{k1}\ddot{q}_1+m_{k2}\ddot{q}_2+\cdots+m_{kk}\ddot{q}_k+k_{k1}q_1+k_{k2}q_2+\cdots+k_{kk}q_k=0 \end{array}\right\} \quad (4.53)$$

윗식의 해를

$$q_s=a_s\sin(pt+\alpha) \qquad (s=1,\ 2,\ \cdots,\ k) \quad (4.54)$$

로 놓고, 이것을 식(4.53)에 대입하면

$$\left.\begin{array}{l} (k_{11}-m_{11}p^2)a_1+(k_{12}-m_{12}p^2)a_2+\cdots+(k_{1k}-m_{1k}p^2)a_k=0 \\ (k_{21}-m_{21}p^2)a_1+(k_{22}-m_{22}p^2)a_2+\cdots+(k_{2k}-m_{2k}p^2)a_k=0 \\ \cdots\cdots\cdots\cdots\cdots\cdots\cdots\cdots\cdots\cdots\cdots\cdots \\ (k_{k1}-m_{k1}p^2)a_1+(k_{k2}-m_{k2}p^2)a_2+\cdots\cdots+(k_{kk}-m_{kk}p^2)a_k=0 \end{array}\right\} \quad (4.55)$$

윗식으로부터 $a_1,\ a_2,\ \cdots,\ a_k$를 소거하면 행렬식

$$\Phi(p^2)=\begin{vmatrix} k_{11}-m_{11}p^2 & k_{12}-m_{12}p^2 & \cdots & k_{1k}-m_{1k}p^2 \\ k_{21}-m_{21}p^2 & k_{22}-m_{22}p^2 & \cdots & k_{2k}-m_{2k}p^2 \\ \cdots\cdots & \cdots\cdots & \cdots & \cdots\cdots \\ k_{k1}-m_{k1}p^2 & k_{k2}-m_{k2}p^2 & \cdots & k_{kk}-m_{kk}p^2 \end{vmatrix}=|k_{ij}-m_{ij}p^2|=0 \quad (4.56)$$

이 행렬식의 1행 1열을 제거한 것을 Φ_1, $(1,\ 2,\ \cdots,\ r)$행, $(1,\ 2,\ \cdots,\ r)$열을 제거한 것을 Φ_r라 하자. T가 전술한 바와 같이 양의 2차형식이고, $M=|m_{ij}|$가 양의 2차형식에 관한 행렬식일 경우, $\Phi(p^2)=0$의 근에 관한 다음 내용의 **실베스터 정리**(Sylvester's theorem)가 있다.

$$\left.\begin{array}{l} (\text{I})\ \Phi(p^2)=0\text{에 관한 } k\text{개의 근은 모두 실근이다.} \\ (\text{II})\ \Phi_r(p^2)=0\text{의 근 사이에 } \Phi_{r+1}(p^2)=0\text{인 근이 존재한다.} \end{array}\right\} \quad (4.57)$$

다음으로, 만약 식(4.52)의 V가 양의 2차형식일 경우, 즉 식(4.52)의 계수로 이루어진 대칭행렬식

$$K = |k_{ij}| \tag{4.58}$$

및 K에 관한 모든 계수(階數)의 수좌소행렬식, K_1, K_2, $\cdots$, K_{k-1}이

$$K > 0, \quad K_1 > 0, \quad K_2 > 0, \quad \cdots, \quad K_{k-1} = k_{kk} > 0 \tag{4.59}$$

로 (+)인 경우에, $\Phi(p^2) = 0$에 대한 k개의 근 p_1^2, p_2^2, $\cdots$, p_k^2은 모두 (+)근이 되는 것을 증명해 보자. 식(4.50), (4.59)에서 $m_{kk} > 0$, $k_{kk} > 0$이므로 $\Phi_{k-1}(p^2) = k_{kk} - m_{kk}p^2 = 0$의 근 $p^2 = k_{kk}/m_{kk}$는 (+)이다. 이것이 **그림 4.7** (a)에서 A점이다. 다음 행렬식

$$\Phi_{k-2}(p^2) = \begin{vmatrix} k_{k-1,\,k-1} - m_{k-1,\,k-1}p^2 & k_{k-1,\,k} - m_{k-1,\,k}p^2 \\ k_{k,\,k-1} - m_{k,\,k-1}p^2 & k_{k,\,k} - m_{k,\,k}p^2 \end{vmatrix}$$

의 상수항은

$$K_{k-2} = \begin{vmatrix} k_{k-1,\,k-1} & k_{k-1,\,k} \\ k_{k,\,k-1} & k_{k,\,k} \end{vmatrix}$$

이것은 K의 수좌소행렬식이므로 (+), 또한 최고차인 p^4항의 계수는 M_{k-2}인데, 이것도 식(4.50)에서 (+)이다. 따라서 $\Phi_{k-2}(p^2)$의 값은 $p^2 = 0$에서 (+), $p^2 = +\infty$에서 (+)이다. **그림 4.7** (a)의 b점은 $p^2 = 0$일 때의 $\Phi_{k-2}(p^2)$의 값이다. $\Phi_{k-2}(p^2) = 0$의 근은 식(4.57)의 (Ⅱ)에 의해 $\Phi_{k-1}(p^2) = 0$의 근 A를 끼고 존재하므로 큰 쪽의 근(B_1점)은 (+)이다. $\Phi_{k-2}(p^2)$은 $p^2 = +\infty$에서 p^2이 감소함에 따라 곡선 B를 따라 변화하고, B_1점에서 (+)→(−)가 되고, $p^2 = 0$에서는 b점을 통과해야 하므로 반드시 OA 구간내의 1점 B_2에서 $\Phi_{k-2} = 0$인 수평선을 횡단한다. 즉, $\Phi_{k-2} = 0$인 두 근은 점 B_1, B_2이고, 게다가 이들은 (+)근이다. $\Phi_{k-3}(p^2) = 0$의 근 C_1, C_2, C_3는 B_1, B_2점을 중간에 끼고 존재하므로 C_1, C_2는 **그림 4.7** (b)와 같은 위치에

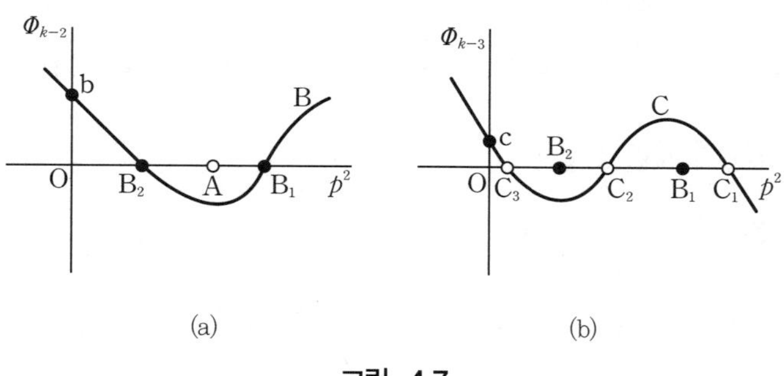

그림 4.7

있으며, 이들 또한 (+)근이다. Φ_{k-3}의 상수항은 수좌소행렬식 K_{k-3}이고 (+)이므로, Φ_{k-3}는 $p^2=0$일 때 그림에서 c점이며 (+) 값을 취한다. Φ_{k-3}의 최고차 p^6항의 계수는 $-M_{k-3}$가 되고 (−)이므로 $p^2=+\infty$에서 Φ_{k-3}는 (−)이다. 이상으로부터 Φ_{k-3}의 값은 C 곡선과 같이 값을 바꾸고, 앞에서 언급한 것과 같은 이유로 가장 작은 값의 근도 OB_2 사이의 C_3점이고 (+)근이다. 즉, $\Phi_{k-3}=0$의 세 근 모두 (+)이다. 이것을 순서대로 반복하면 포텐셜 에너지 V가 양의 2차형식이면, $\Phi(p^2)=0$인 모든 근이 (+)이다라고 결론지을 수 있다. 따라서 $p_1,\ p_2,\ \cdots,\ p_k$는 모두 실수가 된다. $p^2=p^2_i$에서 $p=\pm p_i$가 되는데, **2.3.4항**에서 기술한 바와 같이 $\pm p_i$ 중 (−)는 위상을 180° 바꾸었을 뿐이고, $p_1,\ p_2,\ \cdots,\ p_k$는 양수라고 생각해도 좋다. 즉, V가 양의 2차형식일 때는 자유도의 수와 같은 고유진동수가 존재한다.

식(4.55)의 제1식을 뺀 나머지 $k-1$개의 식에 있어서 a_1항을 우변으로 이항하고, $a_2,\ a_3,\ \cdots,\ a^k$에 대해서 이것을 풀면

$$a_2=\frac{A_{12}}{A_{11}}a_1,\qquad a_3=\frac{A_{13}}{A_{11}}a_1,\qquad \cdots,\qquad a_k=\frac{A_{1k}}{A_{11}}a_1$$

여기서 A_{ij}는 행렬식(4.56) $\Phi(p^2)$의 i행 j열에 관한 여인수이다. **여인수**(余因數, cofactor)란 소행렬식에 부호를 고려한 것으로, Φ의 i행 j열을 뺀 소행렬식을 Φ_{ij}라 하면

$$A_{ij}=(-1)^{i+j}\cdot\Phi_{ij} \tag{4.60}$$

인 관계가 있다. 그리고 이 경우의 진폭비는

$$a_1:a_2:\cdots:a_k=A_{11}:A_{12}:\cdots:A_{1k} \tag{4.61}$$

식(4.55)의 제s번째 식을 빼고 같은 방식으로 행하면

$$a_1:a_2:\cdots:a_k=A_{s1}:A_{s2}:\cdots:A_{sk} \tag{4.62}$$

즉, 진폭비는 어떤 행에 관한 여인수 비가 된다. 식(4.61)과 식(4.62)는 비율이 같으므로 모든 행에 관한 여인수 비는 같다는 것을 알 수 있다. 따라서 일반적으로 다음 관계가 있다.

$$\frac{A_{r1}}{A_{s1}}=\frac{A_{r2}}{A_{s2}}=\cdots=\frac{A_{rk}}{A_{sk}}\qquad (r\neq s) \tag{4.63}$$

지금 여인수 A_{ij} 중의 p^2을 p^2_r이라고 놓은 것을 $A_{r,ij}$라고 하면 운동방정식(4.53)의 일반해는 다음과 같은 형식으로 나타낼 수 있다.

$$\left.\begin{aligned} q_1 &= \mu_1 A_{1,\,11}\sin(p_1t+\alpha_1)+\mu_2A_{2,\,21}\sin(p_2t+\alpha_2)+\cdots+\mu_kA_{k,\,k1}\sin(p_kt+\alpha_k) \\ q_2 &= \mu_1 A_{1,\,12}\sin(p_1t+\alpha_1)+\mu_2A_{2,\,22}\sin(p_2t+\alpha_2)+\cdots+\mu_kA_{k,\,k2}\sin(p_kt+\alpha_k) \\ &\cdots\cdots\cdots\cdots\cdots\cdots\cdots\cdots\cdots\cdots\cdots\cdots \\ q_k &= \mu_1 A_{1,\,1k}\sin(p_1t+\alpha_1)+\mu_2A_{2,\,2k}\sin(p_2t+\alpha_2)+\cdots+\mu_kA_{k,\,kk}\sin(p_kt+\alpha_k) \end{aligned}\right\} \quad (4.64)$$

여기서, μ_1, μ_2, $\cdots$, μ_k, α_1, α_2, $\cdots$, α_k 전부 $2k$개는 $2k$개의 초기조건, 예를 들면 $t=0$에 있어서의 $\dot{q}_s$, q_s의 값 $\dot{q}_{s0}$, q_{s0} $(s=1,\ 2,\ \cdots,\ k)$로부터 결정되는 임의상수이다. 만약 식(4.56)의 근 중 하나라도 $p^2=-\rho^2$과 같은 (−)근이 되면, $p=\pm\, i\rho$ $(i=\sqrt{-1})$, 따라서

$$q_s = a_s\sin(i\rho t+\alpha)+a_s'\sin(-i\rho t+\alpha') = Ae^{\rho t}+Be^{-\rho t}$$

q_s는 시간 t와 더불어 지수함수적으로 크게 되고, 운동은 이미 평형점 부근에 머무를 수가 없다.

이상으로부터 거의 평형점 부근에서의 운동을 문제시 하는 경우에 있어서, 포텐셜 에너지 V가 양의 2차형식이면, 바꾸어 말하면, 평형위치 P_0 $(q_1=0,\ q_2=0,\ \cdots,\ q_k=0)$에 있어서 포텐셜 에너지가 극소치 0을 취하면, 식(4.56)의 $\Phi(p^2)=0$는 자유도의 수와 같은 k개의 (+)근을 가진다. 따라서 계에는 k개의 고유진동수가 존재하고, 계의 운동은 식(4.64)로 표현되는 평형점 부근의 **미소진동**(이때 자유진동의 진폭은 좌표 q_s와 같은 미소량이므로 미소진동이라고 한다)이 되고, 평형위치 P_0 부근에서 계의 기하학적 위치 P $(q_1,\ q_2,\ \cdots,\ q_k)$가 벗어나는 일은 없다. 이러한 정지위치 P_0를 **안정한 평형점**이라고 한다. 거꾸로 말하면, 정지점 P_0가 안정한 평형점이기 위한 조건은, P_0가 원점이면 V가 양의 2차형식이고, P_0에서 극소치 0이 되는 것이다. P_0를 원점으로 선택하지 않는 일반적인 경우에 대해 말하면, V가 정지점에서 극소치를 취하는 것이 안정한 평형점의 조건이다.

여기서 주의해야 할 것은 식(4.56)의 $\Phi(p^2)=0$에 대해 k개의 (+)근이 각각 서로 다른 근이라고 하는 보증은 없다고 하는 것이다. 즉, 고유진동수 p_1, p_2, $\cdots$, p_k의 값이 모두 다르다고는 할 수 없다. **그림 4.7** (b)에 있어서 $\Phi_{k-3}(p^2)=0$가 중근을 가지고, 예를 들면 C_1과 C_2가 일치하면, $\Phi_{k-2}(p^2)=0$인 하나의 근 B_1도 C_1, C_2점과 일치한다. 이 경우에도 B_1은 C_1과 C_2 사이에 존재한다고 가정하면, 단일근, 중복근의 경우를 막론하고 식(4.57)의 (Ⅱ)는 항상 성립하게 된다.

4.1.2항의 식(4.14 a)는 식(4.14) $\Phi(p^2)$의 1행 1열을 제거한 $\Phi_1(p^2)$이므로, 식(4.57)의 (Ⅱ)로부터 식(4.14 a)의 근 p_2', p_3'는 식(4.14)의 근 p_1, p_2, p_3 사이에 존재하고, 식(4.21)의 관계가 항상 성립하게 된다. **그림 3.20**의 흡진기를 이용하면 본체의 진폭이 **그림 3.21** (a) 중 $\omega = p$인 C점에서 반드시 0이 되는 것도 식(4.57) (Ⅱ)의 사실에 근거를 두고 있다.

감쇠력을 속도 $\dot{q}_1$, $\dot{q}_2$, $\cdots$, $\dot{q}_k$의 1제곱 항만으로 나타낼 수 있을 경우, 즉 좌표 q_1, q_2, $\cdots$, q_k에 관한 감쇠력 R_1, R_2, $\cdots$, R_k를

$$\left.\begin{aligned} R_1 &= -c_{11}\dot{q}_1 - c_{12}\dot{q}_2 - \cdots - c_{1k}\dot{q}_k \\ R_2 &= -c_{21}\dot{q}_1 - c_{22}\dot{q}_2 - \cdots - c_{2k}\dot{q}_k \\ &\cdots\cdots\cdots\cdots\cdots\cdots \\ R_k &= -c_{k1}\dot{q}_1 - c_{k2}\dot{q}_2 - \cdots - c_{kk}\dot{q}_k \end{aligned}\right\} \tag{4.65}$$

로 나타낼 수 있을 때

$$\begin{aligned} C &= \frac{1}{2}\{(c_{11}\dot{q}_1^2 + c_{22}\dot{q}_2^2 + \cdots + c_{kk}\dot{q}_k^2) + 2c_{12}\dot{q}_1\dot{q}_2 + 2c_{13}\dot{q}_1\dot{q}_3 + \cdots\} \\ &= \frac{1}{2}\sum_{r,s=1}^{k} c_{rs}\dot{q}_r\dot{q}_s \end{aligned} \tag{4.66}$$

로 $\dot{q}_1$, $\dot{q}_2$, $\cdots$, $\dot{q}_k$의 2차형식으로 나타낼 수 있는 함수 C를 생각하면

$$R_1 = -\frac{\partial C}{\partial \dot{q}_1}, \qquad R_2 = -\frac{\partial C}{\partial \dot{q}_2}, \qquad \cdots, \qquad R_k = -\frac{\partial C}{\partial \dot{q}_k} \tag{4.67}$$

의 관계가 주어지므로, 라그랑지 방정식을 고쳐 쓴 다음 식

$$\frac{d}{dt}\left(\frac{\partial T}{\partial \dot{q}_s}\right) - \frac{\partial T}{\partial q_s} + \frac{\partial C}{\partial \dot{q}_s} = Q_s \tag{4.40 b}$$

$$\frac{d}{dt}\left(\frac{\partial T}{\partial \dot{q}_s}\right) - \frac{\partial T}{\partial q_s} + \frac{\partial C}{\partial \dot{q}_s} + \frac{\partial V}{\partial q_s} = 0 \tag{4.44 b}$$

$$\frac{d}{dt}\left(\frac{\partial T}{\partial \dot{q}_s}\right) - \frac{\partial T}{\partial q_s} + \frac{\partial C}{\partial \dot{q}_s} + \frac{\partial V}{\partial q_s} = Q_s'' \tag{4.45 b}$$

를 이용하여 감쇠력이 작용할 때의 운동방정식을 구할 수 있다. 함수 C를 **산일함수**(散逸函數, dissipation function)라 하고, C는 감쇠력에 의해 단위시간당 소실되는 에너지라고 하는 역학량이므로, 운동에너지 T와 마찬가지로 C도 $\dot{q}_1$, $\dot{q}_2$, $\cdots$, $\dot{q}_k$에 관한 양의 2차형식이다.

따라서 C의 행렬식 $|c_{ij}|$ 및 그 수좌소행렬식은 (+)가 되고, 예를 들면 **3.5절**의 식(3.59)의 관계가 성립한다. 또한 당연히 다음 관계도 성립한다.

$$c_{ij} = c_{ji} \tag{4.68}$$

4.5 기준좌표

평형점 P_0 ($q_1 = 0,\ q_2 = 0,\ \cdots,\ q_k = 0$)가 안정한 평형점인 경우에는, 일반좌표 $q_1,\ q_2,\ \cdots,\ q_k$를 좌표의 1차변환

$$\left.\begin{aligned} q_1 &= d_{11}X_1 + d_{12}X_2 + \cdots + d_{1k}X_k \\ q_2 &= d_{21}X_1 + d_{22}X_2 + \cdots + d_{2k}X_k \\ &\cdots\cdots\cdots\cdots\cdots\cdots\cdots\cdots \\ q_k &= d_{k1}X_1 + d_{k2}X_2 + \cdots + d_{kk}X_k \end{aligned}\right\} \tag{4.69}$$

를 이용하여 좌표 $X_1,\ X_2,\ \cdots,\ X_k$로 변환함으로서, 운동에너지 T와 포텐셜 에너지 V를

$$\left.\begin{aligned} T &= \frac{1}{2}(\dot{X}_1^2 + \dot{X}_2^2 + \cdots + \dot{X}_k^2) \\ V &= \frac{1}{2}(p_1^2 X_1^2 + p_2^2 X_2^2 + \cdots + p_k^2 X_k^2) \end{aligned}\right\} \tag{4.70}$$

과 같은 형식으로 변환하는 것이 항상 가능하다. 윗식을 식(4.44)에 대입하면 자유진동에 관해 다음과 같은 운동방정식을 구할 수 있다.

$$\ddot{X}_1 + p_1^2 X_1 = 0,\quad \ddot{X}_2 + p_2^2 X_2 = 0,\ \cdots,\quad \ddot{X}_k + p_k^2 X_k = 0 \tag{4.71}$$

즉, 이 경우 개개의 운동방정식을 하나의 좌표만으로 나타낼 수 있게 된다. 이와 같은 좌표 $X_1,\ X_2,\ \cdots,\ X_k$를 **기준좌표**(基準座標, normal coordinate)라고 한다.

어떻게 좌표변환하면, 즉 식(4.69)의 계수 d_{ij}를 어떻게 선택하면 기준좌표로 변환되는가를 조사해 보자. k개의 q_s를 k개의 X_s로 변환하기 위해서는, 우선 식(4.69)의 계수가 이루는 행렬식

$$D = \begin{vmatrix} d_{11} & d_{12} & \cdots & d_{1k} \\ d_{21} & d_{22} & \cdots & d_{2k} \\ \cdots & \cdots & \cdots & \cdots \\ d_{k1} & d_{k2} & \cdots & d_{kk} \end{vmatrix} = |d_{ij}| \quad (\neq 0) \tag{4.72}$$

가 0이 되어서는 안된다. $D = |d_{ij}| = 0$는, 가령 **그림 4.8**과 같은 2자유도계에 대해 일반좌표 q_1, q_2에서 q_1', q_2'로 변환시켰을 때, 변환후의 q_1'축과 q_2'축이 일치해 버리는 것과 같은 의미를 가진다. 이와 같이 되면 이미 P점(q_1, q_2)을 q_1', q_2' 2개의 좌표로 표시하는 것은 불가능하다.

식(4.71)의 해는

$$X_1 = b_1 \sin(p_1 t + \alpha_1),\ X_2 = b_2 \sin(p_2 t + \alpha_2),\ \cdots,\ X_k = b_k \sin(p_k t + \alpha_k) \tag{4.73}$$

이것을 식(4.64)에 대입하면

$$\left.\begin{aligned} q_1 &= \frac{\mu_1}{b_1} A_{1,11} X_1 + \frac{\mu_2}{b_2} A_{2,21} X_2 + \cdots + \frac{\mu_k}{b_k} A_{k,k1} X_k \\ q_2 &= \frac{\mu_1}{b_1} A_{1,12} X_1 + \frac{\mu_2}{b_2} A_{2,22} X_2 + \cdots + \frac{\mu_k}{b_k} A_{k,k2} X_k \\ &\cdots\cdots\cdots\cdots\cdots\cdots \\ q_k &= \frac{\mu_1}{b_1} A_{1,1k} X_1 + \frac{\mu_2}{b_2} A_{2,2k} X_2 + \cdots + \frac{\mu_k}{b_k} A_{k,kk} X_k \end{aligned}\right\} \tag{4.74}$$

윗식과 식(4.69)를 비교해 보면 다음 관계가 주어진다.

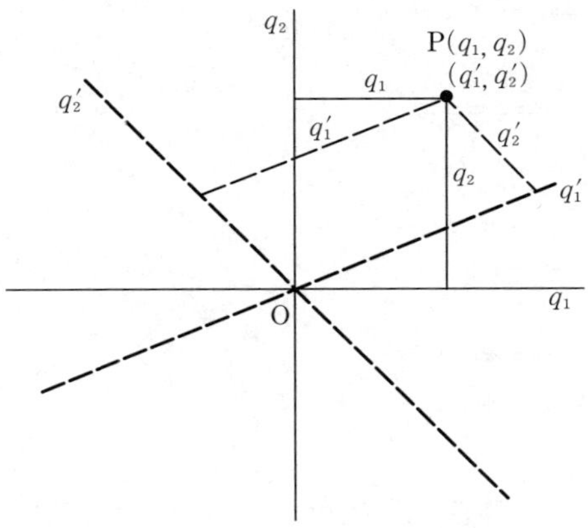

그림 4.8

$$d_{ij} = \frac{\mu_j}{b_j} A_{j,\,ji} = \rho_j A_{j,\,ji} \quad \left(\rho_j = \frac{\mu_j}{b_j} \right) \tag{4.75}$$

즉, 식(4.69)의 계수 d_{ij}는 $\Phi(p^2)$의 여인수 $A_{j,ji}$에 어떤 상수 ρ_j를 곱한 것이다. 따라서

$$\left.\begin{array}{l} d_{11} : d_{21} : \cdots : d_{k1} = A_{1,\,11} : A_{1,\,12} : \cdots : A_{1,\,1k} \\ d_{12} : d_{22} : \cdots : d_{k2} = A_{2,\,21} : A_{2,\,22} : \cdots : A_{2,\,2k} \\ \cdots\cdots\cdots\cdots\cdots\cdots\cdots\cdots\cdots\cdots\cdots\cdots \\ d_{1k} : d_{2k} : \cdots : d_{kk} = A_{k,\,k1} : A_{k,\,k2} : \cdots : A_{k,\,kk} \end{array}\right\} \tag{4.76}$$

식(4.69), (4.72)의 계수 d_{ij}를, 가령 제s열에 관해서 세로로 골라내어 이들의 비를 구하면 그것은 $p = p_s$일 때의 자유진동의 진폭비와 같다는 것을 알 수 있다.

계수의 비는 알았으므로 다음에는 그 크기를 구해 보자. 즉, 식(4.75)의 상수 ρ_j를 어떻게 선택하면 좋을까를 조사해 보자. 식(4.69)를 식(4.46)에 대입해서 정리하면, $\dot{X}_j^2$항은

$$\frac{1}{2} \sum_{r,s=1}^{k} m_{rs} d_{rj} d_{sj} \dot{X}_j^2$$

식(4.69)를 식(4.46)에 대입한 것은 결국 식(4.70)이므로 이 항은 $(1/2)\,\dot{X}_j^2$이 되어야 한다. 따라서

$$\sum_{r,s=1}^{k} m_{rs} d_{rj} d_{sj} = 1 \tag{4.77}$$

식(4.75)를 윗식에 대입하면

$$\sum_{r,s=1}^{k} m_{rs} d_{rj} d_{sj} = \rho_j^2 \sum_{r,s=1}^{k} m_{rs} A_{j,\,jr} A_{j,\,js} = 1$$

$$\therefore\ \rho_j = \pm \frac{1}{\sqrt{\displaystyle\sum_{r,s=1}^{k} m_{rs} A_{j,\,jr} A_{j,\,js}}} \tag{4.78}$$

따라서 식(4.75)로부터

$$d_{ij} = \pm \frac{A_{j,\,ji}}{\sqrt{\displaystyle\sum_{r,s=1}^{k} m_{rs} A_{j,\,jr} A_{j,\,js}}} \tag{4.75 a}$$

로 d_{ij}가 구해지고, 여기서 기준좌표로의 변환식(4.69)가 결정된다.

당연한 것이지만, 식(4.75 a)의 계수 d_{ij}를 이용한 변환식(4.69)를 식(4.46), (4.52)의 T, V

식에 대입하면, 곱셈항 $\dot{X}_s\dot{X}_r$와 $X_s X_r(s\neq r)$의 계수는 0이 되고, 제곱항 $\dot{X}_s^2$과 $X_s^2\,(s=1,$ $2,\ \cdots,\ k)$만 남고, T와 V는 식(4.70)의 형태가 되는 것을 계산해 보면 확인할 수 있다.

다음으로, 일반좌표 q_s로 나타낸 운동방정식을 변환식(4.69)를 이용하여 기준좌표 X_s로 나타낸 운동방정식으로 고쳐 쓰려면 어떻게 해야 되는지 조사해 보자. 관성항과 복원력 항에 의해서만 이루어진 운동방정식(4.53)의 경우에는, 이들이 식(4.69)에 의해 식(4.71)로 고쳐 쓰는 것에 지나지 않지만, 운동방정식 중에 감쇠항, 강제 외력항, 비선형항(**제7장** 참조), 계수여진항(**제6장** 참조), 기타 항을 포함하고 있는 경우에는 그렇게 간단하지가 않다. 이들 항이 있을 때는, 이들을 우변으로 옮기고, 이들 항의 합을 $\varphi_s(q_1,\ q_2,\ \cdots,\ \dot{q}_1,\ \dot{q}_2,\ \cdots,\ t)$로 나타내면, 운동방정식은

$$
\left.\begin{array}{l}
m_{11}\ddot{q}_1+m_{12}\ddot{q}_2+\cdots+m_{1k}\ddot{q}_k+k_{11}q_1+k_{12}q_2+\cdots+k_{1k}q_k=\varphi_1\\
m_{21}\ddot{q}_1+m_{22}\ddot{q}_2+\cdots+m_{2k}\ddot{q}_k+k_{21}q_1+k_{22}q_2+\cdots+k_{2k}q_k=\varphi_2\\
\cdots\cdots\cdots\cdots\cdots\cdots\cdots\cdots\cdots\cdots\cdots\cdots\\
m_{k1}\ddot{q}_1+m_{k2}\ddot{q}_2+\cdots+m_{kk}\ddot{q}_k+k_{k1}q_1+k_{k2}q_2+\cdots+k_{kk}q_k=\varphi_k
\end{array}\right\}\tag{4.79}
$$

그리고 식(4.56)의 $\Phi(p^2)=0$에 있어서 $p=p_j$로 놓은 것을 i행에 관해 전개하면

$$
(m_{i1}A_{j,i1}+m_{i2}A_{j,i2}+\cdots+m_{ik}A_{j,ik})p_j^2=k_{i1}A_{j,i1}+k_{i2}A_{j,i2}+\cdots+k_{ik}A_{j,ik}\tag{4.80}
$$

여기서 변환식(4.69)를 식(4.79)의 φ_s에 대입한 것을 $\psi(s)(X_1,\ X_2,\ \cdots,\dot{X}_1,\ \dot{X}_2,\ \cdots,\ t)$라 하자. 식(4.75 a)로 주어지는 계수 d_{ij}를 가진 변환식(4.69)를 운동방정식(4.79)에 대입하고, 식(4.63), (4.80)의 관계를 이용하여 정리하면, 식(4.79)는

$$
\left.\begin{array}{l}
\gamma_{11}(\ddot{X}_1+p_1^2X_1)+\gamma_{12}(\ddot{X}_2+p_2^2X_2)+\cdots+\gamma_{1k}(\ddot{X}_k+p_k^2X_k)=\psi_1\\
\gamma_{21}(\ddot{X}_1+p_1^2X_1)+\gamma_{22}(\ddot{X}_2+p_2^2X_2)+\cdots+\gamma_{2k}(\ddot{X}_k+p_k^2X_k)=\psi_2\\
\cdots\cdots\cdots\cdots\cdots\cdots\cdots\cdots\cdots\cdots\cdots\cdots\\
\gamma_{k1}(\ddot{X}_1+p_1^2X_1)+\gamma_{k2}(\ddot{X}_2+p_2^2X_2)+\cdots+\gamma_{kk}(\ddot{X}_k+p_k^2X_k)=\psi_k
\end{array}\right\}\tag{4.81}
$$

여기서 계수 γ_{ij}는

$$\gamma_{ij} = \frac{\sum_{s=1}^{k} m_{is} A_{j,js}}{\sqrt{\sum_{r,s=1}^{k} m_{rs} A_{j,jr} A_{j,js}}} \tag{4.82}$$

행렬식

$$H = |\gamma_{ij}| \tag{4.83}$$

의 i행 j열의 여인수를 H_{ij}라고 하면, 계산에 의해

$$d_{ij} = \frac{H_{ij}}{H} \tag{4.84}$$

이다는 것을 알 수 있다. 따라서 식(4.81)을 $(\ddot{X}_s + p_s^2 X_s)$에 대해서 풀면

$$\left.\begin{array}{l} \ddot{X}_1 + p_1^2 X_1 = d_{11}\psi_1 + d_{21}\psi_2 + \cdots + d_{k1}\psi_k = \sum_{i=1}^{k} d_{i1}\psi_i \\ \ddot{X}_2 + p_2^2 X_2 = d_{12}\psi_1 + d_{22}\psi_2 + \cdots + d_{k2}\psi_k = \sum_{i=1}^{k} d_{i2}\psi_i \\ \cdots\cdots\cdots\cdots\cdots\cdots\cdots\cdots\cdots\cdots \\ \ddot{X}_k + p_k^2 X_k = d_{1k}\psi_1 + d_{2k}\psi_2 + \cdots + d_{kk}\psi_k = \sum_{i=1}^{k} d_{ik}\psi_i \end{array}\right\} \tag{4.85}$$

여기서 기준좌표로 나타낸 운동방정식을 구할 수 있다. 지금까지 다루어 온 계에 대해서는 특별히 기준좌표로 나타낼 필요가 없었지만, 비선형항, 가변계수항 등을 가진 다자유도계의 해석에 있어서는 기준좌표 표시에 의한 식(4.85)가 도움이 되는 경우가 대단히 많다.

4.6 연속체 진동

변형이 발생하는 탄성체 등은 무한히 작은 질점이 무한개 모인 집합체라고 생각할 수 있다. 이와 같이 질량이 계에 분포되어 있는 연속체, 즉 분포질량계는 질점이 무한개 존재하므로 **2.1절**에서 기술한 바와 같이 자유도도 무한대이고, 따라서 고유진동수도 또한 무한개 존재한다. 큰 강제진동을 발생시킨다고 하는 트러블을 없애기 위해서는 공진상태를 피할 필요가 있다. 그러기 위해서는 계의 고유진동수를 아는 것이 매우 중요하다. 그래서 이 절에서는 몇 종류의 연속체에 대해 자유진동의 형태 및 고유진동수 등을 조사해 보고자 한다.

4.6.1 줄의 횡진동

그림 2.13, **그림 3.2**, **그림 4.2**의 계에서는, 줄(弦 현) 자신의 질량은 없는 것으로 한다. 여기서는 질량이 균일하게 분포되어 있는 줄에 대해 고찰해 보자.

덧붙여서, 줄이 철사 같은 탄성봉과 다른 점은, 줄은 굽힘에 대해 탄성력이 0이고, 신축 즉, 늘어남과 줄어드는 것에 대해서만 탄성력을 갖는 것에 비해, 탄성봉은 굽힘 및 신축 양쪽 모두에 대해 탄성력을 갖는다는 점이다. 평면형상의 물체에 대해 말하자면, 줄은 이불이나 가죽 포 등이 그 예이고, 탄성봉은 금속판이 그 예이다.

줄의 장력 T는, **그림 2.13**, **그림 3.2**, **그림 4.2**의 경우와 마찬가지로 평형점 부근의 미소진동이라고 생각할 수 있는 한, 일정하다고 간주할 수 있다. **그림 4.9**와 같이 길이 l인 줄의 처짐을 y라 하고, 우선 길이 dx인 줄의 미소 부분에 관한 운동방정식을 유도해 보자. 이 경우, 줄의 처짐 y는 시간 t의 함수일 뿐만 아니라 위치 x의 함수이기도 하다. 즉,

$$y = f(x,\ t) \tag{4.86}$$

함수 $f(x,\ t)$가 정해지면 줄의 운동도 정해진다.

$x = x$에 있어서의 줄의 기울기 각을 θ라 하면, y가 l에 비해 아주 작고 θ도 미소량이므로, $\theta \fallingdotseq \sin\theta \fallingdotseq \tan\theta = dy/dx$가 되고, 장력 T의 운동방향(y 방향) 성분 F는

$$F = -T\sin\theta \fallingdotseq -T\theta \fallingdotseq -T\tan\theta = -T\frac{\partial y}{\partial x}$$

로 나타낼 수 있다. 편미분 기호를 사용한 것은 y는 x와 t의 함수이기 때문이고, (−) 부호를 붙인 것은 그림에서 $\theta > 0$, $dy/dx > 0$인데 F는 $-y$ 방향으로 작용하고 있기 때문이다. 줄은 곡선 형태를 이루고 있으므로, 줄의 기울기 각 θ는 장소에 따라 다르다. x의 단위 길이당 θ의 변화량은 $\partial\theta/\partial x$ (θ도 x와 t의 함수이므로, 여기서도 편미분기호를 사용한다)이므로,

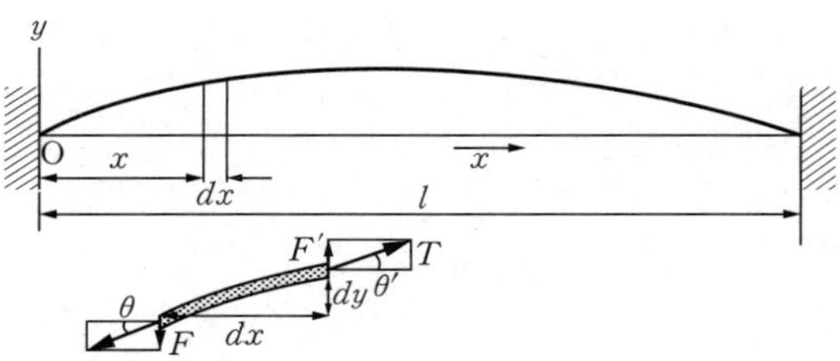

그림 4.9

거리 dx 만큼 떨어지면 θ는 $(\partial\theta/\partial x)dx$ 만큼 변화한다. 따라서 $x+dx$ 위치에 있어서의 줄의 기울기를 θ'라 하면

$$\theta' = \theta + \frac{\partial\theta}{\partial x}dx$$

장력 T의 y 방향 성분 F'는

$$F' = T\sin\theta' \fallingdotseq T\theta' = T\left(\theta + \frac{\partial\theta}{\partial x}dx\right) \fallingdotseq T\left\{\tan\theta + \frac{\partial(\tan\theta)}{\partial x}dx\right\}$$
$$= T\left(\frac{\partial y}{\partial x} + \frac{\partial^2 y}{\partial x^2}dx\right)$$

F'는 $\theta \fallingdotseq \partial y/\partial x > 0$일 때, y의 $(+)$ 방향을 향하고 있으므로 $(-)$ 부호는 붙이지 않았다. 줄의 단위 길이당 질량을 ρ라고 하면, 길이 dx인 줄의 미소부분 질량은 ρdx이다. 뉴톤의 운동에 관한 제2법칙, (질량)×(가속도)=(외부로부터의 힘)으로부터

$$\rho dx \cdot \frac{\partial^2 y}{\partial t^2} = F + F' = T\frac{\partial^2 y}{\partial x^2}dx$$

따라서 운동방정식은 다음과 같이 된다.

$$\frac{\partial^2 y}{\partial t^2} = c^2 \frac{\partial^2 y}{\partial x^2} \tag{4.87}$$

여기서,

$$c^2 = \frac{T}{\rho} \tag{4.88 a}$$

식 (4.87) 형식의 편미분방정식은, 진동분야에 한하지 않고, 종종 마주치는 식이며, 그 해법은 다음과 같다. 우선, $y = f(x,\ t)$는 x만의 함수 $\varphi(x)$와 t만의 함수 $\psi(t)$의 곱이라고 하자.

$$y = f(x,\ t) = \varphi(x) \cdot \psi(t) \tag{4.89}$$

윗식을 식 (4.87)에 대입하면

$$\frac{\left(\dfrac{d^2\psi}{dt^2}\right)}{\psi} = c^2 \frac{\left(\dfrac{d^2\varphi}{dx^2}\right)}{\varphi} = \varkappa \tag{4.90}$$

윗식의 좌변은 t만의 함수, 우변은 x만의 함수이고, 양쪽이 같게 되는 것은, 이들이 각각 x

와 t를 포함하지 않은 상수 $\varkappa$와 같은 경우에 한한다. 따라서

$$\frac{\left(\dfrac{d^2\psi}{dt^2}\right)}{\psi} = \varkappa \qquad \therefore \frac{d^2\psi}{dt^2} - \varkappa\psi = 0 \tag{4.91}$$

$\varkappa > 0$면 $\psi(t) = Ae^{\sqrt{\varkappa}t} + Be^{-\sqrt{\varkappa}t}$로 지수함수가 되는데, **그림 4.9**의 계가 진동계인 것은 자명한 사실이다. 그래서 $\varkappa = -p^2 < 0$, 즉 $\varkappa$는 0보다 작다고 하면

$$\frac{d^2\psi}{dt^2} + p^2\psi = 0 \tag{4.92}$$

$$\therefore \psi(t) = a\sin pt + b\cos pt \tag{4.93}$$

한편, φ에 대해서는 식(4.90)으로부터 다음 식과 같이 된다.

$$\frac{d^2\varphi}{dx^2} - \frac{\varkappa}{c^2}\varphi = \frac{d^2\varphi}{dx^2} + \frac{p^2}{c^2}\varphi = 0 \tag{4.94}$$

$$\therefore \varphi(x) = A\sin\frac{p}{c}x + B\cos\frac{p}{c}x \tag{4.95}$$

따라서 식(4.87)의 해를 구하면 다음과 같다.

$$y = f(x,\ t) = \varphi(x)\cdot\psi(t) = \left(A\sin\frac{p}{c}x + B\cos\frac{p}{c}x\right)(a\sin pt + b\cos pt) \tag{4.96}$$

식(4.95)의 $\varphi(x)$는 줄의 처짐곡선 형태, 즉 진동형을 결정하는 식이다. 처짐곡선 $\varphi(x)$는

(i) $x = 0$에서 $\varphi = 0$

(ii) $x = l$에서 $\varphi = 0$

의 경계조건을 만족하는 함수이어야 한다. 조건 (i)로부터 $B = 0$을, 조건 (ii)로부터

$$(\varphi)_{x=l} = A\sin\frac{p}{c}l = 0 \qquad \therefore \sin\frac{p}{c}l = 0 \tag{4.97}$$

의 관계가 주어진다. 윗식이 성립하기 위해서는

$$\frac{p}{c}l = n\pi \qquad (n：\text{정수}) \tag{4.98}$$

가 될 필요가 있다. $n = 1,\ 2,\ \cdots,\ n$일 때의 p를 $p_1,\ p_2,\ \cdots,\ p_n$이라고 하면, 윗식으로부터

$$p_1 = \frac{\pi}{l}c, \quad p_2 = \frac{2\pi}{l}c, \quad p_3 = \frac{3\pi}{l}c, \quad \cdots, \quad p_n = \frac{n\pi}{l}c \quad \left(c = \sqrt{\frac{T}{\rho}}\right) \tag{4.99}$$

따라서

$$p_2 = 2p_1 = 2\frac{\pi}{l}c, \quad p_3 = 3p_1 = 3\frac{\pi}{l}c, \quad \cdots, \quad p_n = np_1 = n\frac{\pi}{l}c \tag{4.100}$$

이와 같이 고유진동수 p_n은 식(4.97)로부터 정해지므로, 식(4.97)을 이 경우의 **진동수방정식**이라고 한다. $p = p_1$, $p = p_2$, $\cdots$, $p = p_n$일 때의 식(4.96)은 각각 식(4.87)의 해이고, 이들의 합 또한 해이므로 식(4.87)의 일반해는 다음과 같이 된다.

$$\begin{aligned} y &= \sin\frac{\pi}{l}x(a_1 \sin p_1 t + b_1 \cos p_1 t) + \sin\frac{2\pi}{l}x(a_2 \sin p_2 t + b_2 \cos p_2 t) + \cdots \\ &= \sin\frac{\pi}{l}x\left(a_1 \sin\frac{\pi}{l}ct + b_1 \cos\frac{\pi}{l}ct\right) + \sin\frac{2\pi}{l}x\left(a_2 \sin\frac{2\pi}{l}ct + b_2 \cos\frac{2\pi}{l}ct\right) + \cdots \\ &= \sum_{n=1}^{\infty} \sin\frac{n\pi}{l}x\left(a_n \sin\frac{n\pi}{l}ct + b_n \cos\frac{n\pi}{l}ct\right) \end{aligned} \tag{4.101}$$

자유도가 무한대이므로 고유진동수도 식(4.99)와 같이 p_1, p_2, $\cdots$, p_n으로 무한개 존재한

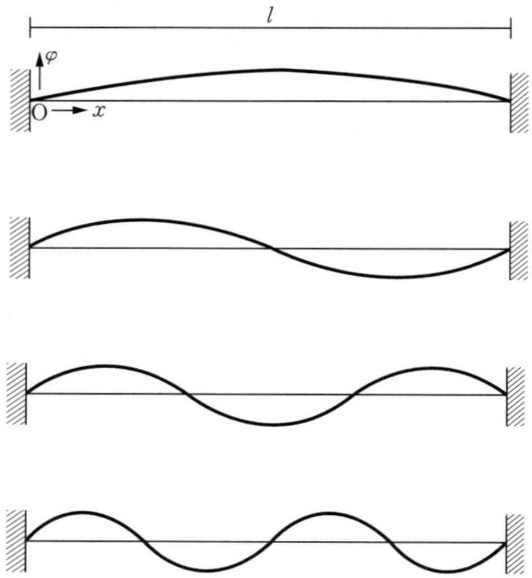

$(\varphi)_{x=0} = 0$, $(d\varphi/dx)_{x=l} = 0$일 때의 진동형

그림 4.10 줄의 진동형, 양단고정일 때의 진동형

다. 고유진동수 p_1, p_2, ⋯, p_n의 진동형 $\varphi_1(x)$, $\varphi_2(x)$, ⋯, $\varphi_n(x)$는 각각

$$\varphi_1(x) = \sin\frac{\pi}{l}x, \quad \varphi_2(x) = \sin\frac{2\pi}{l}x, \quad \cdots, \quad \varphi_n(x) = \sin\frac{n\pi}{l}x \tag{4.102}$$

가 되고, 진동형은 **그림 4.10**과 같다.

식(4.101) 중의 a_n, b_n은 초기조건으로부터 결정되는 임의상수이고, 줄의 중앙을 손으로 잡아당겨 놓으면 p_1의 진동이 다른 진동보다 크게 나타나고, $x = l/4$과 $x = 3l/4$인 곳을 각각 서로 반대방향으로 잡아당겨 놓으면 p_2의 진동이 크게 나타나는 등, p_1, p_2, ⋯, p_n 진동수의 진동 중, 어느 것이 크게 발생하는가는 초기조건에 따라 달라진다. 그러나 일반적으로 진동수가 낮은 진동일수록 크게 나타나기 쉽다. 이것은 같은 에너지라면 낮은 진동수의 진동일수록 큰 진폭으로 발생할 수 있기 때문이다.

4.6.2 봉의 종진동, 코일 스프링의 종진동

그림 4.11 (a)와 같이 단면적 A, 종탄성계수 E[GPa], 길이 l인 탄성봉의 종진동에 대해 고찰해 보자. 진동중 $x = x$인 aa 단면이 a′a′ 단면 위치로 y만큼 이동했다고 하자. 이동량 y는 장소에 따라 다르고, x의 단위 길이당 y의 변화량은 $\partial y/\partial x$이므로, dx 떨어진 곳에서는 $(\partial y/\partial x)dx$ 만큼 변화한다. 따라서 $x+dx$인 위치 bb 단면은 b′b′ 단면 위치로 이동하고, 그 이동량 y'는

$$y' = y + \frac{\partial y}{\partial x}dx$$

$x+2dx$의 위치 cc 단면의 이동량 y''는

$$y'' = y' + \frac{\partial y'}{\partial x}dx = y + 2\frac{\partial y}{\partial x}dx + \frac{\partial^2 y}{\partial x^2}dx^2$$

aa 단면과 bb 단면 사이 부분의 원래 길이는 dx이었지만, 종진동에 의해

$$y' - y = \frac{\partial y}{\partial x}dx$$

만큼 늘어났다. 이때 신장율은 다음과 같다.

$$\text{신장율} = \frac{\text{늘어난 양}}{\text{원래의 길이}} = \frac{\left(\dfrac{\partial y}{\partial x}dx\right)}{dx} = \frac{\partial y}{\partial x}$$

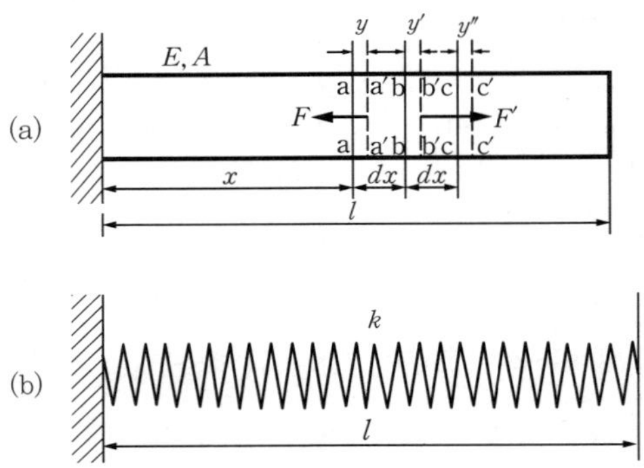

k : 길이가 l인 코일스프링의 스프링상수

그림 4.11

a′a′ 단면의 인장응력을 σ, 인장력을 $F = -A\sigma$라고 하면,

$$\text{응력 } \sigma = E \times (\text{신장율})$$

의 관계로부터

$$F = -A\sigma = -AE\frac{\partial y}{\partial x} \quad \left(\because \frac{\partial y}{\partial x} > 0 \text{ 이면 } F < 0\right) \tag{a}$$

bb 단면과 cc 단면 사이 부분의 늘어남은

$$y'' - y' = \frac{\partial y}{\partial x}dx + \frac{\partial^2 y}{\partial x^2}dx^2$$

신장율은

$$\frac{\partial y}{\partial x} + \frac{\partial^2 y}{\partial x^2}dx$$

b′b′ 단면에 작용하는 인장력 F'는 다음과 같다.

$$F' = A\sigma' = AE\left(\frac{\partial y}{\partial x} + \frac{\partial^2 y}{\partial x^2}dx\right) \tag{a)$'$}$$

단위 길이당 봉의 질량을 ρ라고 하면, aa와 bb 단면 사이 봉 부분의 질량은 ρdx, 가속도는 $\partial^2 y/\partial t^2$이므로 뉴톤의 제2법칙으로부터

$$\rho dx \cdot \frac{\partial^2 y}{\partial t^2} = F' + F = AE\frac{\partial^2 y}{\partial x^2}dx$$

$$\therefore \frac{\partial^2 y}{\partial t^2} = c^2 \frac{\partial^2 y}{\partial x^2} \tag{4.87}$$

가 되어, 이전과 같은 형식의 운동방정식이 주어진다. 단, 이 경우는

$$c^2 = \frac{AE}{\rho} \tag{4.88 b}$$

그림 4.11 (a)에 있어서 길이 l인 봉을 dl 늘이는데 필요한 힘 F는

$$F = A\sigma = AE\frac{dl}{l} \tag{b}$$

그림 4.11 (b)에 있어서 길이 l, 스프링상수 k[N/m]인 스프링을 dl 늘이는데 필요한 힘은

$$F = kdl \tag{c}$$

상기 두 식을 같다고 놓으면

$$AE = kl \tag{d}$$

식(d)를 식(4.88 b)에 대입하면, 코일 스프링에 대한 c^2은 다음 식으로 주어진다는 것을 알 수 있다.

$$c^2 = \frac{kl}{\rho} \tag{4.88 c}$$

단, 식(4.88 c) 중의 ρ는 단위 길이당 코일 스프링의 질량이다.

그림 4.11 (a) 탄성봉에서 우측도 고정되어 있는 경우, 혹은 **그림 4.11** (b)와 같이 양단 모두 고정되어 있는 코일 스프링의 경우, 경계조건은 두 경우 모두 (i) $x = 0$에서 $\varphi = 0$, (ii) $x = l$에서 $\varphi = 0$이고, **그림 4.9** 줄의 경우와 완전히 같으므로 이들 경우에도 전술한 식(4.97)~(4.102)는 전부 성립하고, 따라서 진동의 형태도 **그림 4.10**과 같다.

그림 4.11 (a)와 같이 우변이 자유단인 외팔보의 경우, 경계조건은 (i) $x = 0$에서 $\varphi(x) = 0$, (ii) $x = l$에서는 응력 σ가 0이므로 $\partial y/\partial x = 0$, 따라서 $d\varphi/dx = 0$가 된다. 식(4.95)에 조건 (i)을 적용하면 $B = 0$, 따라서

$$\varphi(x) = A\sin\frac{p}{c}x$$

조건 (ii)로부터

$$\left(\frac{d\varphi}{dx}\right)_{x=l} = A\frac{p}{c}\cos\frac{p}{c}l = 0 \qquad \therefore \cos\frac{p}{c}l = 0 \tag{4.103}$$

윗식은 이 경우의 진동수방정식이고, 이 식을 만족하기 위해서는

$$\frac{p}{c}l = (2n-1)\frac{\pi}{2} \qquad (n\ :\ \text{정수}) \tag{4.104}$$

이어야 한다. 따라서 고유진동수는

$$p_1 = \frac{\pi}{2l}c, \qquad p_2 = \frac{3\pi}{2l}c, \qquad \cdots, \qquad p_n = \frac{(2n-1)\pi}{2l}c \tag{4.105}$$

진동수 p_1, p_2, $\cdots$, p_n의 진동형 $\varphi(x)$는

$$\varphi_1(x) = \sin\frac{\pi}{2l}x, \quad \varphi_2(x) = \sin\frac{3\pi}{2l}x, \quad \cdots, \quad \varphi_n(x) = \sin\frac{(2n-1)\pi}{2l}x \tag{4.106}$$

그림 4.12는 이 경우에 대한 진동형이고, 일반해는 다음 식과 같이 된다.

$$\begin{aligned} y &= \sin\frac{\pi}{2l}x\left(a_1\sin\frac{\pi}{2l}ct + b_1\cos\frac{\pi}{2l}ct\right) + \sin\frac{3\pi}{2l}x\left(a_2\sin\frac{3\pi}{2l}ct + b_2\cos\frac{3\pi}{2l}ct\right) + \cdots \\ &= \sum_{n=1}^{\infty}\sin\frac{(2n-1)\pi}{2l}x\left\{a_n\sin\frac{(2n-1)\pi}{2l}ct + b_n\cos\frac{(2n-1)\pi}{2l}ct\right\} \end{aligned} \tag{4.107}$$

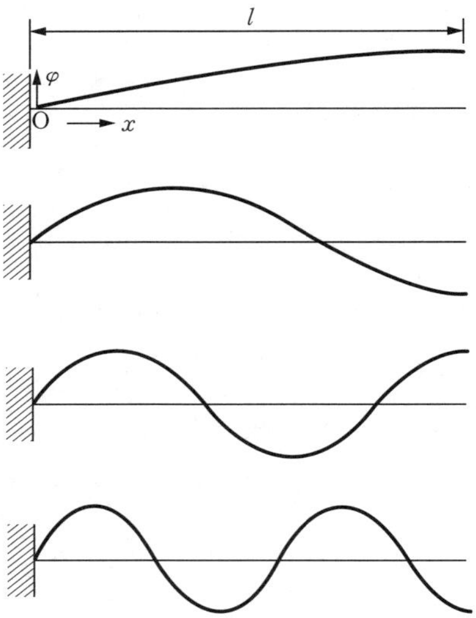

$p = p_1 = \frac{\pi}{2l}c$ 일 때 $\varphi_1(x) = \sin\frac{\pi}{2l}x$

$p = p_2 = \frac{3\pi}{2l}c$ 일 때 $\varphi_2(x) = \sin\frac{3\pi}{2l}x$

$p = p_3 = \frac{5\pi}{2l}c$ 일 때 $\varphi_3(x) = \sin\frac{5\pi}{2l}x$

$p = p_4 = \frac{7\pi}{2l}c$ 일 때 $\varphi_4(x) = \sin\frac{7\pi}{2l}x$

$(\varphi)_{x=0} = 0$, $(d\varphi/dx)_{x=l} = 0$일 때의 진동형

그림 4.12 일단고정, 타단자유일 때의 진동형

4.6.3 봉의 비틀림진동

그림 4.13과 같이 단면이 일정한 봉의 비틀림진동에 대해 고찰해 보자. 봉의 횡탄성계수를 G[GPa], 봉 단면의 중심선에 관한 극단면 2차모멘트를 I_{p0}[m^4], $x=x$에 있어서의 비틀림각을 y라고 하면, 단면 aa에 있어서의 비틀림 모멘트 M은 재료역학 공식으로부터

$$M = -GI_{p_0}\frac{\partial y}{\partial x} \qquad \left(\because \frac{\partial y}{\partial x} > 0\text{이면 } M < 0\right)$$

비틀림 모멘트도 봉의 장소에 따라 다르고, 그 변화량은 봉의 길이방향 미소거리 dx에 대해 $(\partial M/\partial x)dx$이므로 $x+dx$ 위치인 a′a′ 단면에서의 비틀림 모멘트 M'는

$$M' = -\left(M+\frac{\partial M}{\partial x}dx\right) = GI_{p_0}\left(\frac{\partial y}{\partial x}+\frac{\partial^2 y}{\partial x^2}dx\right)$$

단위 길이당 봉의 질량관성모멘트를 I_1[kgm]이라고 하면, aa와 a′a′ 단면 사이 부분의 질량관성모멘트는 $I_1\,dx$이다.

(질량관성모멘트)×(각가속도)=(외부에서 작용하는 모멘트)

의 관계로부터

$$I_1 dx\cdot\frac{\partial^2 y}{\partial t^2} = M'+M = GI_{p0}\frac{\partial^2 y}{\partial x^2}dx$$

$$\therefore\ \frac{\partial^2 y}{\partial t^2} = c^2\frac{\partial^2 y}{\partial x^2} \tag{4.87}$$

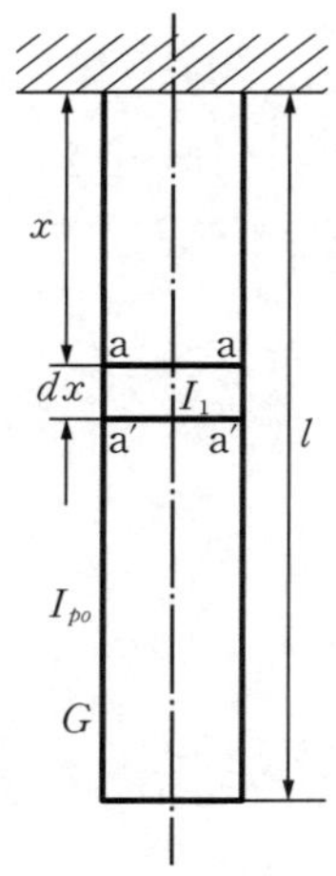

그림 4.13 비틀림진동

가 되어, 이전과 같은 형식의 식이 된다. 단, 이 경우 c^2은

$$c^2 = \frac{GI_{p_0}}{I_1} \tag{4.88d}$$

그림 4.13 계의 경계조건은 **그림 4.11** (a) 외팔보의 경우와 마찬가지로 (i) $x=0$에서 $\varphi(x)=0$, (ii) $x=l$에서 $d\varphi/dx=0$이므로 **그림 4.13** 계의 비틀림진동에 대해서도 이미 기술한 식(4.103)~(4.107)이 성립하고, 진동의 형태도 **그림 4.12**가 된다. 봉이 반경 r인 둥근 봉일 때는, 봉의 밀도를 γ/g[kg/m³] 라고 하면

$$A = \pi r^2, \quad \rho = \frac{A\gamma}{g} = \frac{\pi r^2 \gamma}{g}, \quad I_1 = \rho \cdot \frac{r^2}{2} = \frac{\pi r^4 \gamma}{2g}, \quad I_{p_0} = \frac{\pi r^4}{2}$$

의 관계가 있으므로, 둥근 봉일 때 c^2은 다음과 같이 된다.

$$c^2 = \frac{GI_{p_0}}{I_1} = \frac{Gg}{\gamma} \tag{4.88$'$d}$$

4.6.4 파이프 내부 공기진동

파이프 내부 공기진동의 운동방정식도 역시 식(4.87)과 같이 된다. **그림 4.11** (a)를, 왼쪽 끝은 막혀 있고 오른쪽 끝은 열려 있으며, 내부는 기체가 채워져 있는 파이프라고 생각하자. 기체의 체적변화에 대한 탄성계수를 E[Pa], 압력변화를 dp, 체적변화를 dV, 원래의 체적을 V라고 하면, 이 경우도 **2.3.7항**의 **그림 2.11** (b) 경우와 마찬가지로

$$dp = -E\frac{dV}{V}$$

로 나타낼 수 있다. 단면이 일정한 파이프이면 aa 단면과 bb 단면 사이의 체적은 $V = Adx$, a′a′와 b′b′ 단면 사이의 체적 V'는

$$V' = A\left(dx + \frac{\partial y}{\partial x}dx\right)$$

이므로

$$dV = V' - V = A\frac{\partial y}{\partial x}dx \qquad \therefore \ \frac{dV}{V} = \frac{\partial y}{\partial x}$$

a′a′면에 있어서 단면 a′a′와 b′b′ 사이에 있는 기체에 작용하는 압력 dp에 의한 힘 F는

$$F = A \cdot dp = -AE\frac{\partial y}{\partial x}$$

(−)부호가 붙은 것은 $\partial y/\partial x > 0$일 때 압력은 내려가고, F는 x의 (−)방향(왼쪽방향)으로 작용하기 때문이다. dx 떨어진 b′b′ 면에 작용하는 압력에 의한 힘 F'는

$$F' = -\left(F + \frac{\partial F}{\partial x}dx\right) = AE\left(\frac{\partial y}{\partial x} + \frac{\partial^2 y}{\partial x^2}dx\right)$$

F' 힘에는 (−)부호를 붙이지 않는다. 따라서 파이프 단위 길이당 기체의 질량을 ρ라고 하면,

$$\rho dx \cdot \frac{\partial^2 y}{\partial t^2} = F' + F = AE\frac{\partial^2 y}{\partial x^2}dx$$

$$\therefore \frac{\partial^2 y}{\partial t^2} = \frac{AE}{\rho}\frac{\partial^2 y}{\partial x^2} = c^2\frac{\partial^2 y}{\partial x^2} \tag{4.87 a}$$

가 되고, 이전과 같은 식이 된다. **그림 4.11** (a)와 같이 왼쪽 끝이 막혀 있고, 오른쪽 끝이 열려 있으면, 경계조건은 (i) $x = 0$에서 $\varphi(x) = 0$, (ii) $x = l$에서 $d\varphi/dx = 0$가 되어, 외팔보의 종진동 및 **그림 4.13** 비틀림진동의 경우와 완전히 같은 결과를 준다. 여기서 파이프의 양쪽 끝 모두 열려 있는 경우에 대해 고찰해 보자. 이때의 경계조건은 (i) $x = 0$에서 $d\varphi/dx = 0$, (ii) $x = l$에서 $d\varphi/dx = 0$이다. 식(4.95)에 조건 (i)을 적용하면 $A = 0$가 되므로

$$\varphi(x) = B\cos\frac{p}{c}x$$

조건 (ii)로부터

$$\left(\frac{d\varphi}{dx}\right)_{x=l} = -\frac{p}{c}B\sin\frac{p}{c}l = 0 \qquad \therefore \sin\frac{p}{c}l = 0 \tag{4.97}$$

이 진동수방정식은 **그림 4.9** 줄의 경우와 같으므로, 고유진동수도 식(4.99)와 같다. 그러나 진동의 형태는 줄의 경우와는 다르고

$$\varphi_1(x) = \cos\frac{\pi}{l}x, \quad \varphi_2(x) = \cos\frac{2\pi}{l}x, \quad \cdots, \quad \varphi_n(x) = \cos\frac{n\pi}{l}x \tag{4.108}$$

가 되고, 또한 일반해도 다음과 같이 된다.

$$y = \cos\frac{\pi}{l}x\left(a_1\sin\frac{\pi}{l}ct + b_1\cos\frac{\pi}{l}ct\right) + \sin\frac{2\pi}{l}x\left(a_2\sin\frac{2\pi}{l}ct + b_2\cos\frac{2\pi}{l}ct\right) + \cdots$$

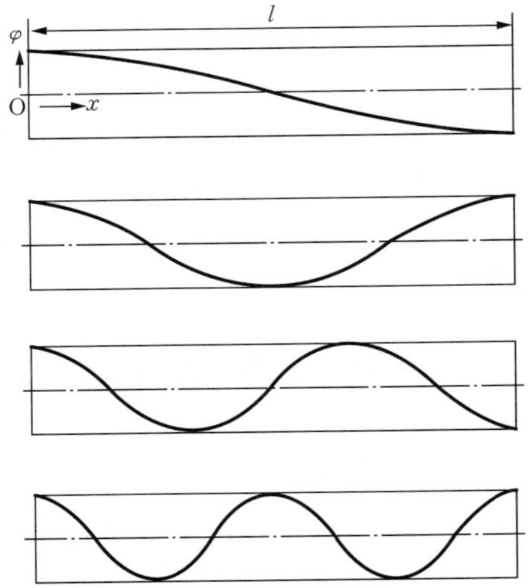

$p = p_1 = \frac{\pi}{l} c$ 일때 $\varphi_1(x) = \cos\frac{\pi}{l} x$

$p = p_2 = \frac{2\pi}{l} c$ 일 때 $\varphi_2(x) = \cos\frac{2\pi}{l} x$

$p = p_3 = \frac{3\pi}{l} c$ 일 때 $\varphi_3(x) = \cos\frac{3\pi}{l} x$

$p = p_4 = \frac{4\pi}{l} c$ 일 때 $\varphi_4(x) = \cos\frac{4\pi}{l} x$

$c = \sqrt{\frac{AE}{\rho}} = \sqrt{\frac{Eg}{\gamma}}$, E : 기체의 탄성계수, ρ : 파이프 단위길이당 기체의 질량

A : 파이프 단면적, γ/g : 기체의 밀도

$(d\varphi/dx)_{x=0} = 0$, $(d\varphi/dx)_{x=l} = 0$일 때의 진동형 (양단이 열려 있는 파이프 내 공기의 진동형)

그림 4.14 양단자유일 때의 진동형

$$= \sum_{n=1}^{\infty} \cos\frac{n\pi}{l} x \left(a_n \sin\frac{n\pi}{l} ct + b_n \cos\frac{n\pi}{l} ct \right) \tag{4.109}$$

그림 4.14는 식(4.108) 진동형을 나타낸 것이다.

4.6.5 집중질량이 있는 경우

집중질량이 존재하는 계의 일례로서, 길이 l, 스프링상수 k, 질량 m_s, 단위 길이당 질량 $\rho = m_s/l$인 코일 스프링의 끝에 집중질량 m인 물체가 붙어있는 **그림 4.15** 계의 상하운동에 대해 고찰해 보자. 지지점 a에서 x 떨어져 있는 단면에 대해, 스프링의 평형위치에서 단면이 이동한 변위를 y라 하자. **그림 4.11** (a), (b) 양자 사이에는 식(d) $AE = kl$인 등가관계가 있으므로 식(a)에 있어서 AE를 kl로 치환하고 부호를 없앤

$$F = kl\frac{\partial y}{\partial x} \tag{e}$$

는 어떤 단면에서 코일 스프링 내에 발생한 힘이 된다. (−)부호를 없앴으므로 임의의 단면보

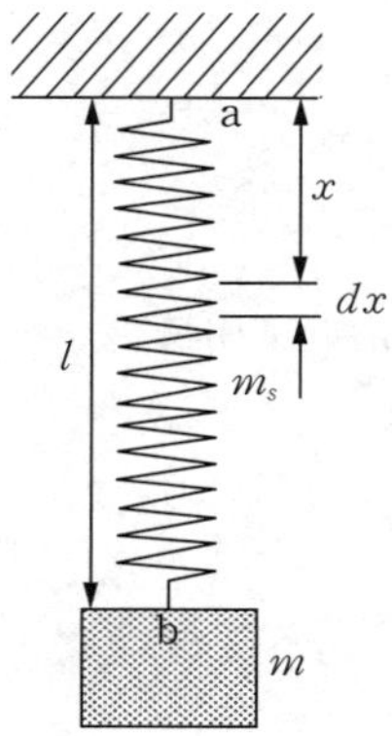

그림 4.15

다 윗부분에 작용하는 힘이 식(e)의 F이다. **그림 4.15**의 계에 대해서도 **그림 4.11** (b)에 대해 성립하는 식(4.88 c), 즉

$$c^2 = \frac{kl}{\rho} = \frac{kl^2}{m_s} \tag{4.88$'$c}$$

및

$$\frac{\partial^2 y}{\partial t^2} = c^2 \frac{\partial^2 y}{\partial x^2} \tag{4.87}$$

가 성립하고, 따라서 식(4.93), (4.95), (4.96)이 이 경우의 $\psi(t)$, $\varphi(x)$ 및 해가 된다. 코일 스프링의 양 끝에서의 경계조건은 다음과 같다.

(i) 지점 a, 즉 $x = 0$에서 코일 스프링의 이동량은 $y = 0$이다. 즉, $x = 0$에서 $\varphi = 0$이다.

(ii) 아래쪽 끝 b, 즉 $x = l$에 있어서 스프링에 걸리는 힘은 집중질량 m의 관성력이므로, 식(e)로부터

$$(F)_{x=l} = kl\left(\frac{\partial y}{\partial x}\right)_{x=l} = -m\left(\frac{\partial^2 y}{\partial t^2}\right)_{x=l} \tag{f}$$

조건 (i)을 식(4.95)에 대입하면 $B = 0$이 되므로

$$\varphi(x) = A \sin\frac{p}{c}x \qquad \therefore\ \frac{d\varphi}{dx} = \frac{p}{c}A\cos\frac{p}{c}x \tag{g}$$

식(4.96), (4.92)로부터

$$y = \varphi(x)\cdot\psi(t), \qquad \ddot{\psi} = -p^2\psi \tag{h}$$

식(g), (h)를 식(f)에 대입하면

$$kl \cdot \frac{p}{c} \cos \frac{p}{c} l = mp^2 \sin \frac{p}{c} l \tag{i}$$

코일 스프링의 질량 m_s와 집중질량 m과의 비를

$$\mu = \frac{m_s}{m} \tag{4.110}$$

라고 하면, 식(i), 식(4.88′ c)로부터 진동수방정식

$$\mu = \frac{p}{c} l \tan \frac{p}{c} l = \alpha \tan \alpha \tag{4.111}$$

가 주어진다. 여기서

$$\alpha = \frac{p}{c} l \tag{4.112}$$

고유진동수 p는 식(4.112), (4.88′ c), (4.110)으로부터

$$p = \alpha \frac{c}{l} = \alpha \sqrt{\frac{k}{m_s}} = \frac{\alpha}{\sqrt{\mu}} \sqrt{\frac{k}{m}} = \frac{\alpha}{\sqrt{\mu}} \sqrt{\frac{g}{\delta_{st}}} \tag{4.113}$$

$\delta_{st} = mg/k$는 **그림 4.15** 계의 정적처짐이다. 질량비 $\mu = m_s/m$가 주어지면, 식(4.111)에서 α가 정해지고, 따라서 식(4.113)에서 고유진동수가 정해지고, 그러면 진동형

$$\varphi(x) = \sin \frac{p}{c} x = \sin \frac{\alpha}{l} x \tag{4.114}$$

가 결정된다. 식(4.111)로부터는, 1개의 μ값에 대해 무한개의 α값이 결정된다. 값이 작은 순서대로 α_1, α_2, α_3, …라 하고, 식(4.113)에서 구한 이들 α_1, α_2, α_3, …에 대한 p를 p_1, p_2, p_3, …라 하면, **그림 4.15** 계에 대한 일반해로서 다음 식을 구할 수 있다.

$$\begin{aligned} y &= \sin \frac{\alpha_1}{l} x(a_1 \sin p_1 t + b_1 \cos p_1 t) + \sin \frac{\alpha_2}{l} x(a_2 \sin p_2 t + b_2 \cos p_2 t) + \cdots \\ &= \sum_{n=1}^{\infty} \sin \frac{\alpha_n}{l} x\left(a_n \sin p_n t + b_n \cos p_n t\right) \\ &= \sum_{n=1}^{\infty} \sin \frac{\alpha_n}{l} x\left(a_n \sin \frac{\alpha_n}{l} ct + b_n \cos \frac{\alpha_n}{l} ct\right) \end{aligned} \tag{4.115}$$

식(4.111)의 근 α는, 가령 $m_s = m$ (질량비 $\mu = 1$)일 때는

$$\alpha_1 = 0.86, \qquad \alpha_2 = 3.43, \qquad \alpha_3 = 6.44, \cdots \tag{4.116}$$

가 되고, 이들에 대한 고유진동수는 식(4.113)으로부터

$$p_1 = 0.86\sqrt{\frac{k}{m}}, \qquad p_2 = 3.43\sqrt{\frac{k}{m}}, \qquad p_3 = 6.44\sqrt{\frac{k}{m}}, \qquad \cdots \tag{4.117}$$

가 주어진다. 이 경우에 대해 진동형을 나타내면 **그림 4.16**과 같다.

여러 가지 질량비 $\mu = m_s/m$에 대한 식(4.111)의 근 α_1, 즉 최소치의 α를 나타내면 다음과 같은 값이 된다.

$$\left.\begin{array}{llllllllll} \mu = & 0.01 & 0.10 & 0.50 & 1.00 & 2.00 & 5.00 & 10.0 & 100.0 & \infty \\ \alpha_1 = & 0.10 & 0.32 & 0.65 & 0.86 & 1.08 & 1.32 & 1.42 & 1.57 & \pi/2 \end{array}\right\} \tag{4.118}$$

코일 스프링의 질량이 비교적 작고, 질량비 $\mu = m_s/m$가 1보다 상당히 작은 경우에는, 식(4.111)을 만족하는 α의 최소치 α_1도 작아지고, **1.2절**의 식(1.4)로부터

$$\tan\alpha_1 = \alpha_1 + \frac{\alpha_1^3}{3} + \frac{2\alpha_1^5}{15} + \cdots \fallingdotseq \alpha_1 + \frac{\alpha_1^3}{3}$$

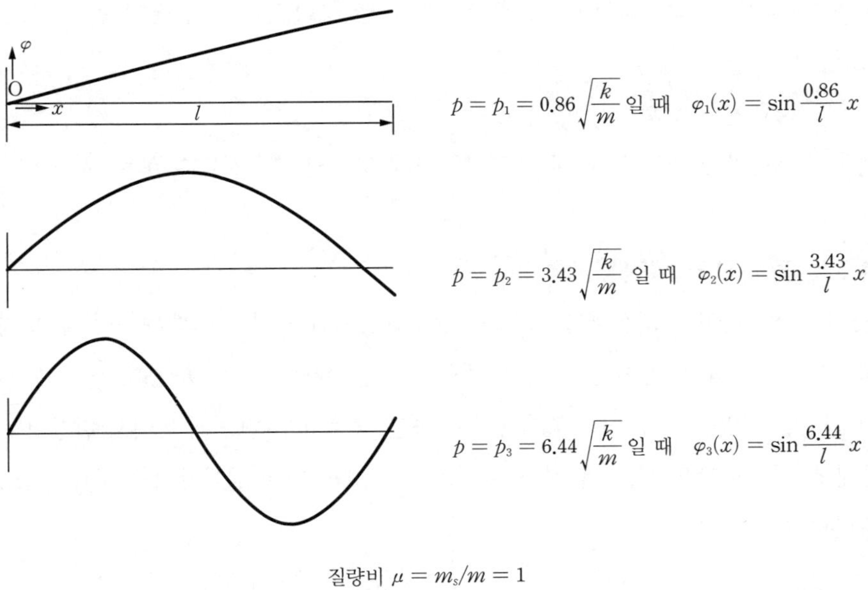

그림 4.16 코일스프링의 끝에 집중질량 m이 있을 때의 진동형

이라고 놓을 수 있으므로, 식(4.111)으로부터

$$\alpha_1\left(\alpha_1+\frac{\alpha_1^3}{3}\right)=\mu \qquad \therefore\ \alpha_1^2=\mu-\frac{\alpha_1^4}{3} \tag{j}$$

$$\alpha_1^2\left(1+\frac{\alpha_1^2}{3}\right)=\mu \qquad \therefore\ \alpha_1=\sqrt{\frac{\mu}{1+\frac{\alpha_1^2}{3}}} \tag{k}$$

식(j)를 식(k)의 우변에 대입하면

$$\alpha_1=\sqrt{\frac{\mu}{1+\frac{\mu}{3}-\frac{\alpha_1^4}{9}}} \fallingdotseq \sqrt{\frac{\mu}{1+\frac{\mu}{3}}} \tag{4.119}$$

따라서 식(4.110), (4.113)으로부터

$$p_1 \fallingdotseq \sqrt{\frac{k}{m+\frac{m_s}{3}}}=\sqrt{\frac{g}{\delta_{st}\left(1+\frac{\mu}{3}\right)}} \tag{4.120}$$

즉, μ가 작을 때 **그림 4.15** 계의 가장 낮은 고유진동수 p_1은 질량이 없는 스프링의 끝에 코일 스프링 질량의 1/3을 더한 $m+m_s/3$의 집중질량이 붙어 있을 때의 고유진동수와 근사적으로 같다. 만약 μ가 더 작아지면 α_1도 작게 되어 $\tan\alpha_1 \fallingdotseq \alpha_1$으로 놓을 수 있으면, 식(4.111)에서 $\alpha_1{}^2=\mu$가 되므로 식(4.113)에서 이때의 p_1을 구하면 다음과 같이 된다.

$$p_1=\sqrt{\frac{k}{m}}=\sqrt{\frac{g}{\delta_{st}}} \tag{4.121}$$

이것은 스프링의 질량이 없을 때, 즉 1자유도계 경우의 고유진동수 $p=\sqrt{k/m}$와 일치한다.

4.6.6 탄성보의 횡진동

단면이 일정하고 분포질량을 가지고 있는 탄성보의 횡진동에 대해 고찰해 보자. 보의 종탄성계수를 E[GPa], 길이를 l, 단면적을 A, 단면 2차모멘트를 I_0[m^4], 밀도를 γ/g[kg/m^3], 단위 길이당 질량을 ρ, 보의 처짐을 y라고 하면, $x=x$인 단면에 있어서 탄성보 처짐곡선의 기울기 θ, 굽힘모멘트 M, 전단력 S, 분포하중 q(보의 단위 길이당의 하중)는 재료역학 공식으로부터 다음과 같이 된다.

$$\frac{dy}{dx}=\theta, \qquad EI_0\frac{d^2y}{dx^2}=-M, \qquad EI_0\frac{d^3y}{dx^3}=-S \tag{4.122}$$

$$EI_0 \frac{d^4y}{dx^4} = -q \tag{4.123}$$

탄성보가 운동을 하면, 처짐 y는 위치 x와 시간 t의 함수이므로, 식(4.123)은 편미분 기호를 사용하여

$$EI_0 \frac{\partial^4 y}{\partial x^4} = -q \tag{4.124}$$

가 되어야 한다. 운동중 보에 가해지는 분포하중 q는 단위 길이당 보의 관성력이므로

$$q = \rho \frac{\partial^2 y}{\partial t^2}$$

이것을 식(4.124)에 대입하여 정리하면 다음과 같이 된다.

$$EI_0 \frac{\partial^4 y}{\partial x^4} + \rho \frac{\partial^2 y}{\partial t^2} = 0 \qquad \therefore \frac{\partial^2 y}{\partial t^2} + c^2 \frac{\partial^4 y}{\partial x^4} = 0 \tag{4.125}$$

여기서

$$c^2 = \frac{EI_0}{\rho} = \frac{EI_0 g}{A\gamma} \tag{4.126}$$

편미분방정식(4.87)의 경우와 마찬가지로 해의 형식을

$$y = \varphi(x) \cdot \psi(t) \tag{4.89}$$

라고 하면, 식(4.125)로부터

$$\frac{\ddot{\psi}}{\psi} = -c^2 \frac{\left(\dfrac{d^4\varphi}{dx^4}\right)}{\varphi} = \varkappa \tag{4.127}$$

식(4.90), (4.91)의 경우와 마찬가지로, $\varkappa$는 x와 t를 포함하지 않는 상수이고, 보가 진동한다고 하면

$$\varkappa = -p^2 < 0 \tag{4.128}$$

따라서 $\varkappa$는 (−)가 되어야 하므로 다음과 같이 된다.

$$\ddot{\psi} + p^2\psi = 0 \tag{4.92}$$

$$\frac{d^4\varphi}{dx^4}\bigg/\varphi = \frac{p^2}{c^2} = \nu^4 \qquad \therefore \ \frac{d^4\varphi}{dx^4} - \nu^4\varphi = 0 \tag{4.129}$$

여기서 ν는 양의 실수이다. 윗식에서 고유진동수 p는

$$p = \nu^2 c \tag{4.130}$$

이고, 또한 식(4.92)의 해는 다음과 같다.

$$\psi(t) = a\sin pt + b\cos pt \tag{4.93}$$

다음에는 진동형을 나타내는 식(4.89) 중의 $\varphi(x)$를 구해 보자.

$$\varphi(t) = Ae^{sx}$$

라 놓고, 이것을 식(4.129)에 대입하면

$$s^4 = \frac{p^2}{c^2} = \nu^4$$

따라서

$$\left.\begin{aligned} s &= i\nu = i\sqrt{\frac{p}{c}}, \quad s = -i\nu = -i\sqrt{\frac{p}{c}} \\ s &= \nu = \sqrt{\frac{p}{c}}, \quad\ \ s = -\nu = -\sqrt{\frac{p}{c}} \end{aligned}\right\} \tag{4.131}$$

이므로, 식(4.129)의 해는 다음과 같이 된다.

$$\varphi(x) = Ae^{i\nu x} + Be^{-i\nu x} + Ce^{\nu x} + De^{-\nu x} \tag{4.132}$$

지수함수와 쌍곡선함수 사이에는

$$e^x = \sinh x + \cosh x, \qquad e^{-x} = -\sinh x + \cosh x \tag{4.133}$$

의 관계가 있으므로, 식(4.132)는 다음과 같은 형태로 고쳐 쓸 수 있다.

$$\varphi(x) = C_1\sin\nu x + C_2\cos\nu x + C_3\sinh\nu x + C_4\cosh\nu x \tag{4.134}$$

탄성보의 양쪽 끝(양단 兩端) 조건으로서는, ① 자유지지, ② 고정지지, ③ 자유단 등 세

가지를 생각할 수 있다. 자유지지일 때는 지지점에서 처짐 y와 굽힘모멘트 M이 0이 되므로 식(4.122)로부터 경계조건은 ① $\varphi = 0$, $d^2\varphi/dx^2 = 0$이다. 고정지지일 때는 지지점에서 처짐 y와 처짐곡선의 기울기 θ가 0이 되므로 ② $\varphi = 0$, $d\varphi/dx = 0$이 된다. 자유단에서는 굽힘모멘트 M과 전단력 S가 0이므로 경계조건은 식(4.122)에서 ③ $d^2\varphi/dx^2 = 0$, $d^3\varphi/dx^3 = 0$이 된다. 탄성보의 양단 조건을 조합하면, 다음과 같이 6가지 경우를 생각할 수 있다.

(a) 양단 자유지지

$$x = 0 \text{와 } x = l \text{에서 } \varphi = 0, \quad \frac{d^2\varphi}{dx^2} = 0 \tag{4.135 a}$$

(b) 양단 고정지지

$$x = 0 \text{와 } x = l \text{에서 } \varphi = 0, \quad \frac{d\varphi}{dx} = 0 \tag{4.135 b}$$

(c) 일단 고정지지, 타단 자유지지

$$x = 0 \text{에서 } \varphi = 0, \quad \frac{d\varphi}{dx} = 0, \qquad x = l \text{에서 } \varphi = 0, \quad \frac{d^2\varphi}{dx^2} = 0 \tag{4.135 c}$$

(d) 일단 고정지지, 타단 자유단 (외팔보)

$$x = 0 \text{에서 } \varphi = 0, \quad \frac{d\varphi}{dx} = 0, \qquad x = l \text{에서 } \frac{d^2\varphi}{dx^2} = 0, \quad \frac{d^3\varphi}{dx^3} = 0 \tag{4.135 d}$$

(e) 일단 자유지지, 타단 자유단

$$x = 0 \text{에서 } \varphi = 0, \quad \frac{d^2\varphi}{dx^2} = 0, \qquad x = l \text{에서 } \frac{d^2\varphi}{dx^2} = 0, \quad \frac{d^3\varphi}{dx^3} = 0 \tag{4.135 e}$$

(f) 양단 자유단 (공중에 밀어낸 탄성보의 경우)

$$x = 0 \text{와 } x = l \text{에서 } \frac{d^2\varphi}{dx^2} = 0, \quad \frac{d^3\varphi}{dx^3} = 0 \tag{4.135 f}$$

(a) 양단 자유지지의 경우

식(4.135 a) 경계조건 중 $(\varphi)_{x=0} = 0$ 조건을 식(4.134)에 대입하면 $C_2 + C_4 = 0$가 나오고, 또한 $(d^2\varphi/dx^2)_{x=0} = 0$의 조건으로부터 $-C_2 + C_4 = 0$가 나오므로 정리하면

$$C_2 = 0, \qquad C_4 = 0$$

그리고 조건 $(\varphi)_{x=l}=0$, $(d^2\varphi/dx^2)_{x=l}=0$로부터 각각

$$\left.\begin{aligned} C_1 \sin \nu l + C_3 \sinh \nu l &= 0 \\ -C_1 \sin \nu l + C_3 \sinh \nu l &= 0 \end{aligned}\right\} \tag{4.136 a}$$

윗식에서

$$C_1 \sin \nu l = 0, \qquad C_3 \sinh \nu l = 0 \tag{4.137 a}$$

$\nu = 0$라고 하면

$$\varphi(x) = C_1 \sin \nu x + C_3 \sinh \nu x = 0$$

가 되고, 항상 $y \equiv 0$가 되므로 진동은 발생하지 않는다. 그래서 $\nu \neq 0$라고 한다. $\nu \neq 0$이면 $\sinh \nu l \neq 0$, 따라서

$$C_3 = 0$$

$C_2 = C_3 = C_4 = 0$이므로 진동형 $\varphi(x)$는

$$\varphi(x) = C_1 \sin \nu x, \qquad \text{또는} \qquad \varphi(x) = \sin \nu x \tag{4.138 a}$$

가 된다는 것을 알 수 있다. 식(4.138 a)에 있어서 만약 $C_1 = 0$이면, $y \equiv 0$이 되고 진동은 전혀 발생하지 않는다. 진동이 발생하면 $C_1 \neq 0$, 따라서 식(4.137 a)로부터 진동수방정식

$$\sin \nu l = 0 \tag{4.139 a}$$

가 주어진다. 윗식을 만족하는 ν의 값은

$$\nu_1 = \frac{\pi}{l}, \qquad \nu_2 = \frac{2\pi}{l}, \qquad \nu_3 = \frac{3\pi}{l}, \qquad \cdots, \qquad \nu_n = \frac{n\pi}{l} \quad (n : \text{정수}) \tag{4.140 a}$$

따라서 식(4.130)으로부터 ν_1, ν_2, ν_3, …에 대한 고유진동수 p_1, p_2, p_3, …를 구하면 다음 식과 같다.

$$p_1 = \frac{\pi^2}{l^2}c, \qquad p_2 = \frac{4\pi^2}{l^2}c, \qquad p_3 = \frac{9\pi^2}{l^2}c, \qquad \cdots, \qquad p_n = \frac{n^2\pi^2}{l^2}c \tag{4.141 a}$$

이상의 논의로부터 양단 자유지지일 때의 식(4.125)의 일반해는 다음과 같이 된다.

$$y=\sum_{n=1}^{\infty}\sin\frac{n\pi}{l}x\left(a_n\sin\frac{n^2\pi^2}{l^2}ct+b_n\cos\frac{n^2\pi^2}{l^2}ct\right) \tag{4.142 a}$$

또한 고유진동수 p가 p_1, p_2, p_3, …일 때의 진동형 $\varphi_1(x)$, $\varphi_2(x)$, $\varphi_3(x)$, …는

$$\varphi_1(x)=\sin\frac{\pi}{l}x,\quad \varphi_2(x)=\sin\frac{2\pi}{l}x,\quad \varphi_3(x)=\sin\frac{3\pi}{l}x,\quad \cdots,\quad \varphi_n(x)=\sin\frac{n\pi}{l}x \tag{4.143 a}$$

이고, 이들은 **그림 4.10**에 나타낸 것과 같다.

(b) 양단 고정지지의 경우

식(4.134)에 식(4.135 b)의 조건 $(\varphi)_{x=0}=0$, $(d\varphi/dx)_{x=0}=0$를 적용하면

$$C_4=-C_2,\qquad C_3=-C_1$$

따라서

$$\varphi(x)=C_1(\sin\nu x-\sinh\nu x)+C_2(\cos\nu x-\cosh\nu x) \tag{4.138 b, c, d}$$

조건 $(\varphi)_{x=l}=0$, $(d\varphi/dx)_{x=l}=0$로부터

$$\left.\begin{aligned}C_1(\sin\nu l-\sinh\nu l)+C_2(\cos\nu l-\cosh\nu l)=0\\ C_1(\cos\nu l-\cosh\nu l)-C_2(\sin\nu l+\sinh\nu l)=0\end{aligned}\right\} \tag{4.136 b, f}$$

C_1, C_2 모두 0이면 진동은 발생하지 않는다. 그렇게 되지 않기 위해서는

$$\begin{vmatrix}\sin\nu l-\sinh\nu l & \cos\nu l-\cosh\nu l\\ \cos\nu l-\cosh\nu l & -(\sin\nu l+\sinh\nu l)\end{vmatrix}$$

$$=-(\sin^2\nu l+\cos^2\nu l)-(\cosh^2\nu l-\sinh^2\nu l)+2\cos\nu l\cosh\nu l=0 \tag{4.137 b, f}$$

$$\sin^2\nu l+\cos^2\nu l=1,\qquad \cosh^2\nu l-\sinh^2\nu l=1 \tag{4.144}$$

의 관계를 식(4.137 b, f)에 대입하면 진동수방정식이 다음과 같이 주어진다.

$$\cos\nu l\cosh\nu l=1 \tag{4.139 b, f}$$

윗식을 만족하는 ν의 값은, 값이 작은 순서대로

$$\nu_1=\frac{4.730}{l},\quad \nu_2=\frac{7.853}{l},\quad \nu_3=\frac{10.996}{l},\quad \nu_4=\frac{14.137}{l},\quad \nu_5=\frac{17.279}{l},\quad \cdots \tag{4.140 b, f}$$

식(4.130)에서 $\nu=\nu_1,\ \nu_2,\ \nu_3,\ \cdots$일 때의 고유진동수 $p_1,\ p_2,\ p_3,\ \cdots$는

$$p_1=\frac{22.37}{l^2}c,\quad p_2=\frac{61.67}{l^2}c,\quad p_3=\frac{120.9}{l^2}c,\quad p_4=\frac{199.9}{l^2}c,\quad p_5=\frac{298.6}{l^2}c,\quad \cdots \tag{4.141 b, f}$$

진동형을 나타내는 식(4.138 b, c, d)를 구하기 위해서는 C_1과 C_2의 비가 정해져야 한다. 이것은 식(4.136 b, f)로부터 다음과 같이 구해진다.

$$\lambda=\frac{C_2}{C_1}=-\frac{\sinh\nu l-\sin\nu l}{\cosh\nu l-\cos\nu l}=-\frac{\cosh\nu l-\cos\nu l}{\sinh\nu l+\sin\nu l} \tag{4.145 b, f}$$

λ가 정해지면 진동형 $\varphi(x)$는 식(4.138 b, c, d)로부터

$$\varphi(x)=(\sin\nu x-\sinh\nu x)+\lambda(\cos\nu x-\cosh\nu x) \tag{4.138$'$ b, c, d}$$

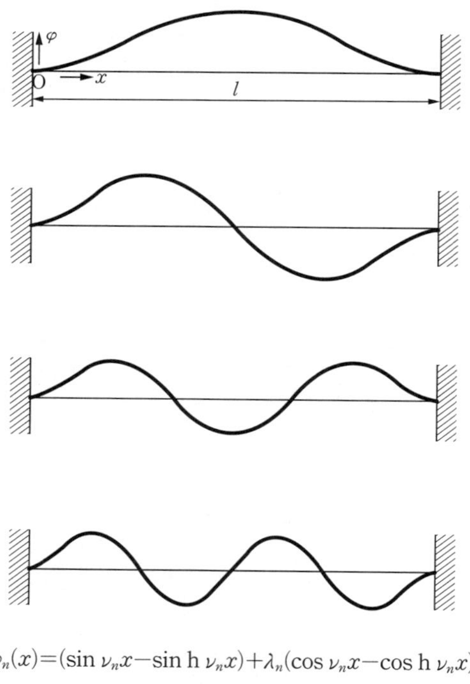

$p=p_1=\frac{22.37}{l^2}c\ \left(\nu_1=\frac{4.730}{l},\ \lambda_1=-1-0.0178\right)$

$p=p_2=\frac{61.67}{l^2}c\ \left(\nu_2=\frac{7.853}{l},\ \lambda_2=-1+7.8\times10^{-4}\right)$

$p=p_3=\frac{120.9}{l^2}c\ \left(\nu_3=\frac{10.996}{l},\ \lambda_3=-1-3.35\times10^{-5}\right)$

$p=p_4=\frac{199.9}{l^2}c\ \left(\nu_4=\frac{14.137}{l},\ \lambda_4=-1+1.48\times10^{-6}\right)$

$\varphi_n(x)=(\sin\nu_n x-\sin\text{h}\,\nu_n x)+\lambda_n(\cos\nu_n x-\cos\text{h}\,\nu_n x)$

그림 4.17 양단 고정지지일 때 탄성보의 진동형

의 형이 된다. 식(4.140 b, f)의 ν_1, ν_2, ν_3, …에 대한 λ의 값을 λ_1, λ_2, λ_3, …라고 하면, 이들은 식(4.145 b, f)로부터 다음과 같이 정해진다.

$$\left.\begin{array}{l} \lambda_1 = -1-0.0178, \quad \lambda_2 = -1+0.00078, \quad \lambda_3 = -1-0.0000335 \\ \lambda_4 = -1+2e^{-14.137} = -1+1.48\times10^{-6}, \quad \lambda_5 = -1-2e^{-17.279}, \quad \cdots \end{array}\right\} \tag{4.146 b, f}$$

그림 4.17은 $p = p_1$, p_2, p_3, p_4일 때의 진동형 $\varphi_{1,2,3,4}(x)$를 나타낸 것이다.

이상의 논의에서 양단 고정지지의 경우 식(4.125)의 일반해는 다음과 같이 된다는 것을 알 수 있다.

$$y = \sum_{n=1}^{\infty} \{(\sin \nu_n x - \sinh \nu_n x) + \lambda_n(\cos \nu_n x - \cosh \nu_n x)\} \times (a_n \sin \nu_n^2 ct + b_n \cos \nu_n^2 ct)$$

$$\cdots\cdots\cdots\cdots\cdots\cdots\cdots\cdots\cdots\cdots\cdots\cdots\cdots\cdots\cdots\cdots\cdots\cdots\cdots\cdots(4.142 \text{ b, c, d})$$

(c) 일단 고정지지, 타단 자유지지의 경우

식(4.135 c)의 조건 $(\varphi)_{x=0} = 0$, $(d\varphi/dx)_{x=0} = 0$를 식(4.134)에 대입하면

$$C_4 = -C_2, \qquad C_3 = -C_1$$

이 되므로, $\varphi(x)$는 전술의 식(4.138 b, c, d)가 된다.

그리고 조건 $(\varphi)_{x=l} = 0$, $(d^2\varphi/dx^2)_{x=l} = 0$로부터

$$\left.\begin{array}{l} C_1(\sin \nu l - \sinh \nu l) + C_2(\cos \nu l - \cosh \nu l) = 0 \\ C_1(\sin \nu l + \sinh \nu l) + C_2(\cos \nu l + \cosh \nu l) = 0 \end{array}\right\} \tag{4.136 c}$$

따라서

$$\begin{vmatrix} \sin \nu l - \sinh \nu l & \cos \nu l - \cosh \nu l \\ \sin \nu l + \sinh \nu l & \cos \nu l + \cosh \nu l \end{vmatrix} = 2(\sin \nu l \cosh \nu l - \cos \nu l \sinh \nu l) = 0$$

$$\tag{4.137 c}$$

가 되고, 윗식으로부터 다음과 같은 진동수방정식이 주어진다.

$$\tan \nu l = \tanh \nu l \tag{4.139 c, e}$$

윗식을 만족하는 ν의 값은 다음과 같다.

$$\left.\begin{aligned}
\nu_1 &= \frac{1}{l}\left\{\left(1+\frac{1}{4}\right)\pi - 3.88\times10^{-4}\right\} \fallingdotseq \frac{3.927}{l} \\
\nu_2 &= \frac{1}{l}\left\{\left(2+\frac{1}{4}\right)\pi - 7.25\times10^{-7}\right\} \fallingdotseq \frac{7.069}{l} \\
\nu_3 &= \frac{1}{l}\left\{\left(3+\frac{1}{4}\right)\pi - 1.354\times10^{-9}\right\} \fallingdotseq \frac{10.210}{l} \\
\nu_4 &= \frac{1}{l}\left\{\left(4+\frac{1}{4}\right)\pi - 2.528\times10^{-12}\right\} \fallingdotseq \frac{13.352}{l} \\
\nu_5 &= \frac{1}{l}\left\{\left(5+\frac{1}{4}\right)\pi - e^{-2(5+1/4)\pi}\right\} \fallingdotseq \frac{16.493}{l}
\end{aligned}\right\} \qquad (4.140\,\mathrm{c,\,e})$$

이들 ν_1, ν_2, ν_3, $\cdots$ 값은

$$\nu_n = \frac{\left(n+\frac{1}{4}\right)\pi}{l} \quad (n\ :\ \text{정수}) \qquad (4.140'\,\mathrm{c,\,e})$$

로 계산하면 정밀도가 상당히 높은 값으로 주어진다.

식(4.130)에서 $\nu = \nu_1$, ν_2, ν_3, $\cdots$일 때의 고유진동수 p_1, p_2, p_3, $\cdots$는

$$\left.\begin{aligned}
&p_1 = \frac{15.42}{l^2}c, \quad p_2 = \frac{49.97}{l^2}c, \quad p_3 = \frac{104.2}{l^2}c, \\
&p_4 = \frac{178.3}{l^2}c, \quad p_5 = \frac{272.0}{l^2}c, \ \cdots
\end{aligned}\right| \qquad (4.141\,\mathrm{c,\,e})$$

식(4.136 c)로부터

$$\lambda = \frac{C_2}{C_1} = -\frac{\sinh\nu l - \sin\nu l}{\cosh\nu l - \cos\nu l} = -\frac{\sinh\nu l + \sin\nu l}{\cosh\nu l + \cos\nu l}$$

윗식에 식(4.139 c, e)의 관계를 대입하면 다음 식과 같이 된다.

$$\lambda = \frac{C_2}{C_1} = -\tan\nu l = -\tanh\nu l \qquad (4.145\,\mathrm{c})$$

λ를 이용하여 나타낸 진동형 $\varphi(x)$는 이 경우에도 전술한 식(4.138′ b, c, d)와 같은 형식이 된다. 또한 식(4.140 c, e)의 ν_1, ν_2, ν_3, $\cdots$에 대한 λ의 값 λ_1, λ_2, λ_3, $\cdots$는 각각

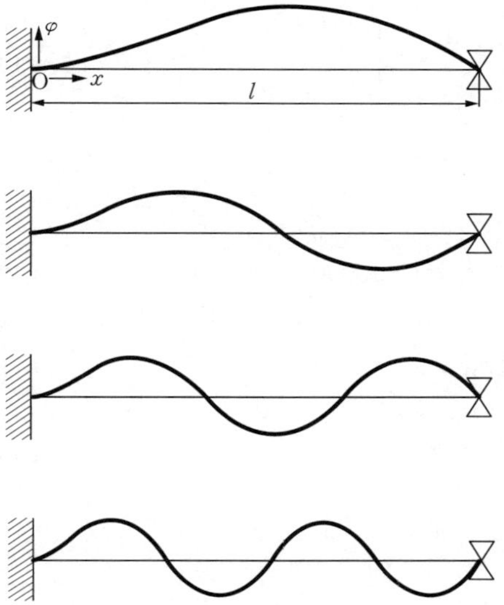

$$p=p_1=\frac{15.42}{l^2}c \quad \left(\nu_1=\frac{3.927}{l},\ \lambda_1=-1+7.8\times10^{-4}\right)$$

$$p=p_2=\frac{49.97}{l^2}c \quad \left(\nu_2=\frac{7.069}{l},\ \lambda_2=-1+1.45\times10^{-6}\right)$$

$$p=p_3=\frac{104.2}{l^2}c \quad \left(\nu_3=\frac{10.210}{l},\ \lambda_3=-1+2.71\times10^{-9}\right)$$

$$p=p_4=\frac{178.3}{l^2}c \quad \left(\nu_4=\frac{13.352}{l},\ \lambda_4=-1+5.056\times10^{-12}\right)$$

$$\varphi_n(x)=(\sin\nu_n x-\sinh\nu_n x)+\lambda_n(\cos\nu_n x-\cosh\nu_n x) \qquad (n=1,\ 2,\ 3,\ \cdots)\ \left(c=\sqrt{\frac{EI_0}{\rho}}=\sqrt{\frac{EI_0 g}{A\gamma}}\right)$$

그림 4.18 일단 고정지지, 타단 자유지지일 때 탄성보의 진동형

$$\left.\begin{aligned} &\lambda_1=-1+0.00078, && \lambda_2=-1+1.45\times10^{-6} \\ &\lambda_3=-1+2.71\times10^{-9}, && \lambda_4=-1+5.056\times10^{-12} \\ &\lambda_5=-1+2e^{-2(5+1/4)\pi}\fallingdotseq -1, && \cdots \end{aligned}\right\} \tag{4.146c}$$

일단 고정지지, 타단 자유지지의 경우에 대한 식(4.125)의 일반해는 전술한 식(4.142 b, c, d)와 같은 형식이다. **그림 4.18**은 $p=p_1,\ p_2,\ p_3,\ p_4$일 때의 진동형 $\varphi_{1,2,3,4}(x)$를 나타낸 것이다.

(d) 일단 고정지지, 타단 자유단(외팔보)의 경우

식(4.135 d)의 경계조건 $(\varphi)_{x=0}=0,\ (d\varphi/dx)_{x=0}=0$를 식(4.134)에 대입하면

$$C_4=-C_2, \qquad C_3=-C_1$$

이 되므로, $\varphi(x)$는 전술한 식(4.138 b, c, d)와 같게 된다. 그리고 조건 $(d^2\varphi/dx^2)_{x=l}=0$, $(d^3\varphi/dx^3)_{x=l}=0$로부터

$$\left.\begin{aligned} C_1(\sin \nu l+\sinh \nu l)+C_2(\cos \nu l+\cosh \nu l) &= 0 \\ -C_1(\cos \nu l+\cosh \nu l)+C_2(\sin \nu l-\sinh \nu l) &= 0 \end{aligned}\right\} \tag{4.136d}$$

따라서

$$\begin{vmatrix} \sin \nu l+\sinh \nu l & \cos \nu l+\cosh \nu l \\ -(\cos \nu l+\cosh \nu l) & \sin \nu l-\sinh \nu l \end{vmatrix} = 2(1+\cos \nu l \cosh \nu l) = 0 \tag{4.137d}$$

윗식으로부터 다음과 같은 진동수방정식이 주어진다.

$$\cos \nu l \cosh \nu l = -1 \tag{4.139d}$$

윗식을 만족하는 ν의 값은 다음과 같다.

$$\left.\begin{aligned} &\nu_1 = \frac{1.875}{l}, \quad \nu_2 = \frac{4.694}{l}, \quad \nu_3 = \frac{7.855}{l} \\ &\nu_4 = \frac{10.996}{l}, \quad \nu_5 = \frac{14.137}{l}, \quad \cdots \end{aligned}\right\} \tag{4.140d}$$

식(4.130)에서 $\nu = \nu_1, \nu_2, \nu_3, \cdots$일 때의 고유진동수 $p_1, p_2, p_3, \cdots$는

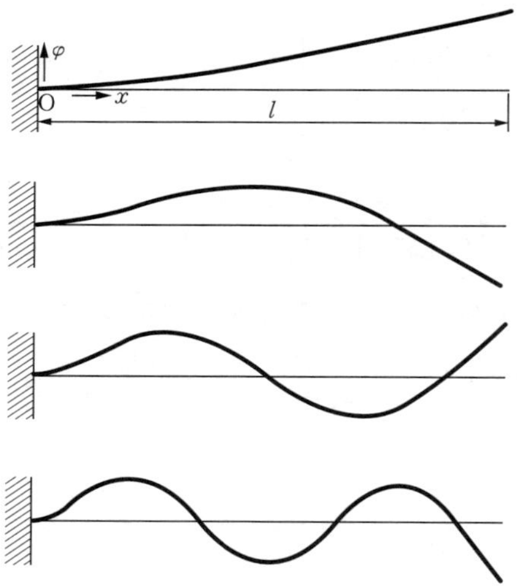

$p=p_1=\dfrac{3.516}{l^2}c \left(\nu_1=\dfrac{1.875}{l},\ \lambda_1=-1-0.362\right)$

$p=p_2=\dfrac{22.03}{l^2}c \left(\nu_2=\dfrac{4.694}{l},\ \lambda_2=-1+0.0181\right)$

$p=p_3=\dfrac{61.70}{l^2}c \left(\nu_3=\dfrac{7.855}{l},\ \lambda_3=-1-7.7\times10^{-4}\right)$

$p=p_4=\dfrac{120.91}{l^2}c \left(\nu_4=\dfrac{10.996}{l},\ \lambda_4=-1+3.35\times10^{-5}\right)$

$\varphi_n(x)=(\sin \nu_n x-\sinh \nu_n x)+\lambda_n(\cos \nu_n x-\cosh \nu_n x) \qquad (n=1,\ 2,\ 3,\ \cdots) \left(c=\sqrt{\dfrac{EI_0}{\rho}}=\sqrt{\dfrac{EI_0 g}{A\gamma}}\right)$

그림 4.19 일단 고정지지, 타단 자유지지일 때 외팔보의 진동형

$$\left.\begin{aligned} p_1 &= \frac{3.516}{l^2}c, \qquad p_2 = \frac{22.03}{l^2}c, \qquad p_3 = \frac{61.70}{l^2}c \\ p_4 &= \frac{120.91}{l^2}c, \qquad p_5 = \frac{199.9}{l^2}c, \qquad \cdots \end{aligned}\right\} \tag{4.141 d}$$

와 같고, 식(4.136 d)로부터 다음과 같이 구해진다.

$$\lambda = \frac{C_2}{C_1} = -\frac{\sinh \nu l + \sin \nu l}{\cosh \nu l + \cos \nu l} = -\frac{\cosh \nu l + \cos \nu l}{\sinh \nu l - \sin \nu l} \tag{4.145 d}$$

λ를 이용하여 나타낸 진동형 $\varphi(x)$는 외팔보의 경우에도 식(4.138′ b, c, d)와 같은 형이 된다. 식(4.140 d)의 ν_1, ν_2, ν_3, …에 대한 λ의 값 λ_1, λ_2, λ_3, …는 다음과 같다.

$$\left.\begin{aligned} \lambda_1 &= -1-0.362, \qquad & \lambda_2 &= -1+0.0181 \\ \lambda_3 &= -1-0.00077, \qquad & \lambda_4 &= -1+3.35\times10^{-5} \\ \lambda_5 &= -1-2e^{-14.137} \fallingdotseq -1, \qquad & & \cdots \end{aligned}\right\} \tag{4.146 d}$$

그림 4.19는 고유진동수 $p = p_1$, p_2, p_3, p_4에 대한 진동형 $\varphi_{1,2,3,4}(x)$를 나타낸 것이다. 외팔보의 경우에 대한 식(4.125)의 일반해는 전술한 식(4.142 b, c, d)와 같은 형식이다.

(e) 일단 자유지지, 타단 자유단의 경우

상단을 피봇으로 지지하여 아래쪽으로 늘어뜨린 탄성봉이 이 경우의 예이다. 식(4.135 e)의 조건 $(\varphi)_{x=0} = 0$, $(d^2\varphi/dx^2)_{x=0} = 0$를 적용하면

$$C_2 = C_4 = 0$$

따라서

$$\varphi(x) = C_1 \sin \nu x + C_3 \sinh \nu x \tag{4.138 e}$$

$(d^2\varphi/dx^2)_{x=l} = 0$, $(d^3\varphi/dx^3)_{x=l} = 0$로부터

$$\left.\begin{aligned} -C_1 \sin \nu l + C_3 \sinh \nu l &= 0 \\ -C_1 \cos \nu l + C_3 \cosh \nu l &= 0 \end{aligned}\right\} \tag{4.136 e}$$

따라서

$$\begin{vmatrix} -\sin \nu l & \sinh \nu l \\ -\cos \nu l & \cosh \nu l \end{vmatrix} = -\sin \nu l \cosh \nu l + \cos \nu l \sinh \nu l = 0 \qquad (4.137\,\text{e})$$

로부터 진동수방정식이 다음과 같이 주어진다.

$$\tan \nu l = \tanh \nu l \qquad (4.139\ \text{c, e})$$

이 식을 만족하는 ν의 값, 이때의 고유진동수 p_1, p_2, p_3, …는 전술한 식(4.140 c, e), (4.140′ c, e), (4.141 c, e)로 주어진다. 식(4.138 e)로부터 다음과 같이 구해진다.

$$\lambda = \frac{C_3}{C_1} = \frac{\sin \nu l}{\sinh \nu l} = \frac{\cos \nu l}{\cosh \nu l} \qquad (4.145\,\text{e})$$

윗식의 ν에 식(4.140 c, e)의 값을 대입하면 다음과 같이 된다.

$$\left.\begin{aligned} &\lambda_1 = -2.786\times 10^{-2}, && \lambda_2 = 1.204\times 10^{-3} \\ &\lambda_3 = -5.204\times 10^{-5}, && \lambda_4 = 2.2485\times 10^{-6} \\ &\lambda_5 = -2\sin\frac{\pi}{4}\times e^{-(5+1/4)\pi}, && \cdots \end{aligned}\right\} \qquad (4.146\,\text{e})$$

이상의 논의로부터 이 경우의 일반해는 다음과 같은 형식이 된다는 것을 알 수 있다.

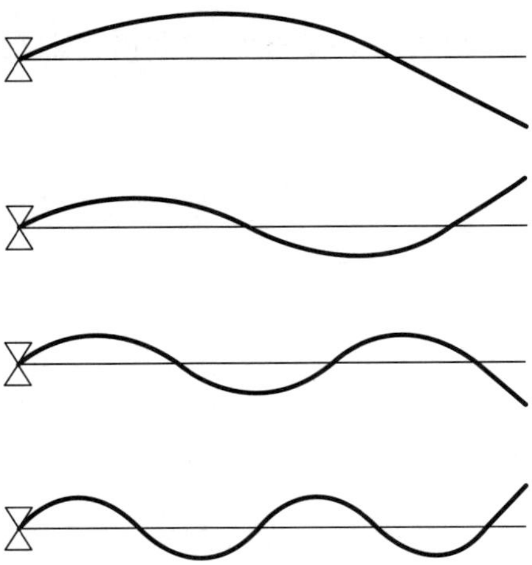

$$p = p_1 = \frac{15.42}{l^2}c \quad \left(\nu_1 = \frac{3.927}{l},\ \lambda_1 = -2.786\times 10^{-2}\right)$$

$$p = p_2 = \frac{49.97}{l^2}c \quad \left(\nu_2 = \frac{7.069}{l},\ \lambda_2 = 1.204\times 10^{-3}\right)$$

$$p = p_3 = \frac{104.2}{l^2}c \quad \left(\nu_3 = \frac{10.210}{l},\ \lambda_3 = -5.204\times 10^{-5}\right)$$

$$p = p_4 = \frac{178.3}{l^2}c \quad \left(\nu_4 = \frac{13.352}{l},\ \lambda_4 = 2.2485\times 10^{-6}\right)$$

$$\varphi_n(x) = \sin \nu_n x + \lambda_n \sinh \nu_n x \qquad (n=1,\ 2,\ \cdots) \left(c = \sqrt{\frac{EI_0}{\rho}} = \sqrt{\frac{EI_0 g}{A\gamma}}\right)$$

그림 4.20 일단 고정지지, 타단 자유단일 때의 진동형

$$y = \sum_{n=1}^{\infty} (\sin \nu_n x + \lambda_n \sinh \nu_n x) \times (a_n \sin \nu_n^2 ct + b_n \cos \nu_n^2 ct) \tag{4.142 e}$$

이 경우 진동형은

$$\varphi_n(x) = \sin \nu_n x + \lambda_n \sinh \nu_n x \tag{4.138$'$e}$$

로 주어지고, **그림 4.20**은 이 경우에 대한 진동형이다.

(f) 양단 모두 자유단의 경우

식(4.135 f)의 경계조건 $(d^2\varphi/dx^2)_{x=0} = 0$, $(d^3\varphi/dx^3)_{x=0} = 0$를 식(4.134)에 대입하면

$$C_1 = C_3, \qquad C_2 = C_4$$

가 되므로

$$\varphi(x) = C_1(\sin \nu x + \sinh \nu x) + C_2(\cos \nu x + \cosh \nu x) \tag{4.138 f}$$

로 주어진다. 그리고 조건 $(d^2\varphi/dx^2)_{x=l} = 0$, $(d^3\varphi/dx^3)_{x=l} = 0$로부터 전술한 식(4.136 b, f)의 관계가 주어지므로, 양단 모두 자유단인 경우의 진동수방정식은 양단 고정지지인 경우의 식(4.139 b, f)와 같게 된다. 따라서 ν의 값, $p_{1,2,3,4}$, $\lambda = C_2/C_1$의 식, $\lambda_{1,2,3,4}$ 등도 양단 고정지지의 경우와 완전히 같게 되고, 각각 전술한 식(4.140 b, f), (4.141 b, f), (4.145 b, f), (4.146 b, f)로 주어진다.

그러나 진동형 $\varphi(x)$는 양단 고정지지의 경우와는 다르고, 식(4.138 f) 혹은

$$\varphi(x) = (\sin \nu x + \sinh \nu x) + \lambda(\cos \nu x + \cosh \nu x) \tag{4.138$'$f}$$

로 주어지므로, 이 경우의 식(4.125)에 대한 일반해는 다음과 같이 된다.

$$y = \sum_{n=1}^{\infty} \{(\sin \nu_n x + \sinh \nu_n x) + \lambda_n(\cos \nu_n x + \cosh \nu_n x)\} \times (a_n \sin \nu_n^2 ct + b_n \cos \nu_n^2 ct) \tag{4.142 f}$$

그림 4.21은 $p = p_1$, p_2, p_3, p_4에 대한 진동형 $\varphi_{1,2,3,4}(x)$를 나타낸 것이다. 곡선보, 링, 탄성판 등도 분포질량을 갖는 연속체이고, 이들 진동의 해법도 기본적으로는 탄성보와 같지만, 구체적인 계산은 꽤 복잡하므로 이 분야에 대해서는 다른 전문서를 참고하기 바란다.

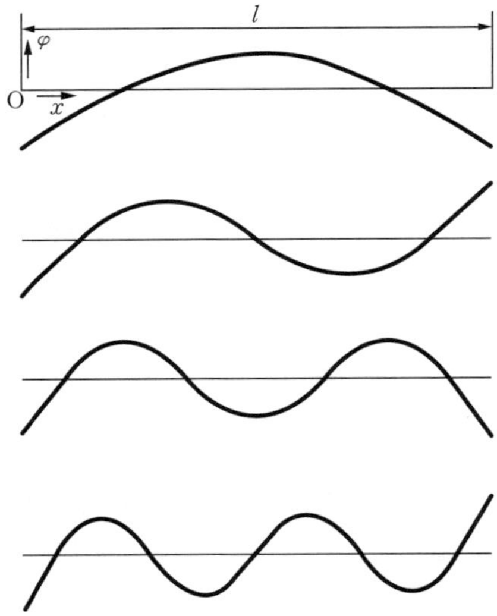

$$p=p_1=\frac{22.37}{l^2}c \quad \left(\nu_1=\frac{4.730}{l},\ \lambda_1=-1-0.0178\right)$$

$$p=p_2=\frac{61.67}{l^2}c \quad \left(\nu_2=\frac{7.853}{l},\ \lambda_2=-1+7.8\times10^{-4}\right)$$

$$p=p_3=\frac{120.9}{l^2}c \quad \left(\nu_3=\frac{10.996}{l},\ \lambda_3=-1-3.35\times10^{-5}\right)$$

$$p=p_4=\frac{199.9}{l^2}c \quad \left(\nu_4=\frac{14.137}{l},\ \lambda_4=-1+1.45\times10^{-6}\right)$$

$$\varphi_n(x)=(\sin\nu_n x+\sinh\nu_n x)+\lambda_n(\cos\nu_n x+\cosh\nu_n x) \quad (n=1,\ 2,\ \cdots) \quad \left(c=\sqrt{\frac{EI_0}{\rho}}=\sqrt{\frac{EI_0 g}{A\gamma}}\right)$$

그림 4.21 양단 자유단일 때 탄성보의 진동형

4.7 레일리와 리츠 방법

4.7.1 레일리 근사법

다자유도 진동계에 대해서는 운동방정식을 풀어 고유진동수를 구하는데, 이는 공수가 많이 들 뿐만 아니라 실제로는 곤란한 경우가 종종 발생한다. **레일리**(Rayleigh)는 이와 같을 때 진동형 $\varphi(x)$를 가정해서 계의 포텐셜 에너지 V와 운동에너지 T를 산출하면, 근사적으로 기본 고유진동수를 구할 수 있다는 것을 보여주고 있는데, 이를 레일리 원리(Rayleigh's principle)라 한다. 이 방법은 복잡한 계에 대한 기본 고유진동수의 근사치를 구하는데 대단히 효과적인 방법으로, 실용상 종종 이용되고 있다. 이 경우, 가정한 진동형 $\varphi(x)$를 정확한 진동형에 가까울수록 구할려는 고유진동수의 근사도도 높게 된다. 여기서 이 **레일리 근사법**을 여러 가지 경우에 적용해 가면서 설명하고자 한다. 우선 **그림 2.4**와 같이 간단한 1자유도계에 대해 이 방법을 적용해 보자. 이 계의 운동에너지는

$$T=\frac{1}{2}m\dot{x}^2$$

스프링에 축적되어 있는 포텐셜 에너지는 스프링의 늘어남이 $\delta_{st}(=mg/k)$에서 $\delta_{st}+x$까지 변화하는 사이에 스프링력 kx에 의해 행해진 일량이므로, 이것은 식(4.41)에서

$$\int_{\delta_{st}}^{\delta_{st}+x} kxdx = \frac{k}{2}\{(\delta_{st}+x)^2-\delta_{st}^2\}$$

중력에 의한 위치에너지는 $-mgx$[(−)부호가 붙은 것은 x의 (+)방향을 아래 방향으로 선택했기 때문이다]이고, 계 전체의 포텐셜 에너지 V는

$$V = \frac{k}{2}\{(\delta_{st}+x)^2-\delta_{st}^2\}-mgx = \frac{1}{2}kx^2$$

이 계에는 감쇠력이 작용하고 있지 않으면, 에너지 보존법칙으로부터

$$T+V = \frac{1}{2}(m\dot{x}^2+kx^2) = E = \text{일정} \tag{i}$$

즉, 계 전체의 에너지 E는 운동중 일정하다. 지금 진동곡선중 기울기가 0(반환점)인 점을 $x=a$라고 하면 여기서는 $\dot{x}=0$이므로 윗식에서

$$\frac{1}{2}ka^2 = E \tag{ii}$$

$x=0$인 중립위치에서 $\dot{x}$가 최대치 $\dot{x}_{\max}$를 취하는 것은 식(i)에서 명확하다. 즉,

$$\frac{1}{2}m\dot{x}^2_{\max} = E \tag{iii}$$

여기서, 진동을

$$x = a\sin(pt+\beta) \tag{iv}$$

라고 가정하면, $\dot{x}=ap\cos(pt+\beta)$이므로

$$\dot{x}_{\max} = ap \tag{v}$$

윗식을 식(iii)에 대입하고, (ii)=(iii)이라고 하면

$$ka^2 = ma^2p^2 \quad \therefore\ p = \sqrt{\frac{k}{m}}$$

가 되어 고유진동수 $p=\sqrt{k/m}$가 구해진다. 가정한 식(iv)가 올바른 가정이므로 p도 식(2.8)과 같은 올바른 값을 가진다.

이번에는 스프링의 질량도 고려한 **그림 4.15**의 경우에 대해 레일리의 근사법을 적용해 보자. 스프링 끝에 집중질량 m이 X 변위 했을 때, 스프링 각부의 이동량은 지점 a에서 거리 x에 비례한 $(x/l)X$로 나타낼 수 있다고 가정한다. 즉, 스프링 각부의 관성력을 무시했을 때와 변위가 같다고 가정한다. 이 $(x/l)X$는 또한 스프링 끝에 정하중이 걸려 있을 때 스프링의 변위이기도 하고, 혹은 **그림 4.16**과 같이 $p=p_1$일 때 스프링의 늘어남은 sin 곡선 $\varphi(x)=\sin(0.86x/l)$의 일부로 나타낼 수 있는데, 이것을 직선인

$$\varphi_1(x) = \frac{X}{l}\cdot x \tag{i}$$

라고 가정했다고 생각해도 좋다. 스프링의 전체 질량을 m_s, 단위 길이당 질량을 $\rho(=m_s/l)$라고 하면, 스프링의 미소길이 dx의 운동에너지 dT'는

$$dT' = \frac{1}{2}\rho dx\left(\frac{x}{l}\cdot\dot{X}\right)^2$$

$$\therefore\ T' = \int_0^l dT' = \frac{1}{2}\rho\frac{\dot{X}^2}{l^2}\int_0^l x^2 dx = \frac{\rho l}{6}\dot{X}^2 = \frac{m_s}{6}\dot{X}^2$$

따라서 계 전체의 운동에너지는

$$T = T' + \frac{1}{2}m\dot{X}^2 = \frac{1}{2}\left(m+\frac{m_s}{3}\right)\dot{X}^2$$

포텐셜 에너지는 이전의 예와 마찬가지로

$$V = \frac{1}{2}kX^2$$

$$\therefore\ \frac{1}{2}\left(m+\frac{m_s}{3}\right)\dot{X}^2 + \frac{1}{2}kX^2 = E = \text{일정} \tag{ii}$$

여기서

$$X = a\sin(pt+\beta)$$

라고 놓으면

$$\frac{1}{2}ka^2 = E, \qquad \frac{1}{2}\left(m+\frac{m_s}{3}\right)\dot{X}^2_{\max} = \frac{1}{2}\left(m+\frac{m_s}{3}\right)a^2p^2 = E$$

$$\therefore\ p = \sqrt{\frac{k}{m+\dfrac{m_s}{3}}} \tag{iii}$$

식(iii)으로 주어지는 p는 앞 절에서 기술한 바와 같이 질량비 $\mu=m_s/m$가 비교적 작고, $\tan\alpha_1 \fallingdotseq \alpha_1+\alpha_1^3/3$으로 근사시킬 수 있는 경우의 식(4.120)의 p_1과 일치한다. 이 경우에 대해 레일리 근사법으로 구한 식(iii)의 p는 코일 스프링의 관성작용을 무시한 식(i)의 형태를 가정해서 구한 것이므로 스프링의 질량은 대단히 작다고 가정한 근거로 구한 p라고 말할 수 있을 것이다. 그럼에도 불구하고 $\mu=m_s/m=1$일 때, 즉 스프링의 질량 m_s가 집중질량 m과 같은 경우에 있어서도 식(4.113), 식(4.118)로 주어지는 정확한 값인 p_1에 비해 식(iii)의 p는 불과 0.7% 밖에 크지 않다.

다음에는 **그림 4.9** 줄의 진동에 대해 레일리 근사법을 적용해 보자. 줄이 평형위치에서 변위하여 길이가 l에서 $l+\Delta l$ 되었다고 하면, 그 사이 장력 T를 받고 있으므로 줄에 축적된 포텐셜 에너지는 $T\Delta l$이다. 미소길이 dx 부분의 늘어남 $d\Delta l$은 **그림 4.9**중 아래 부분 그림에서

$$d\Delta l = \sqrt{(dx)^2+(dy)^2}-dx = dx\left(\sqrt{1+\left(\frac{dy}{dx}\right)^2}-1\right)$$

$$\fallingdotseq dx\left[\left\{1+\frac{1}{2}\left(\frac{dy}{dx}\right)^2\right\}-1\right] = \frac{1}{2}\left(\frac{dy}{dx}\right)^2\cdot dx$$

$$\therefore\ V = T\cdot\Delta l = T\int_0^l d\Delta l = \frac{1}{2}T\int_0^l\left(\frac{dy}{dx}\right)^2 dx \tag{a}$$

한편, 운동에너지 K는 단위 길이당 줄의 질량을 ρ라고 하면

$$K = \int_0^l \frac{1}{2}\rho\left(\frac{dy}{dt}\right)^2 dx \tag{b}$$

여기서 진동형을 $\varphi(x)$라고 하면, 식(4.89), (4.93)으로부터

$$y = \varphi(x)\cdot(a\sin pt+b\cos pt) = \varphi(x)\cdot\sqrt{a^2+b^2}\sin(pt+\beta) \tag{c}$$

따라서 K와 V의 최대치는 각각

$$K_{\max} = \frac{p^2\rho(a^2+b^2)}{2}\int_0^l \varphi^2 dx, \qquad V_{\max} = \frac{T(a^2+b^2)}{2}\int_0^l\left(\frac{d\varphi}{dx}\right)^2 dx \tag{d}$$

계 전체의 에너지를 E라고 하면, 이전과 마찬가지로

$$K+V = K_{\max} = V_{\max} = E \tag{e}$$

의 관계가 있으므로, 식(e)에 식(d)를 대입하면

$$p^2=\frac{T}{\rho}\frac{\int_0^l\left(\frac{d\varphi}{dx}\right)^2dx}{\int_0^l\varphi^2dx} \tag{4.147}$$

가 되고, 진동형 $\varphi(x)$를 가정하기만 하면 고유진동수 p는 식(4.147)로 구할 수 있다.

식(4.102)로 주어지는 정확한 진동형

$$\varphi_1(x)=\sin\frac{\pi}{l}x$$

를 식(4.147)에 대입하면

$$\int_0^l\left(\frac{d\varphi_1}{dx}\right)^2dx=\left(\frac{\pi}{l}\right)^2\frac{l}{2}, \qquad \int_0^l\varphi_1^2\,dx=\frac{l}{2}$$

$$\therefore p^2=\left(\frac{\pi}{l}\right)^2\frac{T}{\rho} \qquad \therefore p=\frac{\pi}{l}c \quad \left(\text{단, } c=\sqrt{\frac{T}{\rho}}\right) \tag{f}$$

가 되고, 정확한 값인 식(4.99)의 p_1과 같은 값이 구해진다.

다음에 $\varphi(x)$의 가정이 올바르지 않으면 고유진동수에 어느 정도의 영향이 나타나는가를 고찰해 보기 위해, **그림 4.22**와 같은 실제로 일어날 수 있다고는 생각되지 않는 진동형 $\varphi(x)$를 가정해 보자.

그림 4.22의 진동형 $\varphi(x)$는

$$\left.\begin{aligned}\varphi&=\frac{2a}{l}x & 0\leqq x\leqq\frac{l}{2}\\ \varphi&=\frac{2a}{l}(l-x) & \frac{l}{2}\leqq x\leqq l\end{aligned}\right\} \tag{g}$$

이것을 식(4.147)에 대입하면

$$\int_0^l\left(\frac{d\varphi}{dx}\right)^2dx=\left(\frac{2a}{l}\right)^2l, \qquad \int_0^l\varphi^2dx=\left(\frac{2a}{l}\right)^2\frac{l^3}{12}$$

$$\therefore p^2=\frac{12}{l^2}\frac{T}{\rho} \qquad \therefore p=\frac{\sqrt{12}\,c}{l}=\frac{3.464c}{l} \quad \left(\text{단, } c=\sqrt{\frac{T}{\rho}}\right) \tag{h}$$

즉, π 대신에 $\sqrt{12}$가 나타나고, 이 경우의 p는 정확한 값을 제공하는 식(f)의 값에 비해 약

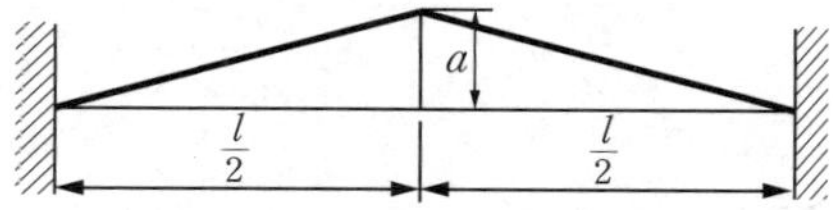

그림 4.22

10% 정도 클 뿐이다.

그림 4.22보다 더 타당한 진동형으로 $\varphi(x)$를 2차곡선으로 가정해 보자. 여기서 2차곡선 중에서 가장 간단히 표시할 수 있는 포물선으로 $\varphi(x)$를 나타내 보자. 줄의 중앙 $x=l/2$에서 $\varphi(x)=a$이고, 줄의 중심에 관해서 좌우대칭이고, 그리고 좌우 양 지점을 통과하는 포물선은

$$\varphi(x) = a\left\{1-\frac{4}{l^2}\left(x-\frac{l}{2}\right)^2\right\} = 4a\frac{x}{l}\left(1-\frac{x}{l}\right) \tag{i}$$

가 되고, 이것은 **그림 4.23**중 위쪽 그림과 같은 형태가 된다. 식(i)를 식(4.147)에 대입하면

$$\int_0^l \left(\frac{d\varphi}{dx}\right)^2 dx = \frac{16a^2}{3l}, \qquad \int_0^l \varphi^2 dx = \frac{8a^2 l}{15}$$

$$\therefore p^2 = \frac{10}{l^2}\frac{T}{\rho} \qquad \therefore p = \frac{\sqrt{10}\,c}{l} = \frac{3.162}{l}c \qquad \left(\text{단, } c = \sqrt{\frac{T}{\rho}}\right) \tag{j}$$

가 되어, 이번에는 π 대신에 $\sqrt{10}$이 나타났는데, 이것은 정확한 값보다 불과 0.7% 밖에 크지 않을 뿐이다.

탄성보의 일례로서 외팔보의 경우에 대해 레일리 근사법을 적용해 보자. 재료역학에 의하면, 굽힘 상태에 있는 탄성보의 미소길이 dx중에 축적되어 있는 포텐셜 에너지(스트레인 에너지) dV는

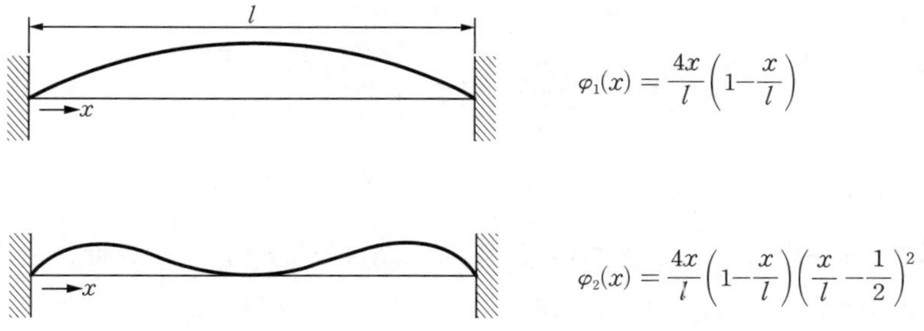

그림 4.23

$$dV = \frac{M^2}{2EI_0}dx$$

로 나타낼 수 있다. 여기서 M은 식(4.122)로 주어지는 모멘트이므로

$$dV = \frac{EI_0}{2}\left(\frac{d^2y}{dx^2}\right)^2 dx$$

따라서

$$V = \frac{EI_0}{2}\int_0^l \left(\frac{d^2y}{dx^2}\right)^2 dx$$

윗식과 식(c)로부터

$$V_{\max} = \frac{1}{2}(a^2+b^2)EI_0\int_0^l \left(\frac{d^2\varphi}{dx^2}\right)^2 dx$$

$K_{\max}$는 탄성보의 경우에도 식(d)로 주어지므로, $K_{\max} = V_{\max}$로부터

$$p^2 = \frac{EI_0}{\rho}\frac{\int_0^l \left(\frac{d^2\varphi}{dx^2}\right)^2 dx}{\int_0^l \varphi^2 dx} \tag{4.148}$$

외팔보에서는, $x = 0$에서 처짐과 처짐곡선의 기울기가 0, $x = l$에서 모멘트와 전단응력이 0이므로, 식(4.135 d)의 경계조건을 만족하는 $\varphi(x)$이어야 한다. 그래서 $\varphi(x)$로서 이러한 경계조건을 만족하는 x의 4차식

$$\varphi(x) = x^4 - 4lx^3 + 6l^2x^2$$

을 가정한다. 윗식을 식(4.148)에 대입하면

$$\int_0^l \left(\frac{d^2\varphi}{dx^2}\right)^2 dx = \frac{144}{5}l^5, \qquad \int_0^l \varphi^2 dx = \frac{104}{45}l^9$$

$$\therefore\ p^2 = \frac{162}{13}\frac{EI_0}{\rho l^4} \qquad \therefore\ p = \frac{3.530}{l^2}c \quad \left(\text{단, } c = \sqrt{\frac{EI_0}{\rho}}\right)$$

이것은 식(4.141 d)의 정확한 값보다 불과 0.4% 정도 밖에 크지 않다.

이상의 설명으로부터 알 수 있는 바와 같이, 진동형 $\varphi(x)$를 어느 정도 타당한 것으로 선택하기만 하면, 레일리 근사법으로 비교적 간단히 정밀도가 꽤 높은 기본 고유진동수를 구할 수 있다.

4.7.2 리츠 근사법

전항에서 설명한 레일리 근사법의 응용 예에서는, 모두 값이 가장 작은 고유진동수 p_1을 구하였다. 이 사실은 최저차 고유진동수의 진동이 일반적으로는 가장 발생하기 쉽기 때문에 그 의미가 있다. 그리고 또한 레일리 근사법으로 구한 p_1은 모두 정확한 값보다 크다는 사실을 알았을 것이다. 레일리 근사법으로 구한 최저차 고유진동수 p_1은 항상 정확한 값보다 크다는 것은 일반적으로 이것을 증명할 수 있고, 이 사실에 주목하여 리츠(Ritz)는 다음과 같이 정밀도가 더 높은 근사치를 구하는 방법을 고안했다. 즉, 진동형 $\varphi(x)$를

$$\varphi(x) = a_1\varphi_1(x)+a_2\varphi_2(x)+a_3\varphi_3(x)+\cdots \tag{4.149}$$

로 몇 개의 함수 φ_1, φ_2, ⋯의 합의 형태로 나타낸다. 이때 파라미터인 a_1, a_2, ⋯ 값을 변경시키면, $\varphi(x)$가 변하기 때문에 고유진동수 p도 변한다. 이와 같이 변화하는 p중에서 최소치를 근사치로서 채용한다고 하는 것이 **리츠 근사법**의 내용이다.

리츠 방법을 줄(弦) 진동에 대한 식(4.147)에 적용해 보자. 식(4.149)를 식(4.147)에 대입하고, a_1, a_2, ⋯ 값을 변경시켜서 p^2을 최소로 하기 위해서는 $\partial(p^2)/\partial a_n = 0$, 즉

$$\frac{\partial}{\partial a_n}\left\{\frac{\int_0^l \left(\frac{d\varphi}{dx}\right)^2 dx}{\int_0^l \varphi^2 dx}\right\} = 0$$

의 조건을 만족해야한다. 윗식을 미분하여 분자를 0으로 놓으면

$$\int_0^l \varphi^2 dx \cdot \frac{\partial}{\partial a_n}\left\{\int_0^l \left(\frac{d\varphi}{dx}\right)^2 dx\right\} - \int_0^l \left(\frac{d\varphi}{dx}\right)^2 dx \cdot \frac{\partial}{\partial a_n}\int_0^l \varphi^2 dx = 0$$

윗식에 식(4.147)의 관계를 적용시켜 간단히 정리하면

$$\frac{\partial}{\partial a_n}\left[\int_0^l \left\{\left(\frac{d\varphi}{dx}\right)^2 - \frac{p^2\rho}{T}\varphi^2\right\} dx\right] = 0 \tag{4.150}$$

식(4.149)를 윗식에 대입하면 파라미터 a_1, a_2, ⋯에 관한 연립 1차식이 된다. 이 식에서 a_1, a_2, ⋯를 소거하면, 즉 연립 1차식의 계수 행렬식을 0으로 놓으면, 여기서 가장 작은 p 값을 구할 수 있는 진동수방정식이 주어진다. 이를 구체적으로 설명해 보자. 지금 줄의 진동형,

즉 처짐곡선을

$$\varphi(x) = a_1\varphi_1(x)+a_2\varphi_2(x) \tag{4.151}$$

로 2개 함수의 합이라고 하자. 여기서

$$\varphi_1(x) = 4\frac{x}{l}\left(1-\frac{x}{l}\right), \qquad \varphi_2(x) = 4\frac{x}{l}\left(1-\frac{x}{l}\right)\cdot\left(\frac{x}{l}-\frac{1}{2}\right)^2 \tag{4.152}$$

이고, φ_1은 포물선이다. **그림 4.23**은 φ_1, φ_2를 나타낸 것이다. a_1, a_2의 (±) 및 대소를 바꾸면 처짐곡선의 형태가 잘게 뾰족뾰족해지기도 하고, 굵게 부풀기도 한다. 이와 같이 처짐곡선이 변화하면 p도 변화하므로, 그 중에서 가장 작은 값의 p를 도출해 내면 된다. 식(4.152)에서

$$\left.\begin{aligned} &\int_0^l \varphi^2 dx = \left(\frac{8}{15}a_1^2+\frac{4}{105}a_1a_2+\frac{1}{630}a_2^2\right)l \\ &\int_0^l \left(\frac{d\varphi}{dx}\right)^2 dx = \left(\frac{16}{3}a_1^2+\frac{8}{15}a_1a_2+\frac{11}{105}a_2^2\right)\frac{1}{l} \end{aligned}\right\} \tag{k}$$

윗식을 식(4.150)에 대입하면, a_1, a_2에 관한 연립 1차식

$$\left.\begin{aligned} &(280-28P^2)a_1+(14-P^2)a_2 = 0 \\ &(168-12P^2)a_1+(66-P^2)a_2 = 0 \end{aligned}\right\} \tag{l}$$

가 나온다. 여기서,

$$P^2 = \frac{\rho l^2}{T}p^2 \tag{m}$$

식(l)로부터 a_1, a_2를 소거하면

$$\begin{vmatrix} 280-28P^2 & 14-P^2 \\ 168-12P^2 & 66-P^2 \end{vmatrix} = 16(P^4-112P^2+1008) = 0$$

$$\therefore\ P^2 = 9.86976, \qquad P^2 = 102.13024$$

가 주어진다. 따라서 식(m)에서

$$p = \frac{3.142}{l}\sqrt{\frac{T}{\rho}}, \qquad p = \frac{10.106}{l}\sqrt{\frac{T}{\rho}}$$

가 되고, 이 중에서 작은 쪽의 p는, 식(4.99)의 정확한 p_1 값보다 불과 0.001% 클 뿐이다. 큰 쪽의 p는 식(4.99) 중 p_3 근사치이고, 이것은 7.2% 정도 크고, 그 만큼 정확한 값은 아니다. 여기서 설명하고 있는 리츠 근사법은 전술한 바와 같이 정확한 최저차의 고유진동수 p_1을 구하기 위한 근사법이고, p_3 값에 해당하는 값이 정밀도가 좋지 않은 것은 어쩔 수 없다.

그리고 탄성보에 대해서 리츠 근사법을 적용할 시에는 식(4.150) 대신에 다음 식을 이용하는 것이 더 좋다.

$$\frac{\partial}{\partial a_n}\left[\int_0^l \left\{\left(\frac{d^2\varphi}{dx^2}\right)^2 - \frac{p^2\rho}{EI_0}\varphi^2\right\}dx\right] = 0 \tag{4.153}$$

문 제

4.1 **그림** 4.1 진동계의 운동방정식이 식(4.1 a)가 되는 것을 증명하라.

주 제일 위에 있는 물체에 작용하는 스프링력은 $F_1 = -kx_1 - k(x_1 - x_2)$, 두 번째, 세 번째 물체에 작용하는 스프링력은 $F_2 = -k(x_2 - x_1) - k(x_2 - x_3)$, $F_3 = -k(x_3 - x_2) - kx_3$이다.

4.2 식(4.15)에서, $k_{13} = k_{31} = 0$, $k_{11}/m_1 = k_{33}/m_3$, $P_{20} = P_{30} = 0$인 경우, 제2의 공진점 $\omega = p_2$에서, 제2 질점의 진폭 A_2는 무한대가 되지 않는 것을 증명하라.

주 이 경우 진동수방정식은

$$\begin{aligned}\varphi(p) &= \left\{m_1m_3(k_{22} - m_2p^2)\left(p^2 - \frac{k_{11}}{m_1}\right) + (k_{12}^2\, m_3 + k_{23}^2\, m_1)\right\}\left(p^2 - \frac{k_{11}}{m_1}\right)\\ &= -m_1m_2m_3(p^2 - p_1^2)(p^2 - p_3^2)\left(p^2 - \frac{k_{11}}{m_1}\right)\end{aligned}$$

이 되고, 한편 식(4.18)에서 A_2의 분자는 $P_{10}k_{12}m_3(\omega^2 - k_{11}/m_1)$이 된다.

4.3 양단 자유지지의 탄성보에 분포하중 q[N/m]가 작용하고 있다. 시각 $t = 0$인 순간에 이 분포하중을 급히 제거하였다고 했을 때, 그 뒤에 발생하는 탄성보의 진동을 구하라.

4.4 **그림** 3.5 (a)의 외팔보에 있어서, $a = b$, $m_1 = m_2$일 때 진동형을 $\varphi(x) = x^2$이라고 가정하고 낮은 쪽의 고유진동수 p를 레일리 근사법으로 구하고, 정확한 해와 비교하라.

4.5 다음과 같이 가정한 곡선 (a), (b)를 이용하여 레일리 근사법으로 **그림** 4.19의 외팔보에 대해 기본진동수를 구하라.

(a) 포물선 [$\varphi(x) = ax^2$].

(b) 2차곡선 [$\varphi(x) = ax^2$]과 3차곡선 [$\varphi(x) = ax^3$]을 더하여, 보의 자유단($x = l$)에 있어서 곡률이 0가 되도록 조절한 곡선.

4.6 **그림** 4.18의 균일 단면보에 있어서, 자유지지단에서 거리 x에서의 처짐 y는 분포하중 ρg에 의한 처짐곡선

$$y = \frac{\rho g l^4}{48EI_0}\left[\frac{x}{l} - 3\left(\frac{x}{l}\right)^3 + 2\left(\frac{x}{l}\right)^4\right]$$

으로 주어진다. 이 곡선을 이용하여 레일리 근사법으로 기본진동수를 구하라.

4.7 양단 자유지지보의 지지점이 강할 때, 보의 횡처짐 y에 의해서 인장응력이 발생한다. 보의 처짐을 $y = y_0 \sin(\pi x/l)$라고 가정하여 기본진동수를 구하라.

4.8 굽힘강성이 EI_0이고, 단면이 일정한 보의 단위 길이당 질량을 ρ라고 하자. 전체 길이 $3l$인 보는 $x = 0$와 $x = 2l$인 위치에서 단순지지되어 있다고 할 때,

(a) 레일리 근사법 이용시 처짐곡선으로서 $\varphi(x) = \sin(\pi x/3l) - \alpha x$라고 가정한다. $x = 2l$에 있어서의 지지조건을 만족하는 α값을 구하라. 또한 자유단($x = 3l$)의 굽힘모멘트는 얼마인가?

(b) (a)의 결과를 이용하여 기본진동수를 계산하라.

(c) 4차식 $\varphi(x) = x + ax^2 + bx^3 + cx^4$을 가정했을 때, $x = 0$, $x = 3l$에서 보의 굽힘모멘트는 0이고, $x = 2l$에서 지지되도록 계수 a, b, c를 구하라.

(d) (c)의 결과를 이용하여 기본진동수를 구하라.

Chapter 5

자려진동

5.1 상태의 안정, 불안정

역학계가 $\boldsymbol{A}$로 나타낼 수 있는 상태(정지, 운동 어느 상태라도 좋다)에 있다고 하자. 무언가의 원인으로 $\boldsymbol{A}$에서 $\boldsymbol{A}+\delta\boldsymbol{A}$ 상태로 약간 벗어났다고 할 때, 시간이 경과함에 따라 벗어남 $\delta\boldsymbol{A}$가 작아져서 원래의 $\boldsymbol{A}$로 되돌아간다면 상태 $\boldsymbol{A}$는 **안정**한 상태이고, $\delta\boldsymbol{A}$가 점점 커져서 $\boldsymbol{A}$와는 다른 상태가 되었다고 하면 상태 $\boldsymbol{A}$는 역학적으로 **불안정**하다고 한다.

운동방정식의 해를 구해보아 역학계가 안정한 상태이면 그 해는 실현 가능한 해이고, 만약 불안정한 상태이면 그것이 운동방정식의 해 이더라도 실현 불가능한 해이다. 예를 들면, **2.3.7항** 시계추의 운동방정식

$$\ddot{\theta}+\frac{g}{l}\sin\theta=0 \quad (\theta : \text{시계추의 기울기}, \ l : \text{시계추의 길}) \tag{2.61}$$

는, (i) $\theta=0$, $\dot{\theta}=0$, (ii) $\theta=\pi$, $\dot{\theta}=0$를 만족한다. 즉, 정지상태를 나타내는 (i)과 (ii)는 식(2.61)의 해로서 만족한다. 여기서 **그림 5.1** (a)는 (i)의 정지상태인데, 이는 실현 가능한 안정한 정지상태이다. 그러나 **그림 5.1** (b)는 (ii)의 정지상태인데, 이는 피하기 어려운 외란이 존재하는 현실의 세계에서는 외란에 의해 도립(倒立) 시계추의 정지상태에서 $\theta=\pi+\delta\theta$로 약간 벗어나면 벗어남 $\delta\theta$는 점점 커지기 때문에 결국에는 실현 불가능한 정지상태, 즉 불안정한 상태이다. 여기서 하나의 예로서

$$m\ddot{x}+kx=0 \quad (m : \text{질량}, \ k : \text{스프링상수}) \tag{5.1}$$

로 나타낼 수 있는 1자유도 진동계에 있어서, 원점 $x=0$에서 정지해 있는 상태에 대해 안정한지 불안정한지 조사해 보자. $x=0$, $\dot{x}=0$인 정지상태에서 $x=0+\delta x$로 약간 벗어났

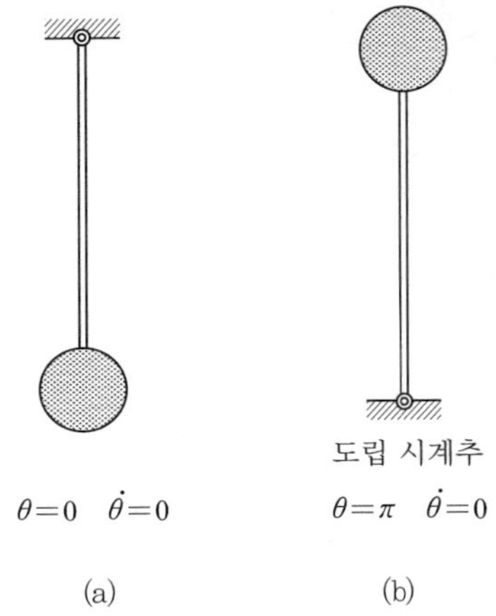

그림 5.1

다고 하자. 이 $x = 0 + \delta x$를 식(5.1)에 대입하면

$$m \cdot \delta\ddot{x} + k \cdot \delta x = 0 \tag{5.1a}$$

만약 스프링상수가 $k = -k' < 0$로 (−)라면, 윗식의 해는

$$\delta x = Ae^{\sqrt{k'/m}\cdot t} + Be^{-\sqrt{k'/m}\cdot t} \tag{5.2}$$

가 되고, δx는 **그림 5.2** (a)와 같이 시간이 경과함에 따라 점점 커지므로, 원점에서 정지해 있는 상태는 불안정한 상태이다.

다음에 스프링 상수 k가 (+)이고, 게다가 감쇠가 작용하고 있는 경우에 대해 생각해 보면, 운동방정식은

$$m\ddot{x} + c\dot{x} + kx = 0 \quad (c : \text{감쇠계수}) \tag{5.3}$$

윗식에 $x = 0 + \delta x$를 대입하면

$$m \cdot \delta\ddot{x} + c \cdot \delta\dot{x} + k \cdot \delta x = 0 \tag{5.3a}$$

만약 감쇠계수가 $c = -c' < 0$로 (−)인 경우, 윗식의 해는 $c^2 < 4mk$일 때는

$$\delta x = e^{\frac{c'}{2m}t}(a \sin p_1 t + b \cos p_1 t) \qquad \left(\text{단, } p_1 = \sqrt{\frac{k}{m} - \frac{c'^2}{4m^2}}\right) \tag{5.4}$$

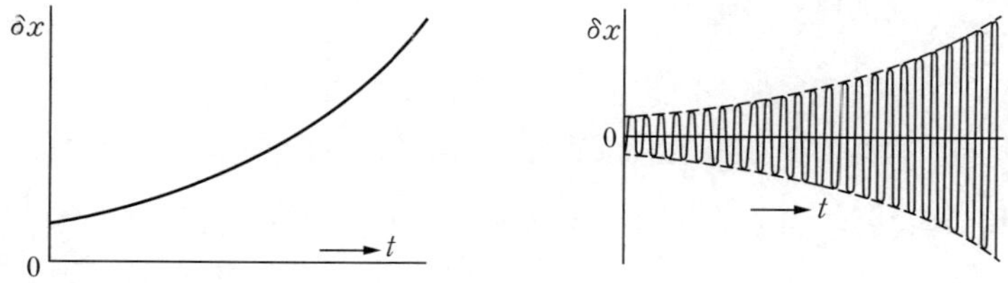

(a) 정적 불안정 (b) 동적 불안정

그림 5.2

가 되고, **그림 5.2** (b)와 같이 δx는 진동적으로 커지고, $c^2 > 4mk$일 때는

$$\left.\begin{aligned}&\delta x = Ae^{m_1 t} + Be^{m_2 t}\\&m_1 = \frac{c'}{2m} + \sqrt{\frac{c'^2}{4m^2} - \frac{k}{m}} > 0, \qquad m_2 = \frac{c'}{2m} - \sqrt{\frac{c'^2}{4m^2} - \frac{k}{m}} > 0\end{aligned}\right\} \tag{5.5}$$

가 되고, **그림 5.2** (a)와 같이 δx는 지수함수적으로 커진다. 어느 쪽이든지 감쇠계수 c가 $(-)$일 때는, 스프링상수가 $(+)$이더라도 $x = 0$에서 정지해 있는 상태는 불안정하다. c가 $(+)$일 때, $c^2 < 4mk$이면 **그림 5.3** (a)와 같이 되고, $c^2 > 4mk$인 경우에는 **그림 5.3** (b)와 같이 되어, 어느 쪽이든지 안정하다.

δx가 **그림 5.2** (a)와 같이 커지는 것을 **정적으로 불안정**하다고 하고, **그림 5.2** (b)와 같이 진동적으로 커지는 것을 **동적으로 불안정**하다고 한다. 어떤 상태가 안정하기 위해서는 그 상태가 정적으로도 동적으로도 양쪽 모두 안정해야 한다. 따라서 1자유도계에 있어서 원점 $x = 0$에서 정지해 있는 상태가 안정하기 위해서는 스프링 상수 k와 감쇠계수 c가 모두 $(+)$이어야 한다. 그리고 정지상태가 안정할 때, 그 정지점을 **안정한 평형점**이라고 한다.

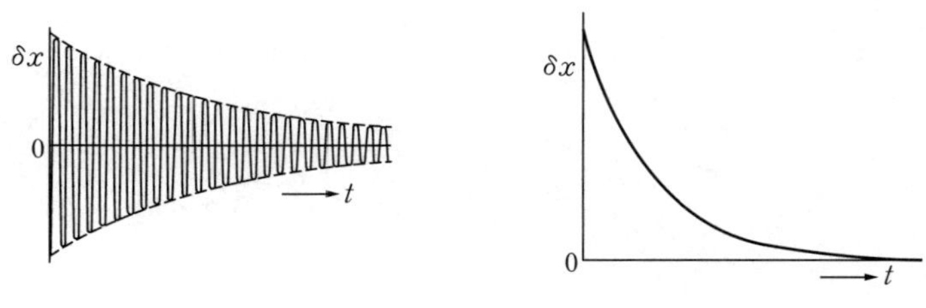

(a) 안정 (b) 안정

그림 5.3

5.2 안정, 불안정의 수학적 판별법

4.4절에서 기술한 바와 같이, 감쇠작용이 없는 다자유도계에 있어서 포텐셜 에너지 V가 양의 2차형식이고, 평형점에서 극소치를 취할 때는 자유도의 수만큼 고유진동수가 존재하기 때문에 계에 외란이 가해지면 평형점 부근에서 식(4.64)와 같이 미소진동이 발생한다. 감쇠가 없으면 이 미소진동은 없어지지 않지만, 이 운동은 언제까지나 평형점 부근에서 머물러 있으므로, 원점에서 이렇게 정지해 있는 상태도 일반적으로는 안정한 상태라고 간주한다. 즉, 감쇠가 없을 때, 안정한 평형점이기 위한 조건은 포텐셜 에너지 V가 평형점에서 극소가 되는 것이다. 예를 들면 오목면의 오목한 부분에 공이 정지해 있는 **그림 5.4** (a)는 현재 중력에 의한 포텐셜 에너지 V가 극소이므로 정적으로 안정하고, 볼록면의 볼록 부분에 정지해 있는 **그림 5.4** (b)는 현재 V가 극대이므로 이 평형위치는 정적으로 불안정하다.

이상 기술한 내용도 안정, 불안정을 판단하기 위한 하나의 수학적 판별법인데, 여기서는 좀 더 일반적인 판별법에 대해 고찰해 보기로 한다. 지금 계의 특성방정식이 s의 n차식이라고 하자.

$$A_n s^n + A_{n-1} s^{n-1} + \cdots\cdots + A_2 s^2 + A_1 s + A_0 = 0 \tag{5.6}$$

특성방정식의 계수 A_0, A_1, …은 운동방정식 계수의 조합이므로 실수이다. 실수를 계수로 하는 대수방정식의 근은 실수이든가 아니면 공액복소수(순허수의 경우도 포함한다)이고, 그 근은

$$\text{(i)}\ s = a, \quad \text{(ii)}\ s = a \pm ib \quad (i = \sqrt{-1}\ ) \tag{5.7}$$

여기서 a, b는 실수이다. 윗식 (i), (ii)를 이용하여 각각의 해를 구해보면

$$\text{(i)}\ q = Ae^{at}, \quad \text{(ii)}\ q = e^{at}(A \sin bt + B \cos bt) \tag{5.8}$$

(a) 안정 (b) 불안정

그림 5.4

여기서 q는 좌표이다. 윗식에서 $a > 0$이면 (i)은 **그림 5.2** (a)와 같이 정적으로 불안정한 해이고, (ii)는 **그림 5.2** (b)와 같이 동적으로 불안정한 해가 된다. 즉, 특성방정식 근의 실수부 a가 (+)이면 $q = 0$, $\dot{q} = 0$인 정지위치는 불안정한 평형점이 된다. 안정한 평형점이기 위한 조건, 즉 특성방정식 근의 실수부가 (+)가 아닌 조건이 성립하기 위해서는, n차 특성방정식(5.6)의 계수 A_0, A_1, … 사이에 어떠한 관계가 있으면 좋을까라고 하는 문제를 A. **허비츠**(Hurwitz)가 해결하였다. 계가 안정하기 위해 Hurwitz가 제시한 필요충분조건은 다음과 같다.

$$\left.\begin{array}{l}\text{(I) 모든 계수 } A_0,\ A_1,\ \cdots,\ A_n\text{이 모두 (+)일 것} \\ \text{(II) } (n-1)\text{차수의 Hurwitz 행렬식 } H_{n-1}\text{과 } H_{n-1}\text{의} \\ \qquad \text{모든 수좌소행렬식(4.4절 참조)이 (+)일 것}\end{array}\right\} \tag{5.9}$$

Hurwitz 행렬식 H_{n-1}의 일반적 표시는 다음과 같이 $n = 8$인 경우의 예로부터 명확히 알 수 있을 것이다.

$$H_{8-1} = H_7 = \begin{vmatrix} A_1 & A_3 & A_5 & A_7 & 0 & 0 & 0 \\ A_0 & A_2 & A_4 & A_6 & A_8 & 0 & 0 \\ 0 & A_1 & A_3 & A_5 & A_7 & 0 & 0 \\ 0 & A_0 & A_2 & A_4 & A_6 & A_8 & 0 \\ 0 & 0 & A_1 & A_3 & A_5 & A_7 & 0 \\ 0 & 0 & A_0 & A_2 & A_4 & A_6 & A_8 \\ 0 & 0 & 0 & A_1 & A_3 & A_5 & A_7 \end{vmatrix} \tag{5.10}$$

특성방정식의 차수 n이 작고 간단한 경우에 대해서, 좀 더 구체적으로 안정조건을 구해 보자.

(a) $n = 2$인 경우

$$A_2 s^2 + A_1 s + A_0 = 0 \tag{5.6a}$$

안정조건은

$$\left.\begin{array}{l}\text{(I) } A_0 > 0, \quad A_1 > 0, \quad A_2 > 0 \\ \text{(II) } H_{n-1} = H_1 = |A_1| = A_1 > 0\end{array}\right\} \tag{5.9a}$$

윗식의 안정조건을 요약하면 다음과 같다.

$$A_0 > 0, \qquad A_1 > 0, \qquad A_2 > 0 \tag{5.11a}$$

(b) $n=3$인 경우

$$A_3s^3+A_2s^2+A_1s+A_0=0 \tag{5.6b}$$

안정조건은

$$\left.\begin{array}{l}(\text{I})\ A_0>0,\ A_1>0,\ A_2>0,\ A_3>0\\ (\text{II})\ (\text{i})\ H_{n-1}=H_2=\begin{vmatrix}A_1 & A_3\\ A_0 & A_2\end{vmatrix}=A_1A_2-A_0A_3>0\\ \qquad(\text{ii})\ 2\text{개의 1차 수좌소행렬식 } H_{n-2}=H_1\text{이 }(+)\text{일 것}\\ \qquad\quad \text{즉, } |A_1|=A_1>0,\quad |A_2|=A_2>0\end{array}\right\} \tag{5.9b}$$

윗식을 요약하면 안정조건은 다음과 같다.

$$\left.\begin{array}{l}(\text{i})\ A_0>0,\ A_1>0,\ A_2>0,\ A_3>0\\ (\text{ii})\ A_1A_2>A_0A_3\end{array}\right\} \tag{5.11b}$$

(c) $n=4$인 경우

$$A_4s^4+A_3s^3+A_2s^2+A_1s+A_0=0 \tag{5.6c}$$

안정조건은

$$(\text{I})\ A_0>0,\ A_1>0,\ A_2>0,\ A_3>0,\ A_4>0 \tag{a}$$

$$(\text{II})\ (\text{i})\ H_{n-1}=H_3=\begin{vmatrix}A_1 & A_3 & 0\\ A_0 & A_2 & A_4\\ 0 & A_1 & A_3\end{vmatrix}=A_1A_2A_3-A_0A_3^2-A_1^2A_4>0 \tag{b}$$

(ii) 3개의 2차 수좌소행렬식이 (+)일 것, 즉

$$\begin{vmatrix}A_1 & A_3\\ A_0 & A_2\end{vmatrix}=A_1A_2-A_0A_3>0 \tag{c}$$

$$\begin{vmatrix}A_2 & A_4\\ A_1 & A_3\end{vmatrix}=A_2A_3-A_1A_4>0 \tag{d}$$

$$\begin{vmatrix}A_1 & 0\\ 0 & A_3\end{vmatrix}=A_1A_3>0 \tag{e}$$

(ii) 3개의 1차 수좌소행렬식이 (+)일 것, 즉

$$|A_1| = A_1 > 0,\ |A_2| = A_2 > 0,\ |A_3| = A_3 > 0 \tag{f}$$

$$\cdots\cdots\cdots\cdots\cdots\cdots\cdots\cdots\cdots\cdots \tag{5.9 c}$$

윗식의 (a)~(f) 조건중, (a)가 성립하는 한 (e)와 (f)는 성립한다. (b)가 성립하면 (c)와 (d)도 성립한다. 따라서 식(5.6 c)의 조건을 요약하면

$$\left.\begin{array}{l}(\text{i})\ A_0 > 0,\ A_1 > 0,\ A_2 > 0,\ A_3 > 0,\ A_4 > 0 \\ (\text{ii})\ A_1A_2A_3 > A_0A_3^2 + A_1^2A_4 > 0\end{array}\right\} \tag{5.11 c}$$

그리고 식(5.11 b)와 (5.11 c)의 조건은 E. J. 라우스(Routh)가 구한 안정조건과 일치한다. 그래서 식(5.9), (5.11 a), (5.11 b), (5.11 c) 등의 안정조건을 **Routh–Hurwitz 안정조건**이라고 한다. 이 조건을 이용하여 안정을 판별하는 구체적인 예에 대해서는 뒤에 고찰한다.

5.3 자려진동, 자려력

정지점이 동적으로 불안정하고, **그림 5.2** (b)와 같이 진동적으로 운동이 증대해 가는 진동현상을 **자려진동**(自勵振動, self–excited vibration)이라고 한다. **5.1절**에서 설명한 바와 같이 1자유도계의 운동방정식

$$m\ddot{x} + c\dot{x} + kx = 0, \quad \text{혹은} \quad m\ddot{x} = (-c\dot{x}) + (-kx) \tag{5.3}$$

에 있어서, $c<0$일 때, 즉 **음(–)의 감쇠력**이 작용할 때 이런 종류의 자려진동이 발생한다. 이와 같은 진동의 발생원인은

$$-c\dot{x} = c'\dot{x} \quad (c < 0,\quad c' = -c > 0)$$

로 나타낼 수 있는 음(–)의 감쇠력, 즉 소위 "**자려력**(自勵力, self–excited force)"이 존재하기 때문이다. $c'\dot{x}$는 운동이 정지하여 $\dot{x} = 0$가 되면 소실되는 힘이므로 자려진동은 "운동 그 자체가 원인이 되어 발생하는 주기적인 힘, 즉 자려력에 의해 계에 에너지가 공급되어 발생하는 불안정 진동이다"라고 말할 수 있다. 강제진동은 **2.5.6항**에서 언급한 식(2.131), 즉

$$m\ddot{x} + c\dot{x} + kx = P_0 \cos \omega t$$

에 있어서 주기적 강제외력 $P_0 \cos \omega t$가 존재하기 때문에 발생한다. 이 강제력과 자려력은 다음과 같이 본질적으로 다르다. 강제력은 계의 상태, 즉 x, $\dot{x}$, $\ddot{x}$ 등의 값에 관계없이 존재하고, $x = 0$, $\dot{x} = 0$, 혹은 $\ddot{x} = 0$이더라도 0이 되지 않고 항상 $P_0 \cos \omega t$로 나타낼 수 있는 값을 유지한다. 한편, 자려력은 전술한 바와 같이 운동이 멈추어 $\dot{x} = 0$가 되면 소실되는 힘이다.

이와 같이 운동 그 자체가 자려력을 발생시켜, 그 자려력이 운동을 증대시켜 발생하는 운동, 즉 자려진동은 발생 초기에는 **그림** 5.2 (b)와 같이 점점 진폭을 증대시키지만, 무제한으로 크게 되지는 않는다. 진동이 점점 크게 됨에 따라 피할 수 없는 감쇠력에 의해서 진폭이 더 이상 증대하지 않고 **그림** 7.12와 같이 진폭이 일정한 정상진동으로 되는 과정을 거치는 것이 보통이다. 이러한 점의 상세한 사항에 대해서는 **7.2.2항**에서 다시 설명하고자 한다. 또한 자려진동의 진동수는 계의 고유진동수와 거의 같다고 생각해도 틀림이 없다.

이와 같은 성질을 가지는 자려진동의 예는 퉁소, 클라리넷, 하모니카, 바이올린 등 악기류의 소리, 벽시계의 시계추 운동 등 우리 주변에 있는 예를 비롯하여, 기계공학 분야에 있어서도 **5.5절**에 기술되어 있는 바와 같이 많은 예가 존재한다.

5.4 마찰진동

여기서는 **5.2절**에서 기술한 바와 같은 수학적인 판별에 대해 설명하는 것은 아니고, 자려진동이 발생하는 기구(機構, mechanism)의 물리적인 설명을 마찰진동을 예로 들어 설명해 보고자 한다.

미끄럼마찰에 의해 발생하는 자려진동, 즉 마찰진동의 예는 우리 주변에도 많이 있다. 바이올린 줄의 진동, 문의 삐거덕거리는 소리, 책상을 끌어당길 때 책상다리와 바닥 사이에서 나는 더럭더럭 하는 진동, 칠판에 분필을 세워 당길 때 나는 드러럭 하는 소리 등이 그 예이다. 이들 예에서는 전부 고체 사이에 미끄럼 마찰이 계 내부의 어딘가에 작용하고 있다. **그림** 5.5, **그림** 5.6도 마찰진동이 발생하는 역학계의 예이다. **그림** 5.5에서는, 벨트는 일정속도 u로 이동하고 있고, 물체 m과 벨트 사이의 마찰력 때문에 물체가 좌우방향으로 마찰진동을 행한다. **그림** 5.6에서는 회전원통과 링 사이의 마찰 때문에 진동이 발생한다.

대표적인 예로서, 바이올린 줄(string, 弦)의 진동에 대해 검토해 보자. **그림** 5.7과 같은 단

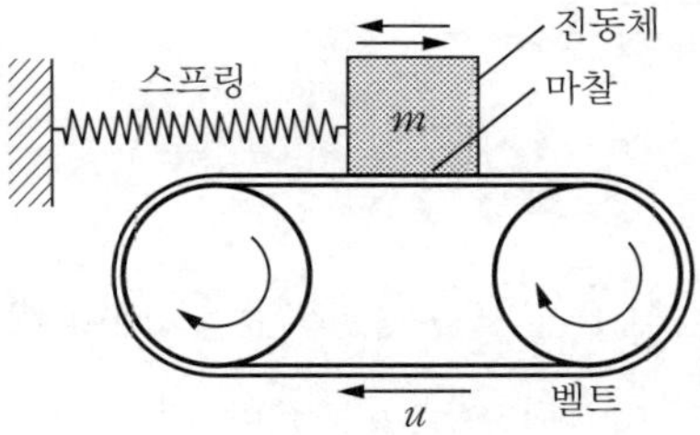

그림 5.5

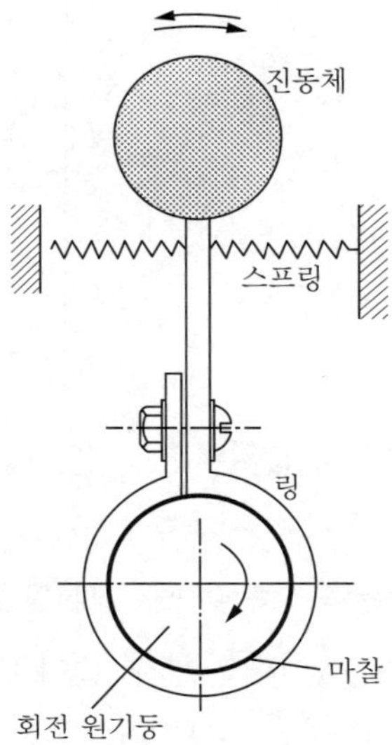

그림 5.6

면을 가진 바이올린 줄은 H를 중심으로 S와 S′ 사이를 속도 $\dot{x}$로 진동하고, 바이올린 활(bow)의 활털(hair, 말총) H는 오른쪽으로 속도 u로 운동하고 있다.

지금 $u > |\dot{x}|$라고 하면, 활털에서 줄로 전달되는 마찰력 F는 항상 오른쪽으로 향하고 있다. 줄이 오른쪽으로 움직이고 있을 때는 F와 줄의 속도 $\dot{x}$는 같은 방향이므로 F는 줄에 (+) 일을 하고, 줄이 왼쪽으로 운동하고 있을 때는 F와 $\dot{x}$는 반대방향이므로 F는 운동에 대해 브레이크를 거는 것이 되고, 줄은 마찰력에 의해 에너지를 잃는다. 일반적으로 고체간의 미끄럼 마찰력은 미끄럼 속도 v에 대해 정성적으로는 **그림 5.8**과 같이 변화하고, $v = 0$인 A 점에서 최대정지마찰계수에 대응하는 최대의 마찰력을 나타내고, AB 사이에서는 미끄럼 속도가 증가함에 마찰력은 감소하고, BC 사이에서는 미끄럼 속도에 비례하여 마찰력이 증가하는 경향을 보인다.

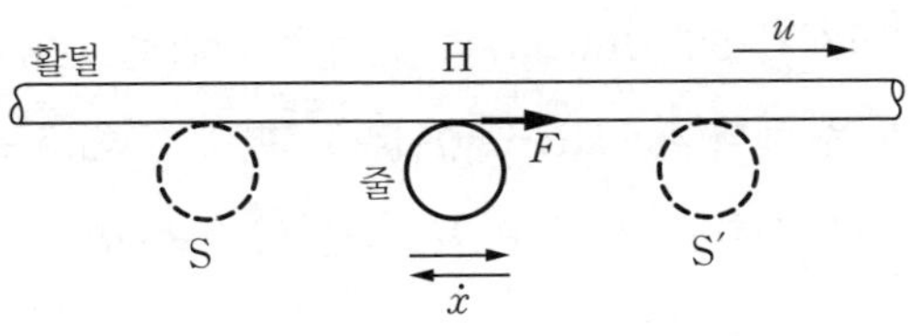

그림 5.7

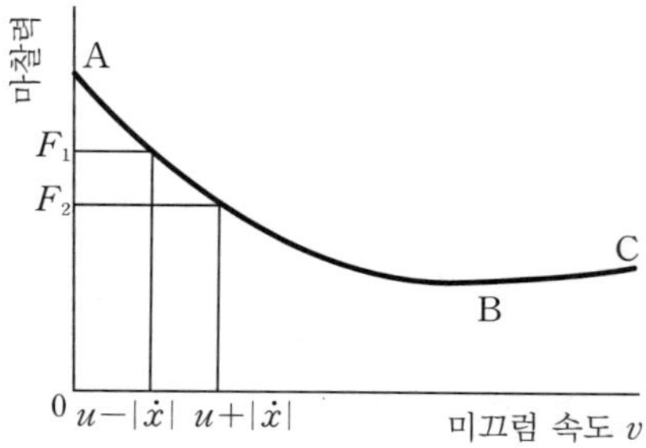

그림 5.8

줄이 오른쪽으로 갈 때 줄과 활털 사이의 상대 미끄럼 속도는 $u-|\dot{x}|$이고, 이때의 마찰력을 그림에서 F_1이라고 하자. 줄이 왼쪽으로 갈 때 상대 미끄럼 속도 $u+|\dot{x}|$에 대한 마찰력은 F_2이고, 분명히 $F_1 > F_2$이다. 오른쪽으로 갈 때 마찰력 F_1이 계에 행한 양(+)의 일 E_1은

$$E_1 = \int_A^{A'} F_1 dx$$

왼쪽으로 갈 때, 마찰력 F_2에 의해 소실되는 에너지 E_2는

$$E_2 = \int_{A'}^{A} F_2 dx$$

$F_1 > F_2$이므로 분명히 $E_1 > E_2$가 되고, 줄의 진동 1사이클당 $E_1 - E_2 (>0)$의 (+) 일이 줄에 가해지고, 이 에너지에 의해 줄에 작용하는 피할 수 없는 각종 저항을 이겨내면서 줄은 계속 진동을 하게 된다.

5.5 각종 자려진동

5.5.1 선반의 채터링

선반의 절삭작업시, 피삭재가 50~200 Hz의 진동수 범위로 진동하고, 절삭면에 요철이 생기는 수가 있다. 이 현상을 **채터링**(chattering)이라고 한다. **그림 5.9**에서 피삭재의 수평변위를 x, 바이트에서 피삭재에 가하는 절삭 수평분력을 F_x라고 하면, 피삭재의 운동방정식은

$$m\ddot{x} + c\dot{x} + kx = F_x \tag{5.12}$$

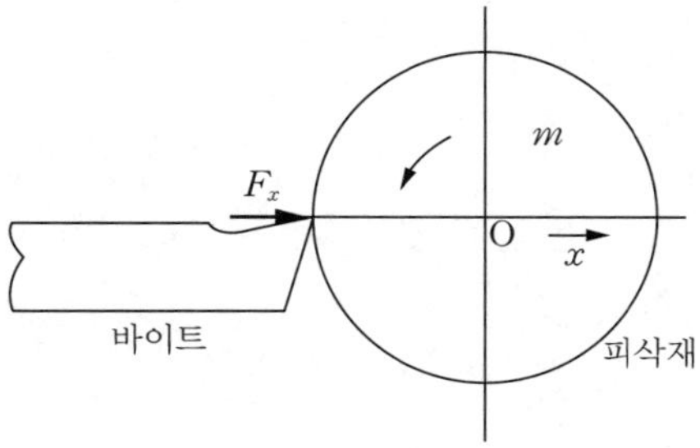

그림 5.9

여기서 m은 피삭재의 질량, c는 감쇠계수, k는 피삭재의 재료, 치수, 선반의 구조로부터 결정되는 스프링상수이다. **그림 5.9**에서 피삭재가 $+x$ 방향(오른쪽 방향)으로 이동하면 바이트의 절입량은 감소한다. 절삭력 F_x의 크기는 거의 절입량(깍이는 칩의 두께)에 비례하므로, 근사적으로

$$F_x = F_0 - bx \quad (F_0 > 0,\ b > 0) \tag{5.13}$$

로 나타낼 수 있을 것이다. 여기서 F_0는 $x = 0$일 때의 절삭력이다. 그런데 실험에 의하면, 바이트가 피삭재의 가장 왼쪽에 있을 때 x는 최소치를 취하고, 절입량이 최대가 되는 순간에 F_x는 최대치를 취하지 않고 아주 짧은 시간 δ만큼 늦게 F_x는 최대치를 취하는데, 이 시간지연은 금속 절삭의 메카니즘 그 자체에 원인이 있다는 것을 알았다. 따라서 F_x는 식(5.13)이 아니고

$$F_x(t) = F_0 - bx(t-\delta) \tag{5.13a}$$

로 나타내어야 한다. 지금 피삭재가 수평방향으로

$$x(t) = a\sin(pt+\beta) \tag{5.14}$$

로 진동하고 있다고 하면, $\dot{x} = ap\cos(pt+\delta)$이므로

$$\begin{aligned} x(t-\delta) &= a\sin\{p(t-\delta)+\beta\} = a\cos p\delta\sin(pt+\beta) - a\sin p\delta\cos(pt+\beta) \\ &\fallingdotseq a\sin(pt+\beta) - ap\delta\cos(pt+\beta) = x - \delta\dot{x} \end{aligned}$$

따라서

$$F_x(t) = F_0 - bx(t-\delta) = F_0 - bx + b\delta\dot{x} \tag{5.13b}$$

이것을 식(5.12)에 대입하면

$$m\ddot{x} + (c - b\delta)\dot{x} + (k+b)x = F_0 \tag{5.15}$$

혹은

$$m\ddot{X} + (c - b\delta)\dot{X} + (k+b)X = 0 \tag{5.15a}$$

여기서

$$X = x - \frac{F_0}{k+b}$$

식(5.15), (5.15 a)로부터 알 수 있듯이, 피삭조건 여하에 따라 시간지연 δ가 약간 크게 되고,

$$\delta > \frac{c}{b}$$

가 되면, $\dot{x}$, $\dot{X}$의 계수는 (−)가 된다. 즉, 음(−)의 감쇠력이 작용하게 되고, **5.2절**의 수학적 판별법에 의하면 식(5.11 a)에서 $A_1 > 0$의 조건이 성립하지 않게 되고, **그림 5.2** (b)와 같은 자려진동인 **채터진동**(chatter vibration)이 발생한다. 댐퍼를 사용하여 감쇠계수 c를 인위적으로 크게 하면 채터링을 방지할 수 있다는 것을 식(5.15), (5.15 a)에서 보여주고 있다.

5.5.2 송풍기의 서징

송풍기의 유량을 적게 하여 사용하면, 공기를 보내는 덕트 내에서 공기의 맥동이 격렬하게 발생하고, 정상 운전을 방해하는 **서징**(surging) 현상이 발생할 수가 있다. **그림 5.10**에서 송풍기는 공기를 덕트 좌측 끝에서 끌어들여, 오른쪽 서지(surge) 탱크를 거쳐 오른쪽으로 보낸다.

덕트 단면적을 A, 길이를 l, 서지 탱크의 체적을 V, 덕트내 유속을 v, 덕트내 평균유속을 u_0, 맥동류의 속도를 u, 유량을 Q라고 하면,

$$v = u_0 + u, \quad Q = Av$$

송풍기의 풍압을 p_b, 서지탱크 내부 압력을 p_c라고 하면, 덕트 내 공기에 대한 운동방정식은

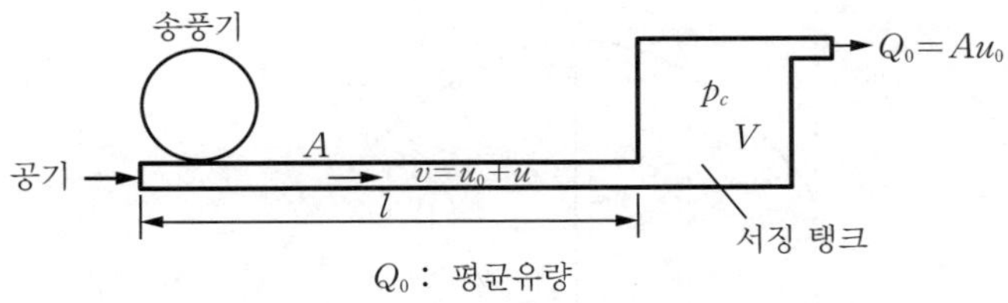

그림 5.10

$$Al\frac{\gamma}{g}\dot{v}=A(p_b-p_c)-\zeta\gamma A\frac{v^2}{2g} \tag{5.16}$$

여기서 γ/g는 공기의 밀도[kg/m³]이므로 윗식 좌변은 (질량)×(가속도) 항이고, ζ는 무차원량인 손실계수이므로 우변 제2항은 덕트내 흐름에 대한 저항을 나타내는 항이다. 서지 탱크내 압력 p_c의 변화는 비교적 빠르므로 단열변화라고 하면

$$p_cV^\kappa=\text{cons.}\quad \therefore\ \frac{dp_c}{dt}\cdot V^\kappa+p_c\kappa V^{\kappa-1}\frac{dV}{dt}=0\quad \therefore\ \frac{dp_c}{dt}=\frac{\kappa p_c}{V}\left(-\frac{dV}{dt}\right) \tag{i}$$

서지 탱크 내에는 왼쪽에서 Av 유입하고, 오른쪽으로 평균유량 Au_0 유출한다고 하면, 차이 Au가 유입하게 된다. 단위 시간당 Au만큼의 유량을 밀어 넣으므로

$$-\frac{dV}{dt}=Au \tag{ii}$$

식(i), (ii)로부터

$$\frac{dp_c}{dt}=\frac{\kappa p_c}{V}Au \tag{iii}$$

송풍기의 풍압 p_b는 **그림 5.11** 송풍기의 특성곡선 $p_b=f(Q)=f(Av)$를 따라 변화하므로

$$\frac{dp_b}{dt}=A\frac{dv}{dt}\frac{df}{dQ}=A\dot{u}\frac{df}{dQ} \tag{iv}$$

식(5.16)을 시간 t로 미분하고, 이것에 식(iii), (iv)를 대입하고, 미소량 u, $\dot{u}$의 제곱 이상의 미소량을 무시하면

$$\frac{\gamma}{g}l\ddot{u}+\left(\zeta\frac{\gamma}{g}u_0-A\frac{df}{dQ}\right)\dot{u}+\frac{\kappa p_c}{V}Au=0 \tag{5.17}$$

가 되고, 덕트내 맥동유속 u에 관한 미분방정식이 주어진다. **그림 5.10** 특성곡선중 BC 부분

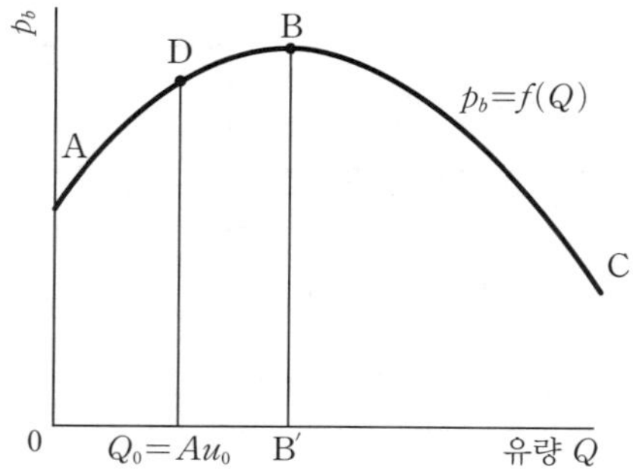

그림 5.11 송풍기의 특성곡선

에서는 $df/dQ < 0$이므로 식(5.17)의 계수는 전부 (+)가 되고, 식(5.11 a)에 따라 안정이 되므로 문제는 없다. 유량 Q를 줄여 그림에서 AB 사이의 D점에 오면, $df/dQ > 0$이 되기 때문에 식(5.17)의 ( )안이

$$\zeta \frac{\gamma}{g} u_0 < A \frac{df}{dQ} \tag{v}$$

가 되고, (−)가 될 우려가 있다. 이와 같을 때 u는 **그림 5.2** (b)와 같이 진동적으로 크게 되고, 서징 현상이 발생하게 된다.

5.5.3 조속기의 헌팅

증기기관으로의 공급 증기량을 부하 변동에 대해 조절해 가면서 그 회전수를 일정하게 유지하기 위한 장치로서, **그림 5.12**와 같은 **조속기**(調速機, govenor)가 있다. 그림에서 조속기의 회전축 D는 엔진축 B에 대해 기어비 n으로 회전하고 있다. 원심추 C에 작용하는 원심력과 슬리브 A에 작용하는 스프링 S에 의한 스프링력은 슬리브의 어떤 위치 $x=0$에서 평형을 유지하고 있다. 예를 들면, 엔진의 부하가 감소하여 회전수가 증가하면, 원심력이 증대하여 조절밸브 E의 열림을 작게 하도록 슬리브는 위쪽으로 이동한다. 이때 조절밸브를 너무 많이 잠그면 이번에는 회전수가 너무 내려가고, 이 과정을 반복하면 회전속도의 증감 작동이 동적으로 불안정하게 되는 수가 있다. 이 현상을 **조속기의 헌팅**(hunting)이라고 한다.

어떤 회전속도 ω_0로 정상회전하고 있던 조속기가 이 속도보다 $\dot{\varphi}$만큼 회전속도가 증가했다고 하면, 원심력의 증가에 의해 슬리브 A를 끌어 올릴려고 하는 힘은, $\dot{\varphi}/\omega_0 \ll 1$이고 $\dot{\varphi}$의 제곱 이상은 미소량이므로 무시할 수 있다고 하면, $\dot{\varphi}$에 비례하는 양 $b\dot{\varphi}$만큼 증가한다.

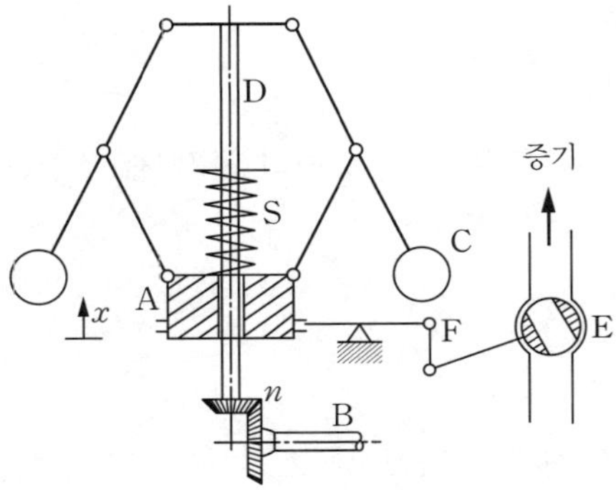

그림 5.12 증기기관의 조속기

슬리브의 상하이동과 더불어 작동부분에 대한 관성의 영향을 슬리브와 같은 운동을 하는 것으로 했을 때 등가질량 m으로 환산하면, 슬리브 A의 운동방정식은

$$m\ddot{x}+c\dot{x}+kx=b\dot{\varphi} \tag{i}$$

x는 슬리브의 변위, c는 감쇠계수, k는 스프링 S의 스프링상수이다. 슬리브 A가 x만큼 끌어 올려지면, 조절밸브 E가 조금 닫히어 증기 공급량이 줄고, 엔진을 회전시키는 토크가, 미소량의 제곱 이상을 무시하면, x에 비례한 $b'x$ 만큼 감소한다. 엔진의 관성모멘트를 I라고 하면

$$I\ddot{\theta}=-b'x \tag{ii}$$

여기서 $\dot{\theta}$는 엔진의 회전속도이므로

$$\omega=\omega_0+\dot{\varphi}=n\dot{\theta} \quad (n : 기어비) \tag{iii}$$

식(i)을 시간 t로 미분하고, 식(ii), (iii)을 대입하면

$$m\dddot{x}+c\ddot{x}+k\dot{x}+\frac{bb'n}{I}x=0 \tag{5.18}$$

가 주어진다.

$$x=Ae^{st}$$

라 놓고, 윗식에 대입하면 특성방정식은

$$ms^3 + cs^2 + ks + \frac{bb'n}{I} = 0 \tag{5.19}$$

윗식 각 항의 계수는 (+)이므로 식(5.11 b)의 안정 제1조건은 만족하고 있다. 또 하나의 조건 $A_1A_2 > A_0A_3$로부터

$$c > \frac{mnbb'}{kI} \tag{5.20}$$

가 주어진다. 즉, 헌팅을 방지하기 위해서는 슬리브 A의 상하운동에 대한 감쇠계수 c가 식(5.20)과 같이 어느 정도 이상으로 크지 않으면 안된다.

이상의 예 이외에 바람에 의해 발생하는 송전선, 굴뚝 및 다리 난간의 진동, 디젤엔진 연료분사밸브의 진동, 비행기 날개의 플러터(flutter) 등 자려진동에 의한 트러블의 예는 여러 분야에 걸쳐 많이 존재한다. 그리고 회전축과 회전체에 발생하는 각종 자려진동에 대해서는 **8.6절**에서 고찰하기로 한다.

문 제

5.1 **문제 2.19** 진동계에서 스프링상수 k가

$$k < \frac{4mgl}{a^2}$$

이 되면, 정지위치가 불안정하게 되는 것을 Routh−Hurwitz 안정조건으로 증명하라.

5.2 다음과 같은 특성방정식을 가지는 계는 안정한가?

(a) $s^3 + 5s^2 + 3s + 2 = 0$

(b) $s^4 + 8s^3 + 10s^2 + 5s + 7 = 0$

(c) $s^4 + 2s^3 + 3s^2 + 4s + 5 = 0$

(d) $3s^5 + 2s^4 + 7s^3 + 4s^2 + 10s + 6 = 0$

(e) $s^5 - s^4 + 7s^3 + 4s^2 + 10s + 6 = 0$

Chapter 6

가변특성을 갖는 진동계(계수여진진동)

6.1 가변특성을 갖는 진동계의 운동방정식과 실제 예

1자유도 진동계에서 스프링 강성(剛性, stiffness)이 시간과 더불어 변하는 경우, 운동방정식은

$$m\ddot{x}+f(t)\cdot x=0 \quad (m\ :\ \text{질량}) \tag{6.1}$$

가 되고, 또한 관성항의 크기 m이 시간의 함수이면, 운동방정식은

$$\varphi(t)\cdot\ddot{x}+kx=0 \quad (k\ :\ \text{스프링상수}) \tag{6.2}$$

로 나타낼 수 있다. 이와 같이 운동방정식의 계수가 상수가 아니고 시간의 함수인 경우, 그 진동계를 **가변특성을 갖는 진동계**라고 한다. 식(6.2)는

$$\ddot{x}+\frac{k}{\varphi(t)}x=0 \tag{6.2 a}$$

로 고쳐 쓰면 식(6.1)과 같은 형식이 되므로, 이 장에서는 주로 식(6.1) 형식의 운동방정식에 대해 고찰하기로 한다.

공학상 중요한 것은 식(6.1), (6.2)의 $f(t)$, $\varphi(t)$가 시간의 주기함수가 되는 경우이다. $f(t)$, $\varphi(t)$가 시간의 주기함수일 때 식(6.1), (6.2 a)를 **Hill 식**이라 부르고, 특히

$$m\ddot{x}+(k+\Delta k\cos\Omega t)x=0 \tag{6.1 a}$$

로 $f(t)$가 삼각함수 sin 혹은 cos으로 표현되는 간단한 경우를 **Mathieu(매치우) 식**이라고 한다.

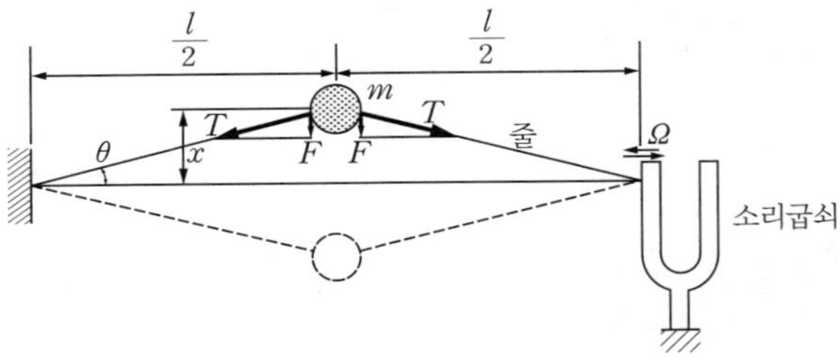

그림 6.1

그림 6.1과 같이 줄의 한쪽 끝을, 전자석으로 진동수 Ω로 여진시키고 있는 소리굽쇠에 붙이면, 줄의 장력 T는

$$T = T_0 + \Delta T \cos \Omega t \tag{6.3}$$

로 변화하므로, 식(2.39)를 참조하면, 이 계의 운동방정식은

$$m\ddot{x} + \frac{4}{l}(T_0 + \Delta T \cos \Omega t)x = 0 \tag{6.4}$$

이것은 식(6.1 a)와 같은 형식이다.

식(6.1 a)와 같은 형식의 예는 이 외에도 다음과 같은 것이 있다. **그림 6.2** (a)에서 도립 시계추의 상단 O가 수평선 AA를 중심으로 소진폭 a, 진동수 Ω로 상하진동 $a\cos\Omega t$를 행할 때, 시계추의 무게중심 G(x, y)의 좌표는

$$x = l\sin\theta \fallingdotseq l\theta, \quad y = l\cos\theta + a\cos\Omega t \fallingdotseq l\left(1 - \frac{1}{2}\theta^2\right) + a\cos\Omega t \tag{i}$$

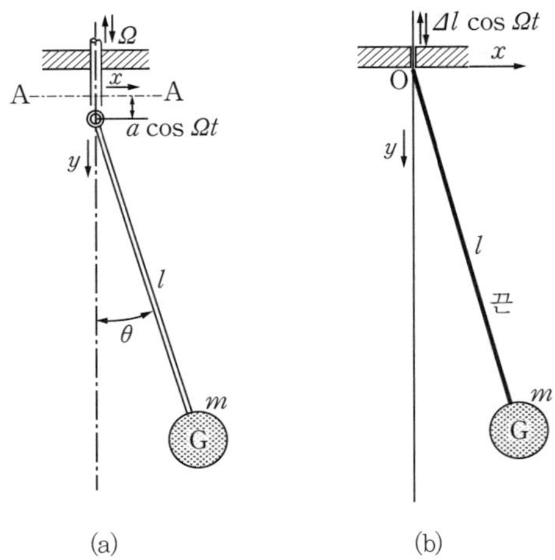

그림 6.2

이므로, 이때의 운동에너지 T 및 포텐셜 에너지 V는, 미소량의 3제곱 이상을 무시하면,

$$\left.\begin{aligned} T &= \frac{1}{2}m(\dot{x}^2+\dot{y}^2) = \frac{1}{2}m(l^2\dot{\theta}^2+a^2\Omega^2\sin^2\Omega t+2al\Omega\theta\dot{\theta}\sin\Omega t) \\ V &= mg(l-y) = mg\left(\frac{1}{2}l\theta^2-a\cos\Omega t\right) \end{aligned}\right\} \tag{ii}$$

윗식을 라그랑지의 식(4.44)에 대입하고, 미소량 θ의 제곱 이상을 무시하면, 운동방정식으로서 다음과 같은 Mathieu 식이 주어진다.

$$\ddot{\theta}+\frac{1}{l}(g+a\Omega^2\cos\Omega t)\theta = 0 \tag{6.5}$$

식(6.4), (6.5)는 스프링력의 크기가 주기적으로 변동하는 경우인데, 관성항의 크기가 변화하여 식(6.2)의 형식이 되는 예로서는 크랭크축에 발생하는 비틀림진동이 있다. **그림 6.3**에서, O는 크랭크축 중심, AB는 연접봉(connecting rod), OA는 크랭크이다. 크랭크축이 ω로 회전하면서 비틀림진동을 행하고 있을 경우, 크랭크 핀 A의 위치가 **그림 6.3** (a)와 같이 a 혹은 a′점, 즉 상사점 혹은 하사점에 있을 때는 비틀림진동에 의해 연접봉의 소단(小端) B 및 피스톤 C는 거의 움직이지 않는다. 그러나 **그림 6.3** (b)와 같이 b 혹은 b′점에 A가 오면 비틀림진동에 수반하여 B, C 부분은 상하로 진동한다. 따라서 O점에 관한 질량관성모멘트 I는 a, a′ 위치에서 작아지고, b와 b′에서 크게 되어

$$I = I_0+\Delta I\cos 2\omega t = I_0+\Delta I\cos\Omega t \quad (\Omega = 2\omega) \tag{6.6}$$

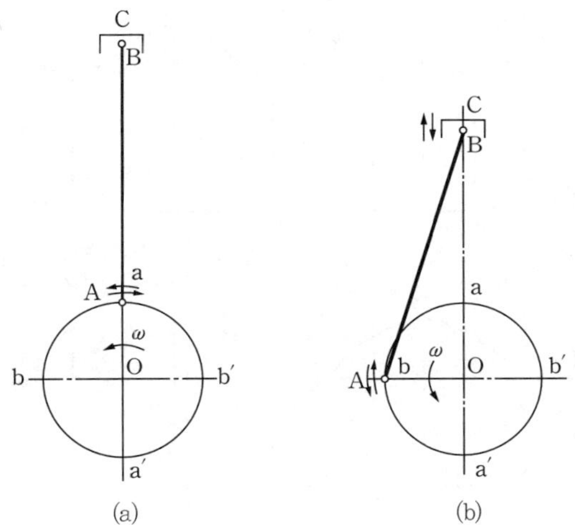

그림 6.3

가 되기 때문에, 비틀림진동에 관해서

$$(I_0+\Delta I\cos\Omega t)\ddot{\theta}+k'\theta=0 \quad (k' : \text{비틀림 스프링상수}) \tag{6.7}$$

인 형식의 운동방정식이 주어진다. 여기서 θ는 비틀림각이다.

6.2 계수여진진동

식(6.1 a), (6.4), (6.5), (6.7)과 같이, 관성항 혹은 스프링력 항의 크기가 진동수 Ω로 주기적으로 변동하는 경우, 이 Ω가 어떤 특정의 값을 취하면, 계가 동적으로 불안정하게 되고, **그림 5.2** (b)와 같은 불안정진동이 발생한다. 이와 같은 불안정진동을 **계수여진진동**(係數勵振振動, parametric exciting vibration)이라고 한다. 이 진동의 진동수도 후술하는 바와 같이 계의 고유진동수와 거의 같다.

계수여진진동의 발생 메카니즘을 **그림 6.1** 줄의 진동에 대해서 고찰해 보자. **그림 6.4**의 윗그림은 장력 $T=T_0+\Delta T\cos\Omega t$의 시간에 따른 변화를 나타내고 있다. 줄 중앙의 질점 m은 Ω의 절반 진동수 $(1/2)\Omega$로, 그리고 위상은 **그림 6.4**의 아래 그림과 같고, 즉

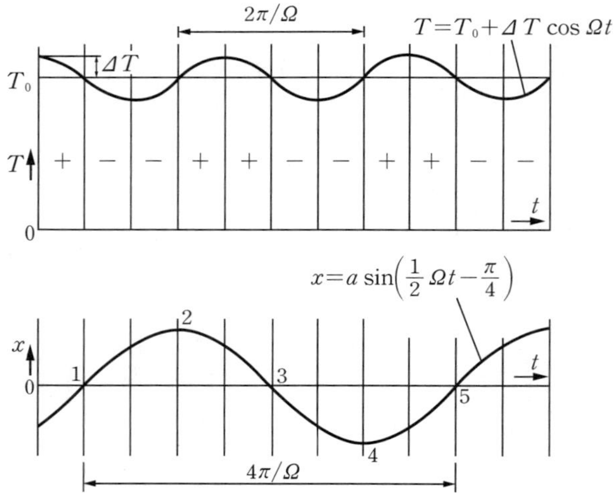

그림 6.4

$$x = a\sin\left(\frac{1}{2}\Omega t - \frac{\pi}{4}\right) \tag{6.8}$$

로 진동하고 있다고 하자.

질점 m이 **그림 6.4**의 반환점 $2(x=a)$에서 중립점 $3(x=0)$까지 이동하는 사이에, 속도 $\dot{x}$와 장력 T의 운동방향 성분 $F(=T\sin\theta)$(**그림 6.1**)와는 같은 방향이므로 장력 T는 질점 m에 (+)일 E_1을 수행한다. 중립점 3에서 다음 반환점 $4(x=-a)$까지는 F와 $\dot{x}$는 방향이 반대이므로 F는 m의 운동에 브레이크를 거는 것이 되고, 이 사이에 F 때문에 질점 m은 E_2의 에너지를 잃는다. 이와 같이 질점이 중립점에 가까워질 때는 E_1의 에너지가 계에 들어오고, 중립점에서 멀어질 때는 E_2의 에너지를 잃는다. **그림 6.4**의 (+)(−) 기호는 각각 에너지가 들어올 때와 잃을 때를 나타내고 있다. **그림 6.4**의 위쪽 그림과 같이 장력 T는 (+) 구간에서 크고, (−) 구간에서 작다. 따라서 **5.4절**에서 설명한 바이올린 줄의 자려진동과 마찬가지로 받아들이는 에너지 E_1은 잃는 에너지 E_2보다 크고, 줄의 진동 1사이클당 $E_1-E_2(>0)$의 에너지가 계에 들어오므로 줄의 진동은 점점 발달해서, 여기서 계수여진진동이라고 하는 불안정진동이 발생한다. 평균장력 T_0에 대한 고유진동수를 $p=\sqrt{4T_0/(ml)}$라고 하면, 계수여진진동의 진동수 $\Omega/2$는 전술한 바와 같이 거의 p와 같으므로, 즉

$$\frac{1}{2}\Omega \fallingdotseq p \qquad \therefore\ \Omega \fallingdotseq 2p \tag{6.9}$$

이므로, 장력 변동의 진동수 Ω가 계의 고유진동수 p의 2배와 거의 같게 되면, $\Omega/2(\fallingdotseq p)$ 진동수의 계수여진진동이 발생하게 된다.

그림 6.2 (a), (b)의 계에도 계수여진진동이 발생한다. **그림 6.2** (b)는 끈의 끝에 추가 붙어 있는 시계추와 같은 계이고, 이 끈의 상단을 $\Delta l\cos\Omega t$로 주기적으로 상하운동 시키면, 역시 운동방정식의 계수가 주기적으로 변동하는 계가 된다. **그림 6.2** (a), (b)에서 시계추의 무게중심 G가 **그림 6.5**와 같은 궤적을 그리는 경우에 대해 생각해 보자. 즉, 중립점 O 부근에서 무게중심은 상승하고, 반환점 A, A′ 근방(좌우 끝 부분)에서 무게중심은 하강하는 것으로 한다. 무게중심이 올라갈 때는 계의 위치에너지가 증가하고, 무게중심이 내려갈 때는 계의 위치에너지가 감소한다. 중립점 O에서 무게중심을 끌어올리려면 중력과 원심력에 대항하여 큰 힘 F_1이 필요하지만, 무게중심이 내려가는 A, A′에서는 중력 F_2만이 작용한다. 명확히 $F_1 > F_2$이므로 O점에서 받아들이는 에너지 E_1은 A점, A′점에서 잃는 에너지 E_2보다 크다. 따라서 1사이클당 $E_1-E_2(>0)$의 에너지가 계에 들어오고, 진동은 점점 크게 된다.

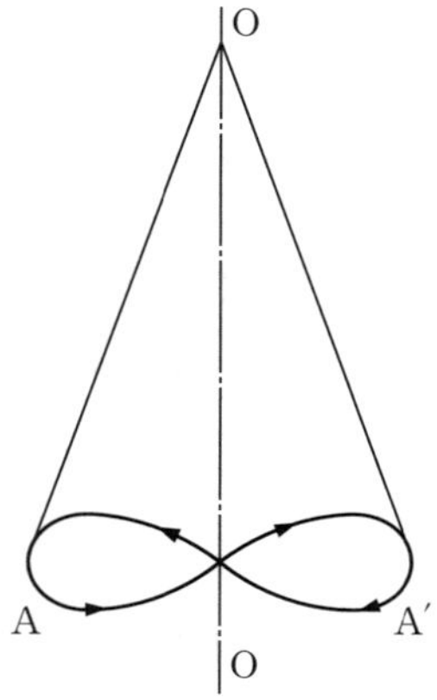

그림 6.5

이것은 그네를 탈 때의 원리와 같다. **그림 6.5**에서 알 수 있듯이, 이때 추의 진동수도 $\Omega/2$이므로, 이 경우도 식(6.9)의 관계가 성립한다.

6.3 Mathieu 식의 해의 안정성에 대해서

Mathieu 방정식

$$m\ddot{x}+(k+\Delta k\cos\Omega t)x=0 \tag{6.1 a}$$

에 있어서, 스프링상수가 평균치 k일 때 고유진동수를 p, 즉

$$p=\sqrt{\frac{k}{m}}$$

라고 하면, 식(6.1 a)는

$$\ddot{x}+(p^2+\varepsilon\cos\Omega t)x=0 \tag{6.1 b}$$

여기서

$$\varepsilon=\frac{\Delta k}{m}=\frac{\Delta k}{k}p^2$$

Mathieu 식도 그 예인데, 주기 $\tau=2\pi/\Omega$인 주기함수를 계수로 갖는 미분방정식은 다음과

같은 형식의 해

$$x(t+\tau) = \sigma x(t) \tag{6.10}$$

즉, 계수의 변동주기가 1주기 경과한 후에는, 그 해가 σ배 되는 것을 일반적으로 증명할 수 있다. 게다가 식(6.10)의 성질을 가지는 해 $x(t)$는

$$x(t) = e^{mt}\varphi(t) \tag{6.11}$$

로 지수함수와 주기 $\tau = 2\pi/\Omega$인 주기함수 $\varphi(t)$의 곱셈 형태가 된다는 것도 명확한 사실이다. 만약 식(6.10)에서 σ의 절대치가 1보다 크면, x는 점점 커지게 되므로 이때의 해는 불안정한 해이고, $|\sigma|$가 1보다 작으면 안정한 해이다. 따라서 $|\sigma| = 1$이 안정, 불안정의 경계가 된다. 진동운동에 있어서는 진폭의 크기가 변화하지 않는 정상진동일 때 $|\sigma| = 1$인 경우이고,

$$x = a\sin(n\Omega t+\alpha) \quad (n\ :\ \text{정수}) \tag{6.12a}$$

로 진동수가 $n\Omega$일 때가 $\sigma = 1$인 경우이고,

$$x = a\sin\left(\frac{2n-1}{2}\Omega t+\alpha\right) \tag{6.12b}$$

로 진동수가 $\{(2n-1)/2\}\Omega$일 때가 $\sigma = -1$이 되는 경우이다. 우선 $\sigma = 1$이고 진동수가 $n\Omega$인 경우에 대해 고찰해 보자.

$$\cos m\theta \times \cos n\theta = \frac{1}{2}\{\cos(m+n)\theta + \cos(m-n)\theta\}$$

$$\sin m\theta \times \cos n\theta = \frac{1}{2}\{\sin(m+n)\theta + \sin(m-n)\theta\}$$

의 관계로부터 식(6.1 b)에서 $\sigma = 1$일 때 정상진동해는

$$x = a_0+\sum_{n=1}^{\infty} a_n \cos n\Omega t \tag{6.13a}$$

로 cos만이든가 아니면

$$x = \sum_{n=1}^{\infty} b_n \sin n\Omega t \tag{6.13b}$$

와 같이 sin만의 급수로 나타낼 수 있는 형식을 취한다는 것을 알 수 있다. 식(6.13 a)를

식(6.1 b)에 대입하면

$$\left.\begin{aligned}
&p^2 a_0 + \frac{\varepsilon}{2} a_1 = 0 \\
&\varepsilon a_0 + (p^2 - \Omega^2) a_1 + \frac{\varepsilon}{2} a_2 = 0 \\
&\frac{\varepsilon}{2} a_1 + (p^2 - 4\Omega^2) a_2 + \frac{\varepsilon}{2} a_3 = 0 \\
&\cdots\cdots\cdots\cdots\cdots\cdots\cdots\cdots\cdots \\
&\frac{\varepsilon}{2} a_{n-1} + (p^2 - n^2\Omega^2) a_n + \frac{\varepsilon}{2} a_{n+1} = 0
\end{aligned}\right\} \tag{6.14 a}$$

식(6.13 b)를 식(6.1 b)에 대입하면

$$\left.\begin{aligned}
&(p^2 - \Omega^2) b_1 + \frac{\varepsilon}{2} b_2 = 0 \\
&\frac{\varepsilon}{2} b_1 + (p^2 - 4\Omega^2) b_2 + \frac{\varepsilon}{2} b_3 = 0 \\
&\cdots\cdots\cdots\cdots\cdots\cdots\cdots\cdots\cdots \\
&\frac{\varepsilon}{2} b_{n-1} + (p^2 - n^2\Omega^2) b_n + \frac{\varepsilon}{2} b_{n+1} = 0
\end{aligned}\right\} \tag{6.14 b}$$

식(6.14 a), (6.14 b)에서 각각 a_0, a_1, $\cdots$, b_1, b_2, $\cdots$를 소거하면 무한항으로 구성되는 다음 행렬식이 주어진다.

$$\psi_1(\varepsilon,\ \Omega) = \begin{vmatrix} p^2 & \varepsilon/2 & 0 & 0 & \cdots \\ \varepsilon & p^2-\Omega^2 & \varepsilon/2 & 0 & \cdots \\ 0 & \varepsilon/2 & p^2-4\Omega^2 & \varepsilon/2 & \cdots \\ \cdots & \cdots & \cdots & \cdots & \cdots \end{vmatrix} = 0 \tag{6.15 a}$$

$$\psi_2(\varepsilon,\ \Omega) = \begin{vmatrix} p^2-\Omega^2 & \varepsilon/2 & 0 & 0 & \cdots \\ \varepsilon/2 & p^2-4\Omega^2 & \varepsilon/2 & 0 & \cdots \\ 0 & \varepsilon/2 & p^2-9\Omega^2 & \varepsilon/2 & \cdots \\ \cdots & \cdots & \cdots & \cdots & \cdots \end{vmatrix} = 0 \tag{6.15 b}$$

$\sigma = -1$이고 진동수가 $\{(2n-1)/2\}\Omega$일 때에 대해서는, 식(6.13 a), (6.13 b)에 있어서 $n\Omega$ 대신에 $\{(2n-1)/2\}\Omega$로 놓은 식을 식(6.1 b)에 대입함으로서 식(6.15 a), (6.15 b)와 같은 형식의 행렬식

$$\psi_1'(\varepsilon,\ \Omega) = 0, \quad \psi_2'(\varepsilon,\ \Omega) = 0 \tag{6.15 a$'$, b$'$}$$

가 주어진다. $\psi_1 = 0$, $\psi_2 = 0$, $\psi_1' = 0$, $\psi_2' = 0$인 항목 수를 많이 취할수록 정밀도는 좋아지지만, 어느 정도의 항목 수로 만족하는 것으로 하여, ψ_1, ψ_2, ψ_1', $\psi_2' = 0$를 $\varepsilon - \Omega$ 평면 대신에, 알기 쉬운 $\Delta k/k - \Omega/p$ 평면에 그리면 **그림 6.6**과 같이 된다.

그림에는 $\Omega \fallingdotseq 2p$와 $\Omega \fallingdotseq p$ 부근의 불안정 영역만을 보이고 있다. 그림에 있어서 실선이 $\psi_1 = 0$, $\psi_1' = 0$인 곡선이고, 파선이 $\psi_2 = 0$, $\psi_2' = 0$인 곡선이다. 이 곡선상에서는 전술한 바와 같이 $|\sigma| = 1$이므로, 이들 곡선이 안정, 불안정 영역의 경계가 된다. 사선을 그어놓은 부분(해칭해 놓은 부분)은 안정한 영역이고, 공백부분은 불안정 영역이다. 불안정 영역은 Δk가 클수록 넓어지고, 예를 들면 $\Delta k/k = 0.2$일 때 Ω/p가 그림의 a와 a′ 사이의 값을 취하면 계는 불안정하게 되고, 후술하는 바와 같이 $\Omega/2(\fallingdotseq p)$의 불안정 진동이 발생한다. 그림에서 수직 일점쇄선은 $\Omega/p = 1$, $\Omega/p = 2$인 위치를 나타내는 선이고, $\sigma = 1$, $\sigma = -1$을 나타내고 있는 것은 이들 곡선상에서는 식(6.10)의 σ가 1, 혹은 -1이 되는 것을 의미하고 있다. 그림에서 알 수 있듯이 $\Omega/p \fallingdotseq 2$ 부근의 불안정영역은 $\Omega/p \fallingdotseq 1$ 부근의 불안정영역보다 넓고, 전자의 불안정영역 폭은 ε 즉, $\Delta k/k$와 같은 정도인데, 후자에서는 ε^2 즉, $(\Delta k/k)^2$ 정도의 폭이다. 전자의 불안정영역 내에서 발생하는 계수여진진동의 진동수는 $\Omega/2(\fallingdotseq p)$이고, 후자의 불안정영역 내에서는 $\Omega(\fallingdotseq p)$의 불안정 진동이 발생한다.

ε^2 이상으로 폭이 좁은 불안정영역이 $0 < \Omega/p < 1$인 범위에 무수히 존재하지만, **그림 6.6**에는 나타내지 않았다. **그림 6.6**은 쉽게 파악할 수는 있지만, 광범위하게 걸친 불안정영역의 존재를 나타내는 데에는 적당하지 않다. 그래서 **그림 6.7**과 같이 종축에 $\varepsilon/\Omega^2 = \Delta k/k \cdot p^2/\Omega^2$을, 횡축에 p^2/Ω^2을 취하여 ψ_1, $\psi_1' = 0$, ψ_2, $\psi_2' = 0$인 곡선을 나타내었다. 이와 같이 하면, $p^2 = 0$을 넘어서 $p^2 < 0$ 즉, $k < 0$인 음(−)의 복원력을 가지는 경우도 포함해서 나타낼 수 있다. 그림 중의 직선 A의 기울기를 θ라고 하면

$$\tan\theta = \frac{\dfrac{\Delta k}{k} \cdot \dfrac{p^2}{\Omega^2}}{\dfrac{p^2}{\Omega^2}} = \frac{\Delta k}{k} = \text{일정}$$

하므로, 식(6.1 a), (6.1 b)에 있어서 Ω가 0에서 무한대로 증가함에 따라, 직선 A 위를 오른쪽 무한히 먼 곳에서 왼쪽 원점(여기서 $\Omega = \infty$)으로 향해서 이행하고, 도중에 몇 개인가 불안정 영역을 통과하게 된다. $\Delta k/k$가 커지면 기울기 θ가 큰 직선 B 혹은 C가 되고, 불안정 영역의 폭도 커지게 된다. 공백부분 즉, 불안정 영역내에 써 놓은 $\frac{1}{2}\Omega$, Ω, $\frac{3}{2}\Omega$, … 등의 표시는 이들 불안정영역 내에서 발생하는 계수여진진동의 진동수를 나타내고 있

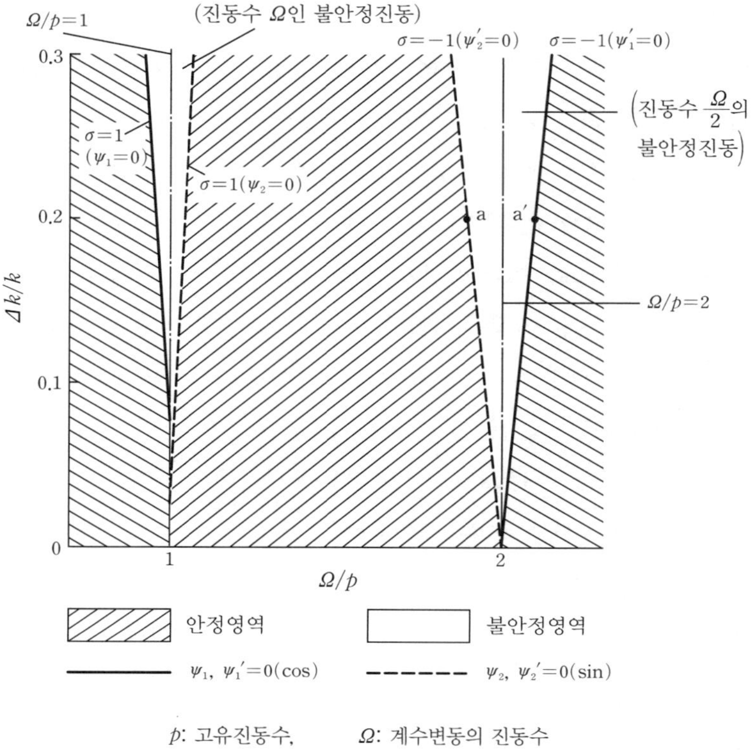

그림 6.6 Mathieu 식 해의 안정·불안정 영역

다. **그림 6.6**과 마찬가지로 실선은 $\psi_1 = 0$, $\psi_1' = 0$인 곡선이고, 파선은 $\psi_2 = 0$, $\psi_2' = 0$인 곡선이다. $\sigma = 1$, $\sigma = -1$의 의미는 **그림 6.6**과 같다.

그림 5.1 (b)에서 도립 시계추의 아래쪽 지점을 진폭 a, 진동수 Ω로 상하운동시킬 때 운동방정식은 식(6.5) 대신에

$$\ddot{\theta} + \frac{1}{l}(-g+a\Omega^2 \cos \Omega t)\theta = 0 \tag{6.5 a}$$

가 된다. 시계추의 고유진동수 p는 이미 기술한 바와 같이 $\sqrt{g/l}$이므로 $a\Omega^2/l = \varepsilon$이라고 놓으면, 윗식은

$$\ddot{\theta}+(-p^2+\varepsilon \cos \Omega t)\theta = 0 \tag{6.1 c}$$

가 되고, 식(6.1 b) 중의 p^2 대신에 $-p^2$이라고 놓은 음(−)의 복원력이 작용하는 경우가 된다. **그림 6.7**과 같이 $p^2/\Omega^2 < 0$인 범위라도 아주 작지만 안정영역이 존재한다. 그래서 가령

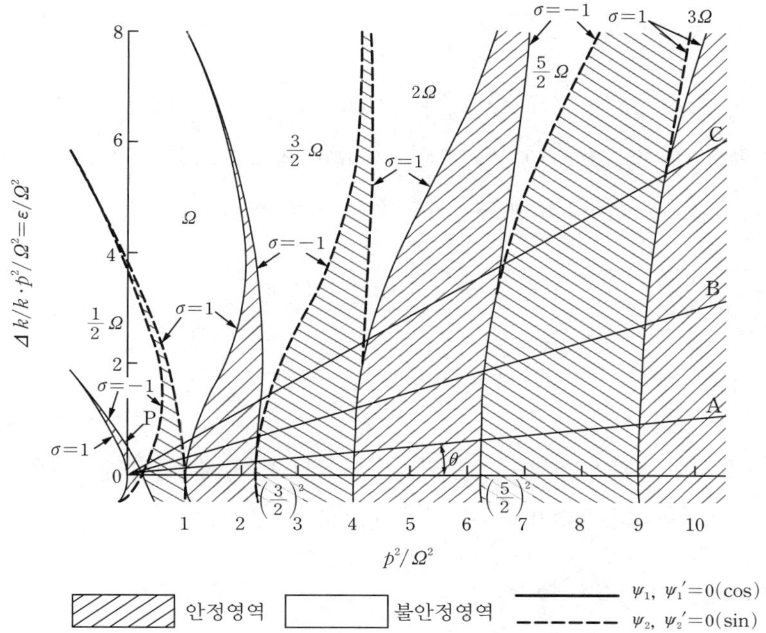

그림 6.7 Mathieu 식 해의 불안정 영역 ($p^2 = k/m$)

이 안정영역내의 점 P가 주는 $\varepsilon/\Omega^2\,(= a/l)$과 $-p^2/\Omega^2\,(= -g/(l\Omega^2))$의 값으로부터 정해지는 진폭 a, 진동수 Ω로 도립 시계추의 지점을 상하로 운동시키면, 도립 시계추의 평형위치는 안정화되어, 시계추는 넘어지지 않고, **그림 5.1** (b)의 도립위치를 유지할 수가 있다.

6.4 Mathieu 식의 해

그림 6.6에서 $\Omega/p \fallingdotseq 2(\Omega \fallingdotseq 2p)$ 부근에 존재하는 가장 폭이 넓은 불안정영역 부근에 있어서 Mathieu 식의 해를 근사적으로 구해 보자. 식 (6.1 a)에 있어서 $\Delta k/k$는 작고, 따라서

$$\ddot{x} + (p^2 + \varepsilon \cos \Omega t)x = 0 \tag{6.1 b}$$

에서 ε은 미소량이라고 한다. 여기서 ε의 1제곱까지의 정밀도로 해를 구해보자. Mathieu 식은 식 (6.11) 형식의 해를 가지므로, 식 (6.1 b)의 해 형식을

$$x = ae^{mt}\sin\left(\frac{1}{2}\Omega t+\alpha\right) \tag{6.16}$$

라고 하자. 즉, $\Omega \fallingdotseq 2p$ 부근에서는 진동수 $\Omega/2$의 진동이 발생할 것이라고 가정한다. $\varepsilon\to 0$이면 명확히 $m\to 0$, $\Omega/2\to p$가 되므로, 식(6.16)의 m도 $(\Omega/2-p)$도 ε과 같은 정도의 미소량이다. 식(6.16)을 식(6.1 b)에 대입하고, ε의 제곱 이상의 미소항을 무시하면

$$ae^{mt}\left[-\left\{\frac{1}{4}(\Omega^2-4p^2)+\frac{1}{2}\varepsilon\cos 2\alpha\right\}\sin\left(\frac{1}{2}\Omega t+\alpha\right)\right.$$
$$\left.+\left(m\Omega+\frac{1}{2}\varepsilon\sin 2\alpha\right)\cos\left(\frac{1}{2}\Omega t+\alpha\right)+\cdots\right]=0$$

윗식 중의 …은 $\Omega/2$ 이외의 진동수 항이다. 윗식이 시간 t의 값 여하에 관계없이 항상 성립하기 위해서는 sin, cos의 계수가 0이 되어야 하므로

$$\varepsilon\cos 2\alpha = -\frac{1}{2}(\Omega^2-4p^2) \tag{6.17 a}$$

$$\varepsilon\sin 2\alpha = -2m\Omega \tag{6.17 b}$$

윗식으로부터 다음 관계를 얻는다.

$$\cos 2\alpha = -\frac{1}{2\varepsilon}(\Omega^2-4p^2) \tag{6.18 a}$$

$$m^2 = \frac{\varepsilon^2\sin^2 2\alpha}{4\Omega^2} = \frac{\varepsilon^2}{4\Omega^2}(1-\cos^2 2\alpha) = \frac{1}{16\Omega^2}\{4\varepsilon^2-(\Omega^2-4p^2)^2\} \tag{6.18 b}$$

6.4.1 불안정 영역내의 해 (계수여진진동)

미분방정식(6.1 b)에서 계수변동의 진동수 Ω가 고유진동수 p의 거의 2배와 같은 값을 취하고

$$4\varepsilon^2 \geqq (\Omega^2-4p^2)^2 \tag{6.19}$$

이 되면, 식(6.18 b)로부터 주어지는

$$m = \pm\frac{1}{4\Omega}\sqrt{4\varepsilon^2-(\Omega^2-4p^2)^2} = \pm\mu \qquad (\mu > 0) \tag{6.20}$$

는 실수가 된다. 또한 식(6.19)에서 ε의 제곱 이상을 무시하면

$$2p-\frac{\varepsilon}{2p} \leqq \Omega \leqq 2p+\frac{\varepsilon}{2p} \tag{6.19 a}$$

의 관계를 얻는다. 식 (6.17 b), (6.20)에서 $m = \pm\mu$에 대해

$$\sin 2\alpha = \mp\frac{2}{\varepsilon}\mu\Omega$$

가 되고, $m = \mu$이면 $\sin 2\alpha < 0$, $m = -\mu$이면 $\sin 2\alpha > 0$이 되는 것을 알 수 있다. 따라서 식 (6.18 a)로부터 정해지는 α 값 중에서 0°~90° 사이의 것을 α_1이라고 하면, 즉

$$\alpha_1 = \frac{1}{2}\cos^{-1}\left\{-\frac{(\Omega^2-4p^2)}{2\varepsilon}\right\} \quad (0 \leqq \alpha_1 \leqq 90^\circ) \tag{6.21}$$

이라고 하면, 위상각 α는 $m = \mu$일 때 $-\alpha_1$, $m = -\mu$일 때 α_1이 된다.

이상으로부터 Ω가 식 (6.19 a)의 범위내에 있을 때 식 (6.1 b)의 해는 다음과 같이 주어진다.

$$x = ae^{\mu t}\sin\left(\frac{1}{2}\Omega t-\alpha_1\right)+be^{-\mu t}\sin\left(\frac{1}{2}\Omega t+\alpha_1\right) \tag{6.22}$$

윗식 중의 a, b는 초기조건으로부터 정해지는 임의상수이고, μ, α_1은 각각 식 (6.20), (6.21)로 주어진다. 식 (6.22)의 우변 제1항은 지수함수적으로 크게 되는 불안정 진동이다. μ, α_1을 그림으로 나타내면 **그림 6.8**의 위쪽 그림과 같이 된다. μ의 값은 $\Omega = 2p$에서 최대치

$$\mu_{\max} = \frac{\varepsilon}{4p} \tag{6.20 a}$$

를 취하고, 식 (6.19 a)에서 등호일 때, 즉 $\Omega = 2p-\varepsilon/2p$, $\Omega = 2p+\varepsilon/2p$에서 0이 된다. 즉, 이들 Ω는 불안정영역의 상한과 하한의 경계이다. 식 (6.21), **그림 6.8**에서 위상각 α_1은

$$\left.\begin{array}{lll}\text{불안정영역의 하한} & \Omega = 2p-\dfrac{\varepsilon}{2p}\text{ 에서} & \alpha_1 = 0^\circ \\ \text{불안정영역의 중앙} & \Omega = 2p\text{ 에서} & \alpha_1 = \dfrac{\pi}{4} = 45^\circ \\ \text{불안정영역의 상한} & \Omega = 2p+\dfrac{\varepsilon}{2p}\text{ 에서} & \alpha_1 = \dfrac{\pi}{2} = 90^\circ\end{array}\right\} \tag{6.23}$$

식 (6.22) 중에 $\mu = 0$, $\alpha_1 = 0^\circ$를 대입하면

$$x = a\sin\frac{1}{2}\Omega t$$

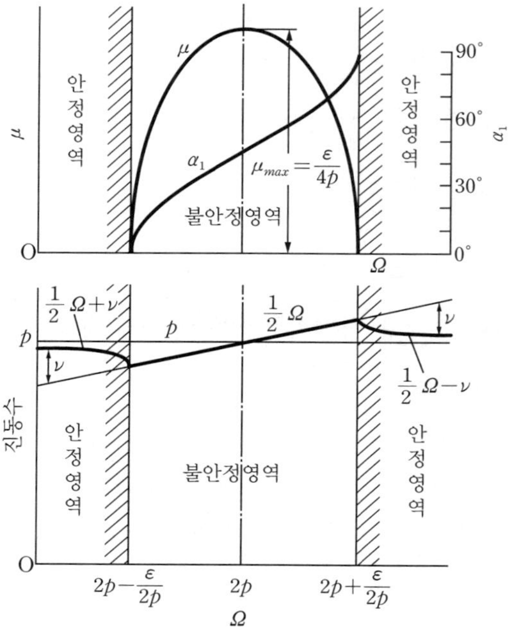

그림 6.8 계수여진진동의 진동수, 위상각 α_1, μ

의 형식이 되고, $\mu=0$, $\alpha_1=90°$를 대입하면

$$x=a\cos\frac{1}{2}\Omega t$$

이것은 **그림 6.6**에서 불안정영역의 하한 a 점에서 sin(파선), 하한 a′점에서 cos(실선)이 되는 것에 대응하고 있다.

6.4.2 안정 영역내의 해 (자유진동)

$\Omega \fallingdotseq 2p$이기는 하지만 Ω가 $2p$보다 조금 떨어져서

$$4\varepsilon^2 \leqq (\Omega^2-4p^2)^2 \tag{6.24}$$

이 되면, 즉 Ω가

$$\Omega \leqq 2p-\frac{\varepsilon}{2p}, \qquad 2p+\frac{\varepsilon}{2p} \leqq \Omega \tag{6.24 a}$$

가 되면, 식(6.18 b)의 m은 더 이상 실수가 될 수 없다.

$$\nu=\frac{1}{4\Omega}\sqrt{(\Omega^2-4p^2)^2-4\varepsilon^2} \quad (\nu>0) \tag{6.25}$$

이라고 놓으면

$$m^2=-\nu^2 \quad \therefore\ m=\pm i\nu$$

따라서 식(6.17 b)로부터 $m=\pm i\nu$에 대해

$$\sin 2\alpha=\mp i\frac{2\Omega}{\varepsilon}\nu \tag{6.26}$$

$m=i\nu$일 때의 α를 α', $m=-i\nu$일 때의 α를 α''라고 하면, 해는

$$x=Ae^{i\nu t}\sin\left(\frac{1}{2}\Omega t+\alpha'\right)+Be^{-i\nu t}\sin\left(\frac{1}{2}\Omega t+\alpha''\right) \tag{6.27}$$

형식이 된다.

$$\Delta=\Omega^2-4p^2, \qquad \beta=\frac{1}{2}\sqrt{\frac{2\varepsilon+\Delta}{\varepsilon}}, \qquad \gamma=\frac{1}{2}\sqrt{\frac{2\varepsilon-\Delta}{\varepsilon}} \tag{6.28}$$

라고 놓으면, 식(6.18 a), (6.26)으로부터

$$\left.\begin{array}{lll}
\text{(i)} & \sin\alpha'=\sin\alpha''=\beta, & \cos\alpha'=-\cos\alpha''=-\gamma \\
\text{(ii)} & \sin\alpha'=-\sin\alpha''=\beta, & \cos\alpha'=\cos\alpha''=-\gamma \\
\text{(iii)} & \sin\alpha'=-\sin\alpha''=-\beta, & \cos\alpha'=\cos\alpha''=\gamma \\
\text{(iv)} & \sin\alpha'=\sin\alpha''=-\beta, & \cos\alpha'=-\cos\alpha''=\gamma
\end{array}\right\} \tag{6.29}$$

와 같은 4개의 경우가 생긴다. 식(6.29)를 식(6.27)에 대입하면 (i)~(iv) 4개의 경우 모두 식(6.27)은 다음과 같이 된다.

$$\Omega\leqq 2p-\frac{\varepsilon}{2p}\text{ 일 때}\quad x=a\sin\left(\frac{1}{2}\Omega+\nu\right)t+b\cos\left(\frac{1}{2}\Omega+\nu\right)t \tag{6.30 a}$$

$$\Omega\geqq 2p+\frac{\varepsilon}{2p}\text{ 일 때}\quad x=a\sin\left(\frac{1}{2}\Omega-\nu\right)t+b\cos\left(\frac{1}{2}\Omega-\nu\right)t \tag{6.30 b}$$

식(6.30 a, b)는 단순한 자유진동이고, 불안정영역보다 저속 쪽의 안정영역 내에서는 진동수 $(1/2)\Omega+\nu$의 정상진동이, 고속 쪽의 안정영역 내에서는 $(1/2)\Omega-\nu$의 정상진동이 발생하는 것을 식(6.30 a, b)는 나타내고 있다. 다만, 피할 수 없는 감쇠가 존재하므로 이 진동은

시간과 더불어 소실된다. 식(6.30 a, b) 중의 a, b는 초기조건으로 결정되는 임의상수이다. 식(6.30 a, b)의 해는 Ω가 $2p$의 ε 근방에 있을 때, 즉 $\Omega-2p$가 ε과 같은 정도일 때의 해이고, Ω가 $2p$에서 크게 멀어지면 해의 정밀도는 상실한다. **그림 6.8**의 아래 그림은 안정과 불안정영역을 통해서 발생하는 진동의 진동수를 나타내고 있다.

그림 6.6에서 $\Omega \fallingdotseq p$부근에 존재하는 불안정영역 내에서 발생하는 계수여진진동에서, 식(6.22) 중의 μ에 상당하는 양은 ε^2 정도로 작고, 따라서 ε 정도의 감쇠력이 존재하면 이미 이 계수여진진동은 발생할 수 없다. **그림 6.7**과 같이 불안정영역은 그 외 $\Omega \fallingdotseq (2/3)p$, $\Omega \fallingdotseq (1/2)p$, $\Omega \fallingdotseq (2/5)p$, …등으로 저속 부분에 무수히 존재하지만, 이들 불안정영역 내의 계수여진진동에 있어서 μ에 상당하는 양은 ε^3 혹은 그 이상의 미소량이므로 피할 수 없는 감쇠에 대항해서 발생하기 위해서는 $\Delta k/k$가 ε 정도로 작아서는 안되고, $\Delta k/k$ 상당히 클 필요가 있다.

다자유도계에 있어서도 계수여진진동은 발생한다. 이 경우는 본장에서 기술한 불안정영역 외에 2개의 불안정 진동이 동시에 발생하는 불안정영역이 존재한다.

문 제

6.1 **그림 6.2** (b) 진동계의 운동방정식을 구하라.

Chapter 7

비선형 진동계

운동방정식

$$m\ddot{x}+c\dot{x}+kx=P_0\cos\omega t \tag{2.131}$$

에 있어서, 미분방정식의 계수 m, c, k가 상수이든가 또는 **6장**에서 고찰한 바와 같이 시간 t의 함수이면, 이 미분방정식은 x 및 그 시간미분 $\dot{x}$, $\ddot{x}$ 등에 관해서 1차식이므로 이것을 **선형미분방정식**(linear differential equation)이라고 한다. 이에 반해 m, c, k가 x, $\dot{x}$, $\ddot{x}$ 등을 포함할 때는 **비선형미분방정식**(non-linear differential equation)이라고 한다. 예를 들면 진동계의 스프링력이 후크의 법칙에 따르지 않고

$$\text{스프링력} = -(kx+\beta x^3)$$

으로 나타내어야 하는 계에서는, 운동방정식이 다음 식과 같이 된다.

$$m\ddot{x}+c\dot{x}+kx+\beta x^3 = P_0\cos\omega t \tag{7.1}$$

식(7.1)은 더 이상 x, $\dot{x}$, $\ddot{x}$에 관한 1차식이 아니므로 이것은 비선형미분방정식이다.

6장까지 고찰해 온 모든 진동계는 그 운동방정식이 선형미분방정식인 선형진동계이었다. 선형미분방정식에서는 **2.5.1항**에서 기술한 중첩의 원리가 성립하는데, 비선형미분방정식에서는 이 원리가 성립하지 않는다. 이 사실은

$$x = x_1+x_2$$

라고 놓았을 때,

$$x^2\neq x_1^2+x_2^2, \qquad x^3\neq x_1^3+x_2^3$$

인 사실으로부터 명확하게 알 수 있을 것이다. 따라서 비선형미분방정식, 예를 들면 식(7.1)로 나타낼 수 있는 비선형진동계에서는,

(i) 우변이 0일 때의 자유진동해

(ii) 우변이 $P_0 \cos \omega t$ 일 때의 강제진동해

(iii) 우변에 2개 이상의 강제력이 있을 때의 강제진동해

등은 모두 각 경우에 대해서 독립적으로 해를 구할 필요가 있고, (iii) 경우에 대한 해를 구하기 위해 (ii)의 경우에 대한 해를 중첩하여 구한다는 것은 불가능하다.

비선형미분방정식은 중첩의 원리가 성립하지 않을 뿐만 아니라 일반적으로 그 해법은 복잡하고 손이 많이 가는 작업이며, 많은 경우 엄밀해를 구하는 것 자체가 불가능하고, 근사해로 만족할 수 밖에 없는 경우가 많다. 그러나 비선형진동계에만 발생하고, 선형진동계에는 볼 수 없는 각종 진동현상이 존재하므로, 이 방면의 연구도 공학상 중요한 분야이다.

7.1 스프링 특성에 비선형성이 있는 진동계

스프링력 F가 후크의 법칙에 따르지 않고, 예를 들면 **그림 7.1** (a)~(e)와 같은 스프링 특

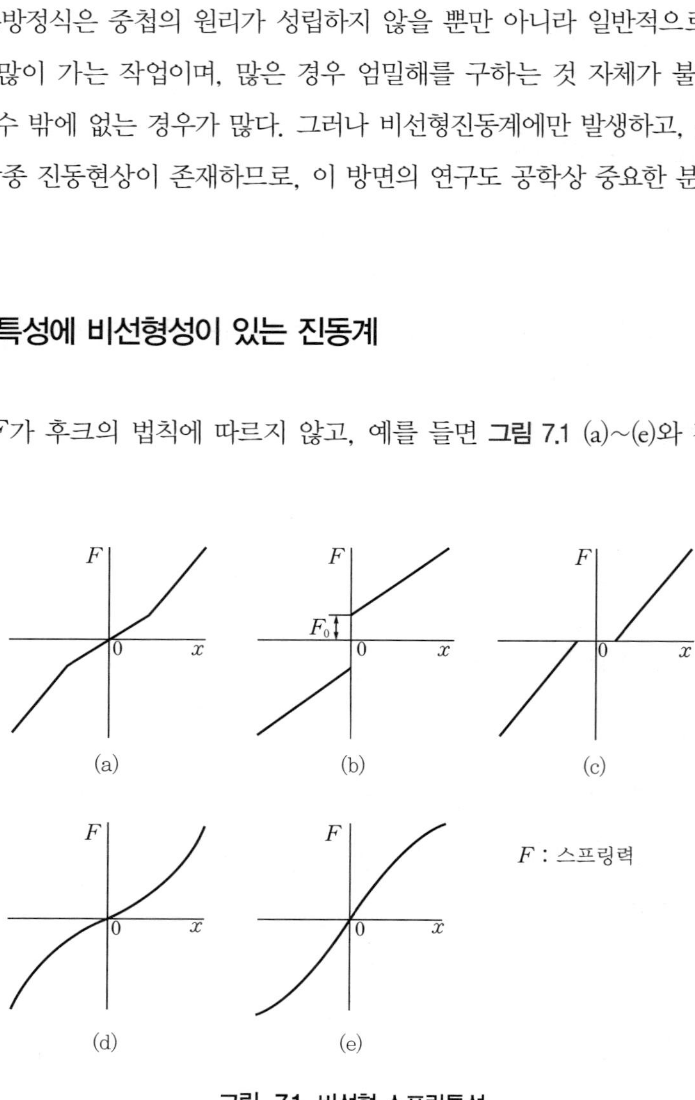

그림 7.1 비선형 스프링특성

성을 나타낼 때, 이것들을 **비선형 스프링 특성**이라고 한다.

그림 (a)는 변위 도중에 별도의 스프링이 추가로 작용하는 경우이고, 그림 (b)는 스프링에 예압 F_0가 가해져 있기 때문에 F_0 이상의 힘을 가했을 때 비로소 변위를 일으키는 경우이고, 그림 (c)는 기계에 덜거덕거림이 있는 경우이고, 그림 (d)는 변위가 커질수록 스프링 강성이 강해지는 경우인데, 예를 들면 고무 등과 같은 경우이다. 그림 (e)는 변위와 더불어 스프링 강성이 감소하는 경우인데, 예를 들면 시계추의 복원력은 **2.3.7항**에서 설명한 바와 같이 $-(g/l)\sin\theta$로 나타낼 수 있는데 θ가 다소 커져서 θ^3까지 무시할 수 없을 때는, 식(1.3)으로부터

$$\frac{g}{l}\sin\theta \fallingdotseq \frac{g}{l}\left(\theta - \frac{1}{6}\theta^3\right) \tag{7.2}$$

으로 나타내어야 하고, 이것은 **그림 7.1** (e)와 같은 스프링 특성이다. 정성적으로 그림 (d), (e)와 같은 스프링 특성을 가장 간단히 나타내면 다음 식과 같이 된다.

$$\text{스프링력} = -(kx+\beta x^3) \tag{7.3}$$

그림 (d)에서는 $\beta > 0$, 그림 (e)에서는 $\beta < 0$이다.

그림 7.2 (a)~(c)는 변위 방향에 따라 스프링 특성이 달라지는 예이다. 원점대칭인 **그림 7.1** (a)~(e)의 스프링 특성을 **대칭성 비선형 스프링 특성**이라 하고, **그림 7.2** (a)~(c)와 같은 스프링 특성을 **비대칭성 비선형 스프링 특성**이라고 한다. 정성적으로 **그림 7.2** (c)와 같은 스프링 특성을 가장 간단히 나타내면 다음 식과 같이 된다.

$$\text{스프링력} = -(kx+\gamma x^2+\beta x^3) \tag{7.4}$$

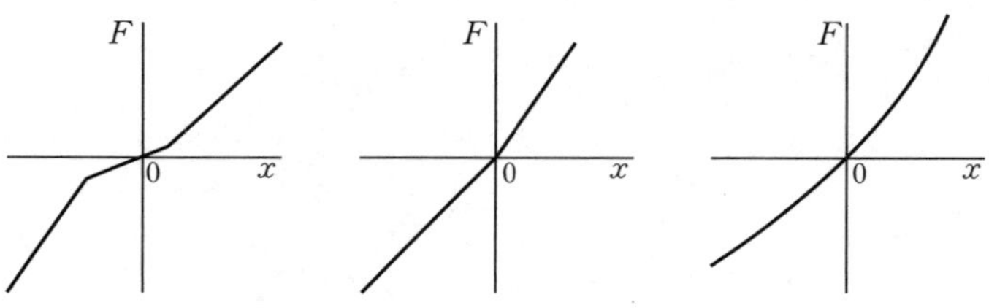

그림 7.2 비대칭성의 비선형 스프링특성

7.1.1 자유진동

그림 7.1 (d), (e)와 같은 비선형 스프링 특성을 갖는 진동계의 자유진동에 대해 고찰해 보자. 이와 같은 계의 운동방정식은

$$m\ddot{x}+kx+\beta x^3=0 \tag{7.5}$$

혹은

$$\ddot{x}+p^2x+\varepsilon x^3=0 \tag{7.5 a}$$

여기서

$$p=\sqrt{\frac{k}{m}}$$

는 $\beta=0$일 때 선형진동계의 고유진동수이고, ε은 다음과 같다.

$$\varepsilon=\frac{\beta}{m} \tag{7.6}$$

비선형항이 미소할 경우에는 근사해를 쉽게 구할 수 있으므로, 여기서 β와 ε은 미소량이라 하고, ε의 1제곱까지의 정밀도로 근사해를 구해 보자.

$$\sin^3\theta=\frac{3}{4}\sin\theta-\frac{1}{4}\sin 3\theta, \qquad \cos^3\theta=\frac{3}{4}\cos\theta+\frac{1}{4}\cos 3\theta \tag{7.7}$$

와 같은 관계가 있으므로, 식(7.5 a)의 자유진동해를

$$x=a\sin(p't+\alpha)+\varphi(t) \tag{7.8}$$

라 놓는다. $\varphi(t)$는 진동수가 $3p'$, $5p'$, … 등 고차의 진동항이고, $\varepsilon\to 0$이면 명확히 $\varphi(t)\to 0$, $p'\to p$가 되므로, $\varphi(t)$는 ε 정도의 미소량이고, 또한 $(p'-p)$도 ε 정도의 미소량이다. 식(7.8)을 식(7.5 a)에 대입하고 식(7.7)을 참조하면

$$\left\{(p^2-p'^2)+\frac{3}{4}\varepsilon a^2\right\}a\sin(p't+\alpha)+\cdots=0$$

가 주어진다. 윗식 중의 …은 진동수가 p'인 ε^2 이상의 미소항과 ε 정도 크기의 고차진동항이다. 윗식이 시간 t의 값 여하에 관계없이 성립하기 위해서는 { }안이 0이 되어야 하므로

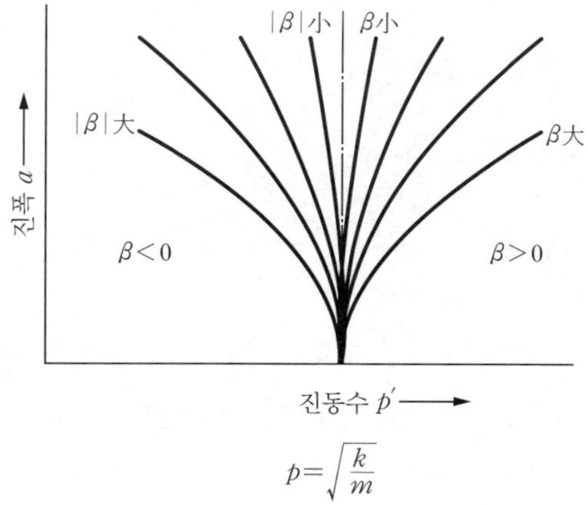

그림 7.3 자유진동의 진동수 p'

$$p'^2 = p^2 + \frac{3}{4}\varepsilon a^2 \qquad \therefore\ p' = \sqrt{p^2+\frac{3}{4}\varepsilon a^2} \fallingdotseq p\left(1+\frac{3}{8}\frac{\varepsilon a^2}{p^2}\right) \tag{7.9}$$

의 관계가 주어진다. 선형계에서는 자유진동의 진동수, 즉 고유진동수 p는 진폭에 관계없이 일정하지만, 비선형계 자유진동의 진동수 p'는 일정하지 않고, 진폭 a의 함수가 된다. **그림 7.3**은 p'와 a와의 관계를 보이고 있다. **그림 7.1** (d)과 같이 $\beta > 0$인 스프링 특성을 가질 때 진동수 p'는 진폭 a와 더불어 커지고, **그림 7.1** (e)과 같이 $\beta < 0$일 때 진동수 p'는 진폭 a와 더불어 작아진다. 벽시계에서 시계추의 흔들림 각 θ를 너무 크게 하면 등시성(等時性)이 소실된다는 것을 식(7.9)에서 유추할 수 있다.

7.1.2 강제진동과 공진곡선

스프링 특성이 식(7.3)으로 주어지는 진동계에 감쇠력 $-c\dot{x}$, 강제력 $P_0 \cos \omega t$가 작용할 때 운동방정식은

$$m\ddot{x}+c\dot{x}+kx+\beta x^3 = P_0 \cos \omega t \tag{7.10}$$

윗식의 각 항을 m으로 나누면 다음 식과 같이 된다.

$$\ddot{x}+2n\dot{x}+p^2x+\varepsilon x^3 = P \cos \omega t \tag{7.10 a}$$

여기서,

$$2n = \frac{c}{m}, \qquad p^2 = \frac{k}{m}, \qquad \varepsilon = \frac{\beta}{m}, \qquad P = \frac{P_0}{m} \tag{7.11}$$

식(7.7)의 관계가 있으므로 진동수 ω인 강제진동은

$$x = A\cos(\omega t - \delta) + \psi(t) \tag{7.12}$$

로 나타낼 수 있다. 여기서 δ는 위상지연, $\psi(t)$는 크기가 ε 정도인 3ω, 5ω, …의 고차진동항이다. 강제진동의 경우도 ε의 1제곱까지만 해를 구하는 것으로 한다. 식(7.12)를 식(7.10a)에 대입하고, 식(7.7)의 관계를 참조하면

$$\left\{(p^2-\omega^2)A + \frac{3}{4}\varepsilon A^3 - P\cos\delta\right\}\cos(\omega t - \delta) + (P\sin\delta - 2n\omega A)\sin(\omega t - \delta) + \cdots = 0$$

윗식 중의 …은 진동수가 ω의 ε^2배 이상으로 작은 미소항과 ε 정도 크기인 3ω, 5ω, …의 고차 진동항이다. 윗식이 항상 성립하기 위해서는 cos, sin항의 계수가 모두 0이 되어야 하므로

$$\left.\begin{aligned} &(p^2-\omega^2)A + \frac{3}{4}\varepsilon A^3 = P\cos\delta \\ &2n\omega A = P\sin\delta \end{aligned}\right\} \tag{7.13}$$

윗식의 제1, 2식을 제곱하여 더하면

$$\left\{(p^2-\omega^2)A + \frac{3}{4}\varepsilon A^3\right\}^2 + (2n\omega A)^2 = P^2 \tag{7.14}$$

$c = 0$, $n = 0$, 즉 감쇠가 작용하지 않을 때는 위상지연 δ도 0이 되므로 식(7.13)의 제1식으로부터

$$(p^2-\omega^2)A + \frac{3}{4}\varepsilon A^3 = P \tag{7.14a}$$

식(7.14), (7.14 a)는 강제진동의 진폭 A와 강제력의 진동수 ω와의 관계를 나타내는 식이다. 이들 식으로부터 주어지는 $A-\omega$곡선, 즉 공진곡선은 **그림 7.4**와 같다. 그리고 **그림 7.4~7.9**에 있어서는, 강제력의 크기 P_0 혹은 P, 비선형항의 계수 β 혹은 ε, 진폭 A 대신에 각각 이들 양에 관한 다음과 같은 무차원량을 이용하여 정리해 놓았다.

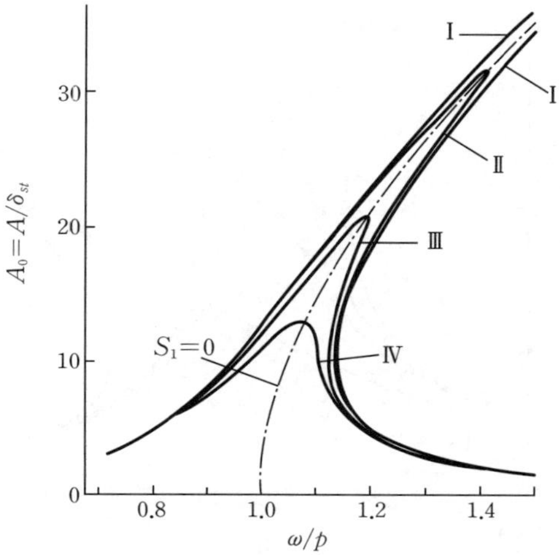

$\beta_0 = 0.001,\quad Q = \frac{P}{g} = 2.0,\quad \text{I}: \frac{n^2}{p^2} = 0.0000,\quad \text{II}: \frac{n^2}{p^2} = 0.0005,\quad \text{III}: \frac{n^2}{p^2} = 0.0025,\quad \text{IV}: \frac{n^2}{p^2} = 0.0050$

$\left(\beta_0 = \frac{3}{4}\beta\cdot\frac{\delta_{st}^2}{mp^2} = \frac{3}{4}\varepsilon\cdot\frac{\delta_{st}^2}{p^2}\right),\quad \left(p^2 = \frac{k}{m},\ \delta_{st} = \frac{mg}{k}\right)$

그림 7.4 감쇠계수의 크기를 바꾸었을 때의 공진곡선

$$\left.\begin{aligned} &Q = \frac{P_0}{mg} = \frac{P}{g}, \quad \beta_0 = \frac{3}{4}\frac{\beta}{mp^2}\delta_{st}^2 = \frac{3}{4}\frac{\varepsilon}{p^2}\delta_{st}^2 \\ &A_0 = \frac{A}{\delta_{st}} \quad \left(\text{단, } \delta_{st} = \frac{mg}{k}\right) \end{aligned}\right\} \tag{7.15}$$

윗식 중의 정적처짐 δ_{st}는 $\delta_{st}' = P_0/k$가 아닌 점에 주의해야 한다. **그림 7.4**는 $\beta > 0$, 즉 $\beta_0 > 0$인 경우에 있어서, β_0와 강제력의 크기 Q를 일정하게 하고, 감쇠계수 n을 변경시켰을 때의 공진곡선이다. $\beta = 0$인 선형계에서 **그림 7.4**에 상당하는 것이 **그림 2.42**이다. $\beta_0 > 0$이므로 **그림 7.4**의 공진곡선은 선형계의 경우와 다르고, 전부 오른쪽으로 쏠린 형태가 되어 있다. 그림 중의 일점쇄선은 식(7.14a)에서 $P = 0$로 놓고 구한 식

$$S_1 = (p^2 - \omega^2) + \frac{3}{4}\varepsilon A^2 = 0 \tag{7.16}$$

로 주어지는 곡선으로, 이 곡선을 중심으로 해서 공진곡선이 양쪽으로 존재하므로 이것을 **척추곡선**(脊椎曲線)이라 한다. 식(7.16)과, 자유진동의 진동수 p' 및 진폭 a와의 관계를 주는 식(7.9)와는 완전히 같은 형식이 된다. 이 사실과 **그림 7.3** 곡선의 형태로부터, 비선형항

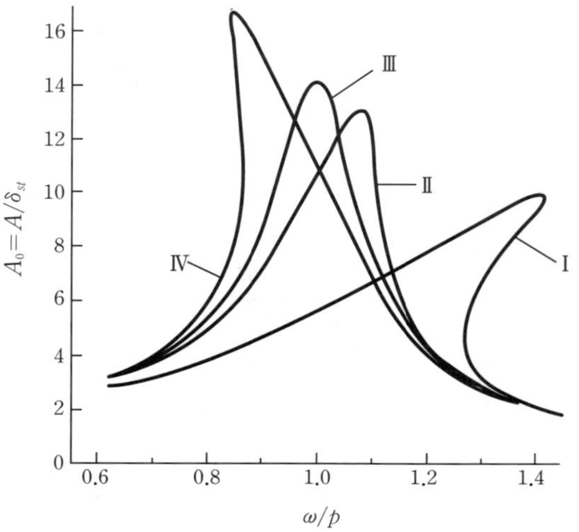

$Q = \dfrac{P}{g} = 2$, $\dfrac{n^2}{p^2} = 0.005$, Ⅰ: $\beta_0 = 0.010$, Ⅱ: $\beta_0 = 0.0010$, Ⅲ: $\beta_0 = 0.000$, Ⅳ: $\beta_0 = -0.0010$

$$\left(\beta_0 = \frac{3}{4}\beta\cdot\frac{\delta_{st}^2}{mp^2}\right),\quad \left(p^2 = \frac{k}{m},\ \delta_{st} = \frac{mg}{k}\right)$$

그림 7.5 비선형항 βx^3의 계수 β 값을 바꾸었을 때 강제진동의 공진곡선

의 계수 β가 클수록 공진곡선이 옆으로 쏠리는 현상은 현저해지고, 또한 β가 (−)이면 왼쪽으로 쏠린다는 사실을 알 수 있을 것이다. 이 사실을 명시한 것이 **그림 7.5**이다. **그림 7.5**에는 강제력의 크기 Q와 감쇠계수 n을 일정하게 하고, 비선형항의 계수 β_0를 변경시켰을 때의 공진곡선을 나타내고 있다. 곡선 Ⅲ은 $\beta_0 = 0$인 선형계에 대한 것이고, 곡선 Ⅳ는 $\beta_0 < 0$, 즉 $\beta < 0$, $\varepsilon < 0$일 때의 공진곡선이다. β_0의 값을 바꾸면 곡선 쏠림의 대소뿐만 아니라, 강제력의 크기 Q와 감쇠계수 n이 같더라도 최대 진폭의 크기가 바뀌는 것도 그림에서 알 수 있다.

그림 7.6은 β_0, n을 일정하게 하고, 강제력의 크기 Q를 바꾸었을 때의 공진곡선이다.

7.1.3 불안정 영역

그림 7.6의 공진곡선 Ⅰ에서는 a, b점에서 접선(점선)이 수직으로 되어 있다. 수직접선을 가지는 점을 각 공진곡선에 대해 구하고, 이들 점을 연결하여 구한 곡선이 그림에서 파선으로 표시되어 있는 $S = 0$ 곡선이다. 이 곡선은 공진곡선의 식(7.14)를 진폭 A로 미분하고, $d\omega/dA = 0$로 놓으면 구할 수 있다. 즉,

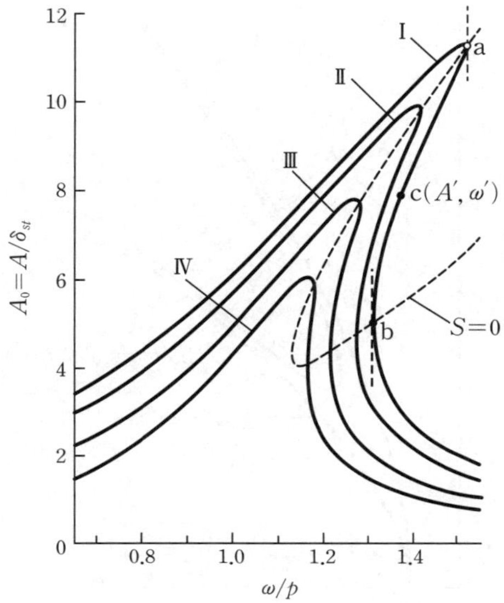

$\beta_0 = 0.01, \quad n^2/p^2 = 0.005$

$\text{I}: Q = \frac{P}{g} = \sqrt{6} = 2.450, \quad \text{II}: Q = \frac{P}{g} = 2.0, \quad \text{III}: Q = \frac{P}{g} = \sqrt{2} = 1.414, \quad \text{IV}: Q = \frac{P}{g} = 1.0$

$\left(p^2 = \frac{k}{m}, \quad \delta_{st} = \frac{mg}{k}\right)$

그림 7.6 강제력의 크기 P_0를 바꾸었을 때 공진곡선과 불안정 영역

$$S = \left(p^2 - \omega^2 + \frac{3}{4}\varepsilon A^2\right)\left(p^2 - \omega^2 + \frac{9}{4}\varepsilon A^2\right) + 4n^2\omega^2 = 0 \tag{7.17}$$

가 그림 중 파선의 곡선을 나타내는 식이다.

그림 7.6의 곡선 I에 있는 ab 사이의 임의의 한 점을 c라 하고, c점이 나타내는 진폭과 ω를 각각 A'와 ω'라고 하면

$$x = A'\cos(\omega' t - \delta') + \psi'(t) \tag{7.12a}$$

로 표현되는 운동의 상태, 즉 진폭 A', 진동수 ω'인 진동은, **5.1절**에서 기술한 정의에 따르면, 정적으로 불안정한 상태이고, 실제로는 발생할 수 없는 상태라는 것이 증명된다. 공진곡선에 대해서 말하면, $S = 0$인 파선의 곡선으로 둘러싸인 영역 내의 진동은 전부 불안정하다.

불안정 영역의 경계를 주는 식(7.17)은, 무감쇠일 때는

$$S_1 = p^2 - \omega^2 + \frac{3}{4}\varepsilon A^2 = 0, \quad S_2 = p^2 - \omega^2 + \frac{9}{4}\varepsilon A^2 = 0 \tag{7.17a}$$

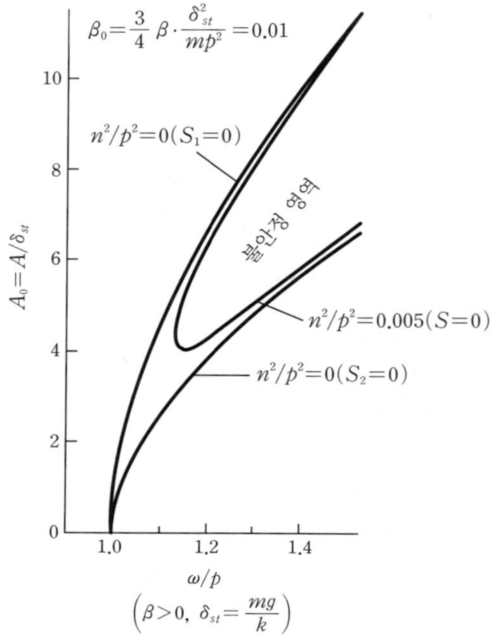

그림 7.7 불안정 영역의 경계

윗식 중의 $S_1 = 0$는 식(7.16) 척추곡선의 식과 같다. **그림 7.7**에는 무감쇠일 때와 감쇠가 있을 때의 불안정 영역을 나타내고 있다.

7.1.4 도약현상과 이력현상

스프링 특성에 비선형성이 있는 진동계에서는, **그림 7.6**과 **그림 7.7**에 있는 불안정 영역이 있기 때문에, 비선형계 특유의 **도약현상**(跳躍現象, jumping)이 발생한다. **그림 7.8**에서 $\beta > 0$일 때의 공진곡선 중 ab 사이의 파선부분이 가리키는 진동은 실제로는 발생할 수 없기 때문에, 강제력의 진동수 ω를 0에서 올려 가면 진폭 A는 공진곡선을 따라 1, 2, b′, 3으로 변화하고, a점에서 급격하게 작아져서, a′점의 진폭으로 급변한다. 즉, a에서 a′로 도약한다. 그 후 ω를 증가시키면 a′, 5로 변화한다. ω를 내릴 때는 5에서 a′점을 통과하여 4, 6, 7을 거쳐 b점에서 b′점으로 도약하고, 그 후에는 b′, 2, 1로 변화한다. 이와 같이 ω를 올릴 때는 a → a′, 내릴 때는 b → b′로 도약하는 현상이 발생하는데, 갈 때와 올 때가 서로 다르다는 관점에서 말하면 이것은 일종의 **이력현상**(履歷現象, hysteresis)이기도 하다.

$\beta < 0$인 비선형 스프링 특성을 가지는 계에서는, **그림 7.9**에서 보는 바와 같이 된다. 즉,

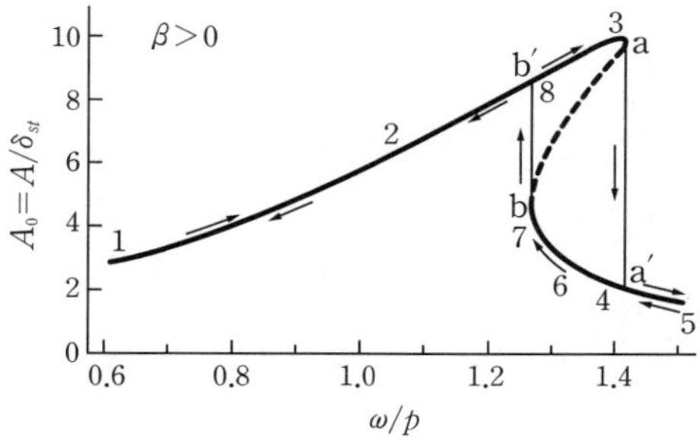

$\beta_0 = 0.01,\ Q = 2,\ \dfrac{n^2}{p^2} = 0.005$

그림 7.8 도약현상

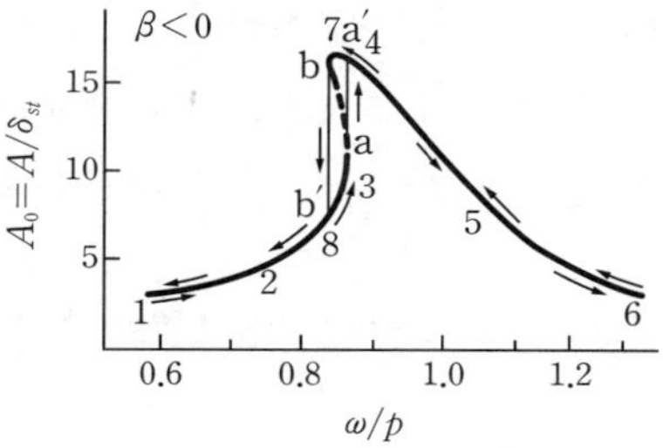

$\beta_0 = -0.0005,\ Q = 2,\ \dfrac{n^2}{p^2} = 0.005$

그림 7.9 도약현상

ω를 올릴 때 진폭 A는 1, 2, 3, a → a′, 4, 5, 6 과정을 거치고, ω를 내릴 때는 6, 5, 4, a′, 7, b → b′, 8, 2, 1로 변화한다. 이때도 a → a′, b → b′의 도약현상과 이력현상이 발생하고 있다.

강제력의 크기 Q, 즉 P_0 및 P가 비교적 크고, 감쇠계수 n이 비선형항의 계수 β_0, 즉 β, ε에 비해 비교적 크게 되면, 공진곡선상에 접선이 수직이 되는 점이 없어지고, 도약현상과 이력현상도 발생하지 않게 된다. **그림 7.4**의 곡선 Ⅳ, **그림 7.5**의 곡선 Ⅱ가 이 예이다.

7.1.5 기타 강제진동

7.1.2~7.1.4항에서 기술한 강제진동은 그 진동수가 강제력의 진동수 ω와 같은 진동이었다. 스프링 특성에 비선형성이 있는 진동계에는 이것 이외 여러 가지 종류의 강제진동이 발생한다.

(a) 분수조파진동

식 (7.4)와 같이 스프링력을 나타내는 식 중에 x^2과 x^3 항이 있을 때는 강제력의 진동수 ω가 계의 고유진동수 p의 거의 2배가 되면, 즉 $\omega \fallingdotseq 2p$가 되면, 진동수가 $(1/2)\omega$인 강제진동이 발생할 수 있다. 이것을 **1/2차 분수조파진동**(分數調波振動)이라 한다.

식 (7.3) 혹은 식 (7.4)와 같이, 스프링력을 나타내는 식 중에 x^3 항이 있을 때는, $\omega \fallingdotseq 3p$가 되면, 진동수가 $(1/3)\omega$인 강제진동이 발생할 수 있다. 이것을 **1/3차 분수조파진동**이라 한다.

일반적으로 $(1/n)\omega$ (n : 정수)진동수인 $1/n$차의 분수조파진동이 발생하기 위해서는, 스프링력을 나타내는 식 중에 x^n항의 존재가 필요하다. 감쇠계수가 어느 정도 이상 커지면, 분수조파진동은 발생하지 않는다.

분수조파진동의 발생 메카니즘에 대해 생각해 보자. 고유진동수가 p인 1자유도계, 혹은 다자유도계에 ε 정도로 미소한 비선형항 x^2, x^3이 있으면

$$2\sin^2\theta = 1-\cos 2\theta, \quad 4\sin^3\theta = 3\sin\theta - \sin 3\theta$$

등의 관계가 있으므로, 진동은

$$x = a\sin(\Omega t+\alpha)+\varepsilon\{c\sin(2\Omega t+\beta)+d\sin(3\Omega t+\gamma)\}+\cdots \tag{7.18}$$

로 ε 정도 크기의 고차항을 포함한 형식이 된다. 즉, 비선형계에서는 어떠한 경우에도 발생하는 진동은 단순한 조화운동은 아니고 반드시 고차항을 포함한다. 진동체에 주기적 강제력을 가해서 계에 에너지를 줄려고 할 경우, 진동체와 강제력의 진동수가 같아야 된다. 같지 않게 되면 가해진 일의 시간적 평균은 항상 0이 된다(**문제 7.3** 참조). 강제진동의 진동수 ω가 만약 2Ω와 같은

$$\omega = 2\Omega \tag{a}$$

가 되면, 계에는 에너지가 들어올 수 있으므로 감쇠를 이기고 큰 진동이 발생하는 것도 가능하다. 그러나 아무리 대진폭의 진동이더라도 식(7.18) 중의 $a\sin(\Omega t+\alpha)$의 진동항과 { }중의 고차 진동항의 크기 비는 $\varepsilon^0 : \varepsilon = 1 : \varepsilon$이므로 진동수 Ω의 진동이 특히 크게 된다. 한편, 큰 진동이 발생할 때, 그 진동수는 항상 계의 고유진동수와 같든가, 아니면 거의 같다. 즉,

$$\Omega \fallingdotseq p \tag{b}$$

식(a), (b)에서 강제력 ω가 $\omega \fallingdotseq 2p$가 되면, 진동수 $\Omega = (1/2)\omega\ [\fallingdotseq p]$의 1/2차 분수조파진동이 발생할 수 있다는 것을 알 수 있을 것이다. 만약

$$\omega = 3\Omega \fallingdotseq 3p \tag{a$'$}$$

가 되면, 마찬가지로 해서 $\Omega = (1/3)\omega\ [\fallingdotseq p]$의 큰 진폭을 가지는 1/3차 분수조파진동이 발생한다.

(b) 합차조파진동

이것은 비선형 스프링 특성을 갖는 다자유도 진동계에 발생하는 강제진동으로, 1자유도계에서는 발생하지 않는다. 다자유도계에서는, 고유진동수가 자유도의 수만큼 존재한다는 것은 이미 **4.4절**에서 기술하였다. 이들 고유진동수 중 임의의 2개 고유진동수를 p_i, p_j라 하자. 스프링력을 나타내는 식 중에 좌표에 관한 제곱과 3제곱 항이 있을 때, 강제력의 진동수 ω가

$$\omega \fallingdotseq p_i + p_j$$

가 되면

$$\omega_i \fallingdotseq p_i, \quad \omega_j \fallingdotseq p_j$$

로 거의 고유진동수 p_i, p_j와 같은 진동수 ω_i, ω_j 2개의 강제진동이 동시에 발생한다. 그리고 ω, ω_i, ω_j 사이에는 항상 다음과 같은 관계가 있다.

$$\omega = \omega_i + \omega_j$$

또한 스프링력을 나타내는 식 중에 좌표에 관한 3제곱 항이 있을 때, 강제력의 진동수 ω가

$$\omega \fallingdotseq 2p_i + p_j \quad \text{혹은} \quad \omega \fallingdotseq p_i + 2p_j$$

가 되면, 역시 고유진동수와 거의 같은 진동수 $\omega_i\,[\fallingdotseq p_i]$, $\omega_j\,[\fallingdotseq p_j]$를 갖는 2개의 강제진동이 동시에 발생한다. 이때는 다음과 같은 관계가 있다.

$$\omega = 2\omega_i + \omega_j \quad \text{혹은} \quad \omega = \omega_i + 2\omega_j$$

이상과 같이 동시에 2개 발생하는 강제진동을 **합차조파진동**(合差調波振動)이라 하는데, $\omega = |\omega_i - \omega_j|$ 혹은 $\omega = |2\omega_i - \omega_j|$ 등의 관계가 성립하는 차(差) 형식과 같은 이런 종류의 진동은 발생하지 않고, 위에서 설명한 합(合) 형식의 경우만 발생할 수 있다. 합차조파진동도 감쇠가 상당히 크면 발생하지 않는다.

합차조파진동의 발생 메카니즘에 대해 고찰해 보자. 2개의 좌표 q_1, q_2로 계의 기하학적 위치가 정해지는 2자유도 진동계에 있어서, ε 정도로 작은 좌표의 제곱 항 q_1^2, q_2^2, q_1q_2, 3제곱 항 q_1^3, q_2^3, $q_1^2q_2$, $q_1q_2^2$이 스프링 특성을 나타내는 식 중에 존재하면

$$2\sin\theta_1\sin\theta_2 = \cos(\theta_1-\theta_2)-\cos(\theta_1+\theta_2)$$

$$4\sin^2\theta_1\sin\theta_2 = 2\sin\theta_2-\sin(2\theta_1+\theta_2)+\sin(2\theta_1-\theta_2)$$

등의 관계가 있기 때문에, 진동은

$$\begin{aligned} q_1 = &\{a\sin(\Omega_1 t+\alpha_1)+b\sin(\Omega_2 t+\alpha_2)\} \\ &+\varepsilon[c\sin(2\,\Omega_1 t+\beta_1)+d\sin(2\,\Omega_2 t+\beta_2) \\ &\quad +e\sin(3\,\Omega_1 t+\gamma_1)+f\sin(3\,\Omega_2 t+\gamma_2) \\ &\quad +g\sin\{(\Omega_1+\Omega_2)t+\delta_1\}+h\sin\{(\Omega_1-\Omega_2)t+\delta_2\} \\ &\quad +i\sin\{(2\,\Omega_1+\Omega_2)t+\lambda_1\}+j\sin\{(2\,\Omega_1-\Omega_2)t+\lambda_2\}+\cdots] \\ &+\cdots\cdots \end{aligned} \tag{7.19}$$

로 ε 정도의 고차항 중에 $\Omega_1+\Omega_2$, $2\Omega_1+\Omega_2$ 등의 진동수 항을 포함한 형식을 취한다. q_2에 관해서도 식(7.19)와 마찬가지로 된다. 만약 강제력의 진동수 ω가 $\Omega_1+\Omega_2$와 같게 되어

$$\omega = \Omega_1+\Omega_2 \tag{c}$$

가 되면, 계에 에너지가 들어오고 식(7.19)의 진동은 커질 수가 있다. 이때도 식(7.19) 중의 { } 안의 진동과 [ ] 안의 진동의 크기 비는 1 : ε이므로, 특히 크게 되는 것은 Ω_1과 Ω_2 진동수의 진동이다. 대진폭의 진동수는 고유진동수 p_1, p_2와 거의 같으므로

$$\Omega_1 = \omega_1 \fallingdotseq p_1, \qquad \Omega_2 = \omega_2 \fallingdotseq p_2 \tag{d}$$

식(c), (d)의 관계로부터, $\omega \fallingdotseq p_1+p_2$가 되면 $\omega_1\,[\fallingdotseq p_1]$, $\omega_2\,[\fallingdotseq p_2]$의 강제진동이 동시에 크게 되고, ω, ω_1, ω_2 사이에는 $\omega = \omega_1+\omega_2$의 관계가 있다는 것을 알 수 있다. 또한

$$\omega = 2\Omega_1+\Omega_2 \tag{c$'$}$$

가 되면, $\omega \fallingdotseq 2p_1+p_2$일 때 발생하는 진동수 $\omega_1\,[\fallingdotseq p_1]$, $\omega_2\,[\fallingdotseq p_2]$의 합차조파진동이다. 이때 $\omega = 2\omega_1+\omega_2$의 관계가 있다는 것도 명확할 것이다.

식(7.19) 중 [ ] 안에는 $2\Omega_1$, $3\Omega_1$ 등의 항이 포함되어 있으므로, 다자유도계에 있어서도 1/2차, 1/3차 분수조파진동은 발생한다.

(c) 초조파진동

스프링력을 나타내는 식 중에 x^2, x^3 항이 있을 때, 2ω와 3ω 진동수의 강제진동이 각각 $\omega \fallingdotseq (1/2)p$, $\omega \fallingdotseq (1/3)p$로 ω가 비교적 낮은 곳에서 발생한다. 이와 같은 ω의 정수배 강제진동을 **초조파진동**(超調波振動)이라고 한다.

(d) 결합조파진동

진동수 ω_1, ω_2인 2개의 강제력이 비선형계에 동시에 작용할 때, 운동방정식은 다음과 같이 된다.

$$m\ddot{x}+f(x) = P_{10}\cos(\omega_1 t+\alpha_1)+P_{20}\cos(\omega_2 t+\alpha_2) \tag{7.20}$$

여기서 $f(x)$는 스프링 특성을 나타내는 식으로, $f(x)$ 중에 x^2과 x^3 항이 있으면,

$$|\omega_1 \pm \omega_2| \fallingdotseq p \quad (p\ :\ \text{고유진동수})$$

가 되고, 진동수 ω_1, ω_2인 2개의 강제력에 의해

$$\omega = |\omega_1 \pm \omega_2| \fallingdotseq p$$

로 주어지는 진동수 ω인 1개의 강제진동이 발생할 수 있다.

또한, $f(x)$ 중에 x^3 항이 있을 때

$$|2\omega_1 \pm \omega_2| \fallingdotseq p \quad \text{혹은} \quad |\omega_1 \pm 2\omega_2| \fallingdotseq p$$

가 되면, 2개의 강제력에 의해

$$\omega = |2\omega_1 \pm \omega_2| \fallingdotseq p \quad \text{혹은} \quad \omega = |\omega_1 \pm 2\omega_2| \fallingdotseq p$$

로 주어지는 진동수 ω를 가진 1개의 강제진동이 발생한다. 이와 같이 2개의 강제력이 공동 작업하여 1개의 강제진동이 발생할 때, 이 진동을 **결합조파진동**(結合調波振動)이라고 한다.

이 항에서 설명한 각종 진동은 비선형 스프링 특성을 가진 비선형 진동계에서 발생할 수 있는 진동이므로 비선형성을 없애고 선형계로 하면, 강제력을 0으로 하지 않아도 발생하지 않게 된다. 이것과는 달리 **7.1.2~7.1.4항**에서 기술한 강제력과 같은 진동수를 가진 강제진동은 비선형성을 없애도 진동은 발생한다. 다만, 공진곡선이 **그림 7.4**, **그림 7.5**의 형태에서

선형계인 **그림** 2.42의 형태로 바뀔 뿐이고, 강제력을 0으로 하지 않는 한 진동은 없어지지 않는다.

7.2 감쇠항에 비선형성이 있는 진동계

7.2.1 쿨롱 마찰이 작용할 때의 자유진동

2.4.1항에서 감쇠력에는 **그림** 2.24와 같이 여러 가지 종류가 있고, 편의상 **2.4절**에서 속도에 비례하는 점성감쇠력을 거론한 것에 지나지 않는다는 것을 설명하였다. 점성감쇠 이외의 감쇠력이 작용할 경우, 운동방정식은 감쇠항에 비선형성이 있는 미분방정식이 된다. 이와 같은 경우의 하나인 **쿨롱 마찰**(Coulomb friction)이 작용할 때의 자유진동에 대해 고찰해 보자.

쿨롱 마찰은 일정한 크기의 마찰력이기는 하지만, 저항력은 항상 속도 $\dot{x}$와 반대방향을 향하고 있기 때문에 **그림** 2.24에 있는 일점쇄선 $DD_1OD_1'D'$로 나타낼 수 있다. 이 쇄선은 $\dot{x}$의 1제곱 항만으로는 나타낼 수 없다. 즉, 쿨롱 마찰은 $\dot{x}$에 관해 비선형성을 가진다.

쿨롱 마찰력 F가 작용할 때의 운동방정식은

$$\left.\begin{aligned} &(\text{i})\ \dot{x} < 0 \text{ 일때} \quad m\ddot{x}+kx = F \\ &(\text{ii})\ \dot{x} > 0 \text{ 일때} \quad m\ddot{x}+kx = -F \end{aligned}\right\} \tag{7.21}$$

지금

$$p^2 = \frac{k}{m}, \quad \Delta_0 = \frac{F}{m}, \quad \Delta = \frac{F}{k} \tag{7.22}$$

라고 놓으면, 식(7.21)은 다음과 같이 된다.

$$\left.\begin{aligned} &(\text{i})\ \dot{x} < 0 \text{ 일 때} \quad m\ddot{x}+p^2x = \Delta_0 \\ &(\text{ii})\ \dot{x} > 0 \text{ 일 때} \quad m\ddot{x}+p^2x = -\Delta_0 \end{aligned}\right\} \tag{7.21 a}$$

식(7.21 a)의 해는

$$\left.\begin{aligned} &(\text{i})\ \dot{x} < 0 \text{ 일 때} \quad x = a\sin pt+b\cos\ pt+\Delta \\ &(\text{ii})\ \dot{x} > 0 \text{ 일 때} \quad x = a'\sin pt+b'\cos\ pt-\Delta \end{aligned}\right\} \tag{7.23}$$

이고, a, b와 a', b'는 각각 초기조건으로부터 정해지는 임의상수이다. 진동체를 손으로 당겨 $a_0\,(>0)$만큼 변위시켜 시각 $t=0$일 때 놓았을 경우, 즉

$$t=0:x=x_0=a_0(>0),\qquad \dot{x}=\dot{x}_0=0 \tag{a}$$

인 초기조건으로부터 출발했을 때의 자유진동에 대해 구체적으로 구해 보자. $a_0>0$이므로 손을 놓은 직후부터 1/2 주기 동안은 $\dot{x}<0$이므로, 우선 식(7.23)의 (i)이 이 경우의 해가 된다. 초기조건을 식(7.23)의 (i)에 대입하면 $a=0$, $b=a_0-\Delta$가 되므로, 해는

$$x=(a_0-\Delta)\cos pt+\Delta \tag{7.23a}$$

$\dot{x}=0$가 되는 그 다음 반환점은 $pt=\pi$, $\cos pt=-1$이 되는 시각 $t=\pi/p$이다. 이 반환점에서의 진폭 a_1은

$$(x)_{t=\pi/p}=a_1=(a_0-\Delta)(-1)+\Delta=-(a_0-2\Delta) \tag{7.24}$$

따라서 $\dot{x}>0$가 되는 그 다음 1/2 주기 동안의 자유진동은, 초기조건

$$t=0:x=a_1=-(a_0-2\Delta),\qquad \dot{x}=0 \tag{b}$$

를 식(7.23)의 (ii)에 대입하면 다음과 같이 주어진다.

$$x=-(a_0-3\Delta)\cos pt-\Delta \tag{7.25}$$

그 다음 반환점에서는 $\cos pt=-1$이 되고, 이때의 진폭 a_2는

$$(x)_{t=\pi/p}=a_2=-(a_0-3\Delta)(-1)-\Delta=a_0-4\Delta \tag{7.26}$$

즉, 쿨롱 마찰이 작용할 때의 자유진동에 있어서는, 진폭이 반주기마다 $2\Delta=2F/k$씩 감소해 간다. **그림 7.10**은 이 모양을 보여주고 있다.

반환점에서의 진폭이 Δ와 $-\Delta$ 사이에 오면, $x=0$가 되지 않아도 진동은 그림의 반환점 P에서 정지한다. 이것은 P점에서는 이제 스프링력 $-kx$보다 쿨롱 마찰력 F 쪽이 크게 되기 때문이다.

쿨롱 마찰이 작용할 때 자유진동의 진동수는 식(7.23)과 같이 무감쇠일 때와 같은 $p=\sqrt{k/m}$이고, 점성감쇠가 작용할 때의 진동수 $p_1=\sqrt{p^2-n^2}$과 같이 감쇠가 존재함으로

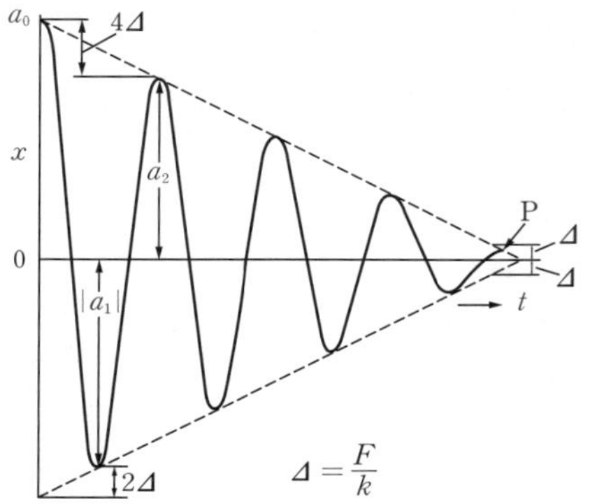

그림 7.10 쿨롱 마찰이 작용할 때 자유진동의 파형

서 진동수가 적어지는 일은 없다.

7.2.2 Van der Pol의 식

음(−)의 감쇠력 $c\dot{x}$가 작용할 때의 자려진동, 즉

$$m\ddot{x}-c\dot{x}+kx=0$$

의 해는

$$x=ae^{nt}\sin(p_1t+\alpha)\qquad\left(\text{단, } p_1=\sqrt{p^2-n^2},\ n=\frac{c}{2m}\right)$$

가 되고, **그림 5.2** (b)와 같이 무제한으로 진폭이 증대한다. 실제의 자려진동에서는 어느 정도 진동이 크게 되면, 진폭은 증가하지 않고 일정하게 되고, 진폭이 일정한 정상상태가 된다. 이와 같은 현상을 설명하려면, 진동이 작을 때는 음(−)의 감쇠력으로 작용하지만, 어느 정도 이상의 큰 진동에 대해서는 양(+)의 감쇠력으로서 작용하는 감쇠를 생각할 필요가 있다. 이와 같은 성질을 가지는 감쇠력으로서는 **그림 7.11**과 같은 감쇠력을 생각할 수 있다. 즉, $\dot{x}$가 $|A|$를 초과하지 않을 때는 음(−)의 감쇠력이 되고, A를 초과하면 양(+)의 감쇠가 되는 감쇠력이다. **그림 7.11**의 감쇠력은 가장 간단히 표시해도

$$\text{감쇠력}=c\dot{x}-\gamma\dot{x}^3 \tag{7.27}$$

으로 $\dot{x}^3$ 항을 도입하여 나타내어야 한다. 식 (7.27)의 감쇠력이 작용할 때의 운동방정식은

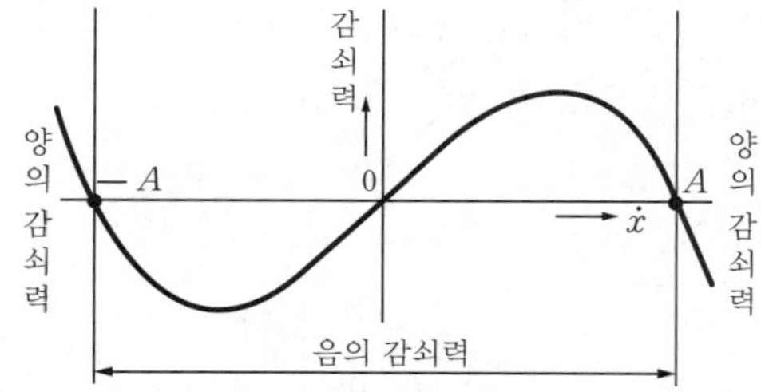

그림 7.11

$$m\ddot{x}+(-c\dot{x}+\gamma\dot{x}^3)+kx=0 \tag{7.28}$$

이것을 **Van der Pol의** 식이라고 한다. c, γ는 ε 정도의 미소량이라 하고, ε의 1제곱까지의 정밀도로 식(7.28)의 정상진동 해를 구해 보자. 식(7.28)의 정상진동 해를

$$x=a\sin(p't+\alpha)+\cdots \tag{7.29}$$

라고 하자. 윗식 중 …은 미소 고차진동항이다. 윗식을 식(7.28)에 대입하면

$$a(k-mp'^2)\sin(p't+\alpha)+ap'\left(\frac{3}{4}\gamma p'^2a^2-c\right)\cos(p't+\alpha)+\cdots=0$$

가 되고, 시간 t의 값 여하에 관계없이 윗식이 성립하기 위해서는, $a\neq 0$으로 진동하는 경우

$$k-mp'^2=0, \qquad \frac{3}{4}\gamma p'^2a^2-c=0$$

가 되어야 되므로, 이들 관계로부터 진동수 p', 정상진동의 진폭 a를 구하면 다음과 같이 된다.

$$p'=\sqrt{\frac{k}{m}}=p, \qquad a=2\sqrt{\frac{cm}{3\gamma k}}=2\sqrt{\frac{c}{3\gamma p^2}} \tag{7.30}$$

ε의 1제곱까지의 정밀도 내에서 진동수 p'는 무감쇠일 때의 고유진동수 p와 같다. 당연한 것이지만 정상진동의 진폭 a는 음(−)의 감쇠계수 c가 클수록, 또한 계수 γ가 작을수록 크게 된다.

그림 7.12 (a)와 같이 정지위치에서 자려진동이 시작할 때는 진폭이 점점 크게 되어, 마침내 식(7.30)으로 주어지는 진폭 a를 가지는 정상진동 상태가 된다. 또한 **그림 7.12** (b)와 같이 a보다 큰 진폭으로 진동이 시작할 때는 점차로 진폭이 감소해서 결국에는 식(7.30)의 진폭

a로 정상진동이 된다. 식(7.27)의 비선형 감쇠항을 도입하면, 이와 같이 실제의 자려진동 성질을 잘 설명할 수 있는 해를 유도할 수 있다.

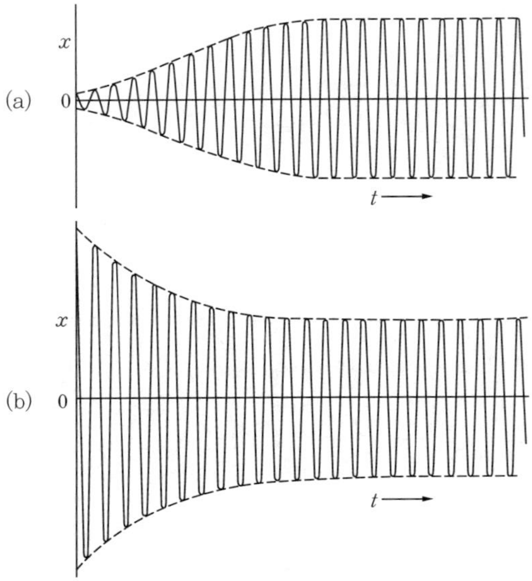

그림 7.12 자려진동

문 제

7.1 **그림 2.13**에서 줄의 장력은 x^3까지 고려하면 운동 중 일정하지 않다. 줄의 단면적을 A, 줄의 늘어남에 대한 종탄성계수를 E라 하고, x^3까지의 정밀도로 운동방정식을 구하라.

7.2 $\ddot{x}+p^2x+\varepsilon x^5 = P\cos\omega t$로 나타낼 수 있는 비선형계 강제진동의 진폭 A와 ω와의 관계를 ε의 1제곱까지의 정밀도로 구하라.

주 $16\cos^5\theta = \cos 5\theta + 5\cos 3\theta + 10\cos\theta$

7.3 $x = a\sin(pt+\beta)$로 진동하고 있는 물체에, $F = F_0\sin(\omega t+\alpha)$의 주기적 외력을 작용시키면, ① $p=\omega$, ② 위상차 $\alpha-\beta = n\pi$인 2개의 조건을 만족하면, 힘 F가 물체에 행하는 일의 시간평균은 0인 것을 증명하라.

주 일 E는

$$E = \int F dx = \int F\dot{x} dt$$

적분 중에 상수항이 없으면 적분치의 시간평균은 0이 된다. 상수항은 $\sin^2\theta$, $\cos^2\theta$ 항으로부터 파생한다.

7.4 Van der Pol의 식 (7.28)을 변수변환하면

$$\frac{d^2y}{d\tau^2} - \varepsilon(1-y^2)\frac{dy}{d\tau} + y = 0$$

가 되는 것을 보여라.

7.5 다음 식과 같은 비선형계 자유진동의 진폭 a와 진동수 p'의 관계를 구하라.

$$m\ddot{x}+kx+\beta x^5 = 0$$

7.6 **그림 7.1** (b)의 초기압축을 받는 진동계의 고유진동수를 구하라.

Chapter 8

회전체, 회전축의 진동

8.1 회전체의 처짐진동, 위험속도

탄성축으로 지지되어 있는 회전체의 중심(中心) M에 힘 P를 가하면, 회전체의 조립 위치나 베어링의 구조에 따라, **그림 8.1** (a), (b)와 같이 회전체가 처질뿐이고 기울이지 않는 것, **그림 8.1** (c), (d)와 같이 처짐과 동시에 좌우로 경사(회전)하는 것으로 구별할 수 있다. 전자는 처짐과 경사가 연성하지 않고, 각각 독립적인 계이고, 후자는 처짐과 경사가 연성하는 계이다. 우선 처짐과 경사가 연성하지 않는 간단한 경우의 처짐운동에 관해 고찰해 보자.

그림 8.2와 같이, 회전체의 질량을 m, 처짐에 대한 축의 스프링상수를 k, 회전체의 중심

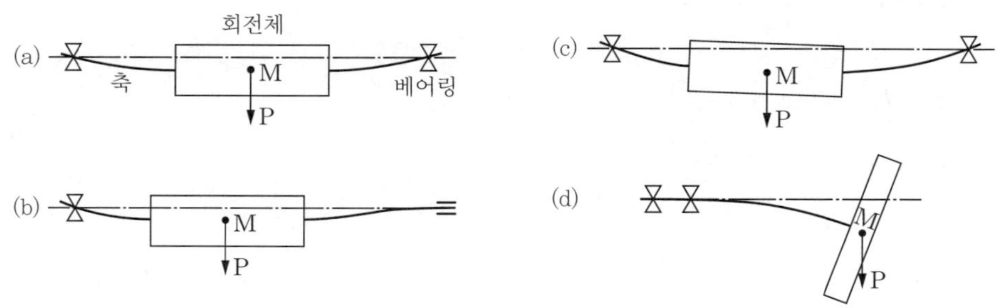

그림 8.1

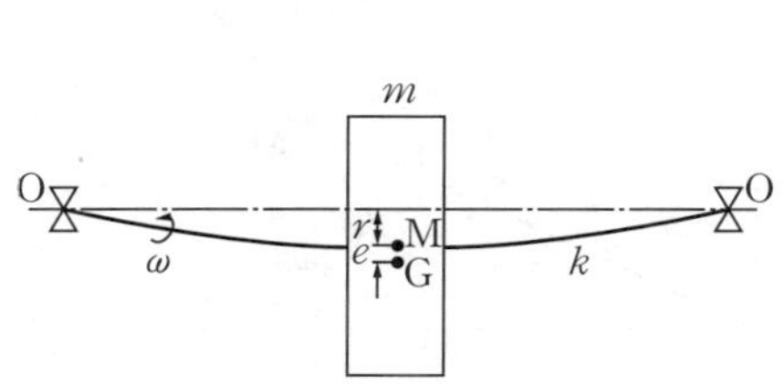

그림 8.2

을 M, 무게중심을 G라고 하자. 회전체에는 피할 수 없는 약간의 편심 e가 존재하기 때문에 일반적으로 M과 G는 일치하지 않는다. 이 편심 e를 회전체의 **정적 불평형**(靜的 不平衡, static unbalance)이라고 한다. M을 통과하고 베어링 중심선에 수직인 xy 평면을 생각하고, 처짐이 있는 상태에서 회전하고 있는 회전체를 옆에서 보면, **그림 8.3**과 같이 된다. 그림에서 원점 O는 베어링 중심선이고, M점의 처짐 r이 0이면 M점은 O점과 일치한다. M, G점의 좌표를 각각 $(x,\ y)$, $(x_G,\ y_G)$, 축의 회전속도를 ω라 하고, $\overrightarrow{\mathrm{MG}}$가 x축과 평행이 되는 순간을 시각 $t=0$로 선택하면, $\angle \mathrm{GA}x=\omega t$이다. 외부에서 회전체에 작용하는 x, y 방향의 힘은, 감쇠가 없을 때는 축으로부터의 탄성력 $-kx$, $-ky$ 뿐이므로, 운동방정식은 다음과 같이 된다.

$$m\ddot{x}_G=-kx, \qquad m\ddot{y}_G=-ky \tag{a}$$

그림 8.3에서

$$x_G=x+e\cos\omega t, \qquad y_G=y+e\sin\omega t \tag{b}$$

이므로 (b)를 식(a)에 대입하면

$$\left.\begin{aligned} m\ddot{x}+kx&=me\omega^2\cos\omega t\\ m\ddot{y}+ky&=me\omega^2\sin\omega t\end{aligned}\right\} \tag{8.1 a}$$

$$\left.\begin{aligned} m\ddot{x}_G+kx_G&=ke\cos\omega t\\ m\ddot{y}_G+ky_G&=ke\sin\omega t\end{aligned}\right\} \tag{8.1 b}$$

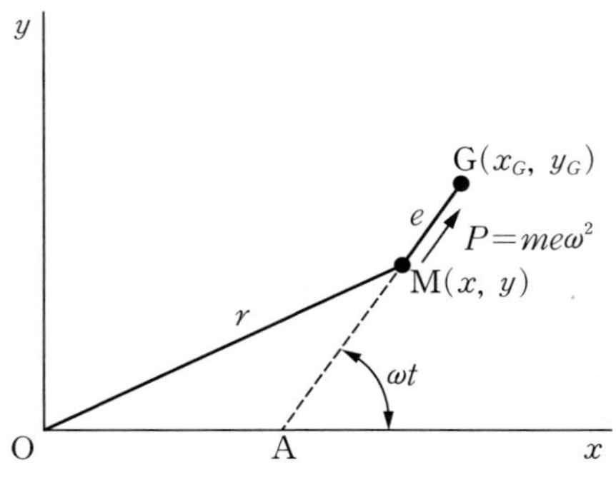

그림 8.3

식(8.1 a)에서 강제력 $P = me\omega^2$이 작용하는 방향은 M에서 G로 향하는 방향이고, 크기는 질량 m인 물체가 반경 e, 각속도 ω로 회전하고 있을 때의 원심력과 같다. 식(8.1 a), (8.1 b)의 해, 즉 회전체의 중심 M과 무게중심 G의 운동은 각각

$$x = e\frac{\omega^2/p^2}{1-\omega^2/p^2}\cos\omega t, \qquad y = e\frac{\omega^2/p^2}{1-\omega^2/p^2}\sin\omega t \tag{8.2 a}$$

$$x_G = e\frac{1}{1-\omega^2/p^2}\cos\omega t, \qquad y_G = e\frac{1}{1-\omega^2/p^2}\sin\omega t \tag{8.2 b}$$

여기서

$$p = \sqrt{\frac{k}{m}} \tag{8.3}$$

식(2.116), 식(2.125)의 확대율 M_f, M_f'를 이용하면, 식(8.2 a), (8.2 b)는 각각

$$x = eM_f'\cos\omega t, \qquad y = eM_f'\sin\omega t \tag{8.2 a$'$}$$

$$x_G = eM_f\cos\omega t, \qquad y_G = eM_f\sin\omega t \tag{8.2 b$'$}$$

가 되고, x_G, y_G는 1자유도계에 있어서의 일반 강제진동과 같은 형태이다. 따라서 회전체의 중심 M, 무게중심 G의 처짐은 **그림 2.38**의 곡선과 같이 변화한다. 단, 식(8.2 a′), (8.2 b′)는 왕복진동이 아니고, 회전속도 ω로 회전하는 **선회운동**(旋回運動, 휘돌림 운동, whirling motion)이다. 식(8.2 a), (8.2 b)에서 $x/y = x_G/y_G$이므로 **그림 8.3**의 O, M, G 세 점은, 실은 **그림 8.4**와 같이 일직선상에 있다. 단, $\omega > p$가 되면, M에서 G로 향하는 강제력과 O에서 M점의 처짐 r과의 사이에 180°의 위상차가 발생하기 때문에, **그림 8.4** (b)와 같이 무게중심

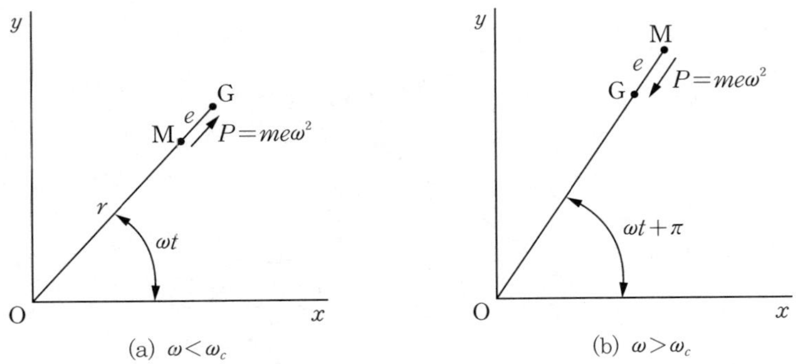

그림 8.4

G가 OM 사이에 온다. 이것은 **그림 2.38**에서 $\omega > p$이면 $|M_f'|>|M_f|$인 사실로부터도 알 수 있다. $\omega = \infty$이면 $M_f = 0$, 따라서 무게중심 G는 베어링 중심선 OO상에 온다.

회전축계의 처짐에 의해 발생하는 선회(휘돌림)진동의 경우 고유진동수는

$$m\ddot{x}+kx=0$$

를 풀어 주어지는 자유진동의 진동수 $p=\sqrt{k/m}$이다. 축의 회전속도가 선회진동의 고유진동수 p와 같게 되면 M_f, $M_f' = \infty$가 되고, 처짐이 증가해 감에 따라 회전축이 파괴될 우려가 있다. 그래서

$$\omega_c = p = \sqrt{\frac{k}{m}} \tag{8.4}$$

로 주어지는 회전속도 ω_c를 회전축의 **위험속도**(危險速度, critical speed)라고 한다.

$\omega = \omega_c = p$일 때 회전체의 운동식은 **2.5.5항**에서 기술한 공진시에 있어서의 강제진동식과 같은 식이 되는데, 이 경우 M, G점은 평면운동을 행하고, 문자대로 **그림 2.41**과 같은 아르키메데스 나선을 그리면서, 처짐이 무한히 커지게 된다. $\omega = \omega_c$일 때 강제력 P는 변위 r에 대해 위상이 90° 선행하므로 **그림 8.5**와 같이 되고, 회전체의 운동방향으로 강제력 $P = me\omega^2$이 작용하기 때문에 계에 에너지가 점점 유입되어, 처짐은 계속 증가해 간다.

감쇠가 있을 때 무게중심 G에 관한 운동방정식은

$$\left.\begin{aligned} m\ddot{x}_G+c\dot{x}_G+kx_G &= ke\cos\omega t \\ m\ddot{y}_G+c\dot{y}_G+ky_G &= ke\sin\omega t \end{aligned}\right\} \tag{8.1b$'$}$$

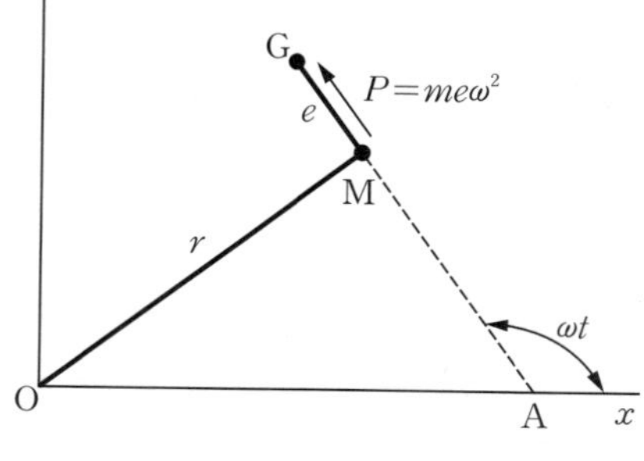

그림 8.5 $\omega = \omega_c = p$**일 때** (ω_c **: 위험속도**)

이고, $P_0 = ke$라고 놓으면 식(2.131)과 같으므로 무게중심 G의 공진곡선은 **그림 2.42**와 완전히 같게 된다. 또한 회전축에서 정적처짐 $\delta_{st}{}' = P_0/k$에 상당하는 양은 편심 e이다.

위험속도를 피해서 운전속도를 선택하는 것은 기계공학에 있어서 상식이다. 보통 저속측으로 피하는데, 기계의 종류에 따라서는 ω_c를 넘어서 고속측으로 피하는 기계도 있다.

8.2 회전축의 안정성에 대해서

감쇠가 있으면 $\omega = \omega_c = p$인 공진상태일 때도 운동은 이하에 설명하는 바와 같이 안정하다. 무게중심의 처짐을 r_G라고 하면, **2.5.6항**의 **그림 2.44**에서, 감쇠력은 $F_c = c\omega_c r_G$이고, 축 휘돌림 1회전 중에 감쇠력에 의해 소실되는 에너지 E_c'는

$$E_c' = F_c \cdot 2\pi r_G = 2\pi c\omega_c r_G^2 \tag{i}$$

앞 절에서 기술한 바와 같이 $\omega = \omega_c$일 때 위상지연 δ는 90°이고, **그림 2.44**와 **그림 8.5**에서 보면 강제력은 $P = me\omega_c^2 = ke$ $(\because \omega_c^2 = k/m)$인데, 이 힘에 의해 1회전 중에 행하는 일 E_P'는

$$E_P' = me\omega_c^2 \cdot 2\pi r_G = ke \cdot 2\pi r_G = 2\pi ke r_G \tag{ii}$$

$E_c' = E_P'$라고 놓으면, 감쇠가 있을 때 $\omega = \omega_c$에 있어서 처짐 r_{Gc}를 구할 수 있다.

$$r_{Gc} = \frac{ke}{c\omega_c} = \frac{\sqrt{mk}}{c} e \tag{iii}$$

그림 8.6은 E_c'와 E_P'를 나타낸 것이다. $E_P' = E_c'$가 되는 교점 a의 횡좌표가 식(iii)의 r_{Gc}이다. 처짐 r_{Gc}가 외란에 의해 약간이라도 작아져 r_{G2}가 되면, $E_P' > E_c'$가 되기 때문에 계에 들어오는 에너지는 소실되는 양보다 크게 되어, r_{G2}는 증가해서 원래의 r_{Gc}로 되돌아간다. r_{Gc}보다 큰 r_{G1}이 되면 $E_c' > E_P'$가 되어, 계의 에너지는 감소하므로 처짐도 작아지고, 원래의 r_{Gc}로 되돌아간다. 즉, 처짐 $r_G = r_{Gc}$ 상태는 안정한 상태이다. 1자유도계에 있어서 공진시의 정상진동도 상기의 설명과 마찬가지로 안정하다고 결론지을 수 있다[**2.5.6항** 식(i), (ii) 참조].

다음에는 감쇠가 없을 때, 회전체의 안정성에 대해 고찰해 보자. 무게중심 G에는 원심력 C가 작용하고, 회전체의 중심 M에는 회전축의 탄성력 F가 작용하고, 이때 $\omega < \omega_c$이면

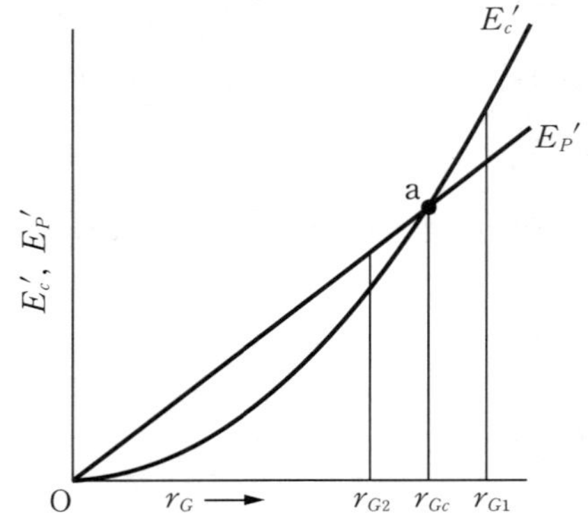

그림 8.6

그림 8.7 (a)와 같이, $\omega > \omega_c$이면 **그림 8.7** (b)와 같이 작용한다. **그림 8.7** (a)와 같은 방향으로 힘이 작용하면 이 상태는 안정하지만, **그림 8.7** (b)에서는 외란에 의해 O, G, M 3점이 일직선상에서 약간이라도 벗어나면 점선으로 나타낸 바와 같이, C와 F 힘에 의해 이 벗어남을 증가시키는 방향의 모멘트가 형성되므로 G 점이 OM 사이에 오는 $\omega > \omega_c$인 경우의 운동은 불안정하지는 않을까 하는 생각이 든다. 이것이 $\omega > \omega_c$일 때의 운동은 불안정하지는 않을까 하는 제1의 우려사항이다.

원심력 C와 스프링력 F의 크기를 회전체의 중심 M의 처짐 r로 나타내면

$$\left.\begin{array}{ll} \omega<\omega_c \text{ 일 때} & C = m(r+e)\omega^2, \quad F = kr \\ \omega>\omega_c \text{ 일 때} & C = m(r-e)\omega^2, \quad F = kr \end{array}\right\} \quad (r = \overline{\mathrm{OM}}) \tag{8.5}$$

이 되고, **그림 8.8**에서 r_0, 즉 $C = F$가 되는 어떤 반경 r_0로 정상 휘돌림 운동을 행한다. **그림 8.8**에서 F 직선의 기울기는, $\omega_c = p = \sqrt{k/m}$ 보다 ω가 작을 때, 즉 $\omega < \omega_c$일 때는 C

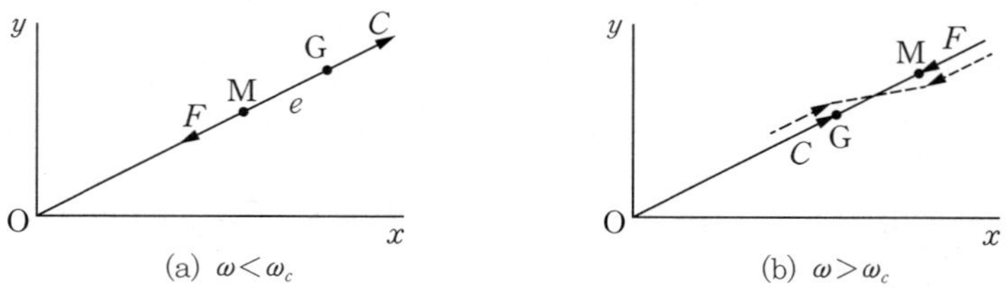

그림 8.7

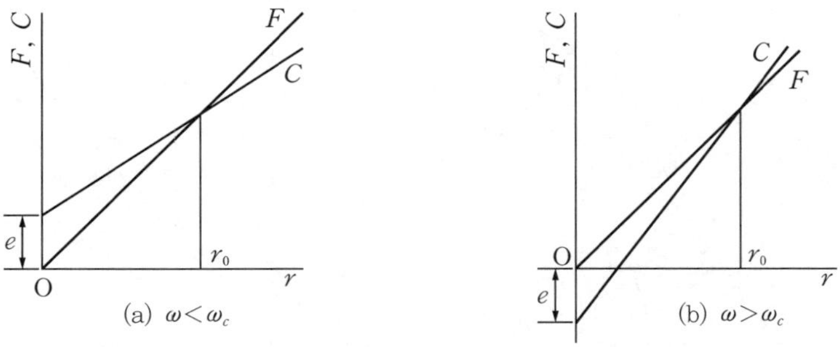

그림 8.8

의 기울기보다 크고, $\omega > \omega_c$이면 거꾸로 C의 기울기가 크다. $\omega < \omega_c$일 때는 안정하지만, $\omega > \omega_c$일 때는 **그림** 8.8 (b)의 r_0보다 r이 외란에 의해 약간이라도 작아지면 복원력 F가 C보다 커지므로 r은 계속 감소해 가고, r가 r_0보다 커지면 원심력 C가 F보다 크게 되므로 그대로 계속 커져서 $r = r_0$ 상태는 정적으로 불안정하지는 않을까 생각된다. 이것이 $\omega > \omega_c$일 때의 운동은 불안정하지는 않을까 하는 제2의 우려사항이다.

축을 위험속도 ω_c보다 고속으로 회전시키면 계가 불안정하게 되고, 축이 파괴해 버리지는 않을까 하는 불안은 절실한 문제로서 이전에 크게 논의되었다. 하여튼 돌려보자고 해서 조심조심 위험속도 ω_c를 넘겼더니 아무 일도 없었다고 하는 것이 그 때의 실제 상황이었던 것이다. 아래에 설명하는 바와 같이, 실제 $\omega > \omega_c$이더라도 운동은 안정한 상태가 된다.

그림 8.4와 같이 O, M, G 3점은 일직선을 이루고, 무게중심 G는 반경 $r_G = r_{G0}$인 정상 휘돌림 운동을 하고 있는데, 이때 무언가의 외란에 의해 조금 벗어나서

$$r_G = r_{G0}+\xi \tag{iv}$$

가 되고, 또한 O, M, G는 일직선에서 미소 각도 ψ 벗어나서 **그림** 8.9의 상태가 되었다고 하자. 따라서 무게중심의 좌표 x_G, y_G는 식(8.2 b′)가 아니고

$$x_G = r_G \cos\varphi, \quad y_G = r_G \sin\varphi \tag{v}$$

여기서

$$\varphi = \omega t-\psi \tag{vi}$$

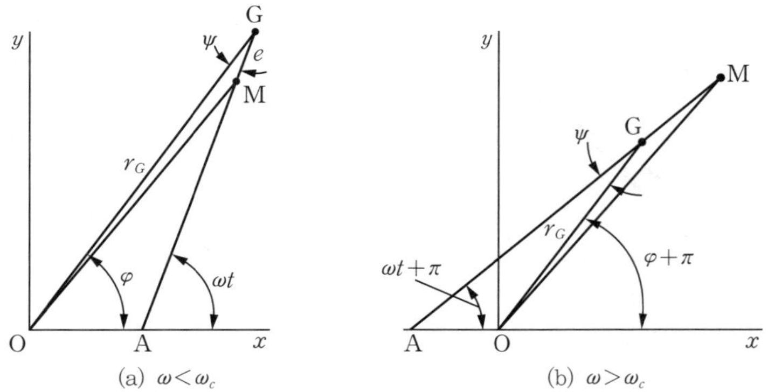

$\psi=\angle\mathrm{OGA}$

그림 8.9 회전체의 안정성

외란에 의해 축이 비틀리지 않는 한, 가령 외란이 작용해도 $\overrightarrow{\mathrm{MG}}$ 가 x 방향과 이루는 각도는 **그림 8.4**와 다르지 않고, **그림 8.9** (a)에서는 $\angle\mathrm{GA}x=\omega t$, **그림 8.9** (b)에서는 $\angle\mathrm{GA}x=\omega t+\pi$이다. 식(iv), (vi)의 r_G, ψ의 시간 t에 대한 변화모양을 조사해 보면 안정 여부를 판정할 수 있다. 식(v), (vi)을 식(8.1 b)에 대입하면

$$\left.\begin{aligned}&\ddot{r}_G-r_G\dot{\varphi}^2+\omega_c^2r_G=\omega_c^2e\cos\psi\\&2\dot{r}_G\dot{\varphi}+r_G\ddot{\varphi}=\omega_c^2e\sin\psi\end{aligned}\right\}$$

이 관계는 **그림 1.9** (c)로부터도 유추할 수 있다. 단, **그림 1.9**의 ω에 상당하는 양이 여기서는 $\dot{\varphi}$이다. 식(iv), (vi)을 윗식에 대입하여, 미소량 ξ, ψ, e의 제곱 이상을 무시하고 게다가 $r_{G0}=eM_f$ (M_f : 확대율)인 것을 참조하면

$$\left.\begin{aligned}&\ddot{\xi}+(\omega_c^2-\omega^2)\xi+2r_{G0}\omega\dot{\psi}=0\\&-2\omega\dot{\xi}+r_{G0}\ddot{\psi}=0\end{aligned}\right\}\tag{8.6}$$

만약 O, M, G가 항상 일직선상에 있고, $\psi=0$, 따라서 $\dot{\psi}=0$가 되도록 계를 구속하고 있으면, 식(8.6)의 제1식은 $\omega>\omega_c$일 때

$$\ddot{\xi}-(\omega^2-\omega_c^2)\xi=\ddot{\xi}-\rho^2\xi=0$$

가 되고, 이것은 음(−)의 복원력을 가지는 운동방정식이므로 $\xi=Ae^{\rho t}$로 정적으로 불안정

하게 된다. 이것은 **그림 8.8** (b)와 같이 되었을 때이다. 그러나 실제로 회전체에서는 이와 같은 구속은 없고, 각도 ψ에 벗어남이 발생하면, 식(8.6)의 제1식 제3항에 $2r_{G0}\omega\dot{\psi}$가 존재하므로 아래에 설명하는 바와 같이 계는 안정하다.

$$\xi = Ae^{st}, \quad \psi = Be^{st} \tag{vii}$$

라 놓고, 식(8.6)에 대입하면

$$\left.\begin{aligned} &\{s^2+(\omega_c^2-\omega^2)\}A+2r_{G0}\omega sB = 0 \\ &-2\omega sA+r_{G0}s^2B = 0 \end{aligned}\right\}$$

윗식으로부터 특성방정식

$$\begin{vmatrix} s^2+\omega_c^2-\omega^2 & 2r_{G0}\omega s \\ -2\omega s & r_{G0}s^2 \end{vmatrix} = r_{G0}s^2\{s^2+(\omega_c^2+3\omega^2)\} = 0$$

가 주어진다. 이것을 풀면

$$s = 0, \qquad s = \pm i\sqrt{\omega_c^2+3\omega^2}$$

s는 0 혹은 순허수가 되고, 양(+)의 실수로는 되지 않기 때문에, ξ와 ψ는 점점 커지지는 않고, $\omega < \omega_c$, $\omega > \omega_c$를 불문하고, **5.2절**에서 기술한 바와 같이 계는 안정하다.

8.3 회전체의 경사진동, 자이로모멘트

처짐과 경사(회전, 기울기)가 연성하지 않는 **그림 8.1** (a), (b)의 회전체에 있어서 회전체 중심 M 둘레의 경사운동(**그림 8.10**)에 대해 고찰해 보자. 회전체의 회전축 둘레에 대한 극질량관성모멘트를 I_p, M점을 통과하고 회전축에 수직인 축, 즉 M점을 통과하는 임의의 직경 둘레에 대한 주질량관성모멘트를 I, 경사각을 θ, 축의 경사에 관한 스프링상수를 k'[Nm/rad]라 하자. 축이 회전하고 있지 않으면, 운동방정식은 **2.3.7**항의 식(q), 즉

$$I\ddot{\theta}+k'\theta = 0 \tag{q}$$

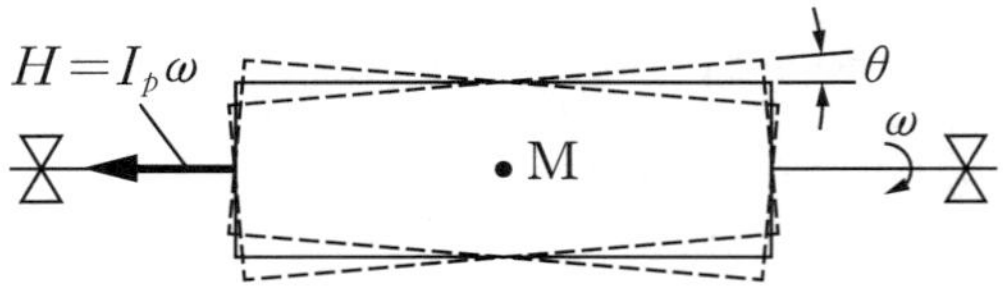

그림 8.10

가 되어 문제는 간단하지만, 축이 ω로 회전하고 있을 때는 **자이로 모멘트**(gyro moment)가 작용하여 운동방정식 중에는 식(q) 중의 $I\ddot{\theta}$ 이외의 관성항이 들어온다.

그림 8.10에서, 축이 ω로 회전하고 있을 때는 M점을 통과하고 책 표면과 수직인 방향에 있는 각운동량 $I\dot{\theta}$ 이외에, 그림에 나타낸 $H = I_p\omega$의 각운동량이 존재한다. 이 H는 운동 중 크기는 변하지 않지만, 경사각 θ가 변함에 따라 그 방향을 바꾸므로 H에 의한 각운동량은 변한다. 따라서 뉴톤의 운동에 관한 제2법칙으로부터 유도한 **1.3절**의 식(B)와 마찬가지로 다음의 관계

$$(\text{각운동량의 단위시간당 변화량})=(\text{외부에서 가한 모멘트}) \tag{B}'$$

의 좌변에 H의 변화량을 더한 운동방정식이 되어야 한다.

이 H의 변화량을 구해 보자. 베어링 중심선을 z축으로 선택하고, x, y축은 앞 절에서와 마찬가지로 베어링 중심선과 수직으로 취하면, **그림 8.11**과 같은 직교정지좌표계 M$-xyz$를 얻을 수 있다. 시각 $t = t$에 있어서 회전체가 $\angle$ M′MA $= \theta$ 기울어, 회전체의 회전축 방향이 그림에서 MA 방향에 있는 것으로 한다. 따라서 각운동량 $H = I_p\omega$ (=MA)도 이 방향에 있다. dt 시간 후에 θ가 $d\theta$만큼 변화하여, 회전축의 위치가 MB 방향에 오는 것으로 하면, 각운동량 H = MA도 dt시간 동안에 MB로 변화하여, 각운동량의 변화 AB가 생긴다. 그림에서 A′B′, A″B″는 AB의 x, y 방향 성분이다. 기울기 θ를 x, y 방향으로 투영한 것을 θ_x, θ_y라 하고, MA를 xy 평면에 투영한 것을 $\mathrm{MA_0}$,

$$\angle x\mathrm{MA_0} = \angle \mathrm{A'M'A} = \varphi$$

또한 AB가 x축 방향과 이루는 각을 φ'(그림에는 표시되어 있지 않다)라 하고, 미소량 θ의 3제곱 이상을 무시하면

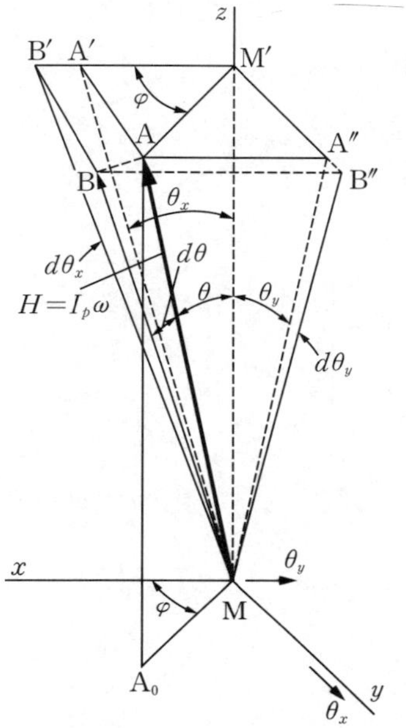

그림 8.11 각운동량 $H = I_p\omega$의 변화

$$\left.\begin{aligned} \theta_x &= \angle\ \mathrm{M'MA'} = \angle\ \mathrm{M'MA}\cos\varphi = \theta\cos\varphi \\ \theta_y &= \angle\ \mathrm{M'MA''} = \angle\mathrm{M'MA}\sin\varphi = \theta\sin\varphi \\ d\theta_x &= \angle\ \mathrm{A'MB'} = \angle\mathrm{AMB}\cos\varphi' = d\theta\cos\varphi' \\ d\theta_y &= \angle\ \mathrm{A''MB''} = \angle\ \mathrm{AMB}\sin\varphi' = d\theta\sin\varphi' \end{aligned}\right\} \qquad \text{(i)}$$

로 나타낼 수 있다. 그림과 식(i)로부터

$$\left.\begin{aligned} &\mathrm{AB} = \mathrm{MA}\,d\theta = Hd\theta = I_p\,\omega d\theta \\ &\mathrm{A'B'} = \mathrm{AB}\cos\varphi' = I_p\,\omega d\theta\cos\varphi' = -I_p\,\omega d\theta_x \\ &\quad(\theta_y \text{ 방향의 각운동량 변화량}) \\ &\mathrm{A''B''} = \mathrm{AB}\sin\varphi' = I_p\,\omega d\theta\sin\varphi' = I_p\,\omega d\theta_y \\ &\quad(\theta_x \text{ 방향의 각운동량 변화량}) \end{aligned}\right\} \qquad \text{(ii)}$$

A′B′에 (−)부호가 붙은 것은 다음과 같은 이유 때문이다. **그림 8.11**의 M−xyz 좌표계는 오른손 좌표계이므로 그림에서 각도 θ_x, θ_y의 (+)방향은 θ_x, θ_y가 증가하는 방향으로 오른 나사를 돌릴 때 나사가 진행하는 방향이다. 즉, θ_x, θ_y의 (+)방향은 그림의 아래쪽에 나

타낸 바와 같이 각각 y, $-x$ 방향이 된다. 따라서 벡터 $\overrightarrow{\mathrm{A''B''}}$는 θ_x의 (+)방향을 취하지만, $\overrightarrow{\mathrm{A'B'}}$는 θ_y의 (−)방향을 취한다.

식(ii)는 dt 시간에 있어서 각운동량의 변화이다. 단위시간당 각운동량의 변화는

$$\left.\begin{aligned} \frac{\mathrm{AB}}{dt} &= I_p\,\omega\,\dot{\theta} \\ \frac{\mathrm{A'B'}}{dt} &= -I_p\,\omega\,\dot{\theta}_x\ \ (\theta_y\ \text{방향}) \\ \frac{\mathrm{A''B''}}{dt} &= I_p\,\omega\,\dot{\theta}_y\ \ (\theta_x\ \text{방향}) \end{aligned}\right\} \tag{8.7}$$

따라서 $\omega \neq 0$일 때 경사운동에 관한 운동방정식은, $\omega = 0$일 때의 식(q)를 θ_x, θ_y로 나타낸 식

$$\left.\begin{aligned} I\ddot{\theta}_x &= -k'\theta_x \quad (\theta_x\ \text{방향}) \\ I\ddot{\theta}_y &= -k'\theta_y \quad (\theta_y\ \text{방향}) \end{aligned}\right\} \tag{iii}$$

의 좌변에 각각 식(8.7)의 $I_p\omega\dot{\theta}_y$, $-I_p\omega\dot{\theta}_x$를 더한 다음 식이 된다.

$$\left.\begin{aligned} I\ddot{\theta}_x + I_p\omega\dot{\theta}_y + k'\theta_x &= 0 \\ I\ddot{\theta}_y - I_p\omega\dot{\theta}_x + k'\theta_y &= 0 \end{aligned}\right\} \tag{8.8}$$

$I_p\omega\dot{\theta}_y$, $-I_p\omega\dot{\theta}_x$를 **자이로스코프 항**(gyroscope term)이라 하고, 자이로스코프 항의 부호를 반대로 한 관성우력이 **자이로 모멘트**(gyro moment)이다. 한쪽에는 (+), 다른 쪽에는 (−)가 붙은 것은 앞에서 설명한 바와 같이 단지 오른손 좌표계를 채용했기 때문이고, $I_p\omega\dot{\theta}_y$와 $-I_p\omega\dot{\theta}_x$는 역학적으로 완전히 같은 양이다.

여기서 자이로 모멘트에 대해 조사해 보자. 팽이나 절구통 절구공이의 운동과 같이, 회전체가 자신의 회전축, 즉 **그림 8.12**의 MA축 둘레를 ω로 자전함과 동시에 기울기 θ를 일정하게 유지하면서 회전축 MA가 베어링 중심선 Mz 둘레를 $\dot{\varphi} = p$로 공전하는 경우에 대해 생각해 보자. 이때 회전축 MA는 **그림 8.12**와 같이 원추면을 그린다. dt 시간에 MA는 방향을 $d\theta$ 바꾸므로 그림에서 보면

$$\mathrm{AB} = \mathrm{MA}d\theta = \mathrm{M'A}d\varphi, \qquad \mathrm{M'A} = \mathrm{MA}\sin\theta \fallingdotseq \mathrm{MA}\cdot\theta$$

$$\therefore\ \mathrm{AB} = \mathrm{MA}\theta d\varphi = I_p\omega\theta d\varphi$$

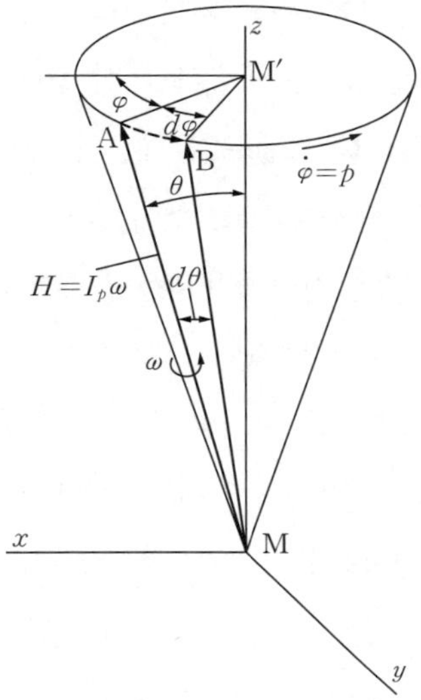

그림 8.12 자이로 작용

단위 시간당 각운동량의 변화는

$$\frac{\mathrm{AB}}{dt} = I_p\omega\theta\dot{\varphi} = I_p\omega p\theta \tag{8.9}$$

식 (8.9)의 각운동량 변화 $I_p\omega p\theta$의 θ_x, θ_y 방향의 성분은 이 경우에도 각각 식 (8.8) 중의 $I_p\omega\dot{\theta}_y$, $-I_p\omega\dot{\theta}_x$로 나타낼 수 있다. 식 (8.9)의 각운동량에 의한 관성우력, 즉 식 (8.9)의 방향을 반대로 한 것이 자이로 모멘트 M_g이다.

$$M_g = -I_p\omega p\theta \tag{8.10}$$

그림 8.12에서는 ω와 공전속도 p를 같은 방향으로 취하고 있다. 자전과 공전의 방향이 같은 운동을 **전향세차운동**(前向歲差運動, forward precession)이라고 한다. 이때는 $\omega p > 0$이 되고, 식 (8.10)의 M_g는 (−)이다. 즉, M_g는 θ를 작게 하는 방향으로 작용한다. 공전속도 p가 ω와 역방향으로 $\omega p < 0$이 되는 **후향세차운동**(後向歲差運動, backward precession)의 경우에는 θ를 증가시키는 방향으로 자이로 모멘트가 작용한다.

자이로모멘트의 역학적인 설명은 다음과 같다. 실 끝에 붙인 질량 m인 물체를 반경 r, 각속도 ω로 휘돌리면, 물체는 실에 의해 당겨져 즉, 구심력이 실을 통해 물체에 작용하고, 이 힘이 가해지기 때문에 발생하는 가속도로서 시시각각 원주속도의 방향을 변화시켜 원운동이 된다. 그리고 이 가속도에 기인하는 관성력이 구심력과 크기가 같고 방향이 반대인 원심력 $mr\omega^2$이다. 이것과 마찬가지로 각속도 ω로 회전하고 있는 팽이의 회전축이 θ만큼 경사지면, 앞 예의 실에 의한 구심력에 상당하는 중력에 의한 모멘트가 팽이의 기울기를 증가시키는 방향으로 작용한다. 이 중력에 의한 모멘트가 작용하기 때문에 식(B)′와 같이 팽이의 각운동량은 일정치를 유지하는 것은 불가능하고, 팽이는 시시각각 각운동량을 변화시키는데, 그 결과로서 절구통 절구공이와 같은 전향세차운동을 행한다. 그리고 이 각운동량의 변화에 기인하는 관성우력이 중력에 의한 모멘트와 크기가 같고 방향이 반대인, 즉 θ를 감소시키는 방향으로 작용하는 자이로 모멘트 $-I_p\,\omega p\theta$이다. 중력에 의한 모멘트와 자이로 모멘트는 상쇄되기 때문에 기울어 있어도 팽이는 넘어지지 않는다.

식(8.8)로 지배받는 회전체의 경사운동은, 자이로스코프 항 $I_p\,\omega\dot{\theta}_y$, $-I_p\,\omega\dot{\theta}_x$가 존재하기 때문에 일반 진동계의 운동과는 성질이 꽤 다르다. 첫 번째로, 운동방정식의 계수 중에 회전속도 ω가 포함되어 있으므로 계수의 조합으로 표현되는 고유진동수가 ω의 함수가 되어 일정하지 않다. 두 번째로, 식(8.8)의 제1, 2식에 각각 $\dot{\theta}_y$, $\dot{\theta}_x$가 포함되어 있기 때문에 일반적으로는 연성하지 않는 서로 직각인 θ_y 방향($-x$ 방향), θ_x 방향(y 방향)의 운동이 연성하고 있다. 세 번째로, 가령 식(8.8)의 제 1식에 있어서 $\ddot{\theta}_x$, $\dot{\theta}_y$, θ_x는 전부 sin, cos으로 나타내지 않으면, 그들의 합이 시간 t에 관계없이 항상 0으로는 되지 않으므로, 진동을 나타낼 때

$$\left.\begin{aligned}\theta_x &= a\cos(pt+\alpha)\\ \theta_y &= a\sin(pt+\alpha)\end{aligned}\right\} \tag{8.11}$$

와 같이 θ_x, θ_y 중 한 쪽을 cos, 다른 쪽을 sin으로 해야 한다. 식(8.11)은 왕복진동은 아니고, 반경 a, 회전속도 p인 휘돌림 운동(선회운동, whirling motion)이다. 즉, $\omega \neq 0$로 자이로스코프 항이 0이 아닐 때, 회전체의 경사진동은 휘돌림 운동이 된다.

식(8.8)에 식(8.11)을 대입하면 진동수방정식

$$Ip^2-I_p\omega p-k' = 0 \tag{8.12}$$

가 주어진다. 상수항이 $-k'$로 (−)이므로 하나의 (+)근과 하나의 (−)근을 가진다. (+)근을 p_f, (−)근을 p_b라고 하면, 윗식으로부터

$$p_f = \frac{I_p\omega+\sqrt{I_p^2\omega^2+4k'I}}{2I},\quad p_b = \frac{I_p\omega-\sqrt{I_p^2\omega^2+4k'I}}{2I} \tag{8.13}$$

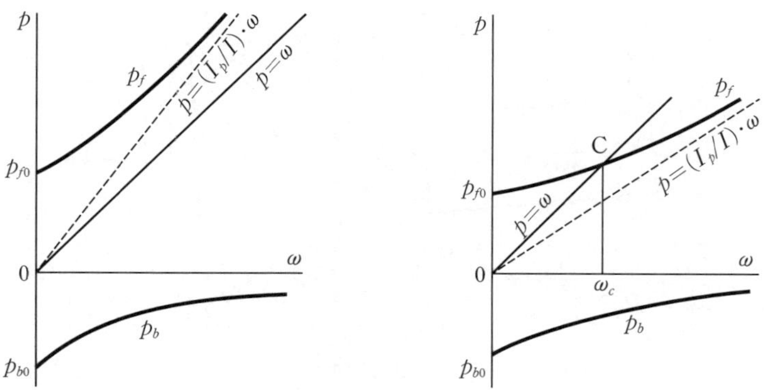

(a) $I_p > I$ (b) $I_p < I$

그림 8.13 경사운동의 고유진동수 p_f, p_b

휘돌림 운동이므로, 음(−)의 고유진동수 p_b는 $\omega(>0)$와 역방향의 휘돌림, 즉 후향세차운동을 의미하고, 양(+)의 p_f는 전향세차운동을 뜻한다. 고유진동수 p_f, p_b를 회전속도 ω에 대해서 나타낸 것이 **그림 8.13**이다. $\omega = 0$일 때의 p_f, p_b를 p_{f0}, p_{b0}라 하면

$$p_{f0} = |p_{b0}|$$

이고, p_f는 ω와 더불어 증가하고, $\omega = \infty$가 됨에 따라 $p = (I_p/I)\cdot\omega$인 파선으로 나타낸 직선으로 점근(漸近)한다. p_b는 ω와 더불어 그 절대치가 작아져서 $\omega \to \infty$에서 $p_b \to 0$가 된다. 전향세차운동일 때는 크기가 ω에 비례하는 식(8.10)의 자이로 모멘트 M_g는 기울기 θ를 감소시키는 방향으로 작용하므로 계의 강성은 외관상 ω가 증가할수록 커진다. 그 때문에 고유진동수 p_f는 ω와 더불어 커진다. 이것에 반해 후향세차운동일 때 M_g는 θ를 증가시키는 방향으로 작용하므로 ω가 커질수록 외관상 스프링력이 약한 계가 되어 p_b의 크기도 ω와 더불어 감소한다.

실제의 회전체에서는, 편심 e의 존재를 피할 수 없는 것과 마찬가지로 회전체의 관성주축을 회전축에 일치시키는 것도 곤란하고, **그림 8.14**와 같이 약간 불일치한 각도 τ가 존재한다. 이 τ를 회전체의 **동적 불평형**(動的 不平衡, dynamic unbalance)이라 하고, τ가 있을 때 축이 회전하면 **그림 8.14**와 같이 원심력 C, C에 의한 모멘트가 발생한다. 관성주축의 기울기를 θ_1, θ_{x1}, θ_{y1}이라 하면, τ가 있을 때 식(8.8)의 관성항은 θ_{x1}, θ_{y1}을 이용하여 나타내어야 한다.

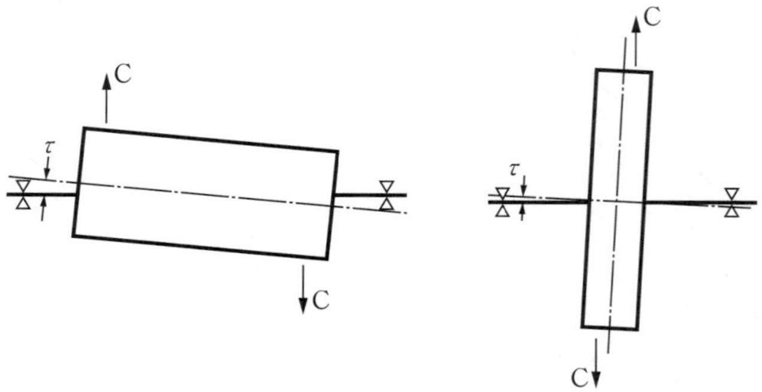

그림 8.14

$$\left.\begin{aligned} I\ddot{\theta}_{x1} + I_p\omega\dot{\theta}_{y1} + k'\theta_x = 0 \\ I\ddot{\theta}_{y1} - I_p\omega\dot{\theta}_{x1} + k'\theta_y = 0 \end{aligned}\right\} \tag{8.8 a}$$

동적불평형 τ가 xz 평면 (**그림 8.11**) 상에 왔을 때를 시각 $t=0$로 선택하면, 식(b)와 마찬가지로, θ, θ_x, θ_y, τ가 미소량일 때는

$$\theta_{x1} = \theta_x + \tau\cos\omega t, \qquad \theta_{y1} = \theta_y + \tau\sin\omega t \tag{b$'$}$$

로 나타낼 수 있다. 식(b′)를 식(8.8 a)에 대입하면

$$\left.\begin{aligned} I\ddot{\theta}_x + I_p\omega\dot{\theta}_y + k'\theta_x = (I - I_p)\tau\omega^2\cos\ \omega t \\ I\ddot{\theta}_y - I_p\omega\dot{\theta}_x + k'\theta_y = (I - I_p)\tau\omega^2\sin\ \omega t \end{aligned}\right\} \tag{8.14}$$

가 되고, 동적불평형 τ에 의해 크기가 $(I-I_p)\tau\omega^2$이고 ω로 회전하는 모멘트의 강제외력이 발생한다. 극질량관성모멘트 I_p가 회전체의 중심 M을 통과하는 직경에 관한 주질량관성모멘트 I와 같은 회전체에서는 식(8.14)의 우변은 0이 된다. $I=I_p$인 회전체는 역학적으로는 구(球)와 같은 것이고, 회전체의 중심 M을 통과하는 모든 직경은 관성주축이 된다. 따라서 이와 같은 경우에는 가령 편심 e가 발생하는 일이 있더라도 관성주축과 회전축 사이의 불일치 τ가 발생하지 않고, τ에 의한 강제외력도 발생하지 않는다.

식(8.14)의 강제진동으로서

$$\theta_x = A\cos\omega t, \qquad \theta_y = A\sin\omega t \tag{8.15}$$

라 놓고, 이것을 식(8.14)에 대입하면, 강제진동의 진폭 A가 다음과 같이 구해진다.

$$A = \frac{(I-I_p)\tau\omega^2}{k'-(I-I_p)\omega^2} \tag{8.16}$$

진폭 A가 무한대가 되는 위험속도는, 윗식의 분모를 0으로 놓은 식

$$k'-(I-I_p)\omega^2 = 0 \tag{8.17}$$

로부터 다음과 같이 구해진다.

$$\omega_c^2 = \frac{k'}{I-I_p} \tag{8.18}$$

식(8.17)은 진동수방정식(8.12)에 있어서 $p = \omega$로 놓았을 때의 식과 일치한다. 경사진동의 경우도 고유진동수 p와 일치하는 축 회전속도 ω가 강제진동의 진폭이 무한대가 되는 위험속도 ω_c이다.

회전체가 길이 l, 직경 d인 원기둥 형태의 경우, $l = \frac{\sqrt{3}}{2}d = 0.866d$일 때 $I_p = I$, $l > 0.866\,d$이면 $I_p < I$, $l < 0.866d$ 이면 $I_p > I$가 된다. **그림 8.13** (a)에서 보는 바와 같이 $I_p > I$인 짧은 회전체에서는 $p = \omega$의 직선과 p_f 곡선과는 교차하지 않으므로 위험속도 ω_c는 존재하지 않는다. 이것은 식(8.18)에서 $I_p > I$이면 $\omega_c^2 < 0$이 되고, 실수의 ω_c가 얻어지지 않는 것으로부터도 알 수 있다. $I_p < I$인 비교적 긴 회전체에서는 **그림 8.13** (b)에서 보는 바와 같이 $p = \omega$의 직선은 C점에서 p_f 곡선과 교차한다. C점의 횡좌표가 식(8.18)로 주어지는 위험속도 ω_c이다.

편심 e, 동적불평형 τ에 의한 강제진동은 식(8.2 a), (8.2 b), (8.15)에서 보는 바와 같은 휘돌림속도가 ω인 전향세차운동이다. 한편, 축도 ω로 자전하고 있으므로, 달과 지구의 관계와 같이, 회전체의 정해진 부분을 항상 내측으로 해서 휘돌고, 탄성축 내의 인장응력과 압축응력을 받고 있는 부분이 교대로 발생하는 일은 없다. 즉, 인장응력을 받는 부분은 항상 인장응력만 받고, 압축응력을 받는 부분은 항상 압축응력만 받는다.

8.4 회전축의 진동과 특성

일반 회전체에서는 **그림 8.1** (c), (d)의 경우와 같이 처짐과 경사가 연성하는 계이다. 이들 계는 ω =0이면 **3.2절**의 **그림 3.8** (a), (b) 계와 같은데, 다만 축이 ω로 회전하고 있기 때문

에 각운동량의 변화 $I_p\omega\dot{\theta}_y$, $-I_p\omega\dot{\theta}_x$가 별도로 가해지는 점이 다르다. 따라서 운동방정식은 식(3.1 e)에 이들 관성항을 더한 다음 식과 같이 된다.

$$\left.\begin{aligned} &m\ddot{x}+kx+\gamma\theta_x=0\\ &m\ddot{y}+ky+\gamma\theta_y=0\\ &I\ddot{\theta}_x+I_p\omega\dot{\theta}_y+\gamma x+k'\theta_x=0\\ &I\ddot{\theta}_y-I_p\omega\dot{\theta}_x+\gamma y+k'\theta_y=0 \end{aligned}\right\} \tag{8.19}$$

윗식에 있어서 x, y, θ_x, θ_y 4개의 좌표는 서로 연성하고 있다. 즉, **그림 3.8** (a), (b)의 계는 축이 회전하고 있을 때는 4자유도계가 된다. 이 경우는 자이로스코프 항이 존재하기 때문에 θ_x와 θ_y뿐만이 아니고, x와 y도 휘돌림진동의 형태를 취하므로, 식(8.19)의 자유진동에 대해서는

$$\left.\begin{aligned} x&=a\cos(pt+\alpha)\\ y&=a\sin(pt+\alpha) \end{aligned}\right\} \qquad \left.\begin{aligned} \theta_x&=b\cos(pt+\alpha)\\ \theta_y&=b\sin(pt+\alpha) \end{aligned}\right\} \tag{8.20}$$

의 형태로 놓을 필요가 있다. 식(8.20)을 식(8.19)에 대입하면 진동수방정식

$$\begin{aligned} &(k-mp^2)(k'+I_p\omega p-Ip^2)-\gamma^2\\ &=mIp^4-mI_p\omega p^3-(kI+k'm)p^2+kI_p\omega p+(kk'-\gamma^2)=0 \end{aligned} \tag{8.21}$$

가 주어진다. 식(8.21)은 p에 관한 4차식이므로 풀 수는 없지만, 식(8.21)은 항상 서로 다른 4개의 실근을 가진다는 것이 일반적으로 증명된다. 이 4개의 근을 p_1, p_2, p_3, p_4라고 하면, 다음 사항이 회전체, 축, 베어링의 치수, 구조에 관계없이 항상 성립하는 것을 증명할 수 있다.

(Ⅰ) $p_1>\sqrt{\dfrac{k}{m}}>p_2>0>p_3>-\sqrt{\dfrac{k}{m}}>p_4$ (8.22)

인 관계가 항상 존재한다. 여기서 p_1과 p_2는 전향세차운동, p_3와 p_4는 후향세차운동의 고유진동수이다.

(Ⅱ) p_1과 p_2는 ω와 더불어 커지고, p_3와 p_4는 ω와 더불어 그 크기가 작아진다. 이것은 앞 절에서 설명한 것과 마찬가지로 자이로모멘트 M_g 때문이다.

(Ⅲ) $\omega\to\infty$가 되면, $p_1\to(I_p/I)\cdot\omega$, $p_2\to\sqrt{k/m}$, $p_2\to0$, $p_2\to-\sqrt{k/m}$가 된다.

(Ⅳ) $\omega = 0$일 때의 p_1, p_2, p_3, p_4를 각각 p_{10}, p_{20}, p_{30}, p_{40}라고 하면

$$p_{10} = |p_{40}|, \quad p_{20} = |p_{30}|$$

그림 8.15는 p_1, p_2, p_3, p_4의 곡선을 나타낸 것이다.

회전체에 편심 e, 동적불평형 τ가 있을 때, e와 τ가 존재하는 방향의 각(角)위치 차를 β라 하면, 식(8.19) 제1~4식의 우변에 각각 $me\omega^2 \cos\omega t$, $me\omega^2 \sin\omega t$, $(I-I_p)\tau\omega^2 \cos(\omega t+\beta)$, $(I-I_p)\tau\omega^2 \sin(\omega t+\beta)$의 강제외력이 존재하는 운동방정식이 된다. 이들 강제력이 일으키는 강제진동의 진폭은 $\omega = p$가 될 때, 즉 식(8.21)에 있어서 $p = \omega$라 놓고 구한 위험속도

$$\omega_c^2 = \frac{\{k(I-I_p)+k'm\} \pm \sqrt{\{k(I-I_p)+k'm\}^2 - 4m(I-I_p)(kk'-\gamma^2)}}{2m(I-I_p)} \tag{8.23}$$

일 때 무한대가 된다. 식(8.23)의 ω_c는 **그림 8.15**에서 $p = \omega$ 직선과 p_2, p_1과의 교점 C, C′의

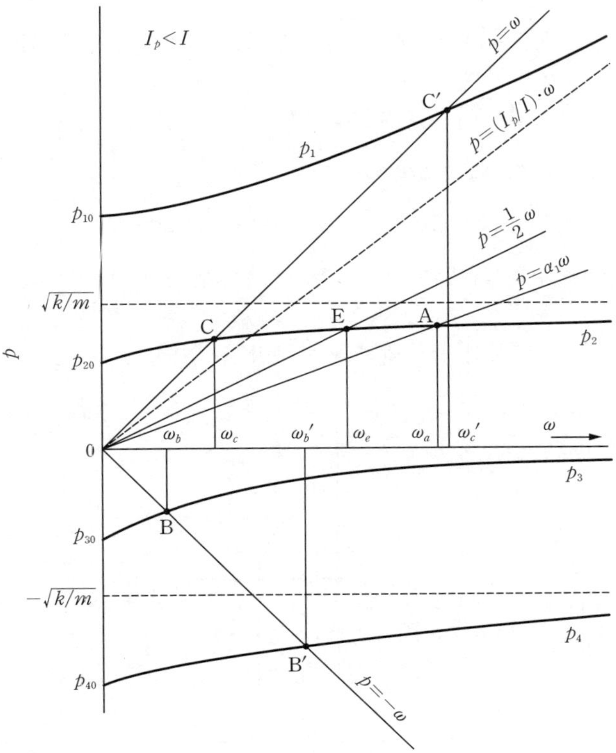

그림 8.15 회전체의 고유진동수

횡좌표 ω_c, ω_c'와 일치한다. $I_p > I$인 회전체에서는 $p = \omega$ 직선과 p_1 곡선과는 교차하지 않으므로 p_2 곡선의 교점 C의 횡좌표 ω_c만 존재한다. $I_p < I$인 긴 회전체에서는 **그림 8.15**와 같이 회전체는 1개이지만, 2개의 위험속도 ω_c, ω_c'가 존재한다. 이 경우는 식(8.23)의 ($\pm$) 양쪽 부호에 대해 양의 ω_c^2이 각각 하나씩 2개 나오기 때문이다.

8.5 회전축에 발생하는 각종 강제진동

(a) 베어링 받침대의 처짐에 기인하는 강제진동

회전축을 지지하고 있는 베어링 받침대에 대해 x, y축을 **그림 8.16**과 같이 정하면, 받침대는 굽힘에 의해 변형하는 x방향 쪽이 인장력이 걸리는 y방향보다 강성이 약하다. 그래서 약간이라도 베어링 받침대가 x방향으로 힘을 받아 변형이 발생하면 받침대를 포함한 축의 강성은 x방향으로 약해지고, y방향은 강하게 되어, 축의 스프링상수에 $2\Delta k$, $2\Delta k'$, $2\Delta\gamma$의 방향차가 생긴다. 편심 e, 동적불평형 τ가 있는 경우 회전체의 운동방정식은

$$\left.\begin{aligned}
&m\ddot{x}+(k-\Delta k)x+(\gamma-\Delta\gamma)\theta_x = me\omega^2\cos\omega t\\
&m\ddot{y}+(k+\Delta k)y+(\gamma+\Delta\gamma)\theta_y = me\omega^2\sin\omega t\\
&I\ddot{\theta}_x+I_p\omega\dot{\theta}_y+(\gamma-\Delta\gamma)x+(k'-\Delta k')\theta_x = (I-I_p)\tau\omega^2\cos(\omega t+\beta)\\
&I\ddot{\theta}_y-I_p\omega\dot{\theta}_x+(\gamma+\Delta\gamma)y+(k'+\Delta k')\theta_y = (I-I_p)\tau\omega^2\sin(\omega t+\beta)
\end{aligned}\right\} \tag{8.24}$$

식(8.24)를 풀면 다음과 같은 형식의 강제진동을 구할 수 있다.

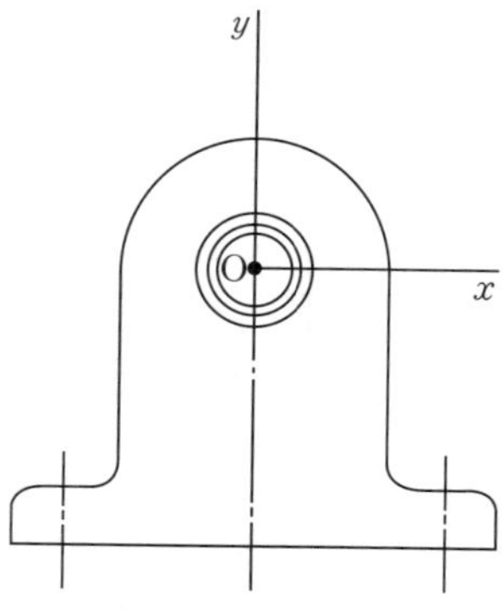

그림 8.16 베어링 받침대

$$\left.\begin{aligned} x &= \frac{A}{f}\cos\omega t+\frac{B}{f}\cos(\omega t+\beta)+\frac{\varDelta A}{ff'}\cos(-\omega t)+\frac{\varDelta B}{ff'}\cos(-\omega t-\beta) \\ y &= \frac{A}{f}\sin\omega t+\frac{B}{f}\sin(\omega t+\beta)+\frac{\varDelta A}{ff'}\sin(-\omega t)+\frac{\varDelta B}{ff'}\sin(-\omega t-\beta) \end{aligned}\right\} \quad (8.25)$$

θ_x, θ_y에 관해서도 마찬가지 형태의 강제진동을 얻을 수 있다. $\varDelta A$, $\varDelta B$는 스프링상수의 방향차 $\varDelta k$, $\varDelta k'$, $\varDelta \gamma$와 같은 정도의 크기이다. 식(8.25)에 있어서

$$\left.\begin{aligned} f &= (k-m\omega^2)\{k'+(I_p-I)\omega^2\}-\gamma^2 \\ f' &= (k-m\omega^2)\{k'-(I_p+I)\omega^2\}-\gamma^2 \end{aligned}\right\} \quad (8.26)$$

식(8.25)의 우변 제1, 2항은 각속도 ω의 전향세차운동을 나타내고, 제3, 4항은 각속도 $-\omega$의 후향세차운동이다. 식(8.26)의 f'는 진동수방정식(8.21)에 있어서 $p=-\omega$로 놓은 식이다. $f'=0$를 풀어 얻은 식

$$\omega_b^2 = \frac{\{k'm+k(I_p+I)\}\pm\sqrt{\{k'm-k(I_p+I)\}^2+4m\gamma^2(I_p+I)}}{2m(I_p+I)} \quad (8.27)$$

에 있어서, **그림 8.15**에서 말하면 $p=-\omega$의 직선과 p_3, p_4 곡선과의 교점 B, B′의 횡좌표 ω_b, ω_b'에서, 식(8.25)의 우변 제3, 4항의 진폭은 $f'=0$가 되기 때문에 무한대가 된다. 즉, ω_b, ω_b'에 있어서 진동수 $-\omega$의 후향세차운동 양식의 위험속도는, 베어링 받침대가 약간이라도 처지면 이것이 원인이 되어 발생한다. 이런 종류의 위험속도는 회전체 및 축의 치수 여하에 관계없이 항상 위험속도 ω_c를 가운데 두고 양쪽으로 ω_b, ω_b' 2개소에서 발생한다.

식(8.19) 중의 스프링상수 γ가 0이 되는, 즉 **그림 8.1** (a), (b)와 같은 처짐과 경사가 연성하지 않는 계에 대해 처짐진동(선회진동)에 관한 한, 사정은 상기와 약간 달라진다. 이 경우는 x, y 방향의 처짐운동은 서로 독립이고, 운동방정식은

$$\left.\begin{aligned} m\ddot{x}+(k-\varDelta k)x &= me\omega^2\cos\omega t \\ m\ddot{y}+(k+\varDelta k)y &= me\omega^2\sin\omega t \end{aligned}\right\} \quad (8.24\,\text{a})$$

이고,

$$\omega_{cx}=\sqrt{\frac{k-\varDelta k}{m}},\quad \omega_{cy}=\sqrt{\frac{k+\varDelta k}{m}} \quad (8.4\,\text{a})$$

로 주어지는 위험속도에서 진동수 ω인 강제력의 진동이 무한대가 되고, 공진곡선은 **그림 8.17**

과 같다. $\omega_{cx} < \omega < \omega_{cy}$ 범위에서는, x 방향은 위험속도를 이미 초과해 있으므로 강제진동의 위상지연 δ는 180°가 되어 있는데, y 방향에서는 아직 $\delta = 0°$이기 때문에 타원궤적의 후향세차운동이 된다. 이 운동은

$$\left.\begin{aligned} x &= A\cos(-\omega t) = \frac{1}{2}(A-B)\cos\omega t + \frac{1}{2}(A+B)\cos(-\omega t) \\ y &= B\sin(-\omega t) = \frac{1}{2}(A-B)\sin\omega t + \frac{1}{2}(A+B)\sin(-\omega t) \end{aligned}\right\}$$

로 ω와 $-\omega$ 2개의 휘돌림 운동이 중첩한 것이라고 생각할 수 있다. 즉, $\gamma = 0$인 계에서는 $\omega_c = \omega_b$가 되기 때문에, ω_c 부근에서 발생하는 ω의 휘돌림과 ω_b 부근에서 발생하는 $-\omega$의 휘돌림이 중첩해서 **그림 8.17**과 같이 된다고 생각해도 좋을 것이다.

역학적으로 $-\omega$인 휘돌림 운동의 발생 기구에 대해 고찰해 보자. x, y방향으로 스프링상수가 다른 것은, 가령 편심 e에 의한 강제력의 효과가

$$F_x = F\cos\omega t, \quad F_y = F\sin\omega t$$

가 아니고, x, y방향으로 크기가 다른

$$\left.\begin{aligned} F_x &= (F+\Delta F)\cos\omega t = F\cos\omega t + \Delta F\cos(-\omega t) \\ F_y &= (F-\Delta F)\sin\omega t = F\sin\omega t + \Delta F\sin(-\omega t) \end{aligned}\right\} \tag{8.28}$$

가 되고, 크기가 F이고 진동수가 ω인 강제력과, 크기가 ΔF이고 진동수가 $-\omega$인 강제력,

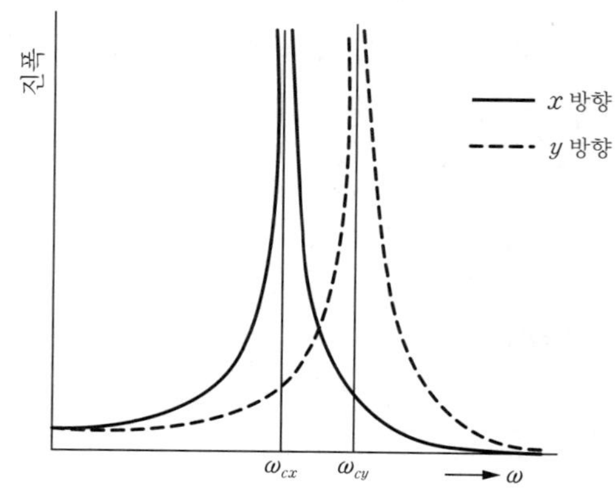

$$\omega_{cx} = \sqrt{\frac{k-\Delta k}{m}}, \qquad \omega_{cy} = \sqrt{\frac{k+\Delta k}{m}}$$

그림 8.17

이 2개의 강제력이 작용하는 것과 같게 되고, 후자의 강제력에 의해 $p = -\omega$가 되는 ω_b, ω_b'에서 공진상태가 되고 $-\omega$의 휘돌림이 크게 발생하는 것이다.

(b) 볼베어링에서 볼 크기의 불균일에 의해 발생하는 진동

볼베어링의 볼은, 볼베어링의 내륜 외경을 D, 볼의 직경을 d라 하면, 내륜 둘레를

$$\omega_1 = \frac{D}{2(D+d)}\omega = \alpha_1 \omega < \frac{1}{2}\omega \tag{8.29}$$

로 주어지는 회전속도 ω_1으로 공전한다. 윗식의 ω_1은 내륜, 볼, 외륜이 서로 구름접촉을 행하고 있다고 하는 조건으로부터 기구학적으로 유도한 것이다. 예를 들면, 직경이 큰 볼이 있으면, 이 볼이 볼베어링의 내륜을 반대측으로 약간의 거리 e_0만큼 밀어낸다. 이 e_0의 방향은 ω_1으로 회전하고 있으므로 진동수 $\omega_1 = \alpha_1\omega$의 강제력을 발생시키고, $p = \omega_1 = \alpha_1\omega$가 되는 축의 회전속도에 있어서 진동수 $\alpha_1\omega$의 휘돌림 강제진동이 공진상태가 된다. 일반 볼베어링에서는 $\omega_1 \fallingdotseq (3/8)\omega$이므로, **그림 8.15**와 같이 $p = \alpha_1\omega = (3/8)\omega$가 되는 비교적 고속의 ω_a(A점의 횡좌표)에서 이런 종류의 진동이 발생한다.

수평축의 경우, 볼베어링의 볼이 축 중심 아래를 통과할 때마다 축은 미소하지만 들어올려진다. 볼 개수를 z라 하면 이 상하운동의 진동수는 $z\omega_1 = z\alpha_1\omega$이다. 따라서 $p = \pm z\alpha_1\omega$가 되는 비교적 저속의 ω에 있어서 진동수 $\pm z\alpha_1\omega$의 휘돌림 강제진동이 발생한다. 이런 종류의 진동은 z가 6~7개이고, 볼과 볼과의 간격이 넓은 단열 볼베어링에서 발생하기 쉬운데, 볼이 빈틈없이 가득 채워져 있는 복렬 볼베어링에서는 발생하기 어렵다.

(c) 회전축의 비선형 스프링 특성에 의한 분수조파진동

베어링 받침대의 좌우부분과 베어링 중심선과의 불일치, 베어링 부분과 기초 부분에 존재하는 각종 덜거덕거림 등에 의해 볼베어링, 저널베어링을 불문하고 회전축의 스프링 특성이 비선형성을, 특히 **그림 7.2**와 같은 비대칭성의 비선형성을 나타낼 수가 있다. 그리고 $p = \pm(1/2)\omega$가 되는 비교적 고속 영역에서 진동수 $\pm(1/2)\omega$의 1/2차 분수조파진동이 편심 e, 동적불평형 τ에 의해 발생할 수가 있다. $p = (1/2)\omega$가 되는 곳(**그림 8.15**의 E점)에서는 전향세차운동, $p = -(1/2)\omega$가 되는 곳에서는 후향세차운동이 되고, 공진곡선에는 도약현상, 이력현상이 나타난다.

7.1.5항의 (b)에서 기술한 합차조파진동의 휘돌림 운동도 비대칭성의 비선형 스프링 특성

때문에 발생하는 수가 있다.

(d) 회전속도의 변동에 기인하는 강제진동

예를 들면, 식 (8.1 b)에 있어서, 회전속도가

$$\omega+\varepsilon\cos\nu\omega t$$

로 진폭 ε, 진동수 $\nu\omega$로 주기적으로 변동하는 경우, ωt에 상당하는 회전각도 φ는

$$\varphi=\int(\omega+\varepsilon\cos\nu\omega t)dt=\omega t+\frac{\varepsilon}{\nu\omega}\sin\nu\omega t+C_1 \quad (C_1 : \text{적분상수})$$

이 되므로, 식 (8.1 b)는 미소량 ε의 제곱 이상을 무시하면

$$\left.\begin{aligned} m\ddot{x}_G+kx_G&=ke\Big[\cos(\omega t+C_1)+\frac{\varepsilon}{2\nu\omega}\cos\{(1+\nu)\omega t+C_1\}\\ &\qquad+\frac{\varepsilon}{2\nu\omega}\cos\{(1-\nu)\omega t+(C_1+\pi)\}\Big]\\ m\ddot{y}_G+ky_G&=ke\Big[\sin(\omega t+C_1)+\frac{\varepsilon}{2\nu\omega}\sin\{(1+\nu)\omega t+C_1\}\\ &\qquad+\frac{\varepsilon}{2\nu\omega}\sin\{(1-\nu)\omega t+(C_1+\pi)\}\Big]\end{aligned}\right\} \tag{8.30}$$

가 되고, 진동수 ω인 강제력 이외에 크기는 ε 정도이지만 진동수 $(1+\nu)\omega$, $(1-\nu)\omega$인 강제력이 발생한다. 식 (8.1 b)뿐만 아니고, 식 (8.1 a), (8.14), (8.24) 등의 우변도 마찬가지이다. 따라서 $(1\pm\nu)\omega$가 고유진동수 p와 일치하는 부근에 있어서, 즉 ω가

$$\omega\fallingdotseq\frac{p}{1-\nu},\qquad \omega\fallingdotseq\frac{p}{1+\nu} \tag{8.31}$$

가 되면, 진동수 $(1-\nu)\omega$ $(\fallingdotseq p)$, $(1+\nu)\omega$ $(\fallingdotseq p)$의 강제진동이 크게 된다. 주의해야할 것은 이런 종류의 강제진동은 전부 휘돌림 운동이므로 $(1-\nu)\omega$의 진동과 $(\nu-1)\omega$의 진동은 별개의 진동이다. $(\nu-1)\omega$의 진동은 발생하지 않는다.

유니버셜 조인트에 의해 회전하고 있는 축에는 이미 알고 있는 바와 같이 1회전에 2회의 각속도 변동이 있다. 이 경우는 $\nu=2$이므로 $(1+\nu)\omega=3\omega$인 전향세차운동과 $(1-\nu)\omega=-\omega$인 후향세차운동의 강제진동이 각각 $\omega\fallingdotseq(1/3)p$, $\omega\fallingdotseq-p$인 곳에서 크게 발생한다.

이 절에서 기술한 각종 강제진동은, **8.1~8.4절**에서 기술한 e와 τ에 의한 진동수 ω의 강

제진동에 비하면 그 진폭이 작다. 그러나 진동수 ω의 강제진동과는 달리 이 절에서 다룬 진동은 전부 휘돌림속도가 ω와 같지 않은 진동이기 때문에 축의 인장응력 쪽과 압축응력 쪽이 서로 교체하여 반복응력을 받기 때문에 진폭이 작음에도 불구하고 유해한 진동이다.

8.6 회전축에 발생하는 자려진동

(a) 내부마찰에 기인하는 휘돌림

탄성체 내에 내부마찰이 존재할 때, 인장과 압축이 서로 교대로 작용하면 응력–변형률 곡선은 **그림 8.18** (a)와 같이 이력곡선을 그린다. 그림에서 점 4, 8은 응력이 최대가 되는 점이고, 점 2, 6은 응력이 중립인 점이고, 점 1, 5는 변형률이 최대인 점이고, 점3, 7은 변형률이 중립인 점이다. 내부마찰이 있는 회전축으로 지지되어 있는 회전체가 **그림 8.18** (b)와 같이, 축이 각속도 ω로 자전하면서 베어링 중심선 O둘레를 ω보다 늦은 공전속도 p (> 0)로 휘도는 전향세차운동을 행하고 있다고 하자. 이때 축의 인장 쪽과 압축 쪽은 $(\omega - p)$의 각속도로 그림에서 나타낸 방향으로 끊임없이 인장과 압축을 반복하고, **그림 8.18** (a)에 있는 1~8의 각점에 대응하는 점이 **그림 8.18** (b)에 나타낸 위치에 온다. 이때 응력의 중립선은 2와 6을 연결하는 aa선이 되고, 축의 탄성력 즉, 복원력 F는 이 응력의 중립선에 수직인 방향으로 작용하기 때문에 접선방향의 성분 F_2가 발생한다. F_2에 의해 감쇠력을 이기면서 고

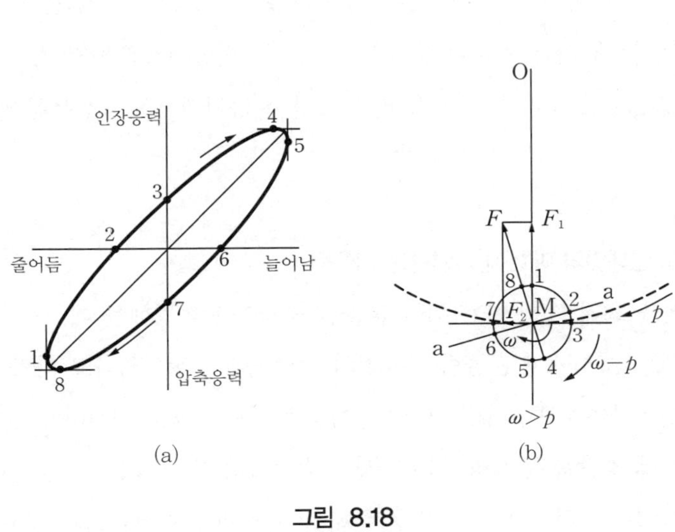

그림 8.18

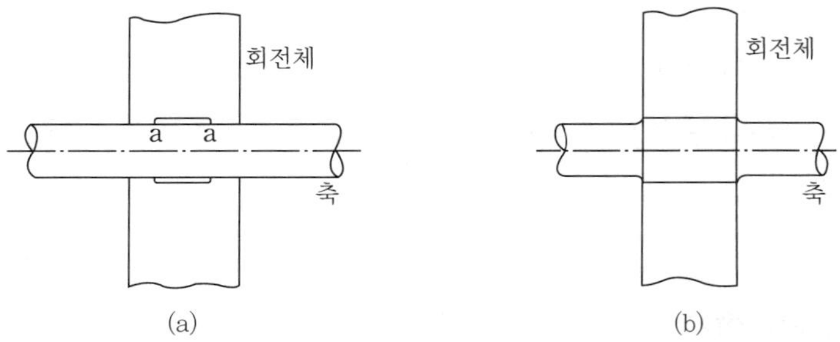

그림 8.19

유진동수인 각속도 p로 전향세차운동의 휘돌림을 계속한다.

강철제의 회전축에는 이런 종류의 휘돌림을 일으키기에 충분할 정도로 큰 내부마찰은 존재하지 않는다. 그러나 **그림 8.19**와 같이 회전체를 축에 설치할 때 고정방법에 따라 헐거움이 발생하고, 축이 변형함에 따라 그림에서 a 부분에 미끄럼이 발생하게 되면, 이 회전체와 축과의 접촉부 a에 작용하는 마찰력은 내부마찰과 완전히 같은 효과를 제공하고, 게다가 휘돌림 운동을 지속하는 데 충분한 크기를 가지고 있기 때문에 이런 종류의 자려적인 휘돌림 운동이 발생한다. 이것을 방지하기 위해서는 **그림 8.19** (a)보다 (b)와 같은 구조가 더 좋을 것이다.

$\omega < p$이면, 가령 $p > 0$인 전향세차운동의 휘돌림이더라도 F의 접선방향 성분 F_2는 **그림 8.18** (b)와 역방향이 되고, 휘돌림 운동에 브레이크 작용을 한다. 또한 $p < 0$인 후향세차운동일 때는, $\omega > |p|$ 이든 $\omega < |p|$ 이든 어느 경우라도 F_2는 휘돌림을 멈추게 하는 방향을 취한다. 내부마찰에 의한 휘돌림 운동은 $\omega > p$인 전향세차운동의 경우에 한하여 발생 가능성이 있다. **그림 8.15**에서 말하면, C, C′점보다 우측의 p_2, p_1 곡선부분에 있어서만 발생 가능성이 있다.

(b) 휘돌림 방지 안내면의 마찰에 기인하는 휘돌림

회전축의 처짐을 크지 않게 하기 위한 흔들림 방지기를 설치했을 때, 축이 무언가의 외란에 의해 **그림 8.20**의 C점에서 흔들림 방지기의 안내면에 접촉하였다고 하자. 원심력에 의해 축은 안내면에 밀어붙여지고, 축이 그림의 방향으로 각속도 ω로 회전하고 있다면, 접촉점 C에 있어서 안내면에서 축으로 작용하는 마찰력 F는 그림에서 보는 바와 같이 상부 방향을 취한다. 축 중심 M에 F와 $-F$의 힘을 가상하면, C점의 F와 M점의 $-F$에 의해 저항 모멘트가 생기고, 이것은 구동측의 부하를 증가시킬 뿐이지만, M점의 F가 축을 윗방향으로 밀어올린다. 이와 같이 윗방향으로 밀어올려지면 접촉점 C도 윗방향으로 이동하고, 운전 중 M점의 F는 항상 C점에서 안내면의 접선방향을 취하기 때문에 고유진동수 p인 후향세차운동의 휘돌림을 계속한다. 흔들림 방지기를 대충 설치하면, **8.5절** (a)와 같은 $-\omega$의 강제진동이 발생하는데, 축이 안내면에 접촉하는 원인이 되고, 이 절에서 기술한 후향세차운동의 자려진동이 격렬하게 발생할 수가 있다. 윤활을 잘 해서 안내면과 축 사이의 마찰계수를 작게 하면, 이런 종류의 진동은 방지할 수 있다.

축 반경을 r, 안내면의 내경을 R라고 하면, 축과 안내면이 구름접촉할 때는 축의 자전속도 ω_0와 공전속도 p_0 사이에는

$$\omega_0 = \left(\frac{R-r}{r}\right)(-p_0) \qquad (\omega_0>0,\ p_0<0)$$

인 관계가 있다. 따라서

$$\omega > \left(\frac{R-r}{r}\right)(-p) \qquad (p<0) \tag{8.32}$$

로 주어지는 ω가 아니면 이런 종류의 휘돌림은 발생하지 않는다. 부등호의 방향이 윗식과 반대가 되는 미소한 값 ω에 대해서는, 마찰력 F의 방향이 **그림 8.20**과 같은 방향과 반대가 되는데, 이는 F가 휘돌림에 대해 브레이크 작용을 하기 때문이다. 단, 일반적으로 휘돌림 방지기에서는 $R \fallingdotseq r$이기 때문에

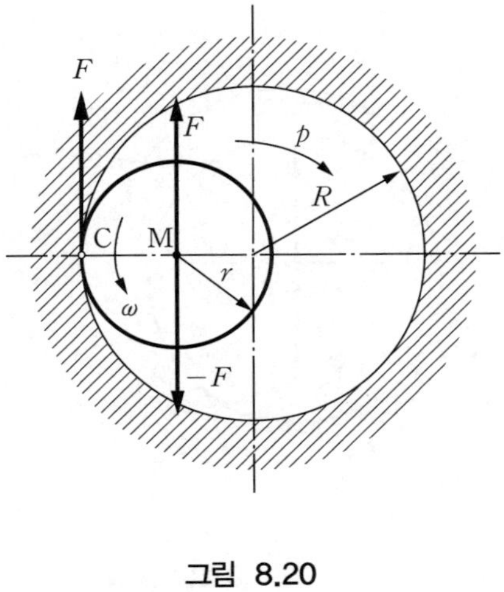

그림 8.20

$$1 \gg \frac{R-r}{r} > 0$$

가 되므로, ω가 상당히 작지 않는 한 식 (8.32)의 조건은 만족하고 있다.

(c) 오일 휩(oil whip)

수평축이 저널 베어링으로 지지되어 있을 때는, **그림 8.21**과 같은 위치에서 평형을 유지하고 있다. 유막이 가장 얇은 곳은 수직 아래방향이 아니고, 회전방향으로 약간 벗어난 각도 β만큼 회전한 OA 방향이 된다. 이와 같은 위치에 축의 중심 M이 있으면, 축 전체에 작용하고 있는 유압에 의한 힘의 합계인 F가 수직 윗방향을 향하고 중량 W와 평형을 이룬다.

한편, 수직축에서 축 중심 M은 베어링 중심 O와 일치하여 평형상태를 유지한다. 수직축에 외란이 가해져 M점이 O점 둘레를 전향세차운동의 휘돌림을 시작했다고 하자. 유압에 의한 힘 F의 크기와 방향은 중력 W의 유무와는 관계가 없고 M점의 위치만으로 정해지므로, 이 수직축이 휘돌림할 때도 역시 그림과 같은 방향을 취한다. 이 F와 M점에 작용하는 원심력 C와의 합력 P는, 이 휘돌림을 조장하는 방향으로 작용하고 있다. 따라서 감쇠를 이기고 전향세차운동의 자려적 휘돌림, 즉 **oil whip**을 계속한다. 이 oil whip도 자려진동이므로 휘돌림 각속도는 고유진동수 p이다.

또한 이 설명에서는 수직축에만 oil whip이 발생하는 것 같이 설명하고 있는데, 사실 수평축에도 발생한다. 이 경우는 **그림 8.21**에서 P의 크기와 방향이 축 중심 M의 위치에 따라 다소 변동할 뿐이다.

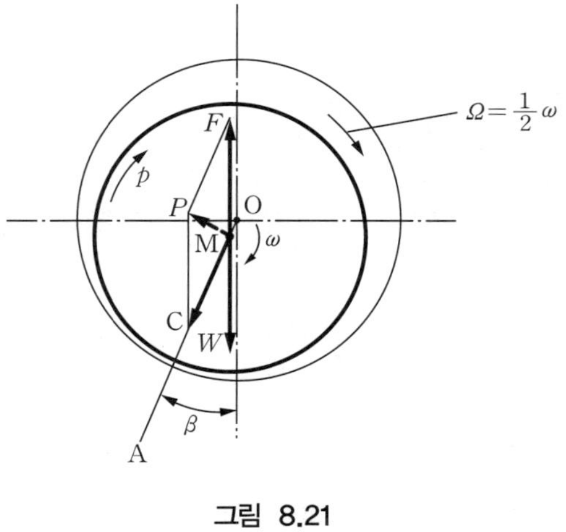

그림 8.21

윤활유의 회전속도 Ω는 베어링 면에서 0, 회전축의 외주면에서 ω이고, 평균 $\Omega \fallingdotseq (1/2)\omega$이다. 속도 v인 선박이 유속 u인 강을 따라 내려갈 때, $v > u$이면 강물에 의한 유체저항은 선박에 대해 브레이크 작용을 하지만, $v < u$이면 거꾸로 선박을 뒤에서 미는 (−) 저항력이 된다. 이것과 마찬가지로 축의 휘돌림 속도 p가 윤활유의 회전속도 $\Omega \fallingdotseq (1/2)\omega$보다 크면, 윤활유는 휘돌림 운동에 대해 브레이크가 되는데,

$$p < \Omega \fallingdotseq \frac{1}{2}\omega \tag{i}$$

이면, 윤활유는 휘돌림 운동을 조장한다. 식(i)로부터 주어지는

$$\omega > 2p \qquad (p > 0) \tag{ii}$$

의 관계가 성립하는 ω, 즉 회전속도가 전향세차운동의 고유진동수 p의 2배 이상이 되면, oil whip이 발생한다. **그림 8.15**에서 말하면, $p = (1/2)\omega$의 직선과 p_2 곡선의 교점 E가 주는 ω_e보다 ω가 커지면 진동수 p_2의 oil whip이 발생할 가능성이 있다.

후향세차운동의 휘돌림이 발생하지 않는 것은, 강을 거슬러 올라가는 $v < 0$인 경우는 $|v| > |u|$, $|v| < |u|$를 막론하고 강물은 언제나 브레이크 작용을 하는 것으로부터도 유추할 수 있다.

8.7 편평축, 비대칭 회전체의 진동

회전축의 굽힘강성이 굽힘 방향에 따라 다를 때, 이것을 **편평축**(偏平軸)이라고 한다. 예를 들면, 직사각형 단면의 축이 이 예이다. 굽힘강성이 최대치 $k+\Delta k$인 방향과 최소치 $k-\Delta k$인 방향은 축 단면의 형태와 무관하게 반드시 서로 직각이다. 이 사실은 단면 2차 모멘트의 주축은 단면의 형태와 관계없이 항상 서로 직각이다는 것으로부터도 알 수 있을 것이다. 키 홈에 키를 끼워 축과 회전체를 고정했을 때, 방향에 따라 강성이 다르므로 편평축의 원인이 된다.

편평축이 처짐상태를 유지하면서 ω로 회전하고 있는 경우 복원력은 다음과 같이 된다. **그림 8.22**에서 강성이 최소인 방향을 x' 방향, 최대인 방향을 y' 방향이라고 하면, 축이 비틀리지 않는 한 좌표계 $\mathrm{O}-x'y'$는 ω로 회전하는 좌표계가 되고, x' 축이 x 방향과 일치하는

순간을 시각 $t=0$로 선택하면 $\angle x'Ox=\omega t$이다. x', y' 방향의 스프링력 F_x', F_y'는

$$F_x'=-(k-\Delta k)x', \qquad F_y'=-(k+\Delta k)y' \tag{i}$$

x, y 방향의 스프링력을 F_x, F_y라고 하면

$$\begin{bmatrix} F_x \\ F_y \end{bmatrix}=\begin{bmatrix} \cos\omega t & -\sin\omega t \\ \sin\omega t & \cos\omega t \end{bmatrix}\begin{bmatrix} F_x' \\ F_y' \end{bmatrix} \tag{ii}$$

한편, 좌표 x, y와 x', y' 사이에는

$$\begin{bmatrix} x' \\ y' \end{bmatrix}=\begin{bmatrix} \cos\omega t & \sin\omega t \\ -\sin\omega t & \cos\omega t \end{bmatrix}\begin{bmatrix} x \\ y \end{bmatrix} \tag{iii}$$

$$\begin{bmatrix} x \\ y \end{bmatrix}=\begin{bmatrix} \cos\omega t & -\sin\omega t \\ \sin\omega t & \cos\omega t \end{bmatrix}\begin{bmatrix} x' \\ y' \end{bmatrix} \tag{iii$'$}$$

의 관계가 있으므로, 식(i), (iii)을 식(ii)에 대입하면

$$\left.\begin{aligned} F_x&=-\{kx-\Delta k(x\cos 2\omega t+y\sin 2\omega t)\} \\ F_y&=-\{ky-\Delta k(x\sin 2\omega t-y\cos 2\omega t)\} \end{aligned}\right\} \tag{8.33}$$

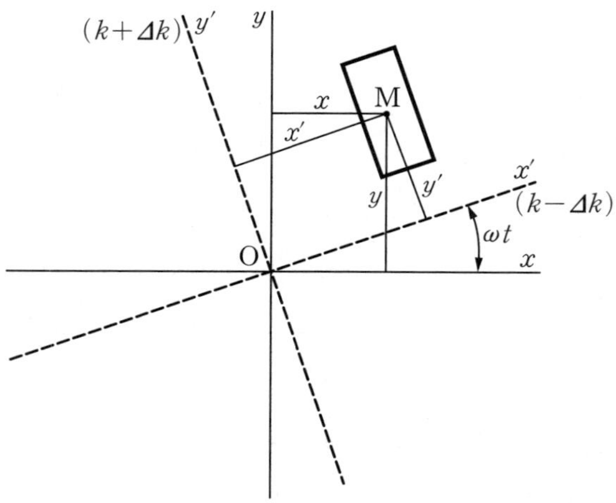

그림 8.22

$m\ddot{x} = F_x$, $m\ddot{y} = F_y$로부터 편평축에 대한 운동방정식

$$\left.\begin{aligned} m\ddot{x}+kx-\Delta k(x\cos 2\omega t+y\sin 2\omega t) &= 0 \\ m\ddot{y}+ky-\Delta k(x\sin 2\omega t-y\cos 2\omega t) &= 0 \end{aligned}\right\} \tag{8.34}$$

가 유도된다. 여기서,

$$\omega_c^2 = \frac{k}{m}, \qquad \Delta = \frac{\Delta k}{m} \tag{8.35}$$

라 놓으면, 식 (8.34)는

$$\left.\begin{aligned} \ddot{x}+\omega_c^2 x-\Delta(x\cos 2\omega t+y\sin 2\omega t) &= 0 \\ \ddot{y}+\omega_c^2 y-\Delta(x\sin 2\omega t-y\cos 2\omega t) &= 0 \end{aligned}\right\} \tag{8.34 a}$$

식 (8.35)의 ω_c는 축이 평균 스프링 상수 k를 가질 때의 위험속도이다.

식 (8.34), (8.34 a)는 Δk항에 의해 x와 y가 서로 연성하고 있는 식이다. 또한 **6.3절**, **6.4절**에서 다룬 Mathieu 식과 유사하다. 그러나 Mathieu 식에서는 식 (6.13 a), (6.13 b)와 같이 많은 진동항의 합 형태의 해가 되지만, 식 (8.34), (8.34 a)에서는 Δk항 안에 sin, cos 양쪽이 모두 있으므로, 진폭이 일정한 정상진동의 자유진동 해로서

$$\left.\begin{aligned} x &= a\cos(pt+\alpha)+b\cos\{(2\omega-p)t-\alpha\} \\ y &= a\sin(pt+\alpha)+b\sin\{(2\omega-p)t-\alpha\} \end{aligned}\right\} \tag{8.36}$$

로 진동수 p, $2\omega-p$의 2개항으로만 나타낼 수 있다. 식 (8.36)은 왕복운동은 아니고, 각속도 p와 $2\omega-p$의 휘돌림 운동이다. 이것은 계가 서로 직각인 방향의 좌표 x와 y의 연성계이기 때문이다. 식 (8.36)을 식 (8.34 a)에 대입하면

$$\left.\begin{aligned} (\omega_c^2-p^2)a-\Delta b &= 0 \\ -\Delta a+\{\omega_c^2-(2\omega-p)^2\}b &= 0 \end{aligned}\right\} \tag{8.37}$$

가 주어진다. 윗식에서 진폭비

$$\varkappa = \frac{a}{b} = \frac{\Delta}{\omega_c^2-p^2} = \frac{\omega_c^2-(2\omega-p)^2}{\Delta} \tag{8.38}$$

와 진동수방정식

$$(\omega_c^2-p^2)\{\omega_c^2-(2\omega-p)^2\}-\Delta^2 = p^4-4\omega p^3+2(2\omega^2-\omega_c^2)p^2+4\omega\omega_c^2 p + (\omega_c^4-4\omega^2\omega_c^2-\Delta^2) = 0 \tag{8.39}$$

가 주어진다. 윗식은

$$(p-\omega)^4-2(\omega^2+\omega_c^2)(p-\omega)^2+\{\omega^2-(\omega_c^2+\Delta)\}\{\omega^2-(\omega_c^2-\Delta)\} = 0 \tag{8.39 a}$$

로 $(p-\omega)$에 관한 4차식의 형태로 고쳐 쓸 수가 있으므로 이것을 풀면 다음과 같이 4개의 근 p_1, p_2, p_3, p_4가 구해진다.

$$\left.\begin{aligned} p_1 &= \omega+\nu \\ p_2 &= \omega-\nu \end{aligned}\right\} \qquad \left.\begin{aligned} p_3 &= \omega+\mu \\ p_4 &= \omega-\mu \end{aligned}\right\} \tag{8.40}$$

여기서,

$$\left.\begin{aligned} \nu &= \sqrt{\omega^2+{\omega_c}^2+\sqrt{4\,\omega_c^2\omega^2+\Delta^2}} \\ \mu &= \sqrt{\omega^2+{\omega_c}^2-\sqrt{4\,\omega_c^2\omega^2+\Delta^2}} \end{aligned}\right\} \tag{8.41}$$

윗식에서

$$\Delta \to 0 \text{ 이면 } \nu \to \omega+\omega_c, \quad \mu \to |\omega-\omega_c| \tag{8.41 a}$$

따라서 식(8.40)에서

$$\Delta \to 0 \text{ 이면 } p_1 \to 2\omega+\omega_c, \quad p_2 \to -\omega_c, \quad p_3 \to \omega_c, \quad p_4 \to 2\omega-\omega_c \tag{8.40 a}$$

또한 ν는 항상 실수이지만, μ는 $\mu = 0$, 따라서 $\omega = p$가 된다.

$$\omega = p = \omega_{c1} = \sqrt{\omega_c^2+\Delta} = \sqrt{\frac{k+\Delta k}{m}} \tag{8.42 a}$$

$$\omega = p = \omega_{c2} = \sqrt{\omega_c^2-\Delta} = \sqrt{\frac{k-\Delta k}{m}} \tag{8.42 b}$$

즉, 스프링 상수가 $k+\Delta k$, $k-\Delta k$일 때의 위험속도 ω_{c1}, ω_{c2}를 경계로 해서 양의 실수, 혹은 허수가 된다. 즉, $\omega > \omega_{c1}$ 혹은 $\omega < \omega_{c2}$일 때는 식(8.41)의 μ식에서 $\sqrt{\ }$ 안은 (+)이지만,

$\omega_{c2} < \omega < \omega_{c1}$이면 $\sqrt{\ }$ 안은 (−)가 되어 $\mu = in$ $(i = \sqrt{-1})$으로 순허수가 된다. 여기서,

$$n = \sqrt{-(\omega^2+\omega_c^2)+\sqrt{4\omega_c^2\omega^2+\Delta^2}} \tag{8.41 b}$$

$\mu = 0$이면 식(8.40)에서 $\omega = p$가 되는 $\omega = \omega_{c1}$과 $\omega = \omega_{c2}$에서는 $p_3 = p_4$가 되고, 식(8.39)는 중근을 가진다(**그림 8.23**의 A, B점).

그림 8.23은 편평축계의 고유진동수 p_1, p_2, p_3, p_4에 관한 $p-\omega$ 곡선인데, $\Delta k/k = 0.2$인 경우에 대해서 나타낸 것이다. 단, 그림에서는 p, ω 대신에 무차원량

$$p_0 = \frac{p}{\omega_c}, \quad \omega_0 = \frac{\omega}{\omega_c} \tag{iv}$$

를 이용하여 나타내었다.

모든 $p-\omega$ 곡선은 가는 실선으로 나타낸 4개의 직선 $p = \omega_c$ $(p_0 = 1)$, $p = -\omega_c$ $(p_0 = -1)$, $p = 2\omega+\omega_c$ $(p_0 = 2\omega_0+1)$, $p = 2\omega-\omega_c$ $(p_0 = 2\omega_0-1)$ 근처에 존재한다. 이들 4개 직선의 p는 식(8.40 a)에서 알 수 있듯이 $\Delta = 0$일 때의 p이다. **그림 8.23**에 있어서 식(8.42 a, b)에서 주어지는 A점과 B점 사이에서는 p_3, p_4곡선은 없다. 이 범위에서 p_3, p_4는 복소수가 되어 그림에는 나타낼 수 없기 때문이다.

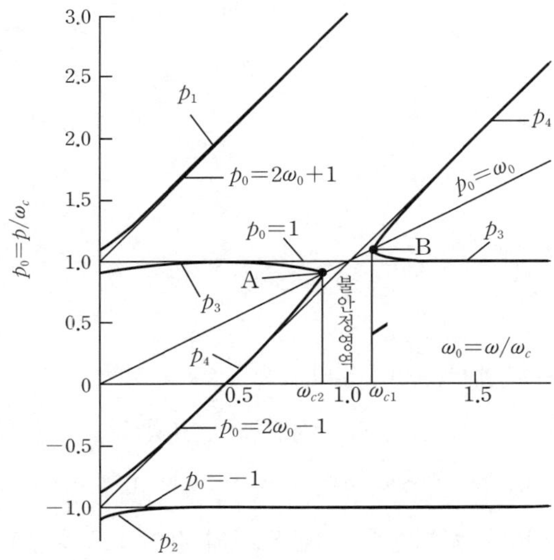

$p_1 = \omega+\nu$, $p_2 = \omega-\nu$, $p_3 = \omega+\mu$, $p_4 = \omega-\mu$

그림 8.23 편평축의 고유진동수

(a) 불안정영역 $\omega_{c2} < \omega < \omega_{c1}$에 있어서의 진동

이 영역에서 p_3, p_4는

$$p_3 = \omega + in, \qquad p_4 = \omega - in \quad (i = \sqrt{-1}) \tag{8.43}$$

으로 복소수가 된다. 식(8.43)의 p_3, p_4를 식(8.36)의 p에 대입하고, 이때 진폭비는 식(8.38)인 것을 고려하면

$$\left.\begin{aligned} x &= Ae^{nt}\cos(\omega t+\varphi)+Be^{-nt}\cos(\omega t-\varphi) \\ y &= Ae^{nt}\sin(\omega t+\varphi)+Be^{-nt}\sin(\omega t-\varphi) \end{aligned}\right\} \tag{8.44}$$

여기서

$$\begin{aligned} \varphi &= \tan^{-1}\left[\frac{(\sqrt{4\omega_c^2\omega^2+\varDelta^2}-2\omega^2)-\varDelta}{2n\omega}\right] \\ &= \tan^{-1}\left[\frac{-2n\omega}{(\sqrt{4\omega_c^2\omega^2+\varDelta^2}-2\omega^2)+\varDelta}\right] \end{aligned} \tag{8.45}$$

이고, A, B는 초기조건으로부터 정해지는 임의상수이다. 식(8.44)의 우변 제1항은 진폭이 점점 커지는 휘돌림 속도 ω인 전향세차운동의 불안정진동이다. 식(8.41 b)의 n은 불안정영역의 중앙보다 약간 저속측의

$$\omega = \sqrt{\omega_c^2 - \frac{\varDelta^2}{4\omega_c^2}} \tag{8.46}$$

에 있어서 최대치

$$n_{\max} = \frac{\varDelta}{2\omega_c} = \frac{\varDelta k}{2\sqrt{mk}} \tag{8.47}$$

를 취하고, $\omega = \omega_{c1}$, $\omega = \omega_{c2}$에서는 0이 된다.

$\omega_{c2} < \omega < \omega_{c1}$ 범위에서 이와 같은 불안정진동이 발생하는 기구에 대해 고찰해 보자. 식(8.45)에서, 불안정영역 내에서 위상각 φ는 $-\pi/2 < \varphi < 0$로 음(−)의 값이 되고, 스프링 강성이 최대치 $k+\varDelta k$를 취하는 y'방향은, **그림 8.24**와 같이 ω로 휘돌고 있는 축 중심 M 궤도의 접선방향보다 각도 φ만큼 내측에 온다. x'방향의 스프링상수 $k-\varDelta k$는 y'방향의 스프링상수보다 작고, 스프링력의 비와 좌표 값의 비 사이에는

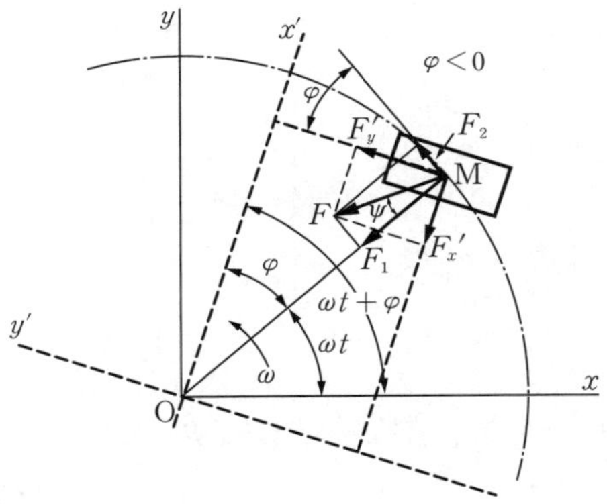

그림 8.24

$$\left|\frac{F_x'}{F_y'}\right| < \left|\frac{x'}{y'}\right|$$

인 관계가 있으므로, F_x'와 F_y'의 벡터 합인 축의 복원력 F는 구심방향 MO를 향하지 않고, 각도 ψ만큼 위로 기울고, 접선방향의 성분 F_2가 발생한다. 이 F_2가 **8.6절**에서 내부마찰이 있는 회전축의 경우와 같이 축에 에너지를 주어 휘돌림 운동을 조장시키고, 여기서 불안정 진동이 발생한다.

불안정영역 내에서도 식(8.40)의 p_1, p_2는 실수이고, 이들 진동은 다음에 보이는 불안정영역 이외의 진동과 같은 단순 자유진동이다.

(b) 불안정영역 밖 $\omega > \omega_{c1}$, $\omega < \omega_{c2}$에 있어서의 진동

식(8.40)의 p_1, p_2, p_3, p_4를 식(8.36)에 대입하고, 이때 진폭비는 식(8.38)로 주어지는 것을 고려하여 정리하면

$$\begin{aligned} x = (1+\lambda_1)&\left[a\cos(\omega+\nu)t + b\cos\left\{(\omega+\nu)t+\frac{\pi}{2}\right\}\right] \\ +(1-\lambda_1)&\left[a\cos(\omega-\nu)t + b\cos\left\{(\omega-\nu)t-\frac{\pi}{2}\right\}\right] \\ +(1+\lambda_2)&\left[c\cos(\omega+\mu)t + d\cos\left\{(\omega+\mu)t+\frac{\pi}{2}\right\}\right] \\ +(1-\lambda_2)&\left[c\cos(\omega-\mu)t + d\cos\left\{(\omega-\mu)t-\frac{\pi}{2}\right\}\right] \end{aligned} \tag{8.48}$$

y는 윗식에서 cos을 sin으로 바꾸면 된다. 여기서 a, b, c, d는 초기조건으로부터 정해지는

임의상수이고

$$\left.\begin{aligned} \lambda_1 &= \frac{\omega_{c2}^2-\omega^2-\nu^2}{2\nu\omega} = \frac{-2\nu\omega}{\omega_{c1}^2-\omega^2+\nu^2} \\ \lambda_2 &= \frac{\omega_{c2}^2-\omega^2-\mu^2}{2\mu\omega} = \frac{-2\mu\omega}{\omega_{c1}^2-\omega^2+\mu^2} \end{aligned}\right\} \tag{8.49}$$

식(8.48)은 식(8.40)에서 알 수 있듯이 진동수 p_1, p_2, p_3, p_4의 휘돌림 운동이다.

회전체의 중심 M을 통과하고 서로 직교하는 3개의 관성주축에 관한 주질량관성모멘트를 I_p, I_1, I_2라 하고, 이 중에서 I_p를 극질량관성모멘트라고 하면, **그림 8.25**와 같은 회전체에서는 $I_1 \neq I_2$가 되는데, 원통형 회전체에서는 $I_1 = I_2$이다. $I_1 \neq I_2$인 회전체를 **비대칭 회전체**(asymmetric rotor)라고 한다. 2장 날개를 가진 프로펠러 등이 그 예이다.

그림 8.1 (a), (b)와 같이 처짐과 경사가 연성하지 않는 경우, 비대칭 회전체의 경사운동에 관한 운동방정식은, 식(8.8)에서

$$\Delta I = \frac{1}{2}(I_1 - I_2) \qquad (\text{단, } I_1 > I_2) \tag{8.50}$$

에 관한 항이 더해져 다음 식과 같이 된다.

$$\left.\begin{aligned} I\ddot{\theta}_x + I_p\omega\dot{\theta}_y + k'\theta_x - \Delta I\frac{d}{dt}(\dot{\theta}_x\cos 2\omega t + \dot{\theta}_y \sin 2\omega t) = 0 \\ I\ddot{\theta}_y - I_p\omega\dot{\theta}_x + k'\theta_y - \Delta I\frac{d}{dt}(\dot{\theta}_x\sin 2\omega t - \dot{\theta}_y \cos 2\omega t) = 0 \end{aligned}\right\} \tag{8.51}$$

식(8.51)도 편평축일 때와 마찬가지로 진동은

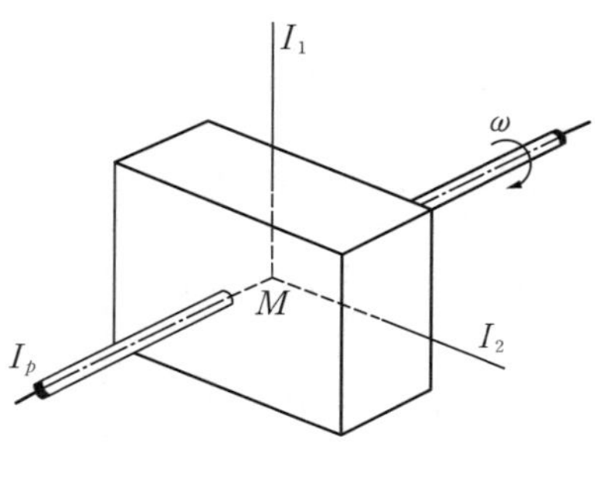

그림 8.25 비대칭 회전체

$$\left.\begin{aligned}\theta_x &= a\cos(pt+\alpha)+b\cos\{(2\omega-p)t-\alpha\}\\ \theta_y &= a\sin(pt+\alpha)+b\sin\{(2\omega-p)t-\alpha\}\end{aligned}\right\} \tag{8.52}$$

의 형태가 된다.

회전체가 약간 길어서 $I_2 = I-\Delta I > I_p$의 관계가 성립할 때는

$$\omega_{c1} = \sqrt{\frac{k'}{(I-\Delta I)-I_p}}, \quad \omega_{c2} = \sqrt{\frac{k'}{(I+\Delta I)-I_p}}, \quad \omega_c = \sqrt{\frac{k'}{I-I_p}} \tag{8.53}$$

라고 놓으면, $\omega_{c2} < \omega < \omega_{c1}$ 범위가 불안정영역이 되고, 여기서 식(8.44)와 마찬가지로 휘돌림 속도 ω의 불안정 진동이 발생한다.

비대칭 회전체에 있어서 불안정진동의 발생 기구는 다음과 같다. **그림 8.26** (a)는 I_p의 관성주축 MA (기울기 $\theta = \angle z\mathrm{MA}$)를 포함하는 수직평면과 I_1의 관성주축이 일치해서 휘돌림을 하는 경우이고, **그림 8.26** (b)는 각도 φ만큼 방향이 다른 경우이다. 알기 쉽게 하기 위해서 **그림 8.11**과 **그림 8.12**를 $+z$축에서 아래(xy평면)로 내려다보고 I_p의 관성주축 MA의 원추운동을 **그림 8.26**에서 보는 바와 같이 A_0점이 M점 둘레로 회전하는 원운동으로 나타낸다. 기울기 θ를 감소시키는 방향의 복원모멘트 $-k'\theta$는 M점을 통과하고 MA_0와 수직인 방향의 벡터로 표현된다. **그림 8.26** (a)에서는 θ를 증가시키는 방향으로 작용하는 관성우력 $I_1\omega^2\theta$가 θ

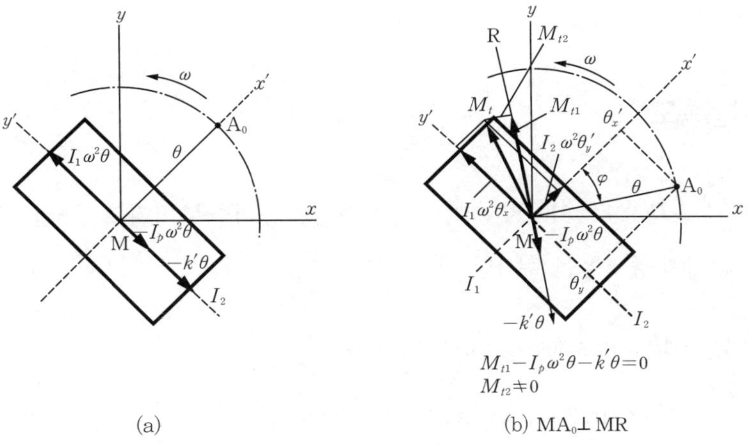

(a) (b) $\mathrm{MA}_0 \perp \mathrm{MR}$

$I_1 > I_2 > I_p$

그림 8.26 비대칭 회전체에 작용하는 관성우력과 복원모멘트의 평형

를 감소시키는 방향으로 작용하는 자이로 모멘트 $-I_p\omega^2\theta$와 축의 복원모멘트 $-k'\theta$의 합과 평형을 이루고 있다. 그러나 불안정영역 내에서는 **그림 8.26** (b)와 같은 각(角)위치를 취하면서 휘돌림 운동을 행하고, $I_1 > I_2$이기 때문에 θ의 x', y'방향(관성주축 방향)의 성분을 θ_x', θ_y'라 하면, 관성우력 $I_1\omega^2\theta_x'$와 $I_2\omega^2\theta_y'$의 벡터 합 M_t가 **그림 8.26** (a)의 $I_1\omega^2\theta$와 같이 MA_0와 수직인 MR 방향을 향하지 않고, MA_0 방향의 성분 M_{t2}를 발생시키는 방향을 취한다. 이 M_{t2}는 각속도 ω인 휘돌림 운동을 뒤에서 미는 방향으로 작용하고 있고, 이 때문에 계에 에너지가 들어오고, 진폭이 증대하는 불안정진동이 발생하게 된다.

그림 8.1 (c), (d)와 같이 처짐과 경사가 연성하는 비대칭 회전체의 운동방정식은 식(8.19)의 제3, 4식 중에 각각 식(8.51) 제1, 2식 중의 ΔI에 관한 항을 더한 식이 된다. 이 경우도 **그림 8.15**의 ω_c, ω_c'를 중심으로 각속도 ω인 불안정진동이 발생하는 불안정영역이 존재한다. 이 계는 처짐과 경사가 연성하는 4자유도계이기 때문에, 더욱이

$$\omega_d = \frac{1}{2}(p_1+p_2) \qquad (\text{단, } p_1>0,\ p_2>0) \tag{8.54}$$

로 주어지는 축 회전속도 ω_d를 중심으로 하여

$$\omega_1 \fallingdotseq p_1, \quad \omega_2 \fallingdotseq p_2, \quad \omega_1+\omega_2 = 2\omega$$

의 관계를 만족하는 ω_1, ω_2를 휘돌림 속도로 하는 2개의 불안정진동이 동시에 발생하는 불안정영역이 있다. 이러한 불안정영역은 처짐과 경사가 연성하는 편평축계에도 존재한다.

8.8 2차 위험속도

편평축을 수평축으로 사용할 때, $-y$ 방향을 중력방향이라고 하면 운동방정식은 식(8.34)의 제2식에 중력항을 추가한 다음 식이 된다.

$$\left.\begin{aligned} m\ddot{x}+kx-\Delta k(x\cos 2\omega t+y\sin 2\omega t) &= 0 \\ m\ddot{y}+ky-\Delta k(x\sin 2\omega t-y\cos 2\omega t) &= -mg \end{aligned}\right\} \tag{8.55}$$

윗식의 강제진동 해는 식(8.35)의 관계를 이용하면

$$\left.\begin{aligned} x &= \frac{\Delta g}{(\omega_c^2-4\omega^2)^2-\Delta^2}\cos\left(2\omega t+\frac{\pi}{2}\right) \\ y &= \frac{\Delta g}{(\omega_c^2-4\omega^2)^2-\Delta^2}\sin\left(2\omega t+\frac{\pi}{2}\right)-\frac{g(\omega_c^2-4\omega^2)}{(\omega_c^2-4\omega^2)^2-\Delta^2} \end{aligned}\right\} \tag{8.56}$$

이 되고, 윗식의 분모를 0으로 놓고 구한 회전속도

$$\omega = \frac{1}{2}\sqrt{\omega_c^2\left\{1-\left(\frac{\Delta k}{k}\right)^2\right\}} \fallingdotseq \frac{1}{2}\omega_c \tag{8.57}$$

에 있어서, 2ω ($\fallingdotseq \omega_c$)로 전향세차운동하는 휘돌림 운동의 강제진동이 발생한다. 단, -2ω의 진동은 발생하지 않는다.

간단히 말하면, 수평축을 천천히 회전시키면 정적처짐 $\delta_{st} = mg/k$가 1회전당

$$\delta_{st1} = \frac{mg}{k+\Delta k}, \qquad \delta_{st2} = \frac{mg}{k-\Delta k}$$

사이를 2회 증감한다. 이 δ_{st}의 증감은 2ω 진동수의 강제력으로 작용하므로, 2ω의 강제력이 발생하게 된다. 단, 이 설명에서는 -2ω의 진동이 발생하지 않는 것에 대한 설명은 안된다.

편심이 있는 회전체가 수평으로 놓여져 있으면 **그림 8.27**과 같이, 중력에 의해 $mge\cos\omega t$의 모멘트가 베어링 중심선 둘레에 발생한다. 따라서 각가속도가 발생하고, 회전속도 ω가 진동수 ω로 변동하게 되고, **8.5절**의 (d)에 있어서 $\nu = 1$인 경우가 되고, $(1+\nu)\omega = 2\omega$의 강제력이 발생하고, 2ω의 강제진동이 발생하게 된다. 단, 이때 식(8.30)의 ε은 편심 e와 같은 정도이므로 강제력과 강제진동의 크기는 e의 제곱배 정도이다. 이들은, 가령

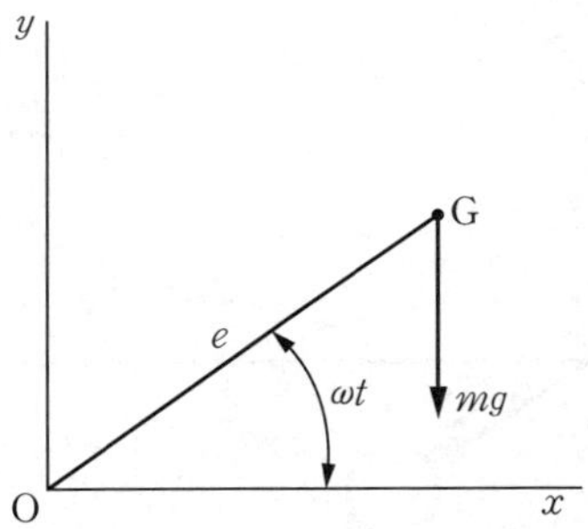

그림 8.27

회전체의 직경 d를 대표 길이로 하면 무차원량 $(e/d)^2$과 같은 정도의 미소량이다. 편평성 $\Delta k/k$와 비교하면 $(e/d)^2$은 문제가 되지 않을 정도로 미소량이고, 감쇠를 이겨 진동이 발생하는 것은 불가능하므로 2차 위험속도는 중력 모멘트에 기인하는 것은 아니고 편평축이 원인이라고 해도 좋다. 일반적으로 e의 제곱 정도의 양까지 고려하더라도, 식(8.19) 등에서, 미소량으로서 무시한 양 중에 이것보다도 크고 더 우선적으로 고려해야 하는 항목은 몇 개인가 존재한다. 그 정도로 e^2이라고 하는 양은 일반 회전체에서는 미소량이다.

8.9 평형 시험기

정적불평형 e, 동적불평형 τ에 의해 원심력이나 **그림 8.14**와 같이 원심력에 의한 모멘트가 발생하여 베어링에 여분의 부담을 주기도 하고, 또한 위험속도 부근에서 큰 회전속도 ω로 휘도는 양식의 강제진동이 발생하는 등, e와 τ의 존재는 바람직하지 않다. e와 τ에 의한 영향을 가능한 한 작게 할 목적으로 사용하는 것이 **평형시험기**(平衡試驗機, balancing machine)이다. 일반적으로 회전체에는 정적불평형 e와 동적불평형 τ가 동시에, 게다가 예를 들면 식(8.24)와 같이 각도 β 떨어진 위치에 존재하므로, 불평형을 1개의 회전질량으로 대치하는 것은 불가능하다. 그래서 **그림 8.28**와 같이 서로 다른 반경방향에 있고, 반경이 다른 r_1, r_2에 위치하는 2개의 불평형 질량 m_1, m_2가 축방향으로 거리 l 떨어져 존재하는 계로 나타내어야 한다. 따라서 e와 τ를 1개의 수정추로 없애는 것은 불가능하다. 회전축에 직각인 2평면 내에 각각 붙인 2개의 수정추를 이용하여 평형을 취해야 한다(**그림 8.30** 참조).

그림 8.29에 있어서, 면 A와 B를 평형추를 붙이는 2평면이라고 하자. **그림 8.30**의 Ⅰ평면 내에 있는 반경 r_1, 질량 m_1 불평형에 의한 원심력 $F_1 = m_1 r_1 \omega^2$을 완전히 평형시키기 위해,

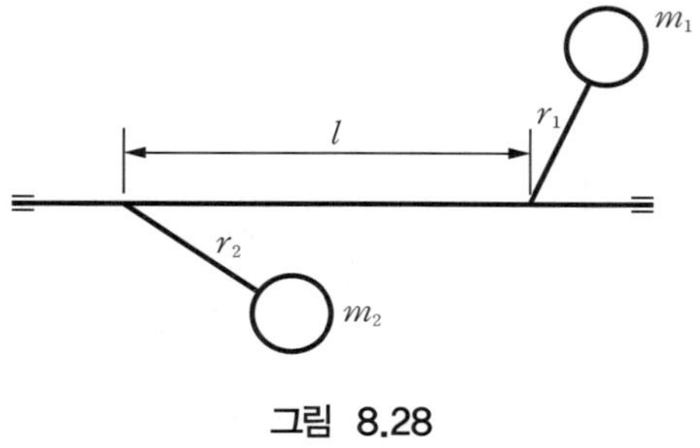

그림 8.28

A와 B면에 가해야 할 힘 F_{1A}, F_{1B}는, 힘의 합과 모멘트의 합이 0이 되어야 한다는 조건, 즉

$$F_{1A}+F_{1B}=F_1 \qquad aF_1=(a+b)F_{1B}$$

로부터 다음과 같이 정해진다.

$$F_{1A}=\frac{b}{a+b}F_1, \quad F_{1B}=\frac{a}{a+b}F_1 \tag{8.58}$$

그림 8.30에서 Ⅱ평면 내의 r_2, m_2 불평형에 대해서도 F_{2A}, F_{2B}를 같은 방법으로 구할 수 있으므로, 평면 A에는 F_{1A}와 F_{2A}의 벡터 합 F_A의 원심력이 발생하도록 평형추를, 또한 평면 B에는 F_B에 상당하는 평형추를 붙이면 이것으로 완전히 평형을 취하게 된다.

동적불평형의 크기와 방향을 찾아내어 평형을 취하는 기계가 **평형시험기**이다. 이런 종류의 기계에는 여러 가지 구조가 고안되어 있는데, 회전하는 동적인 상태하에서 회전체에 의

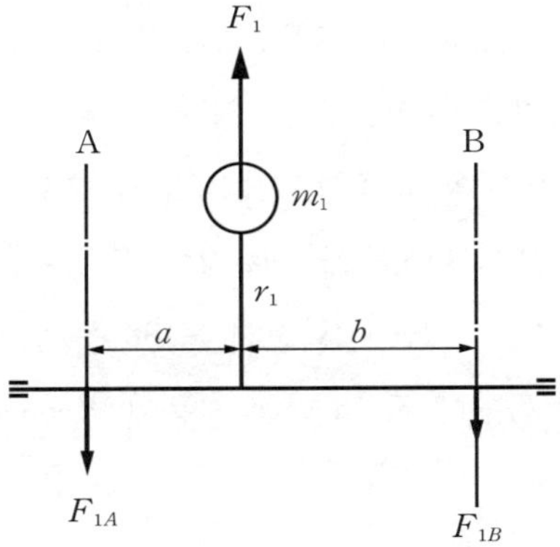

그림 8.29

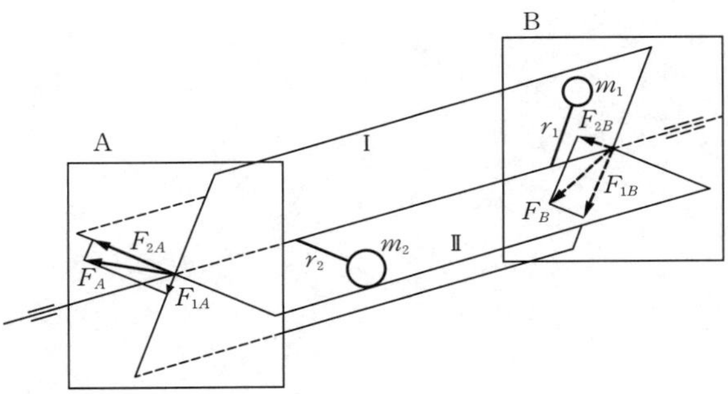

그림 8.30

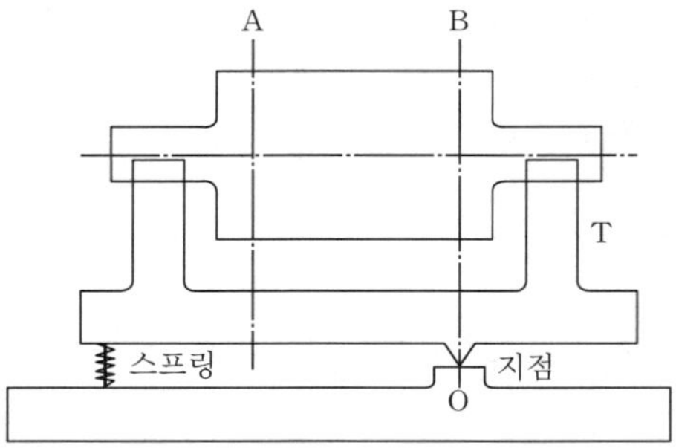

그림 8.31 평형시험기

해 생기는 불평형력과 모멘트를 주기적 강제력으로 해서 지지대에 강제진동을 발생시키고, 이 진동을 관측해서 불평형의 크기와 방향을 찾아내는 방법을 취하고 있다. **그림 8.31**의 평형시험기에 대해, 그 원리를 설명해 보자.

회전체를 테이블 T 위에 얹어놓고 가진하면, T는 지점 O를 중심으로 해서 스프링에 의해 진동한다. A, B 면을 평형추를 붙이는 2평면이라고 하자. 우선 무언가의 방법으로 A 면에 평형추를 붙이고 이 크기와 방향을 조정하여, O점을 중심으로 하는 강제진동이 발생하지 않을 때까지 한다. 이 상태에서 회전체에 남아 있는 불평형은 O점 둘레의 모멘트가 발생하지 않는 B면 내의 불평형뿐이다. 그래서 회전체를 180° 돌려 좌우를 바꾸어 A면(원래 B면) 내의 평형추를 조절해서 O점 둘레에 두 번 다시 진동이 발생하지 않을 때까지 하면, 이것으로 완전히 평형이 취해진다.

문 제

8.1 식(8.19), 혹은 식(8.8)은, 평형점 부근에서 미소진동을 행하는 진동계의 운동방정식(4.53)과는 다른 형식의 운동방정식이다. 왜 다자유도계의 일반적인 형식인 식(4.53)과는 다른 것인가? 그 이유에 대해 생각해 보라.

주 계의 기하학적 위치를 완전히 결정하기 위해서는 x, y, θ_x, θ_y 외에 **그림 8.11**에서 MA축 둘레의 각(角)위치를 정하는 $\Theta = \int \omega dt$ 각도의 좌표가 필요하다. 이 $\Theta = \omega t + C_1$ (C_1 : 적분상수)은 작지는 않다. 즉, 모든 좌표가 미소한 식(4.53)의 경우는 아니다.

8.2 변의 길이 비가 $1 : 3/\sqrt{10}$ 인 직사각형 단면을 가진 편평축의 불안정영역 폭을 구하라. 단, 처짐과 경사가 연성하지 않는 계의 처짐진동에 대해서 구하라.

8.3 회전체의 정적불평형 e, 동적불평형 τ에 대해서 설명하고, 회전시에 발생하는 힘과 모멘트에 대해서 설명하라.

8.4 회전체의 자이로 효과에 대해 기술하라.

8.5 팽이가 중력에 의해서 넘어지지 않는 이유와 휘돌림 방향에 대해서 설명하라.

8.6 **그림 2.20**에서 시계추의 지점 O가 수직축 둘레로 각속도 ω로 회전하고 있다. 중력과 원심력을 받는 시계추의 고유진동수를 구하라.

Chapter 9

왕복기관의 동역학

왕복운동을 회전운동으로 변환하기 위해, 혹은 그 반대의 운동변환을 위한 기구로서 크랭크와 연접봉(connecting rod)으로 구성되어 있는 크랭크 장치가 광범위하게 왕복동 내연기관 및 증기기관, 왕복펌프, 압축기 등에 이용되고 있다. 이들 기계류는 그 기구학상 운전 중에 기계 자신이 진동하기도 하고 인접 구조물에 대해 진동원이 되기도 하고, 크랭크 축에 비틀림진동을 일으키기도 하는 동역학적인 결함을 가지고 있다. 그 원인은, 크게 나누면 ① 크랭크, 연접봉, 피스톤 등 기계내부에서 운동하고 있는 기계부품에서 주기적으로 변동하는 관성 및 관성우력, ② 실린더 내 작동유체 압력의 주기적 변동에 있다.

9.1 왕복기관의 운동과 관성작용

(a) 왕복부분의 운동

크랭크 축에 수직인 xy 평면에 있어서, **그림 9.1**과 같이, 크랭크 베어링 중심선을 원점 O라 하고, 피스톤의 행정방향을 x 방향으로 선택한다. 그림에서 A점은 크랭크 핀, 혹은 연접봉의 대단부(大端部, large end part), B점은 연접봉의 소단부(小端部, small end part)이고, 피스톤, 크로스 헤드, 피스톤 로드 등 왕복운동을 하는 부분은 B점과 같은 운동을 한다. 그림에 있어서, r : 크랭크 반경, l : 연접봉의 길이, θ : 크랭크 각도, φ : 연접봉의 기울기 각도이다. A에서 x축으로 내린 수선이 x축과 만나는 점을 C라고 하면, B점의 좌표 x는

$$x = \mathrm{OB} = \mathrm{OC}+\mathrm{CB} = r\cos\theta + l\cos\varphi \tag{9.1}$$

한편

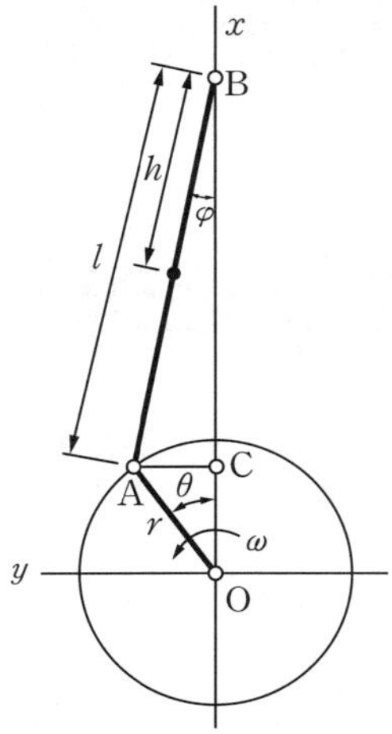

그림 9.1

$$AC = l\sin\varphi = r\sin\theta \qquad \therefore \sin\varphi = \frac{r}{l}\sin\theta = \lambda\sin\theta \tag{9.2}$$

인 관계가 있다. 여기서

$$\lambda = \frac{r}{l} \tag{9.3}$$

크랭크 축은 각속도 θ로 회전하고 있고, 시각 $t=0$인 순간 OA는 x방향을 취한다고 하면

$$\theta = \omega t \tag{9.4}$$

식(9.2)에서

$$\begin{aligned}\cos\varphi &= \sqrt{1-\sin^2\varphi} = \sqrt{1-\lambda^2\sin^2\theta}\\ &= 1-\frac{1}{2}\lambda^2\sin^2\theta-\frac{1}{8}\lambda^4\sin^4\theta-\frac{1}{16}\lambda^6\sin^6\theta-\cdots\end{aligned} \tag{i}$$

식(i)에

$$\sin^2\theta = \frac{1}{2}-\frac{1}{2}\cos 2\theta, \qquad \sin^4\theta = \frac{3}{8}-\frac{1}{2}\cos 2\theta+\frac{1}{8}\cos 4\theta$$

등의 관계를 대입한 것을, 식(9.1)에 대입하면

$$\begin{aligned}x &= r(a_0+a_1\cos\omega t+a_2\cos 2\omega t+a_4\cos 4\omega t+a_6\cos 6\omega t+\cdots)\\ &= r\left(a_0+a_1\cos\omega t+\sum_{n=1}^{\infty}a_{2n}\cos 2n\omega t\right)\end{aligned} \tag{9.5}$$

여기서

$$\left.\begin{aligned} a_0 &= \frac{1}{\lambda}-\frac{1}{4}\lambda-\frac{3}{64}\lambda^3-\frac{5}{256}\lambda^5-\cdots \\ a_1 &= 1 \\ a_2 &= \frac{1}{4}\lambda+\frac{1}{16}\lambda^3+\frac{15}{512}\lambda^5+\cdots \\ a_4 &= -\left(\frac{1}{64}\lambda^3+\frac{3}{256}\lambda^5+\cdots\right) \\ a_6 &= \frac{1}{512}\lambda^5+\cdots \end{aligned}\right\} \tag{9.6}$$

λ는 보통 1/3 ~ 1/5이고, 윗식 중의 a_4, a_6, …는 ω의 고차항이 될수록 작아지고, $\lambda = 1/3$이라고 하더라도 $a_6 \fallingdotseq 10^{-5}$으로 $a_1 = 1$에 비하면 대단히 작은 값이다. 식(9.5)를 시간 t로 미분하면

$$\dot{x} = -r\omega\left(\sin\omega t+\sum_{n=1}^{\infty} 2na_{2n}\sin 2n\omega t\right) \tag{9.7}$$

$$\begin{aligned} \ddot{x} = a &= -r\omega^2(\cos\omega t+b_2\cos 2\omega t+b_4\cos 4\omega t+b_6\cos 6\omega t+\cdots) \\ &= -r\omega^2\left(\cos\omega t+\sum_{n=1}^{\infty} b_{2n}\cos 2n\omega t\right) \end{aligned} \tag{9.8}$$

여기서

$$\left.\begin{aligned} b_2 &= \lambda+\frac{1}{4}\lambda^3+\frac{15}{128}\lambda^5+\cdots \\ b_4 &= -\frac{1}{4}\lambda^3-\frac{3}{16}\lambda^5-\cdots \\ b_6 &= \frac{9}{128}\lambda^5+\cdots \end{aligned}\right\} \tag{9.9}$$

x, $\dot{x}$, $\ddot{x} = a$는 ω 이외에 2ω, 4ω, 6ω, …의 짝수차 고차항을 포함하고 있다.

(b) 연접봉의 운동과 관성작용

그림 9.1에서 보는 바와 같이 연접봉의 무게중심 G(x_G, x_G)는 소단부 B에서 거리 h 떨어진 곳에 있다고 하면

$$x_G = r\cos\theta+(l-h)\cos\varphi, \qquad y_G = h\sin\varphi \tag{ii}$$

윗식을 식(9.1), (9.2)를 이용하여 다시 고쳐쓰면

$$x_G = \frac{h}{l} r \cos \omega t + \left(1 - \frac{h}{l}\right)x, \qquad y_G = \frac{h}{l} r \sin \omega t \tag{9.10}$$

시간 t로 미분해서 가속도를 구하면

$$\ddot{x}_G = -\frac{h}{l} r\omega^2 \cos \omega t + \left(1 - \frac{h}{l}\right)a, \qquad \ddot{y}_G = -\frac{h}{l} r\omega^2 \sin \omega t \tag{9.11}$$

연접봉의 질량을 m_c라고 하면, 연접봉의 관성력은

$$\left.\begin{aligned} -m_c\ddot{x}_G &= m_{c1}r\omega^2 \cos \omega t - m_{c2}a \\ -m_c\ddot{y}_G &= m_{c1}r\omega^2 \sin \omega t \end{aligned}\right\} \tag{9.12}$$

여기서

$$m_{c1} = m_c\frac{h}{l}, \quad m_{c2} = m_c\left(1 - \frac{h}{l}\right), \quad m_{c1} + m_{c2} = m_c \tag{9.13}$$

반경 r, 각속도 ω로 회전하고 있는 대단부 A에 m_{c1}의 질량이 있고, 가속도 $\ddot{x} = a$로 왕복운동을 하고 있는 소단부 B에 m_{c2}의 질량이 있을 때의 관성력은 연접봉의 무게중심 G에 작용하고 있는 식(9.12)의 관성력과 같다. 따라서 무게중심 G의 병진운동에 관한 한, 질량분포계인 연접봉을 대단부 A에 m_{c1}, 소단부 B에 m_{c2}의 질량을 갖는 2질점계로 치환해도 좋다. 식(9.13)의 m_{c1}, m_{c2}를 각각 연접봉의 **회전질량**, **왕복질량**이라고 한다.

연접봉은 강체이고, 무게중심의 병진운동뿐만 아니고 무게중심 둘레로 회전운동도 행하고 있다. 따라서 2질점계로 치환했을 때 무게중심 G에 관한 질량관성모멘트도 같지 않으면 역학적으로 완전히 치환되었다고 할 수 없다. 그러나 일반적으로 이 질량관성모멘트는 서로 같지 않다. 실제 연접봉의 질량관성모멘트는

$$I_G = m_c k^2 \quad (k\text{ : 회전반경}) \tag{iii}$$

2질점계로 치환했을 때의 질량관성모멘트는

$$I_2 = m_{c1}(l-h)^2 + m_{c2}h^2 = m_c h(l-h) \tag{iv}$$

실제의 질량관성모멘트와 치환했을 때의 질량관성모멘트와의 차는

$$I' = I_G - I_2 = m_c\{k^2 - h(l-h)\} \tag{9.14}$$

이고, 실제 연접봉의 관성우력은

$$M_1 = -m_c k^2 \ddot{\varphi} \tag{v}$$

치환한 계의 관성우력은

$$M_2 = -m_c h(l-h)\ddot{\varphi} \tag{vi}$$

실제의 관성우력과 치환한 관성우력과의 차는

$$M = M_1 - M_2 = -I'\ddot{\varphi} = m_c\{h(l-h) - k^2\}\ddot{\varphi} \tag{9.15}$$

이 M을 **수정우력**(修正偶力)이라 하고, 이러한 양을 고려하면 치환한 2질점계의 관성작용과 수정우력 M의 합이 실제 연접봉의 관성작용이 된다. 식 (9.2)에서

$$\varphi = \sin^{-1}(\lambda \sin\theta) = \lambda\sin\theta + \frac{1}{6}\lambda^3\sin^3\theta + \frac{3}{40}\lambda^5\sin^5\theta + \cdots$$

이므로, 윗식을 이용해서 $\ddot{\varphi}$를 θ로 나타내면, 식 (9.15)의 수정우력 M은

$$M = m_c\omega^2\{h(l-h) - k^2\}\left\{-\left(\lambda + \frac{1}{8}\lambda^3 + \frac{3}{64}\lambda^5 + \cdots\right)\sin\omega t\right.$$
$$\left. + \left(\frac{3}{8}\lambda^3 + \frac{27}{128}\lambda^5 + \cdots\right)\sin 3\omega t - \left(\frac{15}{128}\lambda^5 + \cdots\right)\sin 5\omega t + \cdots\right\} \tag{9.16}$$

가 되고, M은 홀수차 항으로만 이루어져 있다. 식 (9.14), (9.16) 중의 $\{h(l-h) - k^2\}$은 단면이 일정한 봉의 경우 $(1/6)l^2$인데, 일반 연접봉에서는 이보다 작은 값이 된다. 대단부가 큰 연접봉에서는 0 혹은 (−)값이 되는 경우도 있다. 연접봉의 회전반경 k의 측정법에 관해서는 **문제 2.17**을 참고하기 바란다.

(c) 회전부분의 관성력

왕복기관 내에서 순전히 회전운동만 하는 것은 크랭크 축 뿐이다. 크랭크 축의 관성력은 크랭크 반경 r의 위치, 즉 A점에 있는 질량 m_r에 의한 원심력

$$m_r r\omega^2 \tag{9.17}$$

로 나타낼 수 있다. 이 m_r을 크랭크 축의 **회전질량**이라고 한다.

(d) 엔진 전체로서의 관성력, 관성우력

연접봉은 수정우력 M을 고려하면 2질점계로 치환할 수 있으므로, 크랭크 핀 A 위치에 크랭크의 회전질량 m_r와 연접봉의 회전질량 m_{c1}과의 합은

$$m_R = m_r + m_{c1} = m_r + m_c \frac{h}{l} \tag{9.18}$$

이고, 연접봉의 소단부 B에 피스톤, 크로스헤드, 피스톤 봉 등의 왕복질량 m_l과 연접봉의 왕복질량 m_{c2}와의 합은

$$m_L = m_l + m_{c2} = m_l + m_c\left(1 - \frac{h}{l}\right) \tag{9.19}$$

인 2질점계로 왕복기관 전체를 치환하여, 이 m_R와 m_L에 의한 관성작용과 수정우력 M으로 엔진의 관성작용을 완전히 나타낼 수 있다. m_R, m_L을 각각 왕복기관의 **등가 회전질량**, **등가 왕복질량**이라고 한다.

또한 수정우력 M은 **그림 9.2**와 같은 연접봉의 대단부와 소단부에 작용하는 힘 F와 $-F$로 치환할 수 있다. 즉,

$$M = Fl\cos\varphi \qquad \therefore\ F = \frac{M}{l\cos\varphi} \tag{9.20}$$

각도 φ가 증가하는 방향으로 작용하는 양(+)의 M에 대해서, **그림 9.2**와 같이 A점에 윗방향의 힘 F, B점에 아래방향의 힘 $-F$가 작용한다고 생각하면 된다.

이상으로부터 왕복기관의 관성작용은 **그림 9.2**에 나타낸 것이 전부이고, 다음과 같다.

① B점에 x방향으로 작용하는 왕복질량 m_L에 의한 관성력

$$R = -m_L \cdot a \tag{9.21}$$

② A점에 원심방향 OA에 작용하는 회전질량 m_R에 의한 원심력

$$C = m_R r\omega^2 \tag{9.22}$$

③ 수정우력 M, 즉 A점의 F와 B점의 $-F$

엔진 내에 발생하는 힘은 상기 4개의 관성력 R, C, F, $-F$ 외, 실린더 내의 작동유체 압

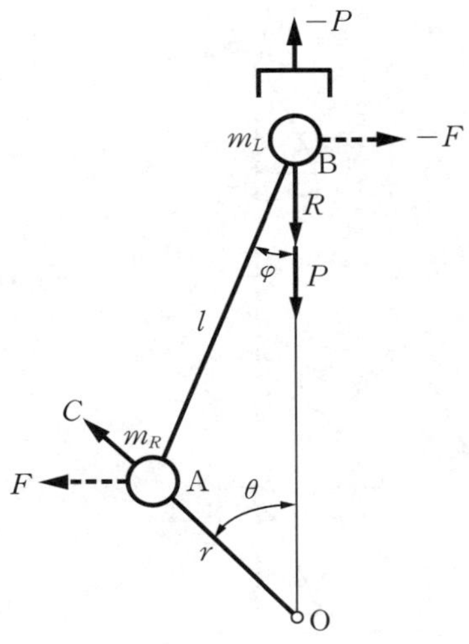

그림 9.2

력에 의해 피스톤을 누르는 힘 P와, 실린더 커버를 들어 올리려는 힘 $-P$가 있을 뿐이다. **그림 9.2**에 엔진 내에 발생하는 모든 힘 R, C, F, $-F$, P, $-P$의 착력점과 방향이 표시되어 있다.

9.2 프레임에 작용하는 힘

왕복기관의 고정부분인 프레임 각 부분, 즉 실린더 커버, 크로스헤드 안내면, 크랭크 베어링에 작용하는 힘을 구하면 엔진에서 기초를 거쳐 외부로 전달되는 힘과 모멘트 즉, 엔진의 불평형을 알 수 있다. 지금

$$Q = P + R \tag{9.23}$$

와 연접봉의 소단부 B에 작용하는 x방향 힘의 합을 Q라고 하면, **그림 9.3**에서 보는 바와 같이 Q는 연접봉을 따라 힘

$$Q_1 = \frac{Q}{\cos\varphi} \tag{vii}$$

와, B점에서 크로스헤드가 그 안내면을 누르는 힘

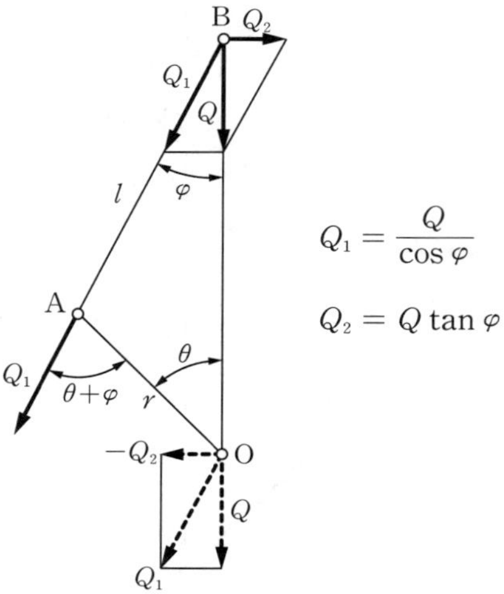

그림 9.3

$$Q_2 = Q\tan\varphi = (P+R)\tan\varphi \tag{9.24}$$

$Q_1 = Q\cos\varphi$가 아닌 점에 주의하기 바란다. 또한 왜 $Q_1 = Q/\cos\varphi$가 되는가도 생각해 보기 바란다. 이 Q_1은 연접봉에 전달되고, 나아가 A점에서는 크랭크에 전달되고, 그림에서 점선의 벡터와 같이 x방향에 Q의 힘으로, y방향에 $-Q_2$의 힘으로 크랭크 베어링 면을 누른다.

그림 9.2의 원심력 C는 크랭크를 거쳐 원심방향 OA에 C의 힘으로 크랭크 베어링 면을 누르고, **그림 9.2**에서 나타낸 바와 같이 A점의 힘 F는 베어링 면을 y방향으로 F로 누르는 힘이 된다.

이상으로 **그림 9.2**와 같은 엔진 내에서 발생하는 모든 힘이 프레임에 어떻게 작용하는가를 알았다. 이것을 그림으로 나타내면 **그림 9.4**와 같다. 즉, 정리하면 다음과 같다.

(1) 실린더 커버에는 x방향으로 $-P$

(2) 크로스헤드 안내면에는 y방향으로 $Q_2 - F = Q_0$

(3) 크랭크 베어링에 있어서는 원심방향으로 C

$$x\text{방향으로} \quad Q = R+P$$

$$y\text{방향으로} \quad -Q_2+F = -Q_0$$

이 (1), (2), (3)의 힘 중에는 (1)의 $-P$와 (3)의 P와 같이 모멘트를 생성하지 않고, 서로

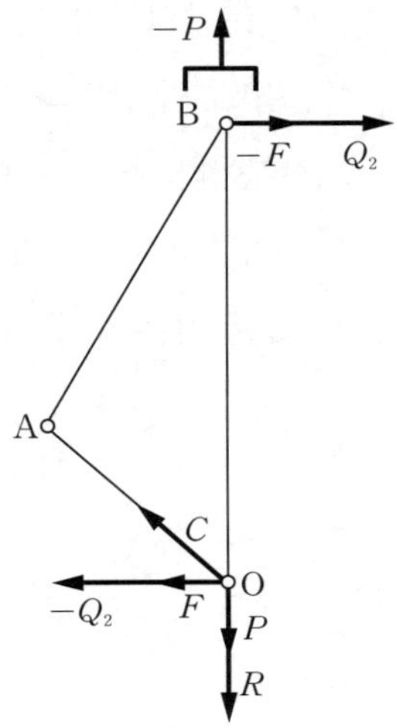

그림 9.4 프레임에 작용하는 힘

상쇄해 버리는 힘도 있으므로 이것을 재정리하면 다음과 같다.

(1) x방향에는

$$Q+(-P) = (P+R)-P = R = -m_L a = -\left\{m_l+m_c\left(1-\frac{h}{l}\right)\right\}a \tag{9.25}$$

의 힘, 즉 왕복질량 m_L에 의한 관성력이 작용한다. 착력점은 x축상의 어느 점으로 해도 역학적으로는 같은 것이다.

(2) O점에 있어서, 크랭크 반경 OA방향으로

$$C = m_R r\omega^2 = \left(m_r+m_c\frac{h}{l}\right)r\omega^2 \tag{9.26}$$

의 원심력이 베어링에 작용하고 있다.

(3) B점의 $Q_0 = Q_2-F$와 O점의 $-Q_0$에 의한 모멘트

$$M_0 = Q_0(r\cos\theta+l\cos\varphi) = \left\{(P-m_L a)\tan\varphi-\frac{M}{l\cos\varphi}\right\}(r\cos\theta+l\cos\varphi) \tag{9.27}$$

가 작용하고 있다. M_0는 θ를 증가시키는 방향을 (+)방향으로 취하고 있다.

엔진 전체로서 밖으로 전달되는 힘과 모멘트, 즉 엔진의 불평형은 이 R, C, M_0 3개이다. C는 진동수 ω의 휘돌림 양식의 힘이고, 가장 평형시키기 쉬운 불평형이다. R은 x방향으로 작용하는 불평형이고, 가속도 a를 포함하고 있으므로 식(9.8)에서 알 수 있는 바와 같이

ω뿐만 아니고 2ω, 4ω, 6ω, …의 진동항도 포함되어 있다. 또한 M_0는, 후술하는 크랭크축이 부하측에 가하는 구동 **토크**(torque, 회전력) T의 반력과 엔진 내 연접봉의 운동을 유지하기 위해 가해야 하는 모멘트의 반력을 합한 것이다. 식(9.27)에서 보는 바와 같이 M_0는 P, M, $\tan\varphi$, $\cos\varphi$ 등과 많은 ω의 고차항으로 이루어져 있는 양을 포함하고 있다. 왕복기관에 있어서 불평형을 제거하는 것을 곤란하게 하는 것은 R와 M_0에 ω 이외의 고차 진동항을 포함하고 있기 때문이다.

9.3 크랭크 회전력

실린더 내 작동유체의 압력과 엔진 각부의 관성력은 크랭크-연접봉 기구를 통해서 크랭크를 부하에 이겨 계속 회전시키도록 하는 **토크**(torque, 회전력)가 된다. 이 토크를 **크랭크 회전력**(回轉力)이라고 한다. 크랭크 회전력은 전동기의 토크와 같이 일정하지 않고, 주기적으로 변동하는 항을 다수 포함하고 있기 때문에 크랭크축 비틀림진동의 원인이 된다. 또한 크랭크 회전력의 반력은 엔진과 그 기초대에 걸리고, 엔진 자신이나 인접 구조물에 대한 진동의 원인이 된다.

그림 9.2에는 엔진 내에서 발생하는 모든 힘이 표시되어 있는데, 이 중에서 C, $-F$, $-P$에 의해 크랭크를 돌리는 모멘트는 발생하지 않는다. B점의 P와 R, A점의 F만이 크랭크 회전력에 관여한다. **그림 9.3**에서 보는 바와 같이 B점의 $Q = P+R$는 A점의 힘 Q_1으로 바뀌고, 이 Q_1에 의해 O점 둘레에

$$-Q_1 r \sin(\theta+\varphi) = -Qr\frac{\sin(\theta+\varphi)}{\cos\varphi} \tag{viii}$$

의 모멘트가 생긴다. (−) 부호가 붙어 있는 것은 **그림 9.3**에서 보는 (−)방향의 Q에 의해 θ를 증가시키는 (+)방향의 모멘트를 발생시키기 때문이다. A점의 F에 의해

$$Fr\cos\theta = \frac{Mr\cos\theta}{l\cos\varphi} \tag{ix}$$

의 크랭크 회전력이 생긴다. 전체 크랭크 회전력 T는

$$T = -Qr\frac{\sin(\theta+\varphi)}{\cos\varphi} + \frac{Mr\cos\theta}{l\cos\varphi}$$

$$= -Pr\frac{\sin(\theta+\varphi)}{\cos\varphi}+m_Lar\frac{\sin(\theta+\varphi)}{\cos\varphi}+\frac{Mr\cos\theta}{l\cos\varphi}$$

$$= T_P+T_R+T_M \tag{9.28}$$

여기서

$$T_P = -Pr\frac{\sin(\theta+\varphi)}{\cos\varphi} \tag{9.29}$$

$$T_R = m_Lar\frac{\sin(\theta+\varphi)}{\cos\varphi} = m_Lr^2\omega^2\left\{\left(\frac{1}{4}\lambda+\frac{1}{16}\lambda^3+\cdots\right)\sin\omega t\right.$$
$$-\left(\frac{1}{2}+\frac{1}{32}\lambda^4+\cdots\right)\sin 2\omega t-\left(\frac{3}{4}\lambda+\frac{9}{32}\lambda^3+\cdots\right)\sin 3\omega t$$
$$\left.-\left(\frac{1}{4}\lambda^2+\frac{1}{8}\lambda^4+\cdots\right)\sin 4\omega t+\cdots\right\} \tag{9.30}$$

$$T_M = \frac{Mr\cos\theta}{l\cos\varphi} = m_c\omega^2\{h(l-h)-k^2\}\left\{\left(-\frac{1}{2}\lambda^2+\frac{1}{32}\lambda^6+\cdots\right)\sin 2\omega t\right.$$
$$\left.+\left(\frac{1}{4}\lambda^4+\frac{1}{8}\lambda^6+\cdots\right)\sin 4\omega t-\left(\frac{3}{32}\lambda^6+\cdots\right)\sin 6\omega t+\cdots\right\} \tag{9.31}$$

이고, T_P는 실린더 내의 작동유체에 의한 것이고, T_R와 T_M은 각각 왕복질량의 관성력, 수정우력에 의한 크랭크 회전력이다. T_R는 ω, 2ω, 3ω, $\cdots$, $n\omega$(n : 정수)의 변동항을 가지고, T_M은 2ω, 4ω, 6ω, $\cdots$, $2n\omega$의 변동항을 가진다.

식(9.29)의 T_P 중에는 $\cos\varphi$가 포함되어 있고, $\cos\varphi$에는 식(i)에서 보는 바와 같이 ω의 고차항이 포함되어 있다. 그리고 식(9.29) 중 P의 크랭크 각도 θ에 대한 변화 모양은 엔진의 종류 및 구조에 따라 다른데, 4행정 사이클 엔진에서는 **그림 9.5**와 같이 크랭크 2회전, 즉 $\theta = 4\pi$를 주기로 해서 변화하므로, T_P는

$$T_P = a_0+\sum_{n=1}^{\infty}\left(a_n\cos\frac{n}{2}\omega t+b_n\sin\frac{n}{2}\omega t\right) \tag{9.29 a}$$

로 $(n/2)\omega$ 항의 합으로 나타낼 수 있다. 2행정 사이클 엔진에서 P는 크랭크 1회전, 즉 $\theta = 2\pi$를 주기로 해서 변화하고, 따라서 다음과 같이 나타낼 수 있다.

$$T_P= a_0+\sum_{n=1}^{\infty}(a_n\cos n\omega t+b_n\sin n\omega t) \tag{9.29 b}$$

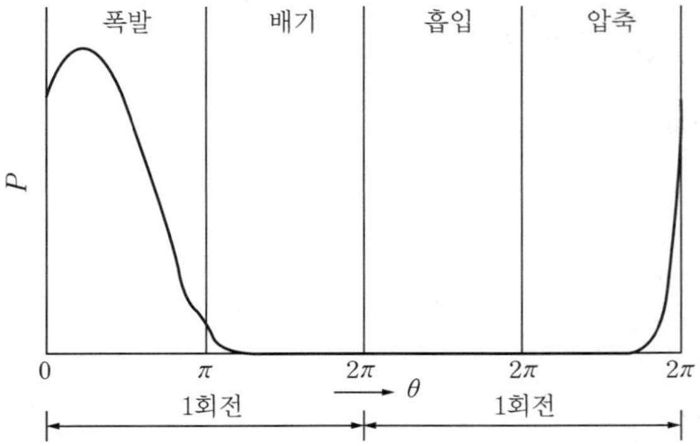

그림 9.5

어느 것이라도 $T = T_P + T_R + T_M$은 많은 진동수의 변동항을 포함하고 있고, 이들은 크랭크 축의 비틀림진동에 대해서 강제외력이 된다. T의 변동을 적게 하려면 많은 기통의 T를 합하여 크랭크 회전력의 변동폭을 적게 하는 방법 외는 없다. 즉, 기통수가 많은 엔진일수록 전체 T는 변동이 적은 일정치에 가까워진다.

식(9.27)의 M_0를 식(9.2)를 이용하여 고쳐쓰면

$$M_0 = -T - M \tag{9.27a}$$

엔진의 불평형 모멘트 M_0는 크랭크 회전력 T의 반력과 수정우력의 부호를 반대로 한 $-M$과의 합이다. 엔진 내에는 가속도를 가지고 운동하고 있는 질량 m_l인 피스톤, 크로스헤드, 피스톤 봉, 질량 m_c인 연접봉, 각가속도를 가지고 무게중심 둘레의 회전운동을 하고 있는 질량관성모멘트 $m_c k^2$인 연접봉이 있고, 이들 각부의 운동을 유지하기 위해서 가해야 할 힘과 모멘트의 반력은 식(9.25)의 R와 $-M$이다. 즉, M_0는 T의 반력과 엔진 부품의 운동을 유지하기 위해서 가해야 할 모멘트의 반력 $-M$과의 합이다라고 생각하면 된다.

9.4 왕복기관의 평형

단기통일 때 발생하는 불평형, 즉 식(9.25), (9.26), (9.27)의 R, C, M_0를 다기통 엔진 전체로서 가능한 한 적게 하고, 부드러운 운전을 기하는 것이 엔진의 평형이다. 여기서는 직렬형 다기통 엔진을 예로 들어 설명한다.

(a) 회전질량 m_R에 의한 관성력의 평형조건

식(9.26)의 원심력 $C = m_R r\omega^2$을 0으로 하려면 크랭크의 방향 OA와 역방향으로

$$m_R r = m'r'$$

의 관계를 만족하는 반경 r'인 위치에 m'의 평형추를 각 실린더마다 붙이면 된다. 그러나 이 방법은 비용이 들므로 보통은 각 기통에 대한 C의 벡터 합을 엔진 전체로 0이 되도록 한다. i번째 기통의 크랭크 반경, 회전질량, 크랭크 각, 원심력을 각각 r_i, m_{Ri}, θ_i, C_i라 하면

$$C_i = m_{Ri} r_i \omega^2$$

은 각도 θ_i 방향으로 작용하고 있다. $\Sigma\, C_i = 0$인 조건은

$$\sum_{i=1}^{n} m_{Ri} r_i \cos\theta_i = 0, \qquad \sum_{i=1}^{n} m_{Ri} r_i \sin\theta_i = 0 \quad (n\ :\ \text{기통수}) \tag{9.32}$$

내연기관에서는 각 기통의 치수가 같고, 크랭크 각이 등간격이면 식(9.32)의 조건은, 이 경우

$$\sum_{i=0}^{n-1} \cos\left(\theta + \frac{2i\pi}{n}\right) = 0, \quad \sum_{i=0}^{n-1} \sin\left(\theta + \frac{2i\pi}{n}\right) = 0 \tag{9.32 a}$$

로 고쳐 쓸 수 있다. 예를 들면 6기통의 경우 $C_1 \sim C_6$의 벡터 합을 **그림 9.6**과 같이 구하여, 만약 벡터의 다각형이 닫히지 않으면 가해야 할 평형추에 의한 원심력의 크기와 방향은 점선 벡터 F로 주어진다.

원심력에 의한 모멘트도 0이 되어야 한다. 크랭크 베어링 중심선상의 임의의 점에서 측정한 크랭크까지의 거리를 l_i라고 하면, C_i에 의한 모멘트를 0으로 하는 조건은 다음과 같다.

$$\sum_{i=1}^{n} m_{Ri} r_i l_i \cos\theta_i = 0, \quad \sum_{i=1}^{n} m_{Ri} r_i l_i \sin\theta_i = 0 \tag{9.33}$$

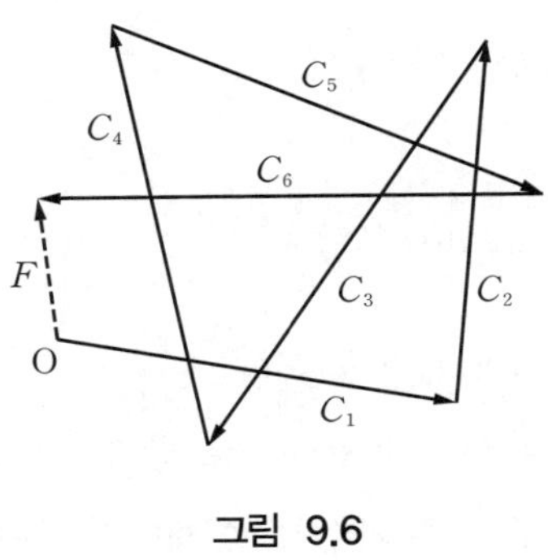

그림 9.6

(b) 왕복질량 m_L에 의한 관성력의 평형

식(9.8), (9.21)로부터

$$R = m_L r\omega^2(\cos\omega t + b_2\cos 2\omega t + b_4\cos 4\omega t + b_6\cos 6\omega t + \cdots)$$
$$= R_1 + R_2 + R_4 + R_6 + \cdots \tag{9.34}$$

이 중에서

$$R_1 = m_L r\omega^2\cos\omega t \tag{9.35}$$

를 1차 관성력이라 하고,

$$R_m = m_L r\omega^2 b_m \cos m\omega t \tag{9.36}$$

를 m차 관성력이라고 한다. 직렬형 엔진에서 각 기통의 R는 모두 x방향의 힘이다. i번째의 크랭크 각 θ_i를

$$\theta_i = \omega t + \alpha_i \tag{9.37}$$

라고 하면, 각 기통의 1차 관성력의 합 F_1은

$$F_1 = \omega^2\sum_{i=1}^{n} m_{Li}r_i\cos(\omega t + \alpha_i) \tag{9.38}$$

1차 관성력에 의해 발생하는 모멘트 M_1은

$$M_1 = \omega^2\sum_{i=1}^{n} m_{Li}r_i l_i\cos(\omega t + \alpha_i) \tag{9.39}$$

m차 관성력 F_m과 그 때문에 발생하는 모멘트 M_m은

$$F_m = \omega^2\sum_{i=1}^{n} m_{Li}r_i b_{mi}\cos m(\omega t + \alpha_i) \tag{9.40}$$

$$M_m = \omega^2\sum_{i=1}^{n} m_{Li}r_i l_i b_{mi}\cos m(\omega t + \alpha_i) \tag{9.41}$$

b_{mi}는 i번째 기통에 관한 식(9.34)의 계수 b_m이다.

값이 가장 큰 F_1, M_1을 0으로 하는 것을 제1로 하고, 이어서 순서대로 고차항의 불평형을 제거하도록 한다. 각 기통 모두 같은 치수이고, 게다가 크랭크 각이 등간격 배치이면

$$F_m = m_L r\omega^2 b_m \sum_{i=0}^{n-1} \cos\left(m\omega t + \frac{2im\pi}{n}\right) \qquad (9.40\,\text{a})$$

가 되어, m이 n의 배수가 아니면 $F_m = 0$가 되고, m이 n의 배수이면 다음과 같이 된다.

$$F_m = nm_L r\omega^2 b_m \cos m\omega t \qquad (9.40\,\text{b})$$

9.5 크랭크축의 스프링상수, 등가 질량관성모멘트

크랭크 회전력 T는 식(9.29 a)와 같이 4행정 사이클 엔진에서는 $(n/2)\omega$, 식(9.29 b)와 같이 2행정 사이클 엔진에서는 $n\omega$의 진동항을 포함한다. 크랭크축 비틀림진동의 고유진동수를 p라고 하면, $p \neq (n/2)\omega$, $p \neq n\omega$가 되도록 설계해야 하는데, 그렇게 하기 위해서는 설계를 시작할 때 p의 값을 대략 알고 있을 필요가 있다. p를 구하기 위해서는 비틀림 스프링상수 k', 크랭크축 둘레의 질량관성모멘트 I_c를 알아야 한다.

길이 l인 실제 크랭크축을 같은 직경, 같은 스프링상수를 가지는 길이 l_e이고 단면이 일정한 봉으로 치환했을 때, l_e는

$$0.85\,l < l_e < 1.08\,l \qquad (9.42)$$

의 범위내에 있고, 0.85 l은 크랭크 암이 충분히 큰 것이고, 1.08 l은 크랭크 암이 가늘고 긴 경우이다. l_e는 재료역학 공식을 응용한 계산, 과거의 실험 데이터, 각종 실험식 등으로부터 구한다. l_e가 구해지면 식(2.42)로부터 스프링상수 k'를

$$k' = \frac{GI_p}{l_e} = \frac{\pi d^4 G}{32 l_e}$$

로 구한다.

고유진동수 p를 구할려면 크랭크축 둘레의 질량관성모멘트 I_c의 크기를 구해야 한다. 이것은 **그림 6.3**과 같이 크랭크 각 θ의 값에 따라 크기가 변동한다. 엔진의 운동에너지 T는

$$T = \frac{1}{2} m_r r^2 \dot{\theta}^2 + \left\{ \frac{1}{2} I_G \dot{\varphi}^2 + \frac{1}{2} m_c (\dot{x}_G^2 + \dot{y}_G^2) \right\} + \frac{1}{2} m_l \dot{x}^2$$

으로 나타낼 수 있다. m_r는 식(9.17)의 크랭크 회전질량, I_G는 식(iii)의 G점에 관한 연접봉

의 질량관성모멘트, m_l은 식(9.19) 중의 왕복질량이다. 윗식은

$$T = \frac{1}{2}(I_R\dot{\theta}^2 + m_L\dot{x}^2 + I'\dot{\varphi}^2) \tag{9.43}$$

으로 고쳐 쓸 수 있다. 여기서

$$I_R = m_R r^2, \quad m_R = m_r + m_c\frac{h}{l} \tag{9.44}$$

이고, m_L은 식(9.19)의 왕복질량이고, I'는 실물과 2질점으로 치환한 연접봉의 질량관성모멘트의 차이를 나타낸 식(9.14)이다. I'는 일반적으로 값이 작으므로 이것을 무시하면

$$T \fallingdotseq \frac{1}{2}(I_R\dot{\theta}^2 + m_L\dot{x}^2) = \frac{1}{2}\left\{I_R + m_L\left(\frac{dx}{d\theta}\right)^2\right\}\omega^2 \tag{9.45}$$

즉, 크랭크축의 등가 질량관성모멘트 I_c는

$$I_c = I_R + m_L\left(\frac{dx}{d\theta}\right)^2 \tag{9.46}$$

이다.

$$\left(\frac{dx}{d\theta}\right)^2 = \left(\frac{dx}{dt}\cdot\frac{dt}{d\theta}\right)^2 = \left(\frac{\dot{x}}{\omega}\right)^2$$

이므로 윗식에 식(9.7)을 대입하면

$$\left(\frac{dx}{d\theta}\right)^2 = r^2(c_0 + c_1\cos\omega t + c_2\cos 2\omega t + \cdots)$$

의 형태가 되고, 그 평균치는 c_0r^2이므로 I_c에 그 평균치를 이용하면

$$I_c = I_R + c_0 m_L r^2 \tag{9.46 a}$$

c_0는 식(9.7), (9.6)으로부터

$$c_0 = \frac{1}{2} + \frac{\lambda^2}{8} + \frac{\lambda^4}{16} + \cdots \fallingdotseq \frac{1}{2} \tag{9.47}$$

로 주어지므로, 결국

$$I_c = I_R + \frac{1}{2}m_L r^2 = \left(m_R + \frac{1}{2}m_L\right)r^2 \tag{9.48}$$

을 크랭크축의 등가 질량관성모멘트로서 채용한다. 식(9.48)의 I_c는 크랭크 핀의 위치 A에

회전질량 m_R와 왕복질량 m_L의 (1/2)이 붙어 있을 때의 질량관성모멘트이다.

문 제

9.1 **그림** 9.1에 있어서, 크랭크의 회전수는 3600 rpm, $r = 70$ mm, $l = 300$ mm, $h = 200$ mm, 피스톤의 질량 $m_l = 1$ kg, 연접봉의 질량 $m_c = 1.2$ kg, $I_G = 0.059$ kgm^2, 작동유체의 압력에 의한 힘 $P = 19.62$ kN일 때, 크랭크 각이 60°인 순간에 피스톤 핀에 작용하는 힘을 구하라.

9.2 회전수 2400 rpm, $r = 76$ mm, $\lambda = 1/4$인 내연기관 피스톤의 최대 가속도를 계산하라.

9.3 회전수 7000 rpm, 행정 75.5 mm인 가솔린 엔진이 있다. $\lambda = 1/4$로 하여 크랭크의 상사점 및 하사점에 있어서 피스톤의 가속도를 구하라.

해 답

제1장

1.1 (a) 0.4835 $\mathrm{kgm^2}$, (b) 0.04935 $\mathrm{kgf \cdot m \cdot s^2}$

1.2 $57°17'44''$, 0.1745 rad

1.3 $f = 10\ \mathrm{Hz}$, $\omega = 62.832\ \mathrm{rad/s}$, $T = 0.1\ \mathrm{s}$

1.4 $c = 0.1166\ \mathrm{m}$, $\alpha = 59°2'$, $\beta = 30°58'$

1.5 $$x = -\frac{a}{\pi}\sum_{n=1}^{\infty}\frac{1}{n}\sin n\omega t + \frac{3}{4}a - \frac{2a}{\pi^2}\sum_{n=1}^{\infty}\frac{1}{(2n-1)^2}\cos(2n-1)\omega t$$

1.6 $$x = \frac{a}{\pi}\sum_{n=1}^{\infty}\frac{1}{(2n-1)(2n)(2n+1)}\sin 2n\omega t + \frac{a}{2} - \left(\frac{2}{\pi^2}+\frac{1}{4}\right)a\cos\omega t$$
$$-\frac{2a}{\pi^2}\sum_{n=1}^{\infty}\frac{1}{(2n+1)^2}\cos(2n+1)\omega t$$

제2장

2.1 $p = 17.15\ \mathrm{rad/s}$, $T = 0.366\ \mathrm{s}$

2.2 $p = 64.6\ \mathrm{rad/s}$, $T = 0.0972\ \mathrm{s}$

2.3 $p = 30.3\ \mathrm{rad/s}$, $T = 0.207\ \mathrm{s}$

2.4 $p = 14.3\ \mathrm{rad/s}$, $T = 0.441\ \mathrm{s}$

2.5 $$p = \sqrt{\frac{2k_1+k_2}{m}}$$

2.6 $$p = \sqrt{\frac{2k_1k_2}{m(2k_1+k_2)}}$$

2.7 $$p = \sqrt{\frac{k_1k_2+k_2k_3+k_3k_1}{m(k_1+k_2)}}$$

2.8 $$p = \sqrt{\frac{\left(2k_1\cos^2\alpha + \dfrac{mg\sin^2\alpha}{l\cos\alpha}\right)k_2}{m\left\{\left(2k_1\cos^2\alpha + \dfrac{mg\sin^2\alpha}{l\cos\alpha}\right)+k_2\right\}}}$$

2.9 $p=\sqrt{\dfrac{a^2k}{2l^2m}-\dfrac{g}{2l}}$

2.10 $p=\sqrt{\dfrac{c^2k_1+d^2k_2}{a^2m_1+b^2m_2}}$

2.11 $p=\sqrt{\dfrac{l^2k_1k_2}{(l^2k_1+a^2k_2)m}}$

2.12 8.18 rad/s, (1.3 Hz)

2.13 $p=\sqrt{\dfrac{T}{m}\left(\dfrac{a+b}{ab}\right)}$

2.14 25.6 rad/s

2.15 24.8 cm

2.16 $p=3.13$ rad/s, $f=0.498$ Hz, $T=2.007$ s

2.17

2.18 $T=2\pi\sqrt{\dfrac{2r}{g}}$

2.19 $T=2\pi\sqrt{\dfrac{4ml^2}{a^2k-4mgl}}$

2.20 $p=\sqrt{\dfrac{6(a^2k_1+b^2k_2)+3mg(l_2-l_1)}{2m(l_1^2+l_2^2-l_1l_2)}}$

2.21 $p=\sqrt{\dfrac{g\sin\alpha}{l}}$

2.22 $p=\sqrt{\dfrac{gh}{l^2+h^2}}$

2.23 $p=\sqrt{\dfrac{g\{2R-(\pi-2)r\}}{2(\pi-2)r(R+r)}}$

2.24 $p=\sqrt{\dfrac{8g}{(9\pi-16)r}}$

2.25 $p=\sqrt{\dfrac{4g}{11r}}$

2.26

2.27 (a) 0.0001 %, (b) $\delta = 8.8\times10^{-3}$, (c) 41.5 %

2.28 $\dfrac{n}{p} = \dfrac{c_2 d^2}{2c\sqrt{k_1(m_1a^2+m_2b^2)}}$, $\quad c_{2c} = \dfrac{2c\sqrt{k_1(m_1a^2+m_2b^2)}}{d^2}$

2.29 (a) $c = c_1+c_2$, (b) $\dfrac{1}{c} = \dfrac{1}{c_1}+\dfrac{1}{c_2}$

2.30 $\dfrac{n}{p} = 0.371$, $\quad \delta = \dfrac{2n\pi}{p_1} = 2.51$

2.31 $\dfrac{n}{p} = \dfrac{cb^2\sin^2\alpha}{2al\sqrt{mk}}$, $\quad c = c_c = \dfrac{2al\sqrt{mk}}{b^2\sin^2\alpha}$

2.32 $\dfrac{\dfrac{kaa_0}{ml^2}}{\left(\dfrac{g}{l}+\dfrac{ka^2}{ml^2}\right)-\omega^2}$

2.33 $m\ddot{x}+kx = ka\sin\dfrac{2\pi}{l}vt$, 진폭 $= \dfrac{a\dfrac{k}{m}}{\dfrac{k}{m}-\dfrac{4\pi^2v^2}{l^2}}$

2.34 $m\ddot{x}+c\dot{x}+kx = a\sqrt{k^2+c^2\omega^2}\sin(\omega t+\beta)$, $\quad \beta = \tan^{-1}\dfrac{c\omega}{k}$

$$진폭 = a\frac{\sqrt{1+\left(2\dfrac{n}{p}\dfrac{\omega}{p}\right)^2}}{\sqrt{\left(1-\dfrac{\omega^2}{p^2}\right)^2+\left(2\dfrac{n}{p}\dfrac{\omega}{p}\right)^2}}$$

2.35 $ml^2\ddot{\theta}+cb^2\dot{\theta}+ka^2\theta = abc\omega\cos\omega t$

$2n = \dfrac{cb^2}{ml^2}$, $\quad p^2 = \dfrac{ka^2}{ml^2}$, $\quad \delta_{st}'p^2 = \dfrac{abc\omega}{ml^2}$ $\quad \left(단,\ \delta_{st}' = \dfrac{bc\omega}{ka}\right)$

라고 놓으면 진폭은 $\dfrac{\delta_{st}'}{\sqrt{\left(1-\dfrac{\omega^2}{p^2}\right)^2+\left(2\dfrac{n}{p}\dfrac{\omega}{p}\right)^2}}$

제3장

3.1 $p_1 = \sqrt{\dfrac{k}{m}}$, $\quad p_2 = \sqrt{\dfrac{3k}{m}}$, $\quad x_1 = +1$, $\quad x_2 = -1$

3.2 $\left.\begin{array}{l} m_1\ddot{x}_1+(k_1+k_2)x_1-k_2x_2 = 0 \\ m_2\ddot{x}_2-k_2x_1+k_2x_2 = 0 \end{array}\right\}$

$$\begin{matrix} p_2^2 \\ p_1^2 \end{matrix} = \frac{\{k_1m_2+k_2(m_1+m_2)\} \pm \sqrt{\{k_2(m_1+m_2)-k_1m_2\}^2+4k_1k_2m_2^2}}{2m_1m_2}$$

3.3 상하운동의 변위 x는 윗방향으로 (+), 기울기 θ는 반시계방향을 (+)라고 하면, 운동방정식은

$$(m_1+m_2)\ddot{x}+(k_1+k_2)x+\{k_2(l_2-b)-k_1(l_1-a)\}\theta = 0$$

$$(m_1l_1^2+m_2l_2^2)\ddot{\theta}+\{k_2(l_2-b)-k_1(l_1-a)\}x+\{k_1(l_1-a)^2+k_2(l_2-b)^2\}\theta = 0$$

여기서, $l_1 = \dfrac{m_2}{m_1+m_2}l, \quad l_2 = \dfrac{m_1}{m_1+m_2}l$

진동수방정식은

$$(m_1+m_2)(l_1^2m_1+l_2^2m_2)p^4-[(m_1+m_2)\{k_1(l_1-a)^2+k_2(l_2-b)^2\}$$
$$+(k_1+k_2)(l_1^2m_1+l_2^2m_2)]p^2+k_1k_2(l_1+l_2-a-b)^2 = 0$$

3.4 $(I_1+m_2l^2)\ddot{\theta}_1+m_2lh_2\ddot{\theta}_2+(m_1h_1+m_2l)g\theta_1 = 0$

$$m_2h_2l\ddot{\theta}_1+I_2\ddot{\theta}_2+m_2gh_2\theta_2 = 0$$

여기서, I_1, I_2는 각각 A점, B점 둘레의 제1, 제2 시계추의 질량관성모멘트이다.

3.5 $(I_1+m_2l_1^2)\ddot{\theta}_1+m_2l_1l_2\ddot{\theta}_2+\{(k_1+k_2)l_1^2+(m_1+m_2)l_1g\}\theta_1+k_2l_1l_2\theta_2 = 0$

$$m_2l_1l_2\ddot{\theta}_1+I_2\ddot{\theta}_2+k_2l_1l_2\theta_1+(k_2l_2+m_2g)l_2\theta_2 = 0$$

여기서, $I_1 = m_1l_1^2, \quad I_2 = m_2l_2^2$

3.6 상하운동 x는 윗방향, 기울기 θ는 반시계방향을 (+)라고 하면,

$$m\ddot{x}+T\left(\frac{1}{l_1}+\frac{1}{l_2}\right)x+Th\left(\frac{1}{l_2}-\frac{1}{l_1}\right)\theta = 0$$

$$I\ddot{\theta}-Th\left(\frac{1}{l_1}-\frac{1}{l_2}\right)x+Th\left(\frac{a}{l_1}+\frac{b}{l_2}\right)\theta = 0$$

여기서, $l_1 = a-h$, $l_2 = b-h$이다.

3.7 $\left\{\left(\dfrac{3}{2}-\dfrac{8}{3\pi}\right)m_1+m_2\right\}r_1^2\ddot{\theta}_1+\left(1-\dfrac{4}{3\pi}\right)m_2r_1r_2\ddot{\theta}_2+\left(\dfrac{4}{3\pi}m_1r_1+m_2r_2\right)g\theta_1-m_2r_2g\theta_2=0$

$$\left(1-\frac{4}{3\pi}\right)m_2r_1r_2\ddot{\theta}_1+\left(\frac{3}{2}-\frac{8}{3\pi}\right)m_2r_2^2\ddot{\theta}_2-m_2r_2g\theta_1+\frac{4}{3\pi}m_2r_2g\theta_2 = 0$$

3.8 $I_1\ddot{\theta}_1+(k_1'+k_2'+k_{12}')\theta_1-k_2'\theta_2 = 0$

$$I_2\ddot{\theta}_2-k_2'\theta_1+k_2'\theta_2 = 0$$

여기서, $k_1' = \dfrac{a_1b_1m_1g}{h_1}, \qquad k_2' = \dfrac{a_2b_2m_2g}{h_2}, \qquad k_{12}' = \dfrac{a_1b_1m_2g}{h_1}$

3.9

3.10

3.11 $p_1=\sqrt{\dfrac{T}{ml}}, \quad p_2=\sqrt{\dfrac{3T}{ml}}, \quad x_1=+1, \quad x_2=-1$

3.12 $\begin{matrix} p_2 \\ p_1 \end{matrix}=\sqrt{\dfrac{3\pm\sqrt{3}}{2}}\sqrt{\dfrac{T}{ml}}, \quad \dfrac{x_2}{x_1}=\dfrac{1}{1\pm\sqrt{3}}=\begin{matrix} -1.366 \\ +0.366 \end{matrix}$

3.13
$$\left.\begin{aligned} \ddot{x}_1+\frac{T}{4ml}(3x_1-x_2)=0 \\ \ddot{x}_2+\frac{T}{2ml}(-x_1+3x_2)=0 \end{aligned}\right\}$$

$$\begin{matrix} p_2 \\ p_1 \end{matrix}=\sqrt{\frac{9\pm\sqrt{17}}{8}}\sqrt{\frac{T}{ml}}, \quad \frac{x_2}{x_1}=\frac{4}{3\mp\sqrt{17}}=\begin{matrix} -3.56 \\ +0.562 \end{matrix}$$

제4장

4.1

4.2

4.3 $y=\dfrac{4Ql^4}{\pi^5 EI_0}\sum_{n=1}^{\infty}\dfrac{1}{(2n-1)^5}\sin\dfrac{(2n-1)\pi}{l}x\cos\dfrac{(2n-1)^2\pi^2}{l^2}ct$

(기호는 전부 4.6.6항과 같다.)

4.4 엄밀해 $p=1.652\sqrt{\dfrac{EI_0}{ml^3}}$, 근사해 $p=1.940\sqrt{\dfrac{EI_0}{ml^3}}$

따라서 근사해는 엄밀해보다 약 17% 크다.

4.5 (a) $p_1=\dfrac{4.472}{l^2}\sqrt{\dfrac{EI_0}{\rho}}$

(b) $\dfrac{b}{a}=-\dfrac{1}{3l}, \quad p_1=\dfrac{3.568}{l^2}\sqrt{\dfrac{EI_0}{\rho}}$

4.6 $p_1=\dfrac{15.45}{l^2}\sqrt{\dfrac{EI_0}{\rho}}$

4.7 $p_1=\sqrt{1+\dfrac{3}{16}\left(\dfrac{y_0}{k}\right)^2}\ \dfrac{\pi^2}{l^2}\sqrt{\dfrac{EI_0}{\rho}}$

단, $k=\sqrt{\dfrac{I_0}{A}}$ 는 보 단면의 회전반경이다.

4.8 (a) $\alpha = \dfrac{\sqrt{3}}{4l}$, $x = 3l$ 일 때 굽힘모멘트는 $M = 0$

(b) $p_1 = \dfrac{1.598}{l^2}\sqrt{\dfrac{EI_0}{\rho}}$

(c) $a = 0$, $b = \dfrac{-3}{8l^2}$, $c = \dfrac{1}{16l^3}$

(d) $p_1 = \dfrac{1.603}{l^2}\sqrt{\dfrac{EI_0}{\rho}}$

제5장

5.1

5.2 (a) 안정 $H_2 = 13 > 0$

(b) 불안정 $H_3 = -73 < 0$

(c) 불안정 $H_3 = -12 < 0$

(d) 불안정 $H_4 = -8 < 0$

(e) 불안정 $A_4 < 0$

제6장

6.1 $l = l_0 + \Delta l \cos \Omega t$라고 하면, 운동방정식은

$$\left(1+\frac{\Delta l}{l_0}\cos \Omega t\right)\ddot{\theta} - 2\frac{\Delta l}{l_0}\Omega \sin \Omega t \cdot \dot{\theta} + \frac{g}{l_0}\left(1+\frac{\Delta l}{l_0}\cos \Omega t\right)\theta = 0$$

(단, θ : 기울기 각)

제7장

7.1 $m\ddot{x} + \dfrac{4T}{l}x + \dfrac{8AE}{l^3}x^3 = 0$ (T : $x = 0$일 때의 장력)

7.2 $(p^2 - \omega^2)A + \dfrac{5}{8}\varepsilon A^5 = \pm P$

7.3

7.4

7.5 $p'^2 = p^2 + \frac{5}{8}\frac{\beta}{m}a^4$

7.6 $p' = \frac{\pi p}{2\cos^{-1}\left(\frac{F_0}{ak+F_0}\right)}$

제8장

8.1

8.2 $\sqrt{\frac{18}{19}} \leqq \frac{\omega}{\omega_c} \leqq \sqrt{\frac{20}{19}}$

8.3

8.4

8.5

8.6 $p = \sqrt{\frac{g}{l} - \omega^2}$

제9장

9.1

9.2 $a = 6.00\ \mathrm{km/s^2}$

9.3 상사점에서 $a = -25.360\ \mathrm{km/s^2}$, 하사점에서 $a = -15.210\ \mathrm{km/s^2}$

찾아보기

ㅈ

ㅊ

ㅋ

ㅌ

ㅍ

N

O

P

R

S

T

V

W